U0258768

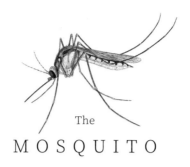

The
MOSQUITO
A Human History of Our Deadliest Predator

命 运
之 痒

蚊子如何塑造人类历史

[加] 蒂莫西·C. 瓦恩加德 —— 著

（Timothy C. Winegard）

王宇涵 —— 译

王学斌 —— 审校

中信出版集团 | 北京

图书在版编目（CIP）数据

命运之痒：蚊子如何塑造人类历史 /（加）蒂莫西
· C. 瓦恩加德（Timothy C. Winegard）著；王宇涵译
. -- 北京：中信出版社，2022.1
书名原文：The Mosquito: A Human History of Our
Deadliest Predator
ISBN 978-7-5217-3505-5

I. ①命… II. ①蒂… ②王… III. ①蚊－关系－世
界史 IV. ① Q969.44 ② K1

中国版本图书馆 CIP 数据核字（2021）第 176084 号

命运之痒——蚊子如何塑造人类历史
著者： 　　[加] 蒂莫西·C. 瓦恩加德
译者： 　　王宇涵
出版发行：中信出版集团股份有限公司
　　　　　（北京市朝阳区惠新东街甲 4 号富盛大厦 2 座　邮编　100029）
承印者： 　　天津丰富彩艺印刷有限公司

开本：787mm×1092mm　1/16　　　　印张：31　　　　字数：428 千字
版次：2022 年 1 月第 1 版　　　　　印次：2022 年 1 月第 1 次印刷
京权图字：01–2020–0326　　　　　书号：ISBN 978–7–5217–3505–5
　　　　　　　　　　　　　　　　　定价：72.00 元

版权所有·侵权必究
如有印刷、装订问题，本公司负责调换。
服务热线：400–600–8099
投稿邮箱：author@citicpub.com

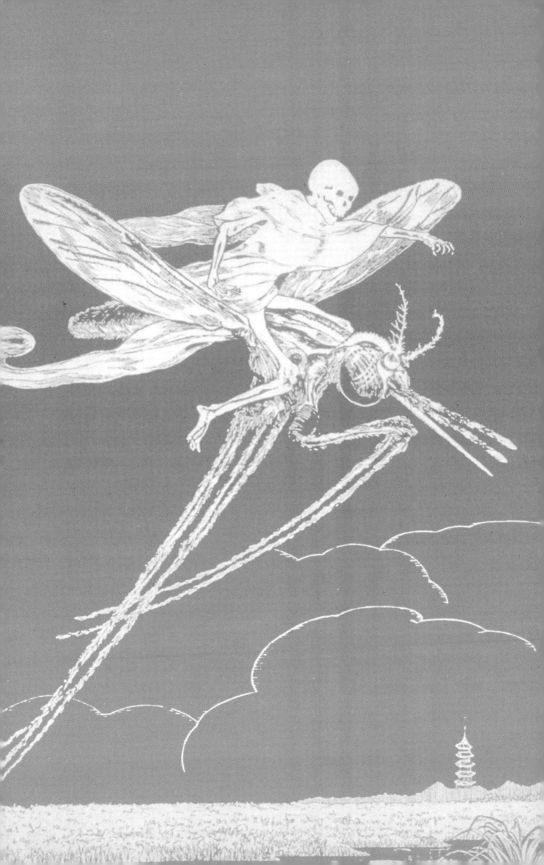

致我的双亲——查尔斯与玛丽安，
他们用知识、旅行、好奇心与爱
填满我的童年时光

引言

我们正在与蚊子交战。

110 万亿敌蚊组成的大军成群结队，气势如虹。除南极洲、冰岛、塞舌尔群岛及少数法属波利尼西亚微型小岛外，它们在全球每一寸土地上侦察巡逻。在这嗡嗡作响的蚊群中，雌性勇士会叮咬猎物。面对数量达 70 多亿 [①] 的人类，雌蚊至少配备了 15 种生物武器，每一种都能让人类元气大伤，将人置于死地。它们的防御能力令人警惕，且往往是自我伤害式的。实际上，为了阻止雌蚊不屈不挠的突袭，我们在个人防护、喷雾及其他阻挡措施上的防御预算迅速增长，达到每年 110 亿美元。尽管如此，蚊子依然狂热不减，不计后果，继续向人类发动致命的进攻，接连犯下种种罪行。虽然我们展开了反击，伤亡人数连年降低，但蚊子依旧是世界上最致命的人类杀手。2018 年，情况相对乐观，仅有 83 万人被蚊子夺去性命。我们，通情达理、机智博学的人类，获得亚军，有 58 万名同胞殒命于我们自己手中。

自 2000 年创立以来，比尔及梅琳达·盖茨基金会已捐款近 40 亿美元，用于蚊子研究。该基金会发布了一份年度报告，评选出最致命的动物。此项竞赛结果毫无悬念：蚊子，这一亘古不变的顶级人类杀

---

① 因人口数有波动，此处用约数。——编者注

手，获得分量十足的冠军。按照死因排名，2000年以来，平均每年因蚊子而死亡的人数约为200万，位列第一。因我们人类自己而死亡的人数为47.5万，与蚊子相比，我们难以望其项背。随后排名依次为蛇（5万人）、狗与沙蝇（各2.5万人）、舌蝇与猎蝽（各1万人）。在我们的清单上，民间传说与好莱坞电影中凶猛无情的明星杀手排名更为靠后。鳄鱼名列第十，每年有1 000人命丧其口。河马紧随其后，每年有500人因其命丧黄泉。大象与狮子稍逊一筹，每年各造成100人死亡。臭名昭著的鲨鱼与狼并列第15位，平均每年造成10人死亡。①

在人类历史上，被蚊子杀死是人类头号死因。根据相关数据，因蚊子而死亡的人数接近人类历史总人数的一半。若用数字直接说明，在我们存在于世且相对短暂的20万年之中，共有1 080亿人曾来到人间。其中，预计有520亿人因蚊子叮咬而一命呜呼。②

但是，蚊子并不直接对人类构成伤害。蚊子会传播毒性强且进化程度高的疾病。正因如此，它们才能发射密如雨下、无穷无尽的死亡炮弹，将毁灭性炮火洒满人间。然而，若没有蚊子，人类既不会感染祸患无穷的病菌，病菌自身也无法得到周期性蔓延。事实上，若没有蚊子，这些疾病本将无影无踪。所以，二者是相伴相生的。蚊子穷凶极恶，其身长及体重大致与一粒葡萄籽相当。若没有这些病菌，蚊子便如同一只普普通通的蚂蚁或家蝇，对人类毫无威胁。若此为真，你也就不会在此时此刻读到这本书，蚊子对死亡的支配亦将从历史中消失，我更不会将令人瞠目、精彩绝伦的故事娓娓道来。为此，可以想

----

① 在此期间，每年因蚊媒传染病死亡的人数为100万~300万。通常情况下，相关方一致认同平均数字为200万。

② 这些估算的数字和推断基于以下因素和科学模型得出：智人和蚊媒传染病起源于非洲，在非洲长期存在；人类、蚊子和蚊媒传染病离开非洲的时间范围和规律；针对独特疟疾病株的诸多基因遗传性防御首次出现并进化；蚊媒传染病历史死亡率；人口增长与人口统计情况；在其他影响因素和其他部分的作用下，出现自然气候变化和全球气温波动的历史时期。

象，若没有可置人于死地的蚊子，或者说，如果蚊子不复存在，世界会是一番什么模样？届时，我们将完完全全无法辨认我们所了解的历史与世界，或者说我们自认为了解的历史与世界，我们倒不如生活在一个遥远银河系的星球之上。

作为我们审视的首要对象，蚊子始终以死神、人类收割机及历史变革终极代言人的身份，出现在历史前沿。与其他同我们共住地球村的动物相比，在塑造人类历史方面，蚊子发挥了更为重大的作用。在这些沾满鲜血、疾病横流的字里行间，通过我们错综复杂的历史，你将按照年代顺序，踏上一条饱受蚊子之苦的旅程。1852年，卡尔·马克思说："人们自己创造自己的历史，但是他们并不是随心所欲地创造。"① 正是坚定不移、永不满足的蚊子操纵并决定了我们的命运。德高望重的乔治城大学历史学教授 J. R. 麦克尼尔写道："也许，蚊子的存在是对我们人类自尊心的一次粗暴打击。一想到卑贱低微的蚊子与毫无智慧的病毒能够影响我们的国际事务，就让人哑口无言。但是，它们的的确确拥有这种能力。"历史并非命运的产物，我们极易将这一道理忘在脑后。

本书故事贯穿一个共同主题，即通过分析战争、政治、旅行、贸易及人类土地使用与自然气候变化多样的模式，阐述它们之间的相互影响。蚊子并非孤立存在。由于自然与社会原因，相应历史事件应运而生，蚊子在全球的支配地位因而得以确立。我们相对短暂的人类旅程始于非洲，从那以后，我们的足迹遍布全球，极富历史意义。这段旅程是社会与自然共同演化的结果。我们人类因（自然而然或有意为之的）人口迁徙、人口密度与人口压力变化，在蚊媒传染病传播过程中发挥了至关重要的作用。从历史角度看，我们种植植物、饲养动物（它们是疾病的温床）、发展农业、砍伐森林、改变气候（自然与人为

---

① 此句参照人民出版社1995年第2版《马克思恩格斯选集》（第1卷）第585页译文。——编者注

推动）、发动世界战争、发展国际贸易、进行环球旅行，这一切均为蚊媒传染病的扩散创造了理想生态环境。

然而，在历史学家与记者眼中，与近代历史中的战争、征服、国民英雄（通常是传奇性军事领袖）相比，瘟疫和疾病黯然失色。在文字记载中，帝国与国家命运、重要战争的结果、历史事件的意义均由个别统治者、某些将军或诸如政治、宗教、经济学等人类工具的宏观关切决定。在文字记载中，此种现象无处不在，也因而乌烟瘴气，肮脏腐化。蚊子作为一个旁观者，在人类连续不断的文明进程中，并非活跃因素，而是被人类从历史中除名。如此一来，在不断变化的历史进程中，蚊子饱受非议，其持续不断的影响遭到抹杀，也因此名誉尽毁。蚊子与其所传播的疾病一直与全世界的商人、旅行者、士兵及殖民者相伴相生。任何人造武器装备或发明创造的杀伤力都与之相距甚远。从古至今，蚊子的狂怒未有丝毫减退。它们借此向人类发动伏击，并在现代世界秩序中留下了难以磨灭的印记。

雇佣兵般的蚊子集结瘟疫大军，在全球战场大开杀戒。通常情况下，这对一场左右大局的战争结果起到了一锤定音的作用。蚊子一次又一次让它们那一代最伟大的军队惨遭重创。用德高望重的贾雷德·戴蒙德的话来说，军事史书无以计数，好莱坞宣传大张旗鼓，人们因而对著名将军顶礼膜拜。这扭曲了有损人们自尊的真相：事实证明，与人类力量、物质力量或智慧超群的将军的智慧相比，蚊媒传染病的杀伤力无出其右，让前者鞭长莫及。当我们越过战壕，在具有历史意义的战场上回望历史，有一点值得我们牢记于心：对于军事机器而言，一位身染疾病的战士会比一位阵亡的战士造成的负担更重。因为患病战士不仅需要队友将其撤离战场，还将继续消耗宝贵的资源。在人类战争期间，蚊媒传染病一直在带来巨大战地负担与伤亡。

针对我们的本地环境，我们的免疫系统进行了细致入微的调整。我们的好奇心、贪婪、发明创造、骄傲、大肆侵略，致使我们将病菌推入历史事件的旋涡。不论是围墙还是其他分界形式，蚊子对所有国际边界都不屑一顾。虽然军队大举进军，探险家求知若渴，殖民者对土地（及非洲黑奴）如饥似渴，不远万里地将新型疾病带到另一片土地上，但是在他们本打算征服的异国土地上，当地微生物却让其俯首称臣。在人类文明因蚊子而发生翻天覆地变化之时，人类也不知不觉地对蚊子那颇具穿透力、无所不在的势力予以回应。毕竟，令人痛心疾首的事实是，作为对人类生命最具威胁性的捕食者，蚊子远胜其他所有外部参与者。它们推动了人类历史的种种事件的发展，创造了我们当今的现实世界。

我可以心安理得地说，本书大部分读者拥有一个共同之处——对蚊子恨之入骨。自人类横空出世以来，拍蚊子便是人人尽享的娱乐消遣。跨越时空，从我们非洲祖先的进化到当今，人类一直为了生存，与蚊子一起被困于一场规模空前、你死我活的战斗中。在这场战斗中，双方并非势均力敌。纵观历史，我们毫无胜算。通过进化与适应，我们顽固不化、杀人于无形的主要对手实力不凡，一而再再而三地避开了我们的围剿。其狂热依旧，继续其未曾间断的猎食，延续着长盛不衰的恐怖统治。蚊子依旧是世界的毁灭者，亦是出类拔萃、举世闻名的人类杀手。

我们与蚊子旷日持久的战争就是我们这个世界的战争。

第 1 章

病毒兄弟：蚊子与蚊媒传染病

蚊子飞行时会嗡嗡作响。1.9 亿年以来，这是最易辨认却又最让人心烦意乱的声音之一。经过漫长的一天，你完成了徒步旅行，与家人或朋友露营休息。你迅速冲了个澡，全身放松，躺在草坪躺椅上。你打开一罐冰啤，心满意足地长舒一口气。然而，你还没来得及开怀畅饮，就听到一个再熟悉不过的声音向你徐徐靠近，那声音象征着蚊子的勃勃野心，而它即将让你饱受折磨。

黄昏将至，它最喜欢在此时猎食。虽然你听见它伴随着嗡嗡声渐渐靠近，但是随后它却不声不响地落在了你的脚踝上。而此时此刻，因为它通常在靠近地面的位置叮咬猎物，因此你毫无察觉。顺便提一句，只有雌性蚊子才具有如此行为。它蹑手蹑脚，用 10 秒钟预先勘察，以寻找一条最佳血管。它后背朝外，沉着冷静，稳稳调整其 6 根刺吸式口器的瞄准镜，瞄准调正，蓄势待发。它将下颚的 2 根锯齿状切割片（与电动切肉刀颇为相似）插入你的皮肤，进行切割。与此同时，用另外 2 个拉钩打开一条通路，以方便口器进入。这根口器从其起保护作用的下唇伸出，如同一个皮下注射器。通过这根吸管，它开始从你身上抽吸 3~5 毫克血液。吸血的同时，它立刻排泄出血液中的水分，使血液中 20% 的蛋白质成分凝结。自始至终，第 6 根针头持续不断注入唾液。唾液中含有抗凝剂，可防止你的血液在穿刺处凝固。[1]它因此可以缩短吸食时间，降低你感受到它叮咬的可能，避免你对你的脚踝来一巴掌，将它拍成肉泥。抗凝剂会引发过敏反应，形成一个发痒的肿包。这是它留下的离别礼物。蚊子叮咬是一种为了繁殖而进行的吸食仪式，这一过程错综复杂，富有创意。它需要用你的血液让它的卵生长成熟。[2]

请不要感到自己鹤立鸡群、独一无二，或把自己视为天选之子。在它面前，无人能够幸免。这是这只野兽与生俱来的本性。根据流传至今的传说，与男性相比，蚊子对女性青睐有加；与拥有一头深色头发的人相比，它们更倾向于叮咬金发与红发人群；或者，你的皮肤颜色越深或与皮革颜色越接近，你就越可能免受其扰。这些传说均与事实相差很大。然而，蚊子的确有所偏好。与其他人相比，某类人遭蚊子叮咬的概率更高。这一点千真万确。

与 A 型、B 型或 AB 型血相比，O 型血似乎是蚊子的首选。O 型血人群遭蚊子叮咬的次数是 A 型血人群的两倍，而 B 型血人群遭叮咬的次数介于二者之间。1998 年，迪士尼与皮克斯在电影《虫虫危机》中，描绘了一个场景。一只醉醺醺的蚊子点了一杯"O 型阳性血腥玛丽"[3]。两家公司在制作这一片段之前一定做足了功课。有些人的皮肤天生含有更高水平的某类化学物质，尤其是乳酸，这似乎对蚊子更具吸引力。通过此类元素，蚊子可以判断你的血型。化学成分可以决定

---

[1] 正因如此，蚊子无法传播艾滋病（AIDS，获得性免疫缺陷综合征）或其他血源性疾病。通过与吸血吸管相区分的特殊吸管，蚊子仅仅注入唾液，而其唾液不包含也不可能包含 HIV（人类免疫缺陷病毒）。在其叮咬过程中，不存在血液传播。

[2] 近期研究显示，可以通过训练让伊蚊形成一种生存机制，避免人类与其产生不愉快的接触，比如让其遭到长达 24 小时的追打，进而降低被其重复叮咬的可能性。

[3] 血腥玛丽为一种鸡尾酒，因为颜色为红色，如同鲜血，因此得名。——译者注

个人皮肤的细菌情况，产生独一无二的体味。而吸引蚊子的化学物质与此类化学物质完全相同。虽然你可能冒犯他人，也许还会感到不适，但是在此种情况下散发出令人作呕的味道却是一件好事。因为这会增加你皮肤的细菌水平，减少你对蚊子的诱惑力。保持干净是一种美德。脚臭除外，因为臭脚会释放一种细菌（与发酵奶酪或使其结壳的细菌完全相同）。这种细菌能让蚊子春心荡漾。除臭剂、香水、肥皂及其他芳香剂也对蚊子颇具诱惑力。

虽然对许多人而言，有一点似乎有失偏颇，其原因依旧成谜，但是喝啤酒的人的确对蚊子具有吸引力。身着亮色并非明智之举。因为蚊子捕猎既依靠嗅觉，又依靠视觉。前者主要有赖于潜在目标的二氧化碳呼出量。因此，你的剧烈活动、自然呼气只会吸引蚊子向你进发，让你陷入更大危险之中。它可以在60多米外感应到你呼出的二氧化碳。比如，在你锻炼的过程中，你的呼吸更为急促，二氧化碳呼出量会增加。与此同时，你也会汗流浃背，释放化学物质，其中主要为乳酸，也因此吸引了蚊子的注意力，让蚊子胃口大开。最后，你的体温会上升，对于即将对你伸出魔口的蚊子而言，这是一个可轻而易举辨认的热信号。由于孕妇呼出的二氧化碳量比常人多20%，而且其体温也比常人略高，因此她们被叮咬的次数是常人的两倍。显而易见，由于孕妇可能感染寨卡病毒与疟疾，这对母亲与胎儿而言都不是好消息。

请你不要去洗澡，也不要涂上除臭剂、练习挥棒击球或将你爱不释手的啤酒与最喜欢的 T 恤放在一旁。因为遗憾的是，不论你是什么血型、释放何种天然化学成分与细菌、呼出多少二氧化碳、新陈代谢如何或者是否臭不可闻，在你吸引蚊子的所有特性中，有 85% 乃与生俱来，植根于你的基因中。最终，蚊子无论如何都会找机会从任何暴露在外的目标身上吸食血液。

与雌蚊不同，雄蚊并不吸血。雄蚊的世界围绕两件事展开：吸食花蜜和进行交配。与其他飞行昆虫一样，当雄蚊整装待发，准备交配时，雄蚊会聚集在一个凸状物之上。这种凸状物可以是烟囱、天线、树木与人，类别多种多样。如果在我们散步途中，虫子成群结队紧紧跟随，在我们头顶嗡嗡作响，我们之中许多人会叫苦不迭，唉声叹气，挥手驱赶。但是它们依然阴魂不散。你并非小题大做，也并非凭空想象。你应将其视为一种恭维与尊重。你因雄蚊而享有"蚊群标记"这一殊荣。有照片证明，在空中，雄蚊群规模可铺天盖地，其长度可达300多米，形如一个龙卷风漏斗云。随着求偶心切的雄蚊坚定不移地在你头顶集结成群，雌蚊会飞入蚊群，寻找一位如意郎君。虽然雄蚊在其一生中会频繁交配，但是雌蚊仅需交配一次，便能多次繁育后代。它会将精子储存，然后逐个分配，以供每次产卵使用。对于雌蚊生殖而言，有两个部分不可或缺，而它的一时激情已帮它获取了其中一部分。另外缺少的部分就是你的血液了。

让我们回到我们的露营场景中。你刚刚远足归来，兴致犹存。随后，你向浴室走去。在冲澡过程中，你用香皂与洗发水涂满全身，厚厚的一层泡沫将你覆盖。淋浴完毕，你擦洗干净，在身上喷上适量香体喷雾与除臭剂。最后你穿上你那套色彩亮丽、红蓝相间的海滩装。黄昏将至，疟蚊的晚餐时间也越来越近。而你则坐在你的草坪躺椅上，名正言顺地喝着冰啤，全身心放松下来。你已经倾尽所有，吸引一只饥肠辘辘的雌性疟蚊来到身旁（顺便提一句，我刚刚把座位挪到距你最远的地方）。就在刚刚，在一群满怀渴望的雄蚊群中，这只雌蚊完成交配，心甘情愿上你的钩，然后带着你的几滴血匆匆离开。

雌蚊刚刚享用完血液大餐，其携带血液重量是自身体重的三倍，因此迅速落在最近的垂直面，在重力帮助下，继续将水分从你的血液中排出。在未来几天里，这只雌蚊将利用这份浓缩血液，促进其所产虫卵的生长发育。然后，在你结束活动踏上回家之路时，这只雌蚊则在一个受压变形的啤酒罐上，找到一小摊水，将大约200枚虫卵产在水体表面。这些虫卵会漂浮在水面上。而那个啤酒罐则是你清理垃圾时的漏网之鱼。虽然并非次次如此，但是大多数情况下，雌蚊都将虫卵产在水中，从水塘到小溪，再到一个老旧集装箱底部、一个废旧轮胎或一个后院玩具中的一小摊积水，任何水体都能满足其需要。某类蚊子青睐特定类型的水，比如淡水、咸水或微咸水（一种混合水），而对于其他蚊子，任何类型的水都能符合其要求。

蚊子的寿命很短，一般为 1~3 周，最长可达 5 个月。在其极其短暂的一生中，我们身边的蚊子将叮咬不息，产卵不止。虽然其飞行高度最高可达 3 200 米左右，但是与大多数蚊子一样，它的活动范围几乎从不超过其出生地半径 400 米。虽然天气凉爽时，虫卵孵化时间会相应增加，但是在高温情况下，在两到三天内，虫卵孵化后会变成摇摇摆摆的水生孑孓（儿童期）。这些孑孓在水面搜寻食物，不用多久，就会变成大头朝下、弯腰驼背、身体倾斜的孑孓（青少年期）。这些孑孓将尾部置于水中，从中伸出两个"喇叭"，以便呼吸。几天以后，一层保护性外壳缓缓开裂，身体健康的蚊子成虫便展翅起飞。新一代雌蚊如梦魇女妖一般，与上一代一样，迫不及待想在你身上大快朵颐。这种令人印象深刻的成长过程大约需要一周时间。

自现代蚊子首次出现以来，这一生命周期便在地球上循环往复，未曾间断。研究表明，在外形方面，蚊子的祖先与当今的蚊子别无二致。它们早在 1.9 亿年前便出现在地球上。在昆虫化石之中，琥珀最具价值。因为琥珀捕捉到最细微的细节，包括虫网、虫卵及其被埋葬时完好无损的内部结构。本质上，琥珀是石化的树液或树脂。历史上最古老的两只石化蚊子便被保存于琥珀之中。一只位于加拿大，另一只位于缅甸。两个琥珀于 8 000 万 ~1.05 亿年前形成。虽然如今我们无法辨认此类原始吸血鬼生存的环境，但是蚊子依旧如一。

与我们当前①生活的地球相比，当时的地球有着天壤之别。与当前的动物相比，当时将地球称为家的大多数动物亦是如此。我们如果回顾地球生命的进化史会发现，尤为突出的是，昆虫与疾病狼狈为奸。45 亿年前，地球诞生不久之后，单细胞细菌是最早出现的生命形式。

---

① 本书英文版出版于 2019 年。

在多种多样的气体与广阔无垠的原始海洋熔炉中，单细胞细菌横空出世。随后，它们迅速站稳脚跟，形成一定生物量。其数量是所有其他动物总量的25倍。与此同时，单细胞细菌也构成石油与其他化石燃料的基础。在一天时间里，一个单细胞细菌能够生产超过4×10^{21}个单细胞细菌，而地球其他所有生命均难以企及。对于地球其他生命而言，单细胞细菌既不可或缺，也是基础成分。随着繁殖活动开始，单细胞细菌进行无性繁殖与细胞分裂，以适应环境，并在其他生物宿主身上或体内找到更为安全、有利的居所，在那里永久定居。在人类身体中，其所包含的细菌量与人体细胞量几乎相同。在极大程度上，此类共生关系一般能够帮助宿主与寄生菌实现互利共赢。

导致问题出现的原因是许许多多的不良组合。当前，人类已经鉴定出超过一百万种微生物，但是其中只有1 400种有可能对人类造成伤害。[①] 比如，能导致肉毒杆菌食物中毒的细菌若产生12盎司[②]（一个标准易拉罐的容量）的毒素，则足以将地球上任何一个成年人置于死地。随后，病毒诞生于世，寄生虫接踵而至。这反映了其细菌父母的寄居安排，形成了疾病与死亡这对无可匹敌的组合。面对这些微生物，细菌父母的唯一责任便是繁殖、繁殖再繁殖。[③] 细菌、病毒、寄生虫、蠕虫与真菌已经秘而不宣地散布苦难，支配人类历史进程。这些病原

---

① 据估计，地球上约有1万亿种微生物。这意味着有99.999%的微生物依然不为人所知。

② 1美制液体盎司为29.57毫升。——编者注

③ 病毒与细菌截然不同。病毒并非细胞生物，它们是分子与自身先天特性的集合体。在人类眼中，病毒并没有"生命"，因为它们缺少与生物体息息相关的三个基本属性。若没有宿主细胞帮助，病毒便无法繁殖。它们劫持宿主细胞的繁殖设备，使其改变工作方向，"复印"病毒自己的基因代码。病毒也无法通过细胞分裂实现繁衍。最后，它们不进行任何形式的新陈代谢。这意味着，它们不需要或者说不消耗能量，便能生存下来。鉴于病毒需要有宿主才可完成繁殖，因此几乎每一个地球生命体都会受其影响。

体为何会不断进化，将自己的宿主赶尽杀绝？

我们如果可以暂时放下偏见，便能发现，这些微生物与我们一样，通过自然选择之旅，将生命延续至今。这也是它们依然能让我们疾病缠身，而我们却难以将其斩草除根的原因。你也许心存困惑：若送宿主升天，似乎是自取灭亡，有百害而无一利。虽然疾病会夺去我们的生命，但是病状正是微生物对我们的召唤，让我们为其扩散繁殖助一臂之力。你若静下来仔细思考，会发现这招让人拍案叫绝。一般情况下，细菌在保证自身能够传染复制之后，才会杀死宿主。

有些细菌不声不响，等待其他生物将其一口吞下，比如会引发"食物中毒"的沙门氏菌及各类蠕虫。实际上，这是一种动物吃掉另一种动物。水源性或痢疾类传染病涵盖范围广泛，包括贾第虫病、霍乱、伤寒、痢疾及肝炎。其他传染病还包括普通感冒、肠胃炎、流感。此类疾病通过咳嗽与打喷嚏进行传播。有一些传染病会直接或间接通过病变、疮口、污染物或咳嗽传播，天花便是如此。当然，严格地从进化论立场来看，我个人最感兴趣的是那些在我们以亲密之举繁衍后代的同时，偷偷摸摸完成繁殖的病菌！其中包括所有会导致性传播疾病的微生物。胎儿在母亲子宫内便可感染多种祸患无穷的疾病。

本书还涉及其他会导致伤寒、黑死病、美洲锥虫病、锥体虫病（非洲嗜睡病）的病菌。此类病菌通过带菌体（传播疾病的一个生物体），比如跳蚤、螨虫、苍蝇、扁虱及我们至亲至爱的蚊子，随心所欲地四处扩散。为了尽可能增加生存概率，许多细菌双管甚至多管齐下。微生物聚集的各种症状或转移方式，是专家级进化选择的结果，以此有效生殖，确保其物种生生不息。此类细菌与我们人类一样，倾其所有谋求生存。它们会持续不断地改变形态，躲避我们使用的最佳杀菌手段，因而在进化方面，它们始终更胜一筹。

恐龙王朝千秋万代，从 2.3 亿年前开始，持续至 6 500 万年前。恐龙统治地球的时间达到令人咂舌的 1.65 亿年。但是在地球上，恐龙并非形单影只。在恐龙王朝之前、鼎盛时期及瓦解之后，昆虫与其携带的疾病都与恐龙相伴相随。大约 3.5 亿年前，昆虫首次出现在地球上，随即便吸引了穷凶极恶的疾病大军，建立了前所未有的毁灭联盟。在侏罗纪，蚊子与沙蝇分秒必争，用大规模杀伤性生物武器全副武装。细菌、病毒与寄生虫不声不响、驾轻就熟地继续进化。与此同时，它们不断扩大生存空间，增加宿主类别，打造一个动物挪亚方舟，使之成为其藏身之处。经典达尔文主义选择理论认为，宿主数量增加会提高寄生体的生存与生殖概率。

面对高大威猛的恐龙，穷兵黩武的蚊群并没有望而却步。它们将恐龙视为盘中之物，无时无刻不在搜寻目标。在《恐龙为何饱受困扰？》一书中，作者兼古生物学家乔治·波伊纳与罗伯塔·波伊纳提出："这些虫源性疾病与长期生龙活虎的寄生虫变化多端，恐龙的免疫系统对此无能为力。通过使用致命武器，具备叮咬能力的昆虫便是食物链中的顶级猎食者。现在，此类昆虫能够像决定恐龙命运一样影响当今世界。"如同今天一样，数百万年前，贪得无厌的蚊子发现了饱腹之道，为自己找到了稳定供应的血制点心。蚊子在嗡嗡作响与贪婪叮咬中享受的这一快乐套餐至今丝毫未变。

皮肤较薄的恐龙在当时如同如今的变色龙与毒蜥（两种动物均携带多种蚊媒传染病）。对于身形微小、不易被觉察的蚊子而言，此类恐龙就是开发成熟的采石场。有的恐龙虽然全副武装，其皮肤两侧有厚厚的被鳞片包裹的角质（如同我们的指甲），但是在蚊子泛滥的情况下，恐龙也是蚊子能够轻易得手的目标。覆盖羽毛、长满绒毛的恐龙更唾手可得。因此，对于蚊子而言，即使是顶盔掼甲的野兽也会不堪一击。简而言之，与当今世界的鸟类、哺乳动物、爬行动物和两栖动物一样，蚊子对所有恐龙一视同仁。

想象一下蚊子泛滥的季节的情形，或你在个人不断增加的经历中与这些顽固不化的敌人决一死战的情形。我们披坚执锐，全身涂满驱蚊剂，点亮香茅蜡烛，点着蚊香，在篝火边彼此紧靠。我们左拍右打，用蚊帐、屏风与帐篷坚守阵地。但是，不论我们做何努力，蚊子总会眼观六路，发现我们装甲下的缝隙与我们的阿喀琉斯之踵。它势不可当，志在必得，誓要用我们的鲜血，行使其不言自明、不可剥夺的生殖权利。它将准星对准我们的暴露区域，刺破我们的衣服。在它不屈不挠的攻势下，虽然我们拼尽全力，努力阻挡，但它却更胜一筹，最终尽享美餐。恐龙也无一幸免，只不过恐龙没有防御措施。①

　　在恐龙时代，由于气候炎热潮湿，蚊子全年四处觅食，朝气蓬勃，进而数量大增，兵强马壮。专家将此时的蚊子比作加拿大北极地区的蚊群。劳伦·卡勒博士是达特茅斯学院北极研究所的一位昆虫学家。他说："在北极，蚊子的猎物屈指可数。因此，它们一旦发现一个猎物，便会变得丧心病狂。它们冷酷无情，不知疲倦，永无休止。只需几秒钟，它们便可将你淹没。"驯鹿越是努力逃离蚊子的突然袭击，就越无法进食、迁徙或进行社交，进而导致其数量严重下降。蚊群如狼似虎，以每分钟 9 000 次的频率叮咬幼年驯鹿，能够真真正正让其因失血过多而死亡。若用人做对照，蚊子仅需 2 个小时，就能吸走一个成年人一半的血液。

　　琥珀中的蚊子样本包含感染各类蚊媒传染病的恐龙血液。这些疾病包括预示患上黄热病的疟疾，还包含虫病。引发此类虫病的寄生虫与如今引发犬心丝虫病及象皮病的寄生虫类似。毕竟，在迈克尔·克莱顿的小说《侏罗纪公园》中，人类正是从琥珀中蚊子的腹部提取恐龙血液，才获取了恐龙的 DNA（脱氧核糖核酸）。人们使用与 CRISPR（clustered regularly interspaced short palindromic repeats，规

---

① 科学家猜测：恐龙是否像我们当今皮肤有褶皱的大象一样，后背长有伸缩自如、折叠式的皮肤。一旦蚊群落在光滑平坦的大象的皮肤上，大象便迅速收缩皮肤，形成如同手风琴一般的褶皱，让毫无防备的蚊子变得血肉模糊。由于大象无法使用尾巴或象鼻触及其背部，这一颇具创意、富有进化意义的适应性做法让困扰大象的蚊子问题迎刃而解。

律间隔成簇短回文重复序列）相似的技术，通过基因工程，培育出新生的活恐龙，创建了一座史前公园版的多伦多非洲狮野生动物园，也因此赚得盆满钵满。在该小说的同名电影剧本中，存在一个不易察觉却至关重要的细节性错误。1993 年，史蒂文·斯皮尔伯格根据该剧本，拍摄出轰动一时的同名电影。电影中描绘的蚊子是为数不多无须血液便可繁殖后代的蚊种！

许多蚊媒传染病让当今人类与动物饱受折磨。而在恐龙时代，此类疾病便已活跃于世，以其高感染率、高致死率，肆虐横行。有迹象一清二楚地显示，在一只霸王龙的血管中，同时存在疟原虫及其他几种寄生虫。除此之外，在各种各样恐龙的粪化石（石化恐龙粪便）中，人们也发现了疟原虫与其他寄生虫。虽然如今蚊子会向爬行动物传播 29 种不同类型的疟疾，但是它们并没有出现症状，或者是它们能够忍受其症状带来的痛苦。其原因在于，爬行动物已获得后天免疫力，能抵抗疟疾这种古老的疾病。然而，恐龙不会为自己构建这一保护罩。因为在大约 1.3 亿年前的恐龙时代，疟疾才刚刚成为蚊媒传染病队伍中的新兵。波伊纳提出假设称："在节肢动物传播的疟疾还是相对较新的一种疾病时，在获得一定程度免疫力之前，恐龙遭受了毁灭性影响……疟原虫已进化出复杂的生命周期。"在近期的试验中，研究人员向变色龙体内注射几种疟原虫，结果变色龙全部死亡。虽然在这些疾病中有许多并不足以致命，但是它会像今天一样，让感染者虚弱无力。遭到感染的恐龙无法行动、疾病缠身、无精打采，极易遭受攻击，成为食肉动物的瓮中之鳖。

历史并非被妥善保存于精心标记的盒子之中。因为历史事件并非彼此独立存在，而是共同存在于一个广泛的影响范围之内，相互作用，相互影响。鲜有因单一因素而出现并发展的历史事件。大多数历史事件是在更为广泛的历史叙事背景下，相互交织影响的网络与层层叠加的因果关系的产物。蚊子与蚊媒传染病也不例外。

以恐龙灭绝论为例。在过去十年里，虽然疾病灭绝论引人关注，令人信服，但是该理论无法取代根深蒂固、广为人知的陨石撞击地球论。广泛的科学领域的大量证据与数据表明，6 550 万年前，在坎昆西部，也就是现今广受游客欢迎的墨西哥尤卡坦半岛，的确发生了陨石大冲撞，形成了一个陨石坑，大小与佛蒙特州不相上下。

然而，当时的恐龙数量已经急剧下降。根据相关理论，高达 70% 的地区性物种在当时已经无影无踪或濒临灭绝。陨石撞击地球之后，核冬天与气候骤变接踵而至。这一致命打击让恐龙难逃天命，加快了灭绝速度。海平面与气温骤降，地球环境极度不稳定，生命在此难以维系。波伊纳推断："不论你支持灾变说还是渐变论，你都无法对疾病肆虐的可能性视而不见，微小昆虫携带的疾病尤为如此。对于恐龙灭绝而言，此类疾病发挥了至关重要的作用。"早在现代智人出现以前，蚊子便已兴风作浪，切切实实地改变了地球生命进程。由于蚊子的鼎力相助，顶级捕食者恐龙销声匿迹。哺乳动物，包括我们的直系猿人祖先，也因而得以进化并发展壮大。

恐龙的生命戛然而止。其他茫然无知却意志坚定的幸存者从废墟中崛起，在暗无天日、残酷无情的不毛之地上，在野火蔓延、地震频发、火山活跃、酸雨泛滥的环境中，艰难求生。在这片天启景象中，具有热追踪能力的蚊子军团四处巡逻。陨石撞击地球之后，体形更小的动物迎来春天，其中许多拥有夜视能力。它们需要的食物更少，不挑肥拣瘦。在地球这个狂暴无息的地狱中，其避难选择也更为多样。对于自身安全问题，它们可以高枕无忧。有些物种的适应能力更强，因此得以苟全性命、发展壮大，最终繁衍出多个新物种。哺乳动物与昆虫便位列其中。另一个物种是鸟类。在存活至今的动物中，鸟类是唯一被人们认定为恐龙直系后裔的物种。由于该谱系完好无损，鸟类成为诸多蚊媒传染病的避难所，并帮助此类疾病传播至其他诸多物种身上。时至今日，鸟类依然是许许多多蚊媒病毒的主要温床，其中包括西尼罗病毒与引起各类脑炎的病毒。在这一涅槃重生、重建生命、重启进化扩张的旋涡之中，人类与蚊子永无止境的战争拉开大幕。

虽然恐龙灰飞烟灭，但是为之推波助澜的昆虫却历经磨难，在整个人类历史中将死亡与疾病注入人类文明。它们才是最终的幸存者。在地球上，昆虫仍然是数量最多、种类最丰富的物种。其数量占所有生命体的57%。若仅将所有动物视为整体，这一比重便上升至令人咋舌的76%。哺乳动物的数量则无足轻重，仅占物种总数的0.35%。若将昆虫与哺乳动物进行比较，昆虫数量的整体影响则会被进一步放大。它们迅速成为各类细菌、病毒、寄生虫的避难所与最理想的宿主。正因为昆虫数量大、种类多，微生物才能获得更多繁衍生息的机会。

通过动物向人类自然传播的疾病叫人畜共患病（zoonosis, 希腊语意为"动物疾病"）。在更多情况下，人们将其称为"溢出"。当前，在所有人类可感染的传染病中，人畜共患病占75%，该比例与日俱增。在过去50年，研究人员发现虫媒病毒的增速让其他病毒相形见绌。有些病毒由诸如扁虱、小型昆虫、蚊子等节肢动物携带者传播。1930年，人们仅知道有6种类似病毒会传播至人体，引发疾病，其中目前为止最致命的当属由蚊虫传播的黄热病病毒。现如今，此类病毒共有505种。许多更为古老的病毒已正式得到鉴定。而新病毒，包括西尼罗病毒与寨卡病毒，通过昆虫病毒携带者，将目标从动物转向了人类宿主，而病毒携带者就是蚊子。

由于我们与猿类动物基因相似，拥有共同祖先，在我们可感染的疾病中，20%可通过各类病毒携带者使猿类感染，并以同样的方式传染给我们。而病毒携带者中，蚊子同样位列其中。在我们的进化历程中，蚊子与蚊媒传染病与我们如影随形。达尔文进化论丝毫不差地证明了这一点。有化石证据表明，早在600万~800万年前，原始人便感染了一种疟原虫。该疟原虫最早于1.3亿年前首次出现在鸟类身上。正是在这一时期，早期原始人与黑猩猩，即DNA的相似度超过96%、与我们最为接近的近亲，拥有最为原始的共同祖先，而类人动物和类人猿则分道扬镳。①

　　最早感染人类的疟原虫使人类避之不及，既让进化进程蒙上阴影，也让如今人类及所有类人猿均能感染并相互传染。事实上，有理论称，在非洲大草原，我们人类祖先为了保持凉爽，循序渐进地褪去了浓密厚重的毛发，与此同时，发现并消灭人体寄生虫与咬人昆虫因此变得更为容易。针对疟疾，历史学家詹姆斯·韦伯提供了一个客观全面的解释。在《人类负担》一书中，韦伯强调："疟疾是最古老也是历史上致死人数最多的传染病。在人类历史初期，疟疾便全面渗透。因此从古至今，疟疾一直都是人类的一个痛苦之源。在疟疾的发展史中，它几乎未曾留下任何蛛丝马迹。在人类历史早期，疟疾便与人类相伴相生。这一事件远远早于人类历史记载。甚至在近 1 000 年前，疟疾默不作声，却在各种人类历史记载中频频出现。虽然近乎无处不在，但疟疾未获得过多注意。在其他时代，流行性疟疾在世界历史中横行霸道，所到之处，横尸遍地，哀鸿遍野。"W. D. 泰格特博士就职于沃尔特·里德国家军事医学中心，是从事相关工作较早的一位疟疾学家。他哀叹道："疟疾如同天气一样，似乎时时刻刻与人类密不可分。正如马克·吐温关于天气的描述一样，在疟疾面前，人类似乎也毫无作为。"在达尔文学说中，与蚊子及疟疾相比，智人是新生儿。仅在约20万年前②，我们才作为现代智人，高歌猛进。这一观点已广为人们所接受。无论如何，我们依旧是一个历史相对短暂的物种。

　　若要理解蚊子对历史及人类广泛、潜移默化的影响，我们首先必

---

①　当前，在人类与黑猩猩身上，有 99.4% 的关键性非同义替代 DNA 或"重要功能性"DNA 相同，其相关程度超出人类与老鼠相关程度的十倍。鉴于该种密切的基因关系，有些科学家认为，在黑猩猩中，有两个现存物种（倭黑猩猩与普通黑猩猩）为人属。而如今，人属中只包含人类。

②　根据德高望重的历史学家艾尔弗雷德·W. 克罗斯比的观点，此时间点与其他信息容易彼此矛盾且饱受争议。为此，我们将把注意力集中在年表与相对时间范围，而不是绝对日期。

须鉴别蚊子及其所传播的疾病。我并非昆虫学家，也不是疟疾学家或热带医学专家，更不是在与蚊子旷日持久的医疗科学战争战壕中的数不胜数的无名英雄中的一员。我是一位历史学家。我将复杂多样、与蚊子及其病原体相关的科学解释，交由以下专家提供。昆虫学家安德鲁·斯皮尔曼博士建议："为应对在世界各地日趋恶化的健康威胁，我们必须了解蚊子，并看清其在自然界的位置。更为重要的是，我们应该理解我们与这一体形微小、无处不在的昆虫之间的方方面面，领悟我们为与之共生而在历史中所做的长期不懈的努力。"然而，为了最充分地领悟我们故事的其余部分，我们首先必须知道我们行将面对的究竟为何物。《孙子兵法》是中国古代军事家孙武于公元前 5 世纪创作的不朽之作。我在此引用其中一句话，可对我们的做法予以解释："知己知彼，百战不殆。"

　　"并非强者生存，亦非智者生存，而是适者生存。"人们一直认为这句话为查尔斯·达尔文所说，其实不然。[①] 不论此句出自何处，蚊子与蚊媒传染病均为这句话的经典例证。其中最著名的当属疟原虫。它们是通过进化适应环境的大师。蚊子可以根据其所在环境的不断变化，在几代之内迅速进化以适应新环境。比如，1940—1941 年，第二次世界大战中德国发动闪电战期间，德军轰炸伦敦，炸弹密如雨下，库蚊与伦敦坚忍不拔的市民们共同受困于地下隧道，躲避德军的空袭。这些困于地下的蚊子迅速做出改变，不再以鸟类为食，而是转向老鼠与人类。现如今，库蚊与生活在地面、与其同宗同族的蚊子截然不同。[②] 这些如矿工一般的蚊子仅用不到一百年，便完成了本应历经数千年才可实现的进化。英国昆虫学会与自然历史协会前任主席理查德·琼斯打趣道："再过一百年，在伦敦地下的地铁通道里，可能会出现独立

---

① 在达尔文出版的作品、书写的日记或信件中，均未出现这一经常被人们使用的言论。

② 在不列颠之战后不久，英国蚊式战斗轰炸机于 1941 年年底开始服役。

的环线、都市线及银禧线 ① 蚊种。"

虽然蚊子拥有非同寻常的适应能力，但是它完全是一种自恋生物。与其他昆虫迥然不同，蚊子不会以任何方式为植物授粉或松土，亦不会食用废弃物。蚊子甚至不会成为其他动物不可或缺的食物来源，这一点与普遍的观点背道而驰。除繁衍后代，或许还有将人类置于死地之外，蚊子没有其他生存目的。作为人类整个历史中的顶级捕食者，在与人类的关系中，蚊子似乎对失控的人口增长趋势起到了抑制作用。

1798 年，英国传教士与学者托马斯·马尔萨斯出版突破性作品《人口原理》。该作概述了其政治经济学与人口学方面的观点。他认为，一旦一种动物的数量超出资源承受能力，自然灾害或诸如饥荒、战争、疾病等制约因素将迫使其数量回到可持续水平，并恢复到健康的均衡状态。马尔萨斯得出简单直白的推论："人类罪恶猖獗泛滥，促使人口下降。重重罪恶是浩浩荡荡毁灭大军的开路先锋，它们通常亲自操刀，完成令人胆寒的任务。但是，如果它们在这场毁灭之战中铩羽而归，疾病流行季、流行病、鼠疫与瘟疫便会接踵而至，列队前行，让人不寒而栗，成千上万人将命丧其手。若没有大功告成，大规模饥荒会紧随其后，人类依然在劫难逃。"随着马尔萨斯人口论对这一令人毛骨悚然的世界末日场景加以呈现，作为主要检测者的蚊子便登场亮相。执行这一无与伦比的死亡协定的主要行凶者仅有两个，即疟蚊与伊蚊。但是，它们不会引火烧身。在两种蚊子中，"功勋卓著"的雌蚊传播的蚊媒传染病超过 15 种。

自人类横空出世以来，蚊子的病毒二兄弟，即疟疾与黄热病，一直都是死亡与历史变迁的代言人。在人类与蚊子旷日持久的战争史中，二者主要扮演反派角色。J. R. 麦克尼尔认为："时刻牢记要正确看待黄热病与疟疾的作用并非易事。蚊子与其病原体并未留下回忆录，也未发布宣言，因而无证可考。在 1900 年之前，按照当时对于疾病与

---

① 银禧线（Jubilee Line）为英国伦敦地铁中的一条行车路线。——编者注

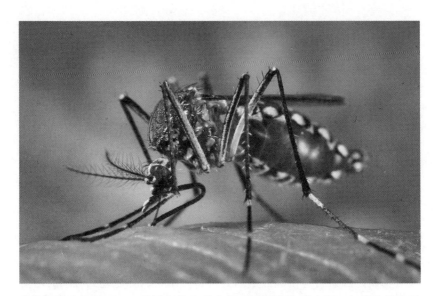

我们的敌人伊蚊：一只雌性伊蚊正从人类身上汲取血液大餐。伊蚊传播多种蚊媒传染病，包括黄热病、登革热、基孔肯雅热、西尼罗热、寨卡热及各类脑炎。（詹姆斯·盖斯尼／美国疾控中心公共卫生图像库）

我们的敌人疟蚊：一只雌性疟蚊正通过其刺吸式口器从人类宿主身上汲取血液大餐。请注意其正排出体外的分泌液，其作用是在其腹部凝结血液中的蛋白质。疟蚊是唯一一种携带5种可传染至人类的疟原虫的带菌体。（詹姆斯·盖斯尼／美国疾控中心公共卫生图像库）

健康的普遍理解，人们并未意识到黄热病与疟疾的作用，对二者的重要性只有一知半解。随后，生活在卫生'黄金时代'的历史学家们也未能发现其重要性……但是蚊子与其传播的病原体的确是客观存在的……它们会对人类事务造成影响，而这些影响在档案文件与回忆录中有所反映。"

但是，在超过 15 种由蚊子向人类传播的疾病中，疟疾与黄热病仅仅是其中两个。其他疾病也推波助澜，共同在人类历史上留下烙印。蚊媒病原体可以分为三类：病毒、蠕虫、原生动物（寄生虫）。

其中，病毒种类最为丰富：黄热病病毒、登革热病毒、基孔肯雅病毒、马雅罗病毒、西尼罗病毒、寨卡病毒，以及引起各类脑炎的病毒，包括圣路易斯型脑炎病毒、马脑炎病毒与日本脑炎病毒。虽然这些病毒让人无精打采，失去力气，但是总体来看，除黄热病病毒外，并未有许多人因其殒命。西尼罗病毒、马雅罗病毒及寨卡病毒是蚊媒传染病中的新成员。当前，除黄热病外，没有针对其他传染病的疫苗。但是在大多数情况下，感染者死里逃生后，便具有与其相伴终生的免疫力。由于各种传染病彼此紧密相关，因此其常见症状包括发热、头痛、呕吐、起皮疹、肌肉及关节疼痛。通常情况下，在因蚊虫叮咬而染病 3~10 天后，这些症状会开始显现。绝大多数感染者在一周内便可康复。虽然严重病例极为罕见，但是这确实会引发病毒性出血热与大脑水肿（脑炎），造成病人死亡。此类病毒性感染主要由伊蚊导致，而死亡人群类型组成不成比例，大多为老人、小孩、孕妇及存在健康问题的人。虽然此类疾病在全球各地均有病例出现，但是非洲的感染率高居世界第一。

在病毒分类中，黄热病病毒独占鳌头。黄热病经常会恶化，并伴随出现地方性疟疾感染。黄热病战功累累。大约 3 000 年前，黄热病便在非洲对人类穷追不舍。到了近代，黄热病改变了全球历史走向。这一敌人将目标锁定为正值壮年、身体健康、年富力强的成年人。虽然人类在 1937 年研发出效果显著的疫苗，但是每年依然有 3 万 ~5 万人因黄热病而撒手人寰，其中95%死于非洲。黄热病病毒感染者中，约75%的症状与上述病毒性传染病如出一辙，通常会持续3~4天。对于另外25%运气不佳的感染者，经过一天的缓解期之后，他们便进入第二个发病阶段：因高烧不退，最终精神完全错乱；由于肝脏受损，患上黄疸，出现严重腹痛、腹泻，并伴有耳口鼻出血。胃肠道与肾内部损伤会引发呕血与胆汁反流，其颜色和黏稠度与咖啡渣相当，进而引发西班牙黄热病（在西班牙语中，该病名为黑呕病）。随后，患者会出现昏迷症状，最终死亡。通常情况下，患者会在最初症状出现两周后死亡。而对许多患者而言，请求死神降临是他们恳求老天帮他们实现的最后一个愿望。

这一描绘虽然呈现出的画面阴森可怖，但是也体现了黄热病对人类发展、繁衍生息的影响。其所带来的恐惧让人不寒而栗，瑟瑟发抖。在新世界的欧洲殖民地尤为如此。1647年，随着非洲黑奴及欧洲蚊子的到来，美洲暴发首次具有决定意义的黄热病疫情。[①] 苦思冥想"黄杰克"（英国人将黄热病称为"黄杰克"）下一次将在何时何地大开杀戒，令人痛苦不堪。黄热病的致死率平均约为25%，这取决于黄热病病毒的毒株类型和外部环境的具体情况，但是其死亡率达到50%也并非难得一见。在加勒比地区，暴发的黄热病疫情死亡率多次达到85%。关于幽灵船的故事，如《飞翔的荷兰人号》，均基于真实事件口口相传。船只在海上漫无目的地漂流，最终被人们发现。而所有船员早在数月前就因黄热病殒命。迎接登船查勘人员的只有死尸的恶臭与皑皑白骨，而他们对造成眼前一切的罪魁祸首毫无头绪。幸存者则数周无法活动，然而幸运的是，打一针便可解除后顾之忧。一旦有人拔去这一顽固不化疾病的獠牙，他们便可终生免疫。人们认为，登革热源于2 000年前非洲或亚洲的猴子（也可能二者均为病原）。与其亲密无间

---

① 关于黄热病在美洲的首次出现，学者之间仍有争议。有学者认为，黄热病最早于1616年出现。

的黄热病兄弟相比，登革热更为和善可亲。对于患者而言，一种病毒只能提供针对另一种病毒的有限且不对等的免疫力。

血丝虫病是蠕虫病类别中的唯一成员，通常被称为象皮病，依靠伊蚊、疟蚊与库蚊传播。蠕虫会侵入并阻塞人体淋巴系统，产生积液，导致下肢与生殖器极度肿大，同时会经常引发失明。肿大的阴囊尺寸可轻而易举超过大型沙滩充气球。这种病状也并不罕见。对于女性而言，阴唇会变得奇形怪状。虽然使用价格低廉的现代药物便可治愈这一妖魔化的疾病，但不幸的是，每年仍有 1.2 亿人饱受象皮病折磨，患者主要位于非洲热带地区与东南亚。

在原生动物或寄生虫分类中，疟原虫自成一家。1883年，苏格兰生物学家亨利·德

天魔下凡：该版画源自 1614 年一本英国医学教科书，展示了一位有血丝虫病（象皮病）标志性症状的女性。（戴奥墨得亚 / 惠康图书馆）

拉蒙德将寄生虫描述为："进化论法则的一个缺口，对人类犯下了最为严重的罪行。"对人类而言，疟疾是无法逾越的苦难。当前，每年大约有 3 亿人惨遭不幸，通过疟蚊叮咬感染疟疾。其方式与你在假期露营期间遭蚊子叮咬的吸血方式别无二致。疟原虫会进入你的血液，丧心病狂地奔向你的肝脏，以便在那里休养生息。与此同时，疟原虫还精心策划，通过繁殖，向你的身体发起进攻，而你却对此一无所知。然而，你从露营之旅返回家中后仅仅是疯狂抓挠蚊子叮咬的地方，而

疟原虫则已神不知鬼不觉地隐藏在你的肝脏之中。你的患病严重程度及存活概率可能取决于你所感染的疟疾类型。

同时感染一种以上疟疾也并非不可能。但是通常情况下，在这场战斗中，最致命的类型会占据上风。疟蚊共有 480 种，其中有 70 种会致使你感染疟疾。在全世界，有超过 450 种完全不同的疟原虫在动物群体中兴风作浪，其中有 5 种疟原虫让人类痛不欲生。有三种疟原虫，即诺氏疟原虫、卵形疟原虫与三日疟原虫，不仅极为罕见，而且致死率相对较低。在东南亚，诺氏疟原虫会通过猕猴实现由动物向人类的传染，而并不常见的卵形疟原虫与三日疟原虫现在几乎仅存于西非。我们可以将你感染这三种疟原虫的可能性排除在外，而我们需要考虑的是两种最危险、传播范围最广的竞争者。它们兵戎相见，只为独霸你的健康与生命，它们就是间日疟原虫与恶性疟原虫。

疟原虫在你的肝脏里伺机而动，将经历由 7 个阶段组成的生命周期。这一生命周期让人大开眼界，印象深刻。疟原虫必须依靠多个宿主才能繁衍生息，即蚊子与二级带菌者大军，包括人类、猿、老鼠、蝙蝠、兔子、豪猪、松鼠、鸟、两栖动物与爬行动物，以及其他动物。不幸的是，你就是目标宿主。

遭遇命中注定的蚊子叮咬之后，疟原虫这一邪物会发生突变，用 1~2 周时间在你的肝脏内大肆繁殖。在此期间，你的身体并不会显现症状。随后，一支新型疟原虫大军会从你的肝脏一涌而出，侵入你的血流。疟原虫附着在你的红细胞上，以迅雷不及掩耳之势穿透外层防御，接触身体内部的血红蛋白，随之开始大快朵颐。在血细胞内部，它们又经历一次变形与繁殖周期。血细胞肿胀变大，不堪重负，最终破裂。复制产生的疟原虫与新型"无性生殖"疟原虫喷涌而出。前者继续前进，攻击活性红细胞；后者轻松惬意地在你的血流中漂荡，等待搭乘蚊子的顺风车，此种疟原虫会发生形态变化。正是这种遗传灵活性，使人们难以通过药物或疫苗将其完全消灭，或遏制其繁殖势头。

现在，你身染重病，并不时地打寒战，紧随其后的是让温度计爆表的 41.1 摄氏度 [1] 高烧。这一全面暴发的周期性疟疾症状将你牢牢控制住。在疟原虫面前，你任由它摆布。你蜷缩在汗水浸透的床单上，苦苦挣扎，却无能为力，只能时而抽搐不止，时而笨拙移动，时而破口大骂，时而痛苦呻吟。你低头看去，发现你的脾脏与肝脏显著肿大，你的皮肤出现黄疸的泛黄光泽。时不时地，你还会呕吐不止。高烧仿佛要将你的脑袋融化。随着每次疟原虫入侵你的血细胞，或从血细胞中喷涌而出，这种高烧都会分秒不差，在固定间隔内再次发作。在疟原虫吞噬新的血细胞并在其内部繁殖期间，高烧便随之缓解。

疟原虫会严格按照时间安排，使用精确复杂的信号，同步序列及其整个周期。在我们的血液中，这一新型智能中心式无性繁殖寄生虫传递出"咬我"的信号，吸引蚊子，进而搭上蚊子的顺风车，从受感染人类身上离开，完成其生殖周期。在蚊子胃里，这些细胞再次突变，分成雄性与雌性。它们离开蚊子内脏，进入其唾液腺。在唾液腺内部，疟原虫精明机敏地操纵蚊子，通过抑制其抗凝剂的产生，减少单次叮咬所吸食的血量，进而增加蚊子的叮咬频率。此举迫使蚊子叮咬得更为频繁，以获取所需血量。如此一来，疟原虫保障了自己的传染、繁殖，以及其生存概率与范围的最大化。对于进化适应机制而言，疟疾这一例子颇为引人关注。

两周前，在你露营旅行期间，那只十恶不赦的蚊子正是通过含有疟原虫的唾液腺令你感染疟疾的。但是问题依旧未能得到解决：是哪一种疟疾让你行动困难，出现周期性复发病症，使你浑身无力？若是让人闻风丧胆的恶性疟，你可能会恢复如初，或进入该病的第二个阶段，即脑型疟或重度疟。在一到两天内，你将发生痉挛、昏迷或死亡。虽然恶性疟的死亡率具体由疟疾类型、地点与其他诸多因素决定，但是感染者的死亡率为 25%~50%。那些在脑型疟魔爪下死里逃生的人中，

---

① 此处英文原书为华氏度，转换为摄氏度后保留小数点后一位（四舍五入）。本书余下度数转换按此相同方式处理。——编者注

有大约25%会遭受永久性神经损伤，包括失明、失语、严重学习障碍或四肢瘫痪。每过30秒，疟疾便会夺去一个人的生命。令人难过的是，在死亡人群中有75%为5岁以下儿童。恶性疟是吸血鬼般的连环杀手，有90%的疟疾致死情况由恶性疟造成。恶性疟与黄热病截然不同，其主要猎物为年轻人与免疫力较差的群体。孕妇也不成比例地惨遭其折磨。

在这一令人长吁短叹的情境中，若你吉星高照，感染了间日疟，你可能得以保全性命。虽然间日疟为最常见疟疾，在非洲以外地区尤为如此，而且在所有疟疾病例中间日疟占80%，但是总体而言，间日疟并不致命。在非洲，间日疟的致死率在5%上下浮动。在世界其他地区，其概率甚至更低，会下降1~2个百分点。

要描述疟蚊造成破坏的规模，近乎毫无可能。即便在今天，疟疾之恐怖依然让人难以理解。因此，我们几乎难以想象，在病因不详、治疗手段缺失的历史背景下，疟疾肆虐是何种景象。J. A. 辛顿是20世纪初期的一位疟疾学家。他承认，疟疾"会造成经济萧条、贫困盛行、食物供应数量与质量下降、国民身体素质与智力水平降低，并在方方面面阻碍社会繁荣与经济发展，而且是造成上述问题最重要的原因之一"。除了这一描述，还有数量巨大的死亡人数所带来的生理、情感与心理影响。据估计，当前，流行性疟疾每年会为非洲造成300亿~400亿美元的商业产值损失。在受疟疾影响的国家，与调整后的全球平均水平相比，其经济增长率会低1.3~2.5个百分点。斗转星移，这种影响延续到了第二次世界大战之后。与不存在疟疾的情况相比，这一比例相当于国民生产总值（GDP）降低35个百分点。疟疾让经济因病魔缠身而落下"残疾"。

谢天谢地的是，数据对你有利。在一个月内，你便能从间日疟中完全康复。然而，我很遗憾地告诉你，你的痛苦可能并未就此结束。恶性疟原虫与诺氏疟原虫均不会导致疟疾复发。只有遭到携带疟原虫蚊子的再次叮咬，发生二次传播，才会引发二度感染。但是，另外三种疟疾的疟原虫军团，包括间日疟原虫，会在你的肝脏中伺机而动，最长可在 20 年内反复发作。1942 年，一位英国"二战"老兵被关押于缅甸军营。在那段时间里，他感染了疟疾。45 年后，他的疟疾复发。对于你而言，间日疟复发时间一般为 1~3 年。不管怎样，你总是有可能遭到另一只蚊子叮咬，感染疟疾。

温度是一个至关重要的因素，既影响蚊子繁殖，也影响疟原虫的生命周期。二者具有共生关系，它们均对气候颇为敏感。在温度较低的情况下，蚊卵成熟孵化所需时间更长。与哺乳动物不同，蚊子是冷血动物，无法自行调节体温。在低于 10 摄氏度的低温环境中，蚊子便难以生存。一般情况下，在温度高于 23.9 摄氏度的环境中，蚊子才能达到最佳身体状态，拿出最佳表现。40.6 摄氏度的热浪可直接将蚊子烤熟。在温带与非热带地区，这意味着蚊子是一种季节性生物。其繁殖、孵化与叮咬的行动将从当年春季持续到秋季。疟疾虽然仅存在于固定地区，但它也需要与蚊子短暂的生命周期及温度条件做斗争，确保其能自我复制。蚊子繁殖的时长有赖于外部环境温度，而疟原虫繁殖取决于冷血蚊子的温度。蚊子体温越低，疟原虫繁殖速度越慢，并会最终达到最低值。在 15.6~21.1 摄氏度条件下（具体由疟疾类型决定），疟原虫繁殖周期最长可达一个月，超过蚊子的平均寿命。届时，蚊子早已寿终正寝，并让疟原虫为之陪葬。

对你而言，倘若你决定前往天寒地冻或烈日炎炎的地方度假，或不选择在暮春至初秋的蚊子活动高峰季节（在大多数温带地区）毫无畏惧地前往野外，你本可以避免受到疟疾的摧残，或者你本可以索性退出你的露营假期。

简而言之，更为温暖的气候可在全年使蚊子的数量维持在一定水平，为其携带的地方性（慢性与始终存在的）疾病的传播推波助澜。受厄尔尼诺影响，温度异常，居高不下，因而在季节性蚊媒传染病通常不见踪影或不曾涉足的区域，此类疾病流行起来（猝不及防的疾病暴发，让众多人备受折磨，随后却逐渐消失）。在自然或人为导致的全球变暖期间，蚊子与蚊媒传染病将活动范围越拓越宽。随着温度升高，通常仅在南部与低纬度地区活动的带病物种会向北移动，并抵达海拔更高的地区。

陨石撞击地球会引发气候变化，恐龙无法幸免于难。它们无法迅速进化，摆脱蚊媒传染病的猛烈攻击。微不足道的蚊子为恐龙的绝唱铺路搭桥，迎来了哺乳动物、我们的原始祖先及现代智人的进化时代。作为一个幸存者，蚊子为占领全球支配地位，已经摆好阵势，开启历史性战斗。然而，人类与恐龙截然不同。人类不断进化，努力反击。通过及时的自然选择，人类利用智人家庭树，将防蚊遗传性免疫装甲世代相传。我们的 DNA 展示了这些基因编码纪念品，让我们得以铭记我们的原始祖先与残酷无情的蚊虫敌军展开的你死我活、永无止境的生存之战。

第 2 章

适者生存：蚊子如何推动人类文明

　　小瑞安·克拉克正值壮年，代表了典型的健康人群。作为美国国家橄榄球联盟中的一名首发中卫，31 岁的克拉克家喻户晓，是一位技术精湛的职业运动员。他身高约 1.8 米，体重约 93 千克，身材健硕。克拉克与高中女友喜结连理，并生下了三个年幼可爱的孩子。最近，克拉克刚刚与匹兹堡钢人队签下一份"肥约"，即将开始其 2007 年的赛季。克拉克的生活可谓非常美好。

　　在赛季中期，克拉克随钢人队前往丹佛，与野马队比赛。最终，钢人队与胜利失之交臂。在比赛最后一分钟，野马队射门完成得分，将钢人队斩落马下。灰心丧气的克拉克登上飞机，开始长途归乡之旅。就在飞机起飞前，克拉克突然感到左肋骨出现剧烈刺痛。每逢艰苦卓绝、对抗激烈的球赛结束后，他身体上总会出现擦伤、肿胀与瘀伤。对此克拉克习以为常。然而，与以往相比，这次截然不同。这次是一种他从未体验过的剧痛，深入骨髓，如同刀绞。克拉克回忆道："我给妻子打电话，告诉她我觉得自己撑不住了。我从未经历此般疼痛。"克拉克的队友对其嘘寒问暖，钢人队医护人员也迅速行动。飞机立刻停在机场跑道上。医护人员立即将其送往丹佛医院。几天后，克拉克病情稳定，乘机回到位于匹兹堡的家。钢人队也将其列入伤病储备名单。克拉克的症状让医生迷惑不解，无法确诊病因。

在接下来的一个月，克拉克在晚上出现打寒战的症状。因为感到寒冷，他的牙齿不禁上下摩擦，咔咔作响。寒战消失后，他便立刻高烧40摄氏度。克拉克因此暴瘦18千克。与以往高大健硕的形象相比，病恹恹的克拉克骨瘦如柴。一天晚上，他疼痛难忍，自认为命不久矣。克拉克记得，自己默默祈祷："上帝，我大限将至，请保佑我的妻子找到一位好丈夫。保佑他与我一样相貌英俊，但是他也要心地善良。请照顾我的家人。请原谅我的罪孽。我准备好了。"克拉克挺过了那个令人惊恐的夜晚。最终，又经过一个月毫无头绪的医学检查，克拉克的医生发现了其不幸遭遇与巨大痛苦的来源。医生确诊，克拉克患了脾梗死，即其脾脏组织坏死了。医护人员火速将其送入手术室，切除了其已经腐烂的脾脏与胆囊。这样一位年纪轻轻、身体健康的成年人居然出现器官衰竭。其隐藏原因仍然有待确认。

在丹佛比赛颇为艰苦，困难重重。数十年来，所有运动员均心知肚明。这座城市海拔约1 609米。与主队对手不同，面对稀薄空气，客队队员水土不服。为了吸满一口气，为他们运动中的肌肉提供充足氧气，他们需要花费力气，并为此苦苦挣扎。同时，他们还要拼尽全力，进行职业竞赛级别的强体力运动。虽然若出现稍许上气不接下气的情况，运动员并不会措手不及，但是谁也不会预料到，在前往丹佛迈尔高体育馆的路上，自己会一命呜呼。

克拉克后来重返橄榄球场，并于次年与钢人队队友一起赢得2009年超级碗。这令人难以置信。不幸的是，他的欢庆时光很快戛然而止。两周后，其27岁的弟妹因先天性血液疾病去世。在美国国家橄榄球联盟征战13年后，克拉克决定于2014年退役。为了弄清瑞安·克拉克在丹佛究竟出了什么状况，我们需要回到数千年前的史前时代。

在克拉克遭遇健康危机期间，隐藏在其DNA中的遗传性镰状细胞特性引发了其濒死体验。这一症状通常叫作镰状细胞贫血，是一种血细胞基因变异疾病。镰状细胞阻碍氧气运输，使其无法将氧气输送至身体的肌肉与器官。作为一名顶级运动员，克拉克有着异于常人的需氧量。而在丹佛的缺氧环境中，克拉克的身体组织供氧严重不足。他的脾脏与胆囊当即停止工作，随即出现坏死。

在自然选择的推动下，由于镰状细胞最初对携带者有百利而无一害，发生遗传性基因变异的镰状细胞完整无缺地传递至今。是的，你没有看错。这一进化设计几乎夺去瑞安·克拉克的生命，但是它最初是一项救人于水火的人类基因进化。镰状细胞最早于7 300年前在非洲一位女性身上出现。人类学家将该女性称为"镰状细胞夏娃"。克拉克的镰状细胞是为应对恶性疟而进行的最新进化。这一进化举世闻名。

由于农业不断发展扩大，侵占了之前未受人类影响的蚊虫栖息地，进而直接导致镰状细胞诞生。大约8 000年前，极具开拓精神的班图农民开始全心投入甘薯与车前草的种植。在尼日尔河三角洲沿河的中西非地区，此类农业迅速发展，大举向南方扩张，直达刚果河，唤醒了与世隔绝、沉睡不醒的蚊子。其造成的后果惨不忍睹，可谓前无古人，后无来者：如同吸血鬼一般的恶性疟散布人间，新宿主人类遭到感染。仅在700年的时间里，我们迅速进化，加快血红蛋白的随机性变异，对疟原虫予以反击，让疟原虫不知所措。我们的细胞变成了镰刀（或月牙）状。一般情况下，健康的红细胞为甜甜圈状或椭圆形，而疟原虫无法侵占一个形状古怪的镰状细胞。

若一个孩子从父母其中一方遗传到镰状细胞，从另一方遗传到正常基因，他便对恶性疟拥有90%的免疫概率。这便是众所周知的镰状细胞特性，而瑞安·克拉克正是镰状细胞携带者。其负面影响（在现代医学出现之前）在于，镰状细胞特征携带者平均寿命十分短暂，仅为23岁。然而，在人类学家所称的"祖先环境"中，这本该是一次划算的交换。因为在此种环境中，人类寿命本来就相对较短。23年的时间足以让人类将特征遗传给50%的后代。但是在现代，这一针对恶性疟的基因截锋与中卫却严重损害了美国国家橄榄球联盟运动员的健康。对于史前特征携带者，以及希望活到诸如 24 岁这样高龄的人而言，该特征也对其健康造成了破坏。这一庞氏表① 遗传性矩阵的另一个负面影响在于，25% 的后代无法获得镰状细胞，因此他们不具备免疫力。剩余 25% 的后代会获得两个镰状细胞基因。天生从父母双方遗传到镰状细胞，或患有镰状细胞疾病（在克拉克举起美国国家橄榄球联盟文斯·隆巴迪奖杯两周后夺去瑞安·克拉克弟妹的生命）的孩子相当于由上天判了死刑。其中绝大多数人在婴幼儿期便夭折了。

虽然听起来不可思议，但是在持续不断饱受恶性疟摧残的非洲地区，尽管因进化优势（或劣势）而形成的镰状细胞会造成死亡，不过与疟疾灾难性的死亡率相比，因它能达到生存目的，其代价依然是可以接受的。尽管镰状细胞大量出现，但是 1 500 年前，撒哈拉以南非洲成年人的死亡率最高依然达 55%。

由于既能挽救生命，又会造成死亡，镰状细胞是对蚊媒疟疾一次匆匆忙忙、存有瑕疵的反应。但是，它揭示出恶性疟对早期人类所构成的巨大威胁，进而对现代人类生活带来不利影响：经论证，对于人类而言，镰状细胞带来了无与伦比的进化生存压力。仿佛我们体内进行选择性基因排序的生物工程师秘而不宣："现已无暇开展研究与临床试验。请抓紧时间，快速修复基因，确保我们种族的生存。对于其他问题，我们以后再做考虑。"非常时期的确需要非常手段。

镰状细胞基因分布为非洲及非洲以外的人类、蚊子及疟疾扩散蒙上一层阴影。今天，全世界约有 5 000 万~6 000 万镰状细胞携带者。其中有 80% 依然生活在他们的出生地，即撒哈拉以南非洲。从地区来看，携带者分布于非洲、中东与南亚。在这些地区，最高有 40% 的人口携带镰状细胞基因。在现代世界，镰状细胞以遗传方式扩散以提醒

---

① 庞氏表又称"棋盘法"，用于计算杂交后代基因型和表现型概率分布。——译者注

我们要保持警惕，时刻牢记与蚊子刺刀见红、永无止境的战争。

当前，在 420 万非裔美国人中，每 12 个就有一个拥有镰状细胞特性。这造成了美国国家橄榄球联盟的安全问题，因为其中有 70% 的运动员为其潜在携带者。克拉克逃过一劫，令人惊出一身冷汗。橄榄球联盟因而最终意识到问题的严重性，铆足干劲，研究镰状细胞。橄榄球联盟迅速发现，其他运动员也是这一古老恶性疟防卫基因的接收者。每年，千千万万像瑞安·克拉克一样的运动员，因为拥有镰状细胞特性，无法前往丹佛野马队的迈尔高体育馆与对手同场竞技。2015 年，克拉克向记者表示："拥有镰状细胞特性的人群寿命不断提高，取得了更多的成绩。这是好的一面。人们开始进一步理解镰状细胞，对其认知已经达到一定水平，知道如何照顾自己。"

2012 年，瑞安·克拉克创建了慈善组织瑞安·克拉克治愈联盟，以增加人们对镰状细胞的认识，推动镰状细胞的相关研究。曾经的全职业球员[1]、超级碗冠军，现在经常做巡回演讲，客串参加活动，讨论疟疾，向其听众讲述源远流长、受蚊子影响的人类历史。虽然克拉克的家位于北方匹兹堡，那里并非疟疾"圣地"，但是在其三个孩子中，有一人通过遗传获得了镰状细胞特性。这是其非洲祖先顽强不屈、为生存而与蚊子激烈抗争的鲜活遗赠，以及跨越时空的基因影响的漫长轨迹的活生生的证明。蚊子与其病原体至少已有 1.65 亿年历史，它们已经搭上我们荒野进化的便车。

然而，在这场一边倒的原始战役中，蚊子与疟原虫拥有压倒性优势。在进化与自然选择之旅中，蚊子开启旅程的时间比人类早数百万年。比如，6 亿~8 亿年前，疟原虫以水藻的形态，开启生命之旅。时至今日，疟原虫依然拥有可进行光合作用的组织残余。在人类进化的同时，这些病毒与寄生虫极度渴望找到新出路。面对我们带来的挑战，

---

[1]　全职业球员为每赛季由媒体组织选出的赛季各位置最佳球员。所选球员共同组成赛季全职业球队。——译者注

它们调整适应，确保自身生存。值得我们庆幸的是，露西①与其原始人后代成功从蚊媒传染病的穷追猛打中死里逃生。为了保卫我们的种族，我们通过自然选择予以还击，进而形成一系列通过基因序列打造的抗疟装甲，镰状细胞就是其中之一。针对无法逃避、来势汹汹的疟疾大军，此类免疫性防御是全人类以进化方式为种族生存做出的回应。

在这场将人类与蚊子紧密相连、永无休止、循环往复的生存之战中，我们通过红细胞的基因性抗疟变异，对疟疾予以反击。大约10%的人类一定程度上通过遗传，获得了基因保护，可以抵御5种可感染人类的疟原虫中最常见、最致命的两种疟疾：间日疟与恶性疟。然而，有一个问题。如同瑞安·克拉克的镰状细胞，此类疟疾防御基因自身同样带有颇为严重，有时甚至伤及人类性命的与健康相关的缺陷。

红细胞达菲抗原阴性简称"达菲阴性"。大约9.7万年前，达菲阴性首次在非洲人中出现，是人类在基因层面对间日疟的最早响应。间日疟原虫对血红蛋白分子使用抗原受体，以其为通道，侵入我们的红细胞（如同与空间站对接的航天飞机，或进入卵子的精子）。一旦达菲阴性抗原缺失，大门便随之关闭，将疟原虫拒之门外，使之无法进入红细胞。当前，在中西非人口中，携带达菲阴性变体的人群占比令人瞠目结舌，达到97%。因此，在他们面前，间日疟原虫与诺氏疟虫无从下手。虽然达菲阴性是4种人类基因响应之一，但它是最后一个由科学揭开神秘面纱的。尽管科研人员对其研究时间较短，但是他们已经发现它的数个与健康相关的不良影响。当前研究发现，携带达菲阴性的群体患哮喘、肺炎与各类癌症的可能性更高。更令人担心的是，达菲阴性会使感染艾滋病病毒的可能性增加40%。

由于人类与疟疾均排除万难，离开非洲，与世隔绝的人群找到了

---

① 露西是举世闻名的古人类骨架，拥有320万年历史。1974年，古人类学家唐纳德·约翰逊于埃塞俄比亚阿瓦什河谷发现该骨架。当天，他反复大声播放甲壳虫乐队于1967年创作的歌曲《露西在缀满钻石的天空》。该骨架因此得名。

自己的基因答案，用以应对疟疾问题。地中海贫血是血红蛋白的变异或非正常产物。它将感染间日疟的风险降低了50%。今天，在全球人口中，地中海贫血患病率大约为3%，在南欧、中东及北非人口中较为普遍。从历史层面考虑，疟疾与该种地中海常见病如影随形。因此，另一种令人着迷的基因变异应运而生，与更为致命的恶性疟殊死搏斗。

该种变异通常叫作G6PDD（Glucose-6-phosphate dehydrogenase deficiency，葡萄糖-6-磷酸脱氢酶缺乏症），由人类于20世纪50年代早期发现，能够使红细胞失去一种酶。而该种酶可以保护细胞免受氧化剂的侵害。时下流行的超能食品，例如蓝莓、西蓝花、羽衣甘蓝、菠菜与石榴，均含抗氧化剂。抗氧化剂能够通过提高有利于健康的氧含量，利用其运输红细胞的能力，减缓氧化速率。G6PDD与地中海贫血颇为相似，其与达菲阴性及镰状细胞一样，只提供部分而非近乎全面的免疫力。只有在红细胞暴露于触发因素中的情况下，G6PDD携带者才会出现不良症状，立即引发叫作"巴格达热"的病症。该病症有多种症状，包括嗜睡、发热、恶心，少数情况下会导致死亡。

不幸的是，在触发因素中，诸如奎宁、氯喹、伯氨喹等抗疟药物同样位列其中。电视剧《陆军野战医院》①的剧迷可能记得，有一集中，克林格下士服用了医生开具的奎宁后便一病不起。鉴于克林格的祖先来自黎巴嫩，这一剧情细节准确无误。因为G6PDD所影响对象主要为祖先来自地中海与北非地区的人。在所有触发因素中，蚕豆最为常见。正因如此，人们将其引发的健康问题称为"蚕豆病"。为以防万一，在整个地中海地区，人们在烹饪蚕豆时，会将其与迷迭香、肉桂、肉豆蔻、大蒜、洋葱、罗勒或丁香一同烹制。所有这些配料都能弱化蚕豆病的作用，缓解病症影响。事实上，在公元前6世纪，举世闻名的希腊哲学家、数学家毕达哥拉斯曾向其人民发布警示，提醒他们警惕食用蚕豆带来的风险。

---

① 20世纪70年代美国电视剧。——译者注

在我们的"防御武器库"中，除达菲阴性、地中海贫血、G6PDD及镰状细胞外，反复感染是我们抗疟的最后一招。人们通常将其称为"调味品"。习惯性感染疟疾人群会针对疟原虫建立一定的疟原虫耐受性，因此每次感染后，其所显示症状的严重程度会不断降低。与此同时，死亡风险随之不复存在。虽然我并非表示这是一个值得提倡或皆大欢喜的接种策略，但是在疟疾大行其道、感染率居高不下的地区，"痛苦越大，遭罪越少"这一说法不无道理。在我们的故事中，"调味品"是一个至关重要的配料。在哥伦布大交换影响之下，美洲殖民与解放战争时期，当地针对蚊媒传染病的"调味"是一个举足轻重的因素。疟疾与我们多种多样的进化性抗疟机制均发源于非洲。非洲人与蚊媒传染病的关系则更为久远。因自然选择，非洲人后天获得了相应的全面或部分免疫力。若不是这种适应能力的存在，疟疾会在施行奴隶制的黑暗年代掀起惊涛骇浪。

自然选择，包括我们针对疟疾的基因缓冲，是一个不断试错的过程。查尔斯·达尔文猜测，对物种生存起帮助作用的基因变异会随族谱传递给下一代。对于缺少此类变异或继承了其他不良变化的人而言，他们会在持续不断的生存竞争中相继死去。达尔文将之称为"在求生挣扎之中保留占据优势的物种"。拥有诸如镰状细胞等有利变异的个体将得以生存，繁衍后代，继续将基因传递给下一代。更为重要的是，他们的种族得以延续。适应能力出类拔萃的生存者逐渐"繁殖消除"不具有此类有利特质的个体。这是一个简单直白的道理：适者生存。[①]

人类也是通过自然选择所采用的试验试错形式发现天然与合成药物的治疗属性的。因食用美味可口却含有剧毒的浆果，我们饥肠

---

① 通常情况下，人们认定"适者生存"这一术语为达尔文所创。其实不然。英国生物学家、人类学家赫伯特·斯宾塞阅读达尔文的《物种起源》（1859年出版）之后，于1864年首次出版发行《生物学原理》。在该书中，他创作并首次使用这一脍炙人口的表达。达尔文在其1869年第五版《物种起源》中引用了斯宾塞的表达。

辘辘的原始祖先一命归西。随后，其他善于观察、富有洞见的同伴便迅速将这一禁果从杂货清单上划掉。随着时间的流逝，原始猎人召集祖父辈，分门别类，制作了奇长无比的常识册，详细列出该吃什么和不该吃什么。在这一工序中，他们也发现某类植物的药用价值。他们的生存环境危机四伏，条件艰苦，虽然不容有失，但是他们利用了自身周围的自然环境进行试验，以缓解病痛，抵挡饥不择食的蚊群。

与疟原虫自身一样，在猿人到人类的进化飞跃中，自然疗法的相关知识得以保存。黑猩猩至今依然像我们的祖先一样，咀嚼扁桃斑鸠菊，以缓解疟疾病痛。赤道非洲是不断扩展的疟疾区的中心。对于那里的人们而言，扁桃斑鸠菊依然是汤菜与炖菜中的一种常见配料。有趣的是，与除虫菊这一首个商用杀虫剂一样，扁桃斑鸠菊同属菊科。约公元前1000年，中国人将除虫菊进行干燥处理，研磨成粉，用于除虫。大约在公元前400年，这一工艺才被传至中东，人们亲切地将其称为"波斯粉"。若将碾碎的除虫菊与水或油混合并喷洒，或直接使用粉末，其活性成分（名为除虫菊素）会攻击昆虫的神经系统，蚊子对此也束手无策。

因此，在全球文化中，与菊花相关的象征因蚊子而被另眼相看。在蚊媒传染病历史上感染率较高的国家，菊花与死亡及悲痛紧密相关，或者仅在葬礼上或作为墓碑前摆放的贡品使用。在蚊媒传染病极为罕见的地区，情况则恰恰相反。在那里，菊花象征着爱、快乐及生命力。美国的现状证明，在北方，菊花有着积极向上的意义；而在南方，菊花具有令人毛骨悚然的含义，在新奥尔良尤为如此。在20世纪之前，新奥尔良一直是美国黄热病与疟疾流行的中心。新奥尔良拥有规模庞大的墓地，以"死灵之城"与"南方大墓地"而闻名于世。这些墓地是现代吸血鬼热潮的发源地，为小说与电影的创作提供了取之不尽的灵感。

虽然菊花的除虫成分直接将目标对准了蚊子，但是人类也尝试了大量有机疗法，与蚊媒传染病抗争。结果，甚至我们的味蕾也受蚊子影响，产生了变化。丁香、肉豆蔻、肉桂、罗勒、洋葱均使得疟疾症状有所缓解。数千年来，人类为何在饮食中添加此类没什么营养的调味品之谜可能因此迎刃而解。在非洲，据说咖啡也可以减轻因疟疾引起的发热症状。而在古代中国，有传言称茶叶同样具有治疗疟疾的神奇功效。

约在公元前 2700 年的中国，农业既使疟疾滋生蔓延，也促进茶文化兴起。传说，中国上古时期的神农氏发明了犁，建立了产业化出口农业，并发现不计其数的药草，其中包括第一杯用于安神退烧的顺势治疗药茶。然而，在作为饮品风靡之前，人们把茶叶水煮后，将其与大蒜、鱼干、盐及动物脂肪混合，作为药汤服用。黑猩猩咀嚼扁桃斑鸠菊；南美人咀嚼富含安非他命的刺激性古柯叶；在非洲之角，人们咀嚼阿拉伯茶；而中国人咀嚼茶叶。经过咀嚼的茶叶也可敷在伤口上。虽然在杀灭疟原虫方面，茶叶毫无功效，但是现代研究显示，茶叶中含有的单宁酸可以杀灭引发霍乱、伤寒及痢疾的细菌。和尚与道士大量饮茶，可加强其冥想效果。茶叶因而在公元前 1 世纪在中国从神秘的药用饮品变成广受欢迎的饮品。

茶叶风靡中国，其魅力与日俱增。在 13 世纪蒙古人入侵之前，茶叶出口至中国的邻国，与之一起的还有茶叶种植技术和疟疾。为了推广马奶酒（由发酵马奶经搅拌制成的酒），蒙古人禁止饮茶。威尼斯旅行家、商人马可·波罗曾在蒙古皇宫停留数年。虽然对茶叶只字未提，但马可·波罗的确认为，马奶酒"味同白酒，确属佳酿"。在蒙古帝国首都哈拉和林，设有一座喷薄而出、可供饮用的银色喷泉，旨在说明幅员辽阔的蒙古帝国国土广袤，多姿多彩。喷泉包含四种饮品（中国米酒、波斯葡萄酒、斯拉夫蜂蜜酒，当然还有蒙古马奶酒），而茶叶则不在其中。

谈到茶叶这一话题，就不得不提到一本拥有 2 200 年悠久历史的中国医书。书名清新淡雅，叫《五十二病方》。该书中简要叙述了一种苦茶具有退烧的功效。这种茶由不起眼的黄花蒿制成。黄花蒿的化学成分青蒿素是不折不扣的疟疾杀手。不幸的是，全世界都将这种具有侵袭性、形同杂草的菊科蒿抗疟特性抛到了脑后。黄花蒿几乎可以在任何地方生长。1972 年，因毛泽东下令开展的代号为 523 的绝密中国医学项目，黄花蒿才得以被发现。这一行踪神秘的团队乃临危受命。在与美军开展的持久战中，越南民主共和国军队同其越共盟友成为恐怖疟疾的盘中餐。疟疾感染率居高不下，越军消耗严重。而中国团队奉命寻找解决办法。关于这一团队，我们在随后的故事中将做详细介绍，同时我们将对青蒿素做进一步介绍。在抗疟药物宝库中，青蒿素既是最古老也是最新被发现的药物之一。截至目前，青蒿素是西方国家经济条件优越的背包客与旅行者之选，因为他们能够承受高不可攀的价格。

咖啡与疟疾的渊源同样根深蒂固。在茶叶这一富含咖啡因的饮品面前，咖啡不甘示弱。传说，在 8 世纪，一位名叫卡尔迪的埃塞俄比亚牧羊人发现，他病恹恹、无精打采的山羊吃下一种色彩鲜亮、富含咖啡因的灌木红色浆果，随后便恢复活力。他对此颇为好奇。他认为，这种红色浆果可以抑制疟疾引起的发热。因此，卡尔迪自己也吃下一些红色浆果，体验到妙不可言的愉悦感。随后，卡尔迪便将大量红色浆果拿到附近伊斯兰教苏菲派清真寺内。在伊玛目①看来，这位牧羊人愚蠢可笑，遂将所有咖啡豆扔到火中，阵阵浓郁芳香随即在房间弥漫。如今，这种芳香让我们许多人联想到起床后最为美妙的时刻——喝上一杯咖啡。卡尔迪曾将火烤过的豆子刨出，碾成粉末，放入开水中。公元 750 年，第一杯咖啡便因此烹制而成，诞生于世。

虽然卡尔迪、山羊与咖啡的故事的真实性存疑，但是大多数传奇故事在四周萦绕的烟幕下，通常存在零星半点的真相。咖啡树属茜草

---

① 伊玛目，阿拉伯语音译，伊斯兰教教职称谓，意为"领拜人"，指清真寺内率领穆斯林举行拜功的领拜师。——译者注

科，通常被称作茜草属、咖啡属或蓬子类。昆虫与生俱来会避开咖啡植物，仿佛强烈厌恶这种充满咖啡因的灌木果。昆虫与我们食用浆果的原始祖先一样，通过自我试错，对咖啡深恶痛绝。与除虫菊素一样，咖啡因是天然杀虫剂，它能够扰乱昆虫（蚊子也位列其中）的神经系统。奎宁是首个成功抵抗疟疾的药物，而金鸡纳树皮则是其原料。金鸡纳树皮与咖啡植物同属茜草科。我们会发现，17世纪中期，西班牙耶稣会教士在秘鲁（通过观察当地克丘亚人）发现奎宁。从那以后，欧洲人便一直将奎宁当作抑制剂使用。

卡尔迪咖啡历险记与咖啡本身一样，经久不衰，源远流长。这位埃塞俄比亚牧羊人与其羊群经常出现在咖啡店名与咖啡烘焙公司的名称之中，典型代表有卡尔迪咖啡烘焙公司、卡尔迪美味咖啡烘焙批发公司、漫步山羊咖啡公司、漫舞山羊咖啡公司、疯羊谈话会咖啡等。咖啡仅次于石油，是世界第二大极具价值的（合法）商品，也是使用范围最广泛的精神药物。其在美国市场的占有率为25%。与此同时，咖啡也在全球创造了很多工作岗位，1.25亿人因此谋得生计。另有5亿人直接或间接从事咖啡贸易。2018年，星巴克在超过75个国家、约29 000个门店，揽得250亿美元的年收入。出现如此现象，星巴克与全球所有饮用咖啡的文明均应感谢蚊子。正是因为蚊子，世界各地才会有咖啡因成瘾之人。考虑到咖啡的特性与效用，人们自然而然认为，咖啡是一种疗效稳定的抗疟品。

10世纪，德高望重的波斯医师拉齐撰写了一部阿拉伯语医书，书中首次提及咖啡。咖啡曾作为"阿拉伯美酒"为人所知，随后便迅速传播至埃及与也门。没过多久，咖啡便征服了阿拉伯国家。伊斯兰教先知穆罕默德曾公开宣布，自己通过咖啡提神醒脑而获得启发，在其药用特性的作用下，自己可"将40个男人斩落马下，让40个女人任其摆布"。卡尔迪发现咖啡的妙用后不久，咖啡便风靡中东。欧洲人于16世纪中期通过黑奴贸易发现咖啡。咖啡立刻借影响世界的哥伦布大交换的东风，传播至世界各地。

咖啡—疟疾—蚊子的彼此关联贯穿我们故事的始终。咖啡为美洲与法国增添了些许革命味道。在科学革命期间，咖啡深受欧洲知识分子青睐。1650年，咖啡馆在英国牛津诞生，可谓恰到好处。1689年，咖啡馆在波士顿各殖民地落地开花，成为先驱对话的绝佳场所，进而推动整个欧洲进入史无前例的学术发展期，同时也促进革命理念在美洲殖民地传播。简而言之，咖啡馆为信息交换、思想交流及对话的开展提供了媒介。

然而，若将蚊子与咖啡放在一起，便会催生一种更为险恶持久的联系。随着咖啡走向全球，作为咖啡种植园的殖民地在后哥伦布世界遍地开花，咖啡总是与非洲黑奴贸易及蚊媒传染病传播密不可分。我们将看到，跨越大西洋的黑奴贸易将非洲人、致命蚊子及蚊媒传染病引入美洲。这些非洲黑奴通过遗传性基因免疫，构筑起"防御工事"，抵抗疟疾侵扰，其中就包括镰状细胞。与手无寸铁、脆弱不堪的欧洲劳工及契约奴相比，非洲黑奴能够抵挡蚊子的猛烈攻势。在美洲殖民地与种植园，非洲黑奴成为价值不菲的商品。因为非洲黑奴从蚊媒传染病当中死里逃生，便可产生利润，从而使黑奴自身成为营利实体。

我们尝试通过基因设计抵御蚊子持续不断的疾病轰炸。而蚊子登上世界舞台，不仅震撼全球，也影响我们的种种尝试。瑞安·克拉克个人同镰状细胞的斗争只是一次轻微余震。他的故事拥有更大的历史背景。相关历史事件既发生在非洲，也发生在非洲以外地区。15世纪中期，欧洲帝国重商主义不断扩张。在此之前，非洲人一直生活在非洲。哥伦布大交换期间，非洲黑奴与其基因抗疟保护罩也不远万里，穿过美洲，抵达其他土地。对于那些像瑞安·克拉克一样生活在美国并与镰状细胞抗争的人而言，这并非历史。对他们而言，这一切每天都会出现，是他们所面对的现实问题。蚊子的影响力并不仅仅从史书字里行间才得以体现，而是跨越了人类各个阶段与各个时代。比如，当镰状细胞首次在班图甘薯农民身上出现时，一系列影响广泛的事件便随之开启。瑞安·克拉克深受影响，而影响的余音在今天依然不绝于耳。

对非洲及其人民而言，镰状细胞的出现产生了立竿见影、持续不断的影响。公元前 8000 年，随着说班图语、种植车前草与甘薯的农民的出现，受蚊子影响的人口随之暴增。毁灭性的恶性疟迅速生根发芽，在全年肆虐横行。遗传性镰状细胞保护了班图人，但与人类的自然选择背道而驰。由于疟疾的传播，无免疫力人口备受摧残。拥有免疫优势与铁制武器的班图人迅速向非洲东部与南部进发。他们种植的甘薯也使其基因增强，提高了对疟原虫的抵抗力。甘薯会释放化学成分，抑制恶性疟原虫在血液中繁殖。

公元前 5000—前 1000 年，发生了两次班图人大迁徙。班图人把那些感染疟疾后幸存的免疫力有限或没有免疫力的狩猎采集者——包括克瓦桑人、桑人、俾格米人及曼德人——驱赶到非洲大陆边缘地带。这片土地既不符合班图人发展农业的要求，也不适合养牛放牧。在位于非洲一端的好望角，背井离乡的克瓦桑幸存者找到了栖身之所。索尼娅·莎是一位疟疾研究员，她解释说："恶性疟帮助班图人构建的免疫防线，如同时刻戒备的军队，抵御外来者侵犯。为了击退游牧民族，班图村民不必身强力壮。他们的蚊子只需叮咬对方几口，这些游牧民族便会不战而退。"蚊子与班图人针对疟疾的基因调整铸造了力量强大的南部非洲帝国，让科萨人、修纳人与祖鲁人如日中天。班图人的故事体现了人类对乡村生活的追求，由此造成的生态干预是打开潘多拉魔盒的关键因素，释放出蚊子传播的致命问题。

我们与蚊子的战争不断升级，由此推动人类在相对较近的时期发生转变，从以部落为基础的小型狩猎采集文明，发展为农业革命期间养殖动植物、更为庞大、人口密集的定居型社会。尤瓦尔·赫拉利是畅销书《人类简史》一书的作者。在书中，他解释道："在过去 200 年里，智人数量与日俱增。他们从事城市劳工与办公室文员的工作，维持日常生计。1 万年前，大多数智人以农民与牧民的身份生活。数万年前，我们的祖先以狩猎采集为生。与之相比，前两个时间段可谓转瞬即逝。"牧业及人类对当地环境的干预与控制让早期农民与可置人于死地的蚊子碰面，与此同时，人类无意之间通过乱砍滥伐与土地开荒，拓展了它们的生活空间。灌溉的出现与人工水道分流让蚊子的繁殖能力得到充分释放，为蚊媒传染病的传播形成了完美无缺的风暴。虽然农业让包括书面文字在内的人类社会文化体系突飞猛进，但同时也影响并释放出大自然的大规模杀伤性生物武器——蚊子。农耕与死亡紧紧联系在了一起。

到公元前 4000 年，中东、中国、印度、非洲均发展密集型农业，现代文明发展的所有迹象由此产生。正如作家 H. G. 威尔斯所说："文明是农业的剩余。"这是我们与蚊子开战的主因。事实上，6 000~12 000 年前，世界上至少有 11 个独立农业发源地。

农业发展成熟造成蚊子的栖息地与捕食区域日益扩大。与此同时，农业的发展也需要能够运送重物的牲畜。其他在谷仓饲养的家畜迅速随之出现，其中包括绵羊、山羊、猪、家禽及牛。这些动物均是疾病的孵化池。正如艾尔弗雷德·W. 克罗斯比所言："当人类饲养动物，让它们涌入人类怀抱时，这一场景有时的确如同人类母亲哺育失去家人的动物。而这一举动让人类创造新的疾病，其身为猎人与采摘者的祖先肯定对此闻所未闻。"有些被饲养的动物，例如驴、牦牛与水牛，均不需要与人亲密接触便能得到管理，此类动物并不会传播多种人畜共患病。然而，在人类环境中以群体形式被饲养的动物则会产生令人胆寒的后果。举几个例子：马能传播普通感冒病毒，鸡可传播禽流感、天花及带状疱疹，猪与鸭会传播流感，而牛则是麻疹、肺结核与天花的传播之源。

虽然早在 1 万年前，农业便在中美与南美蓬勃发展，但是我们将看到，与世界其他地区有所不同的是，大规模牲畜养殖或行云流水般的疾病暴发并未随之出现。在美洲，农耕组合或农业发展与动物饲养的匹配并未形成。结果，乡村治疗方法无法就人畜共患病对症下药。

但美洲当地人依然得到了保护，免受所有人畜共患病风暴的侵袭，其中就包括由蚊子掀起的传染病巨浪。虽然在地球上，西半球蚊子数量最为庞大，但是 9 500 万年来，这些新世界蚊种在沿着自我设定的进化道路不断前进。目前看来，这条道路将它们从携带病菌的重压下解放了出来。然而，在其他前哥伦布时期的世界，疟疾是远离非洲的唯一蚊媒传染病。

与非洲班图人的情况类似，我们从古物中获得的证据证明，农业崛起、动物驯化及蚊媒传染病传播三者间彼此相关。比如，约公元前400 年，日本从中国引进稻谷种植技术，同时也将疟疾引入本国。历史学家詹姆斯·韦伯说："可能只有在人类开始在最早形成的亚热带及热带流域定居、建立最早的伟大农耕社会时，恶性疟与间日疟才会随着文化与经济影响的不断扩大，作为真正的慢性传染病出现。这些流域包括尼罗河流域、底格里斯-幼发拉底河流域、印度河流域及黄河流域。"人类种植作物、饲养动物，加快了蚊子发展壮大、控制世界的速度，为蚊媒传染病提供了极具诱惑力、未曾被利用的前沿阵地，以及完美无缺、充满机遇的广袤天地。

美索不达米亚是古代世界中心。约公元前 8500 年，在库尔纳古城（位于巴格达东南部约 480 千米，是传说中伊甸园的所在地）附近的幼发拉底河与底格里斯河交汇处，帝国主义的某种形式便已存在。大约在公元前 4000 年，农业发展促生了首批苏美尔城邦国家，同时让相对与世隔绝的埃及在尼罗河沿岸繁荣发展。纵观历史，伟大帝国均通过帝国主义、征服及政治经济手段扩大势力范围。每个帝国均在适当时间遭遇挫败，由另一个帝国取而代之，古代帝国兴旺轮回因而绵延不绝。

现代城邦国家因农业革命而诞生，从而使人口急剧增长。更重要的是，其推动了传染病蔓延，让人口密度水涨船高。到公元前 2500 年，某些中东城市的人口超过 2 万。农业的出现致使粮食剩余，财富积聚。贪欲是一种强而有力的刺激，是人类对成功与权力与生俱来的渴望。贪欲使人类形成纷繁复杂的社会层级，促使经济专业化，产生复杂精致、层次分明的精神文明，建立法律与政治结构。最为重要的是，贸易也应运而生。从数据上分析，在整个人类历史中，贸易繁荣的社会发生战争的可能性更高。政治与军事力量因财富积累而相互交织，而后者与商业发展，以及对重要港口、贸易路线与交通要道的控制密不可分。经济学的本质简单明了：既然你可以入侵掠夺，何必开展贸易？而早期帝国追求土地扩张与财富积累的成败很大程度上由蚊子决定。

散播疟疾的蚊子塑造了我们的 DNA。在古地中海范围内，文明历史的染色体同样由蚊子拼接而成。"疟蚊将军"穷凶极恶，人类军队因其灰飞烟灭，不一而足、决定历史进程的战争结果因其骤然改变。与俄罗斯人在拿破仑战争及第二次世界大战期间面对的"冬日将军"一样，在整个人类战争历史中，在国家与帝国的创建过程中，"疟蚊将军"率领的一直是一支战果累累、残暴贪婪的游击队。它扮演了雇佣兵的角色，不分敌我，唯利是图。我们将看到，它并不选边站队，而是不失偏颇，随机选择目标，发动攻击。随着产业化养殖遍布全球各个角落，帝国因此发展壮大，蚊子也因而成为世界毁灭者。在美索不达米亚、埃及、中国及印度，通过对疾病症状的描述，这些早期农业社会的古代历史记录者记录下了蚊子旷古力量的表现。

在我们祖先的世界里，神秘莫测的疾病与死亡如影随形。在他们所经历的物理与心理世界中，病痛是一个不可思议、超越自然、令人生畏的幽灵。正如英国哲学家托马斯·霍布斯在其 1651 年的著作《利维坦》中所言："人类受到疾病惩罚乃自然之事。人类因鲁莽草率，而惨遭不幸；因行事不公，而遭到敌人暴力相加；因骄傲自满，而毁于一旦；因胆小怕事，而饱受压迫；因奋起反抗，而遭受屠戮……最为糟糕的是，人类持续处在恐惧与暴力死亡的危险中；人类一生，孤立无援、贫穷困苦、肮脏不堪、残忍粗暴且转瞬即逝。"霍布斯阴郁深沉，其所信奉的幽灵是黑暗的、不祥的、骇人的、启示录式的幻象。

试想一下，如果这一幽灵就是你日常面对的现实又会如何？我们的祖先会对完全陌生、充满迷信色彩的疾病概念予以解读，在此影响下展开治疗。在一个受神秘主义、奇迹论及上帝之怒支配的世界观内，他们在一片不为人知的领域随波逐流。

古人在地球基本元素、水、空气与火之中寻找答案，将他们满怀复仇式情绪的神明视作病痛与死亡之源。他们诚心祈祷，向带来灾难的神灵献上祭品，以求结束苦难，消除让人遭受百般折磨的病症，请求神明原谅他们的侵扰。对于我们而言，在没有科学理性、缺少对因果关系的了解、无法预防大多数疾病的情况下，若想利用世界，困难重重，甚至毫无可能。J. R. 麦克尼尔说："但是当前，我们必须认识到，对于人类健康与人类让生物圈臣服的能力而言，过去的一个世纪是多么非同寻常。人类无法肆意妄为。我们必须记住，我们并不能让生物圈一直心悦诚服。"

公平地说，如我们所见，我们的祖先的的确确就有机疗法做过实验，其手段精妙绝伦，甚至几近揭露蚊媒传染病的真正病因。当时确立的医学共识，即瘴气理论，将大多数疾病归因于污水、沼泽或湿地中释放或散发的有害烟雾、粒子或"污浊空气"。这一推论令人心急火燎，因为其已接近揭开罪魁祸首的面纱，即在前述水体中栖息繁衍的蚊子。但是，古话说："失之毫厘，谬以千里。"为了更好地理解他们所患疾病及生物世界的运作方式，我们的祖先确实记录下难以计数的疾病的症状，其中也包括蚊媒传染病。

然而，通过浩如烟海的历史记录解释疾病是一项严峻的任务。虽然古代记录通常会提及发热，但是在路易·巴斯德于 19 世纪 50 年代建立革命性细菌理论前，医学知识才刚刚起步。因此，相关描述并不清楚详尽，缺少具体细节，毫无疑问，更缺乏前因后果。发热是大多数疾病的并发症，相对普通的霍乱与伤寒便是如此。谢天谢地，在破解历史上记载的疾病与瘟疫方面，疾病自身为我们提供了帮助。

血丝虫病与黄热病的症状显而易见，通常可以通过我们最早的记录加以验证。然而，引起发热的疟疾更加难以区分，尽管如此，它们也为我们留下了蛛丝马迹，让我们在历史中发现其行踪与影响。在全部 5 种可感染人类的疟原虫之中，恶性疟原虫可置人于死地，而新型诺氏疟原虫则尤为罕见。患者在感染两种疟原虫之初，均会陷入时长为 24 小时的发热期，出现寒战、高热及多汗症状，这意味着患者每天高烧均会达到峰值。从历史上看，这种病症叫"每日热"。然后，这两种疟疾会加入卵形疟原虫和间日疟原虫的行列，引发一种持续 48 小时的间日热。而疟疾引发持续72 小时的发热，为四日热（三日疟）。[①]所有疟疾发起的进攻也会造成脾脏明显肿大。值得一提的是，如果诸如举世闻名的希腊医师希波克拉底或其罗马继任者盖伦能明察秋毫，记录下发烧影响下的相关行为细节，以及其他包括骸骨在内的考古学证据，那么谜团便可得到破解，即蚊子就是幕后黑手。

最早的蚊媒传染病记录要追溯到公元前 3200 年。出土自位于美索不达米亚底格里斯河与幼发拉底河之间的"文明摇篮"的苏美尔人碑牌，上面明明白白描述了由巴比伦冥神奈尔伽尔引发的疟疾发热症状。而根据描述，该疟疾由形如蚊子的昆虫引起。在早期希伯来与基督教关于恶魔的经文中，均反映了迦南与非利士之神堕落天使（蝇虫之神）的相关内容。拜火教主要集中在波斯与高加索，自古便对火焰顶礼膜拜。该教恶魔的化身便是蚊蝇，迦勒底瘟神巴尔的化身亦是如此。霍布斯引用希伯来（与基督教）《圣经·旧约》经文内容，塑造了一个利维坦黑暗邪恶的化身。在《圣经·旧约》中，海洋巨兽利维坦掀起混沌之浪，散布邪恶与混乱。听上去，利维坦这一角色与我们幽灵一般的蚊子极其相似。而在整个历史进程中，蚊子以恶意伤害、制造混乱为生。甚至时至今日，虚构的基督教恶魔也长着蚊子鲜血淋淋

---

① 对发热症状的命名是根据罗马人的发现而定的。他们发现发热通常在生病后第一天，而非生病当天出现。比如，间日热（48 小时周期）实际上是生病第三天发热；而四日热（72 小时周期）则指生病第四天发热。即便如此，间日热字面意思依旧为生病两天后发热。

的翅膀，触角一般的犄角，灵活自如的尖角尾巴。在多个版本中，其相貌均如昆虫一般，可谓经久不衰。

疟疾——"看，一匹白马：骑在马背上的是死亡。地狱将接踵而至"：这是一幅中国抗疟海报。海报嘲笑了《启示录》中的白马死亡骑士，以此警示公众"要预防，先灭蚊；可怕的疟蚊带着死魔到人间来散布疟疾"。（美国国家医学图书馆）

《圣经·旧约》频繁以群虫天灾及其带来的瘟疫体现神之审判的场景。一位复仇心切的神明展现神力，便让顽固不化的子民或神的敌人惨遭厄运、疾病缠身，其中主要为埃及人与非利士人。比如，约公元前1130年，非利士人在埃比尼泽战役中战胜以色列人，而约柜[1]作为战利品落入其手。因此，神明将复仇之火洒向非利士人，使其遭受毁灭打击，饱经艰难困苦，直到他们将约柜物归原主才罢休。在我撰写此书之际，我的脑海中呈现出电影《夺宝奇兵1：法柜奇兵》中的场景。该片于1981年公映。在影片场景中，因纳粹开启法柜，上帝便释放死亡幽灵天使，惩罚肆意掠夺、开启法柜的纳粹。在《圣经·启示录》的天启四骑士中，身跨白马的代表死亡，他有权"用利剑、饥荒、瘟疫与地球野兽取人性命"。

《圣经》是全世界被研读次数最多的文本之一。但是各界学术专家，包括流行病学、神学、语言学、考古学及历史学专家，均无法肯定，具体是什么原因或疾病吞噬了《圣经·旧约》。学者中的普遍共识是，《圣经·旧约》至少4次提及疟疾或蚊虫疾病。公元前701年，亚述王西拿基立率领亚述军队围攻耶路撒冷。而在上述4次疫情中，其中一次让这支军队土崩瓦解。后来，拜伦勋爵于1815年为此创作诗歌[2]，这一历史事件因而得以流传千古。1824年，在参加希腊向奥斯曼帝国发起的独立战争期间，这位浪漫主义政治家及诗人因疟疾发热而去世，年仅36岁。在因病去世前不久，拜伦承认："我离家在外太久，遇上了今年的疟疾季节。"

然而，众所周知，在约公元前1225年《圣经·出埃及记》故事进行期间及结束之后，疟疾在埃及已经根深蒂固，血丝虫病可能亦是如此。在底比斯，卢克索国王谷的埃及陵墓中刻有各类浮雕。这些浮雕内容，以及随后由古代波斯人与印度观察者们留下的记录表明，血丝虫病最早于公元前1500年便开始吞噬人类生命。近期，在土耳其南部新时期小镇恰塔赫遇，人们发现了有9 000年历史的遗骸。同时，在

---

[1] 约柜是以色列人传说中的神器。——编者注
[2] 拜伦的著名韵律诗《西拿基立的毁灭》便是基于《圣经》对该场战争的解读。

其他地方，人们也发现了拥有 5 200 年历史的埃及人与努比亚人遗骸，其中包括图坦卡蒙（图坦）国王的遗骸。疟疾相关的其他证据因而得以被证实。18 岁的图坦卡蒙（图坦）国王于公元前 1323 年死于疟疾。图坦卡蒙之死标志着埃及帝国力量与文化成就终结的开始。[1]从那以后，埃及再也未能成为一个广受尊敬、具有国际影响力的国家。

在国王谷中：埃及卢克索拉美西斯三世陵墓中的象形文字。该陵墓大约于公元前 1175 年建造完成。同一时期，"海上民族"入侵埃及，美索不达米亚与埃及早期的小型帝国分崩离析。（Shutterstock 图库）

公元前 3100 年左右，埃及城邦统一，尼罗河三角洲农业不断发展壮大。由于与世隔绝，地处条件严酷的沙漠地区，埃及在外部地缘政治事务中是高级梯队中微不足道的一员。在埃及人入侵地中海东海岸、与以色列及其他国家爆发冲突时，埃及并未真正站稳脚跟。早

---

[1] 有学者认为，图坦国王因一场乱伦兄妹恋降生于世，因此导致其拥有许多先天性异常，其中包括畸形足。埃及贵族嫁娶兄弟姐妹甚至亲生骨肉的现象颇为普遍。比如，克利奥帕特拉先后嫁给了两位尚未成年的弟弟托勒密十三世与托勒密十四世。与此同时，身为妻子与姐姐的她与弟弟联合统治埃及。在托勒密王朝统治期间，统治者们共拥有 15 桩婚姻，其中 10 桩为姐弟成婚，有 2 桩为统治者与侄女或表亲结婚。

期埃及文明通常是在东方帝国永久的政治和军事关注之外发展起来的。本质上，埃及本身就是一个帝国。公元前1550—前1070年新王国时期，其领土范围与文化水平达到顶峰。该王国因几位最为著名的法老而闻名遐迩，其中不乏阿肯纳顿与其妻子纳芙蒂蒂，以及拉美西斯、图坦卡蒙。在随后的200年里，埃及的领土面积、财富及影响力均显著减小。最终，它相继被数个帝国征服，沦为帝国的附庸国。约公元前1000年，利比亚人最先征服埃及。随后，居鲁士大帝率领波斯人统治埃及。亚历山大大帝领导的希腊人，以及恺撒率领的罗马人后来相继征服埃及。

公元前2200年，在埃及最早的古医书中，疟疾或"沼泽热"也被提及。这一时间比图坦国王因疟疾去世早1000年。希罗多德是公元前5世纪著名希腊历史学家。他告诉我们，埃及人"与不计其数的蚊子展开斗争。他们发明的抗蚊方法包括：令位于地势较高处的居民住在塔楼上，使其晚上在塔楼过夜。因为蚊子在风力作用下无法飞至高处。而生活在沼泽地周边的居民则发明了其他方法。他们人手一张网。白天，他们用网捕鱼；而到了晚上，他们便把网铺在床上，将网固定在床的四周，然后钻到网下睡觉。但是如果他们裹着羊毛或亚麻衣服睡觉，蚊子便会刺穿衣服，大快朵颐。然而，蚊子甚至不会尝试穿过渔网叮咬网中的人"。他也透露，埃及人治疗疟疾发热的普遍做法是在新鲜人类尿液中沐浴。由于我从未感染过疟疾，我只能假定由于疟疾的症状十分严重，让人难以忍受，病人才会为了缓解病痛，让体贴入微、训练有素的仆人准备好金光闪闪、热气腾腾的尿液，全心全意浸泡其中，而且还认为其物有所值，心满意足。

中国古代记录，包括闻名于世的《黄帝内经》（公元前400—前300年），清晰明确地区分了多种疟疾的发热和退热规律，也清楚地记录了脾脏肿大的症状。中国古人认为，"发热之母"为受到干扰的气（能量力）及阴阳（世界黑暗与光明二元）失衡。《星球大战》创始人及大师乔治·卢卡斯似乎借鉴了这一概念。在中国民谣与医书中，疟疾的化身是一个恶魔三人组。每一个恶魔象征着疟疾周期的一个阶段。寒战之魔的武器是一桶冰水，发热之魔能生起炙热火焰，头痛发汗之魔则随身装着一把大锤。

传说有一位中国皇帝令其心腹使节去平定治理一南方边远省份。此故事同样对这些疟疾之魔的可怕行径予以叙述。使节向皇帝谢恩，并开始为其新职做准备。然而，启程之日，他拒绝出发，并表示，由于该省疟疾肆虐，他此行必然有去无回。皇帝龙颜大怒，即刻将其斩首示众。

司马迁是《史记》（公元前104—前91年撰成）的作者，是公认的"中国史学之父"。他证实："长江以南，地势低平，气候湿润，成年男子早亡。"在中国古代，男子在离家前往疟疾盛行的南方之前，会相应安排妻子的改嫁事宜。曾荣获美国国家图书奖的历史学家威廉·H. 麦克尼尔指出："另一蚊媒传染病登革热虽并不致命，但却与黄热病密切相关……让中国南方深受其害。同疟疾一样，登革热的起源已无法追溯。登革热悄无声息，伺机而动，等待来自北方气候区的外来人群。在中国疆域扩展的前几个世纪中，这一问题非同小可……可能是中国向南方扩展的主要障碍之一。"数百年里，这一南方特有的疾病令人苦不堪言，使得南方背上沉重负担，阻碍其经济发展，让其发展停滞不前。而北方则繁荣昌盛，使南方望尘莫及。

流行性疟疾致使南北商业发展形成差异，未来方向扑朔迷离。在其他国家，如意大利、西班牙与美国，类似差异也有所体现。人们通常将其称为"南方问题"或"南方难题"。根据20世纪早期意大利政治家的说法，疟疾"会造成最严重的社会性后果。发热让人们失去工作能力，无精打采，让一个民族死气沉沉，失去活力。因此，社会生产力、国家财富及人民福祉将不可避免地受到疟疾影响"。对美国人而言，蚊子造成的不平衡的地理经济影响最终将通过奴隶制度、内战等重大问题，让美国坠入深渊。

公元前1500年，印度医书也提及区分疟疾发热的方法。"疾病之王"的化身是发烧恶魔。恶魔从雨季的闪电中现身。印度人不仅意识到，水与蚊子存在千丝万缕的联系，而且似乎是最先确认蚊子是疟疾传播根源的。公元前6世纪，印度医师苏胥如塔编写了内容详尽的医学纲要。在纲要中，他单独说明了印度河谷北部的5个蚊种："若受此类蚊子叮咬，便如蛇咬一般，疼痛难当，引发疾病……随之出现高烧、四肢疼痛、毛发竖立、身体疼痛、呕吐、腹泻、口干舌燥、浑身发热、头晕眼花、昏昏欲睡、不由战栗、打嗝不止、烧灼难忍、寒冷难当。"同时，他对脾脏肿大也有所提及："上述症状造成脾脏左侧肿大，使脾脏硬如磐石，弯如龟背。"虽然他怀疑蚊子是病菌携带者，但是直到近代，医生、科学家与业余观察者们才发现相关可靠证据。因此，在当时，其观点依旧是一家之言。1 000年后，苏胥如塔医生清晰合理的解释与敏锐过人的观察才为人重视。

蚊子无拘无束，其影响贯穿过去的时间与空间。8 000年前，位于非洲的班图薯农进行农业扩张，是非洲奴隶制度链条上的一环，并直接导致瑞安·克拉克2007年在丹佛橄榄球比赛后拥有濒死体验。备受尊敬的马丁·路德·金博士说："历史造就了我们。"在其未知行程中，蚊子以一种神秘莫测、可能令人毛骨悚然的方式，影响人类发展，决定人类方向。蚊子将因时空距离而彼此分割，有时甚至毫无关联的历史事件彼此相连。其影响力异乎寻常，历久弥新。

我们如果追寻班图薯农的足迹会发现，1 000年来，蚊子对历史的影响根深蒂固。最终，我们于约3 000年前离开我们的班图朋友。当时，他们因镰状细胞与铁制武器而占得优势，将饱受疟疾之苦的克瓦桑人、曼德人与桑人驱赶至非洲南部边缘地区。广受欢迎的作家、人类学家贾雷德·戴蒙德认为："1652年，荷兰殖民者不得不与人口稀少的克瓦桑人，而非人口密集、配有钢铁武器的班图农民展开争夺。"此举造成了更为严重的后果。在欧洲对非洲南部进行殖民期间，荷兰一马当先，但英国很快后来居上。这些由蚊子在数千年前决定的民族分布，促成种族隔离镇压，塑造了南非、纳米比亚、博茨瓦纳与津巴布韦这些现代国家。

当荷裔南非白人于 1652 年随荷属东印度公司抵达开普殖民地时，他们遇见了一小群已经四分五裂的克瓦桑人。军事征服与欧洲疾病轻而易举就让克瓦桑人大败而归。欧洲在开普海滩占得一席之地。南非白人长途跋涉，穿过南部非洲。欧洲人备受吸引，纷纷加入。随着南非白人及最后的英国人从开普殖民地向北部与东部流动，他们与诸如科萨人、祖鲁人等人口密度更高的班图人相遇。而后者已经将其社会改造成实力强劲、军事与农业相结合的社会。所有人全副武装，配有钢制武器。荷兰人与英国人历经 9 场战争，耗时 175 年，最终于 1879 年征服科萨人。而在此期间，荷兰人/英国人前进的速度每年不到一英里①。

在大多数祖鲁人的支持下，一场冷血无情的政变使得沙卡于 1816 年夺得王位。沙卡通过残酷无情的军事侵略与灵活巧妙的外交手段，统一周边部落，发起文化、政治与军事领域的全面改革。在沙卡大范围社会与军事工业革命的推动下，祖鲁人殊死拼搏，抗击英国入侵。他们最终同样于 1879 年，在盎格鲁-祖鲁战争中败下阵来。

盎格鲁-祖鲁战争始于 1879 年 1 月，于同年 7 月结束。在此期间，英国疟疾患病率揭示了另一故事的发展脉络。在这 7 个月时间里，身强力壮的英国士兵共计 12 615 人，因患病接受治疗的有 9 510 人，其中所患疾病为疟疾的为 4 311 人（占 45%）。虽然在当时，蚊子如何传播疟疾依然是一个医学谜题，但是在盎格鲁-祖鲁战争期间，英国因新的疾病细菌理论而实力大增。更为重要的是，英国人大量囤积了疟疾抑制药物奎宁。我斗胆猜测，17 世纪中期（在没有奎宁帮助的情况下）在开普殖民地的殖民主义战争中，若荷兰人（与英国人）的对手是祖鲁人与科萨人，而非克瓦桑人，欧洲入侵者将陷入苦战。戴蒙德说："若首批抵达开普殖民地的荷兰船队遭遇强烈抵抗，白人怎能成

---

① 1 英里约为 1.6 千米。——编者注

功在开普殖民地安营扎寨？因此，现代南非的问题至少部分是由地理事故导致的……非洲的过去对其现在产生了深刻影响。"不论是误打误撞，还是命中注定，因为传播疟疾的蚊子及班图农业的扩张促生了镰状细胞基因反应，这一漫长曲折的历史道路才得以形成，其中也包括种族隔离与其持续至今的影响。

在该实例中，蚊子甚至侵入了更深的历史层面。这些蚊子于非洲一手策划的事件，与镰状细胞出现这一重大事件一起，通过非洲黑奴贸易，而载入美洲史册，同时严重影响着包括瑞安·克拉克在内的现代美国国家橄榄球联盟运动员。从古至今，人类及其历史一直饱受疟疾折磨，因疟疾而改变方向。显而易见，蚊子不断地在满足自己进行残忍虐待、自我陶醉的冲动，而我们则因此付出代价。

比如，苏胥如塔医生揭露了印度河谷致命蚊子的可怕行径。250年后，一位年轻力壮、骁勇善战的马其顿国王便感受到蚊子叮咬所释放的怒火。这些蚊子向这位国王取得全球霸权的野心发起了挑战，消除了他对权力永不满足的渴望，让其征服之梦化为乌有。

第 3 章

疟蚊改变时代进程：从雅典到亚历山大

雅典哲学家柏拉图曾明确表示："思想是万物之源。"在希腊"黄金时代"，与柏拉图同一时代、极富传奇色彩的学术先驱不胜枚举，光彩夺目，包括苏格拉底、亚里士多德、希波克拉底、索福克勒斯、阿里斯托芬、修昔底德、希罗多德等。柏拉图与这些学术先驱的思想、推断和著作是真正的万物之源，他们为西方文化与现代学术打下了无法磨灭、永恒不朽的基础。他们的名字永载史册，人类世世代代为之歌功颂德。"雅典的牛虻"[①]苏格拉底通过使用提问法，引出更多问题，并最终得到答案。这便是当今众所周知的苏格拉底法。按此方法，我们不禁要问，这一切的来龙去脉究竟为何？少数开拓进取的希腊人，尤其是雅典人，是如何将思想从一个狭小时空拓展到更为庞大的历史领域，变成西方的主导思想，甚至引领全球、主宰文明、左右思想？2 500 年后，他们的思想观念依然对我们的世界观产生了决定性影响；他们的作品前无古人，在世界各地的书架上均不可或缺；在高等学府的教室与实验室中，教授们依然就这些作品进行悉心讲授，展开深度剖析。亚里士多德一旦得出结论，便会给予我们答案："全面

[①] 雅典官僚与精英对苏格拉底及其坚持不懈的提问不胜其烦，因此称其为"雅典的牛虻"。牛虻是一种嗡嗡作响、吸食血液的昆虫的俗称。

掌握知识独一无二的标志便是拥有教授他人的能力。"

苏格拉底是柏拉图的老师。后者于雅典创办了名副其实的第一所高等学府阿卡德米学院。在西方哲学与科学发展进程中，柏拉图是举世公认、至关重要的人物。亚里士多德是其最著名的学生。在柏拉图20年的教导下，亚里士多德潜心学习，涉猎广泛，为现代学术界留下了浓墨重彩的一笔。从动物学和生物学（包括昆虫研究）到物理、音乐、戏剧，再到政治科学与人类集体和个体心理学，均留下了他的印记。亚里士多德将复杂详尽的调查研究与科学方法相结合，应用于生物学推理论证，研究自然世界规律。用通俗易懂的话来说，正因如此，时至今日，苏格拉底、柏拉图、亚里士多德及其他希腊"黄金时代"的圣贤依然广受尊重，成为学者研究、参考的对象。

苏格拉底将进步之火炬传递给柏拉图，再由柏拉图传递给亚里士多德。最终，火炬交至一位雄心勃勃的年轻王子手中。王子来自马其顿北部人迹罕至地区。当时，他将希腊文化、书籍及思想在已知世界广泛传播，发扬光大。世界各地将希腊书籍悉心珍藏于雄伟华丽的图书馆中；历代学者从希腊思想文化中汲取营养，启迪心智，因而文思泉涌，继往开来。柏拉图说："书籍是宇宙之魂，思维之翼，想象之径，万物之基。"在诸如《理想国》等久经考验的书中，柏拉图直接引用了自己的这句话。与此同时，在包括其学生亚里士多德在内的同代希腊先贤中，此句在他们的众多作品中也得到了直接引用。

柏拉图去世后不久，亚里士多德便离开雅典。有人向其发出邀请，请他为马其顿国王腓力二世的13岁儿子兼继承人传道授业。在亚里士多德接受传唤进入马其顿皇宫前，腓力国王便发现，自己的孩子智慧过人，勤学好问，勇气超群。王子10岁那年，一位商人因灰心丧气，将自己身形健硕、狂野凶悍的坐骑遗弃在首都街道上，任其随心所欲地漫步其中。这匹肌肉发达、皮毛乌黑发亮的骏马，眉毛上方有一个白星标记，显得咄咄逼人。虽然它仅剩一只蓝色眼睛，但是其目光犀利，炯炯有神，颇为醒目。它不甘沦为胯下之物，人们也难以靠近它，无法将其关入畜栏。最初，腓力对驯服这一卓越不凡的动物饶有兴趣，但是在目睹这匹野性十足骏马的凶悍之后，腓力便放弃了尝试。若自己因此受伤成为一位独眼国王，一匹桀骜不驯、不服管教的骏马对他来说便一无是处。没过多久，这匹气势汹汹的骏马便吸引越来越多充满好奇的路人驻足观看。年轻的王子观察了一番这匹饱受惊吓的骏马，向父亲苦苦哀求，让父亲将其买下。但是，腓力国王不为所动，王子大失所望。

这位年轻气盛的马其顿王位继承人不依不饶，脱去了在风中飘动的斗篷，悄无声息地匍匐前行，小心翼翼靠近那匹歇斯底里、惶恐不安的骏马。胆量过人的王子徐徐靠近这匹备受惊吓的猛兽，让喧闹躁动的人群目瞪口呆。王子觉察到这匹马因自己的影子而胆战心惊，因此他紧紧抓住在空中摇摇晃晃的缰绳，引着马面向太阳，使马的身体盖住自己的影子，让狂怒不羁的野兽俯首帖耳。这一举动让人们瞠目结舌。据说，腓力国王因此深感骄傲，心情大好，便下达命令："哦，吾儿，离开此地，寻找一个与你相配的国家吧，因为你在马其顿实在是大材小用。"王子将那匹战马，即王子忠心耿耿的朋友，命名为布西发拉斯（意为公牛头）。最终，这匹战马带着它的主人穿越为人所知与不为人知的世界，最远到达印度。那里也是王子广袤帝国的东界，其治下帝国是历史上最庞大的王国之一。

在希波战争与伯罗奔尼撒战争中，人类均饱受蚊子蹂躏。从这两场战争余热未消的焦土中，一股新力量屹然崛起。年少有为的马语奇才将领导这一力量获得至高无上的地位、威望，创造传奇，填补江河日下的希腊城邦留下的权力真空。他会继续成为人间之神，人类历史上最伟大的统治者之一，享有希腊联盟之王、波斯国王、埃及法老、亚洲之王及马其顿之王的头衔。在历史中，他的名字无人不知，他就是亚历山大大帝。

在学术界，学者们针对亚历山大大帝的动机与品性争论不休。撇开这些，亚历山大毫无疑问是一个真正不拘礼数的天才。我们也不应忘记，在向波斯皇帝大流士三世的圣旨发起挑战，分割出历史上最大领地之一时，亚历山大仅仅是一位少年豪杰，与大流士三世相比，其军队规模也相形见绌。

在人类历史中，若文明覆盖区域完美无缺，便可塑造一个环境——让个人可凭一己之力，塑造震古烁今、具有无法磨灭的影响的环境。但这种例子历代罕见。而希波战争与伯罗奔尼撒战争便塑造了这样一种环境，让亚历山大在战后迅速崛起，成为南征北战的历史名人。这些战争深受蚊媒传染病影响，让饱经战火的世界经济衰退、政治混乱。将通往统治世界之门徐徐开启的，是残垣断壁，是满目废墟。也正因如此，亚历山大登上世界舞台。柏拉图曾说："未经检视的生活不值得过。"为了检视亚历山大的生平与影响，我们首先必须回到蚊虫萦绕的事务之中。因为这些事务创造了一个环境，使亚历山大对现代世界产生长期且持续的影响。虽然马其顿依然是一潭位于崎岖山区的死水，但是在美索不达米亚与埃及附近，西方文明重大事件均接连不断地发生。

直到公元前1200年，大中东才全面实现政治与经济力量的平衡。巴比伦、亚述及赫梯帝国的经济集中化与专业化推动了贸易发展，促进了地区和平，实现了共同繁荣。然而，好景不长。在不到50年时间里，流离失所、唯利是图的掠夺者及鱼龙混杂的地中海岛民大举入侵，使得包括埃及在内的每一个帝国向其俯首称臣。而这些入侵者也因其特洛伊木马的神话而名垂千古。众所周知，这些人是"海民"。他们破坏贸易路线，毁坏庄稼作物，掠夺深陷干旱、饥荒、一系列地震和海啸等灾难的城镇，将该地区推入"远古黑暗时代"。蚊子促使疟疾疯狂传播，为这一彻彻底底的经济、政治与文化崩塌推波助澜。在一块塞浦路斯泥板上，清清楚楚地刻着其中的原因："涅伽尔（巴比伦蚊魔）之手已伸入吾国，已将吾民屠戮殆尽。"在某种程度上，正是因为蚊子，这些初始人类文明仅留下化为焦土的遗迹、破碎的废墟，沦为一个无人填补的权力真空。

在灰烬之中，希腊与波斯两个敌对大国随之崛起。两个古老超级大国势均力敌，为现代文学艺术、工程技术、政治学与民主治理、兵法、哲学、医学等西方文明方方面面的发展奠定基础。海民烧杀抢掠，留下片片废墟。与此同时，中东大部分地区陷入文化与发展深渊，一片黑暗。在此种环境下，一个新的大国从东方阴影之中悄声无息地崛起。居鲁士大帝统治下的波斯帝国是当时人类历史上最为庞大的帝国。波斯帝国将中东所有帝国纳入麾下，并将地域延伸至中亚、南高加索及土耳其西部爱奥尼亚-希腊殖民者城邦。

公元前550年，居鲁士通过老练的外交手段、和颜悦色的威胁、如期而至的军事突袭，以及令当今联合国都会拍手称赞的人权政策，[①] 建立波斯帝国。纵览其欣欣向荣、日渐昌盛的帝国，居鲁士促进了文化、技术及宗教的交流，鼓励了艺术、工程技术与科学的创新。居鲁士与其后人大流士一世与薛西斯一世先后统治波斯帝国。后者率领波斯吞并埃及、苏丹及利比亚东部。在他们的统治下，波斯领土不断扩大，进而与另一个新兴大国希腊共同书写了一段传奇斗争故事。希腊作家希罗多德是公认的"历史学之父"。公元前440年，希罗多德写道，居鲁士"统一各国，几乎无一例外"。然而，确有例外，那就是希腊自己。

在当时，我们印象中独立统一的"希腊"并不存在。彼时的希腊是彼此竞争、相互开战的城邦集合。为了获取军事与经济霸权，希腊与斯巴达和雅典这两个最强大的竞争者彼此结盟。事实上，最初的奥

---

① 在居鲁士圆筒上，刻有其修复庙宇与人文建筑的宣言，以及将流放人民遣送回国的命令，犹太人位列其中。《圣经·以斯拉记》中概述了其将犹太人从巴比伦奴役中解放的事迹。在《圣经》中，居鲁士的名字出现了23次。他是唯一一个在书中以救星形象出现的非犹太人。为他的传奇故事与令人难忘的个人经历锦上添花的是，公元前530年，居鲁士在一场战争中战死在哈萨克斯坦的草原上。人们将他的尸体运回其热爱的都城，埋葬于庄严肃穆的石灰石墓穴之中。居鲁士之墓已被列为世界遗产，受到当地政府的保护。居鲁士则成为人类历史上举足轻重、最为杰出的领袖之一，其"大帝"称号名副其实。

运会始于公元前 776 年，以战场竞技与军人技能形式模仿战争，成为和平象征。当时的项目包括摔跤、拳击、标枪、铁饼、跑步、马术及古希腊式搏击。而古希腊式搏击意为"倾尽全力"（是终极格斗冠军赛的早期形式，其唯一的规则就是不得用牙咬对手或挖对手眼睛）。虽然奥运会的初衷是促进和平，但是希腊爱奥尼亚人对波斯统治深恶痛绝，因而在其煽风点火之下，心生敌意、相互开战的希腊城邦陷入与波斯人你死我活的斗争。

公元前 499 年，在雅典民主城邦的支持下，希腊爱奥尼亚人发动兵变，企图推翻波斯皇帝大流士一世的统治。当时，其子民数量达 5 000 万，占世界人口近一半。虽然大流士迅速平息了叛乱，但是大流士发誓，要对雅典人傲慢无礼的行为严惩不贷。除了为打击报复而获取惩罚性收益，征服希腊将巩固波斯在该地区的势力，确保其完完全全将地中海商业控制在手中。7 年后，大流士全面入侵西方世界硕果仅存的主权国家希腊，希波战争因此爆发。

波斯大军自亚洲穿越达达尼尔海峡，进入欧洲，向色雷斯与马其顿大举进发，沿途强迫当地人效忠波斯。战事继续向南方蔓延，逼近雅典，散发出复仇烈焰。但是，大流士的战役形势急转直下，迅速陷入灾难。临近抵达雅典之际，波斯海军遭遇猛烈风暴，全军覆没。而其陆地部队也节节败退。历史学家提出假设，当时由痢疾、伤寒与疟疾共同构成的致命疾病组合，将波斯陆军杀了个片甲不留。

两年后，大流士于公元前 490 年发动第二次战争。在雅典北部约 42 千米处的马拉松，大流士发动 26 000 名精兵，完成两栖登陆，绕开了危险重重的北部陆地路线。虽然雅典人不擅打仗，而且寡不敌众——与敌军数量之比达到一比二，但是他们身穿铜甲，手持重型武器，将波斯人困在了低洼沼泽地带。不到一周，与上一次战争完全相同的疾病致使波斯部队元气大伤。鉴于当时波斯船队所在位置、波斯部队登陆地点及雅典的防守部署，波斯部队无法在远离沼泽处安营扎寨，更无法绕过沼泽。地形与雅典人的阵势使得战争结果无疑是板上钉钉。雅典人获得了一场决定性的胜利。笼罩在疾病之谜中的波斯人随即撤军，乘船起航，向雅典发动进攻。希罗多德的记载显示，在那场战争中共有6 400名波斯人命丧战场，在周边沼泽中殒命的波斯人更是不计其数。马拉松迅速派遣信使，奔向约42千米外的雅典，警示雅典人波斯大军压境，大战一触即发。

传说雅典信使费迪皮迪兹曾争分夺秒奔向雅典，现代人举办马拉松赛事，就是为了纪念他的传奇事迹，但是当时这一事件实际并未发生。费迪皮迪兹的神话是两个真实事件的混合。实际上，在一天半时间里，费迪皮迪兹因大战在即而求助，跑完了从马拉松到斯巴达约225千米的路程。虽然斯巴达与雅典的关系并不融洽，但是希罗多德在记载中提到，斯巴达人"因雅典请求支援而深受触动，愿意派兵帮助雅典"。如果雅典一败涂地，向波斯霸权缴械投降，斯巴达人毫无疑问也将难逃厄运。正所谓两害相较取其轻。然而，2 000名斯巴达人到达雅典时，比预定时间晚了一天。他们抵达时恰逢战后，有人在约6 500名波斯人与1 500名雅典人尸体上搜刮物资。马拉松取胜之后，雅典军队立刻向雅典进军，设法阻止了波斯人登陆。波斯人大势已去，而且其幸存士兵因感染疟疾、吃了败仗而士气低落，便打道回府。但是在大流士之子、王位继承人薛西斯登基之后，波斯人会卷土重来。

薛西斯下定决心为父报仇。公元前480年，薛西斯亲自统率前无古人、令人胆寒的有近40万人的海陆大军，与雅典开战。为了抵御令人生畏的波斯入侵，在雅典人与斯巴达人的领导下，雅典城邦再度暂时搁置分歧，组成约12.5万人的联合防御部队。波斯人穿过跨越达尼尔海峡上精心布防的浮桥，向欧洲进发。在塞莫皮莱瓶颈路段，一支希腊部队挡住了波斯人的去路。与波斯部队的数量相比，这支部队相形见绌。1 500名希腊人严阵以待，其中包括列奥尼达国王率领的300名斯巴达人。他们与波斯人血战到底，至死方休，暂时延缓了波斯人前进的脚步。虽然塞莫皮莱之战的军事意义被过度夸大，但是列奥尼达与其兄弟们在这一狭路上奋力厮杀，拖延了敌方行动，让希腊主力部队撤回雅典。在这场殊死的战斗中，斯巴达300勇士的传奇应运而生，偏离历史的电影《斯巴达300勇士》已将故事的精华呈现于世人面前。

当塞莫皮莱之战的消息传至希腊海军处时，海军刚刚结束两天的战斗，摆脱波斯舰队。随着波斯军队畅通无阻地向雅典进军，撤回的舰队将雅典公民与四处逃窜的军队撤离至萨拉米斯岛。薛西斯进入雅典发现人去城空，便勃然大怒，将雅典付之一炬。居鲁士与大流士一世曾倡导忍耐与尊重，将其视为波斯传统。由于薛西斯此举与该传统不符，薛西斯对自己所做的决定后悔不已。意识到自己的所作所为有所不妥后，薛西斯反复提议重建雅典。但是，其悔悟之举为时已晚。雅典人已经逃离雅典，谈判与和解的机会也随之烟消云散。现在，一切已变成彻头彻尾的战争。薛西斯因雅典人的无礼之举怒火中烧，于公元前480年9月令波斯海军剿灭位于萨拉米斯岛的联合舰队。雅典将军地米斯托克利在那里精心设下一个圈套，波斯海军最终落入其中。

波斯舰队虽然数量占优势，但是力量薄弱。规模更胜一筹的希腊战队将其引入狭窄海峡，迅速封锁海峡的两个入口。在这片拥挤不堪的海域，波斯战船首尾相接，左右紧靠，迷失方向，陷入混乱。重量更大、装有破城锤的希腊海船一扫而过，波斯战船溃不成军，希腊海军就此取得了决定性胜利。薛西斯面对此次失败毫无畏惧，坚持继续对战，誓要征服希腊，让希腊联盟对其俯首称臣。然而，最终却是波斯人一败涂地。希腊联盟姗姗来迟的援兵使波斯人遭遇大败，而这些援兵就是成群结队、嗡嗡飞行的蚊子。

波斯地面部队遭到压制。他们穿过战地，穿越沼泽地区，围攻许多被沼泽包围的希腊城镇。随着波斯部队侵入蚊子领地，它们迅速向时运不济的波斯部队展示它们的存在，而外来的波斯士兵们对此毫无防备。疟疾与痢疾迅速吞噬了波斯部队，超过40%的波斯士兵因此丧命。公元前479年8月，七零八落、衣衫褴褛的波斯部队在普拉提亚战役中全军覆没，波斯未来对希腊的任何企图也随之不复存在。萨拉米斯战役与普拉提亚战役是希波战争的转折点。在"疟蚊将军"的鼎力相助之下，这些决定性胜利使得权力的天平向希腊倾斜，文明中心也向西方的希腊转移。这一切最初始于薛西斯与其大败而归的波斯军队，也因其而形成势头。而现在，胜利果实永远归希腊人所享。随着波斯帝国日渐式微，其区域影响力日益减弱，随即而来的希腊"黄金时代"为现代西方社会发展奠定了基础。

然而，希腊内部领导权的问题依然悬而未决。波斯的威胁仅仅暂时消除了雅典与斯巴达永无休止、剑拔弩张之态。公元前460—前404年，伯罗奔尼撒战争在断断续续进行，其正是双方矛盾爆发所致。《吕西斯忒拉忒》是由阿里斯托芬创作的充满性色彩的讽刺喜剧。公元前411年，该喜剧于伯罗奔尼撒战争高潮期间迎来首次演出，当时正值雅典于西西里因蚊虫灾难惨遭失败的两年之前。该喜剧展现了整个希腊及希腊以外地区徒劳无益的大屠杀。吕西斯忒拉忒是肮脏下流、名字与剧名相同的雅典角色。吕西斯忒拉忒着手完成一项任务，需要说服交战城邦的女性保持克制，不发展性关系，不追求性欢乐，不向丈夫与情人寻求特权，进而以中间人身份促成和平，为残酷无情的冲突与灾难性屠杀画上句号。然而，通过一部喜剧，无法阻止或平息伯罗奔尼撒战争的大屠杀，即便像《吕西斯忒拉忒》这样精妙绝伦、经久不衰的剧目也无能为力。

颇具讽刺意味的是，在此期间，即阿里斯托芬所创剧目展示的时间，正巧是希腊学术进步发展时期。而正是如今全球家喻户晓、妇孺皆知的人推动了此次学术进步。尽管战事持续不断，或者说，也许由于战火不断，公元前5世纪的希腊人，尤其是雅典人，创造出其最为著名的建筑、科学、哲学、戏剧及艺术领域的发明。在伯罗奔尼撒战争期间，诸如苏格拉底、柏拉图、修昔底德等哲学家、历史学家均为雅典而战。

然而，由于疟疾肆虐，希腊人元气大伤，军事力量遭到削弱，经济影响力每况愈下，最终导致西方文明中心希腊的落幕。一切似乎并非完全光辉璀璨。希腊诗人荷马在《伊利亚特》(公元前 750 年)中对秋季进行描述时，对疟疾有所提及："灼热的呼吸伴随高烧、瘟疫与死亡在血红的空气之中弥漫。"在希腊"黄金时代"历史名人册中，名家数不胜数，包括索福克勒斯、阿里斯托芬、希罗多德、修昔底德、柏拉图与亚里士多德，但册子对疟疾的作用只字未提。柏拉图曾说："我们自己让自己生活在污水坑中，让医生发挥想象力与创造力，为我们的疾病命名。"比如，举世闻名的希腊医师希波克拉底(公元前460—前370年)将致命疟疾流行季节夏季与初秋比作天狼星夜间降临，他将这段疾病流行期称作"夏季酷暑期"。

希波克拉底经常被称为"西方医学之父"，他十分明确地将疟疾与其他类型的发热疾病加以区分，并详细记录了脾脏肿大、发热周期、发病时间及"间日热、四日热及每日热"感染的严重程度，甚至记录了可能造成疟疾复发的菌株。希波克拉底认为，疟疾是"当时所有疾病中持续时间最长、痛苦程度最大的疾病"。他还补充道："春雨润泽大地之时，便是最剧烈的发热展开攻击之际。"希波克拉底是世界首位疟疾专家，可谓前无古人，在随后数个世纪里，更是后无来者。无人能像其一样清清楚楚，诊疗有方，有条不紊地研究记录疟疾症状。

希波克拉底将医学从宗教的保护伞下脱离出来。他认为，疾病并非上帝施加的惩罚，而是环境因素与人体内部紊乱的产物。在当时，这是一种史无前例、值得铭记的超自然与自然世界间的平衡转移。希波克拉底坚持认为，最佳药物并非治愈，而是预防。后来，本杰明·富兰克林对这一格言进行释义。尽管其适用于殖民时期费城的火灾，而非蚊媒(以及其他)传染病，但是富兰克林坚持认为"一盎司①预防的价值相当于一磅②治愈"。希波克拉底也强调，临床观察与记录至关重要。在观察记录期间，他准确无误地诊断出许许多多疾

---

① 1 盎司约为 28.35 克。——编者注
② 1 磅约为 453.59 克。——编者注

病，并一一记录，其中就包括疟疾。在《希波克拉底誓言》中，他宣誓"将根据我的能力与判断，治疗帮助病患，但永不对伤者或伤者错误之举评头论足"。时至今日，医师们依然以此誓言为准则，严格遵守。与此同时，关于其恪守医患秘密职业准则的警告与誓言，现代医师也会谨记于心。

在希波克拉底医学学派的瘴气理论传统之中，直到19世纪晚期，观察家、作家及健康专业人员都认为，包括疟疾在内的某类疾病均由污浊不堪的沼泽、湿地产生的腐败残骸与有毒气体所致。疟疾也因此而得名。在意大利语中，疟疾意为"污浊的空气"。这与柏拉图关于"人们理所当然会给疾病起稀奇古怪名字"的想法背道而驰。希波克拉底与其前辈们距离发现病原近在咫尺，让旁观者心急火燎。因为他们的确将死水与疟疾联系了起来，但是并未考虑蚊子繁殖所用的死水。比如，恩培多克勒与希波克拉底生活在同一时代，他是土、水、气、火四元素组成的四根说的提出者。恩培多克勒自付资金，改变塞利纳斯西西里岛小镇附近的河流流向，使该区域彻底摆脱"污邪恶臭""致人死亡、让孕妇流产"沼泽的影响。居民们在硬币上印上了恩培多克勒的肖像，以此铭记其不可思议、救人性命的人道主义成就。然而，蚊子依然隐姓埋名，不为人知。

希波克拉底认为，疾病由四种体液的不平衡导致，即黑胆汁、黄胆汁、黏液及血液。尽管该观点并不正确，但是其对疟疾做出了形象生动的解释，向我们阐释了疟疾在伯罗奔尼撒战争期间蔓延肆虐的来龙去脉，以及在决定战争结果中发挥的作用。正如生物学家 R. S. 布雷博士断言："毫无疑问，蚊媒传染病为伯罗奔尼撒战争增添了负担。"实际上，蚊媒传染病左右了战争结果。动物学教授 J. L. 克劳兹利-汤普森则更进一步，他认为"希波克拉底对疟疾颇为熟悉：这一暗中作祟的疾病随后让古希腊与古罗马文明元气大伤，走向没落"。对于两个超级大国而言，蚊子与世间任何士兵一样，技艺精湛，出类拔萃，可轻而易举取人性命。在希腊与罗马兴衰期间，在帝国构建期间的战场上，蚊子以一己之力，左右了战争与冲突的结果。

当希波克拉底孜孜不倦地记录下疟疾的多个症状，并观察发现了自然界、疾病与人体间的相互作用时，斯巴达与其第二故乡雅典之间的关系日趋恶化。斯巴达人感到双方战争一触即发，便于公元前431年先发制人，向雅典发起进攻，吹响了伯罗奔尼撒战争的号角，希望于优势在握的雅典人召集盟友前，速战速决。雅典军事战略家伯里克利通过商议，制订了一项两面兼顾的计划，旨在击败斯巴达人。首先是要通过避免进行决定性步兵战事，进而拖延战事，并与规模更小的后备军交战，延缓敌方行动，以实现目的明确的撤退，为雅典城筑造防御工事。他对雅典的补给与资源优势及其经受围城的能力深信不疑，对借此赢得消耗战胜利成竹在胸。其次，雅典海军无人可及，海上称霸，无可匹敌。若雅典向斯巴达与其盟友的港口及沿海商业城市发动突袭，将迫使它们因资源枯竭而缴械投降。若不是疾病横加干涉，伯里克利的智慧本可让雅典凯旋。

雅典的胜利虽然触手可及，但是公元前430年，一场出其不意的毁灭性传染病，即雅典瘟疫，突然来袭。在其首批牺牲品中，伯里克利这位著名将军便名列其中。由于这场传染病，不仅雅典军队人心涣散，分崩离析，而且雅典社会也土崩瓦解。其影响之大，使得所有对战前社会、宗教及文化状态的维系行动均难以为继。该传染病源于埃塞俄比亚，通过利比亚与埃及海港蔓延传播，随后通过受感染的水手穿过地中海，向北扩散，通过雅典港口比雷埃夫斯进入希腊。超过20万难民携带家畜，涌入避难城市雅典，使原本已经人口过剩的城市负担加重。在加固城墙内，当过度拥挤与糟糕的卫生、物资和清洁用水短缺问题同时出现时，便等同于将城市大门敞开，欢迎疾病携死亡到来。

在不到三年时间里，神秘莫测的疾病已经夺去多达10万人的生命，大约占雅典人口的35%。陷入社会与军事混乱的雅典不堪一击，斯巴达夺取胜利本可手到擒来。然而，神秘瘟疫带来的恐惧挥之不去，斯巴达人因此放弃了围攻雅典。雅典瘟疫是颇为罕见且仅影响一方的传染病。因为斯巴达人全身而退，所以相对来说，斯巴达人可谓毫发无伤。从军事角度看，雅典瘟疫虽然让双方公平战斗，但是并未让任意一方更接近胜利。最终，公元前421年，由于多年摩擦冲突，双方精疲力竭，神秘莫测的灾难性传染病的破坏程度不断扩大，因此经中间人安排，双方停止战争，握手言和。

关于雅典瘟疫的内容，人们在文学作品中挥洒的笔墨与为学术而流下的汗水多于伯罗奔尼撒战争期间溅洒的鲜血。由于享有盛誉的雅典历史学家修昔底德倾尽全力，事无巨细，关于伤亡永无休止的临床讨论令人喜出望外。修昔底德为伯罗奔尼撒战争提供了第一手书面阐述，包括其从中死里逃生的雅典瘟疫，在科学基础之上划清了历史与国际关系的理论界限。其客观公允的研究方法、对原因影响的分析、对战略及个人主动性影响的认识，均极富创造性，可谓世界首创。其文本依然是全世界大学与军事院校研究学习的对象。作为一位加拿大皇家军事学院的年轻陆军军官，我将修昔底德的作品列入了我的必读书单。

由于其对传染病细致入微的症状描述过于冗长，我在此不赘述。但是，其内容过于全面，从而引发问题。传染病症状虽然与所有著名疾病症状相吻合，但是没有一个特定症状可以凸显疾病的与众不同。几个世纪以来，历史学家与医学专家已就其原因开起玩笑，同时也展开了辩论。专家们针对30种不同病原体制作了表格，认为它们是瘟疫的始作俑者。最初关于黑死病、猩红热、炭疽、麻疹或天花的病因的解释已基本被证明不着边际。虽然伤寒可能是造成大规模死亡的原因，但是排名更靠前的疾病是斑疹伤寒、疟疾，以及与黄热病类似的某种蚊媒病毒出血热。

修昔底德描述的症状数不胜数。在遭到围攻的雅典，狭窄拥挤、肮脏不堪的生活条件促使三种疾病混合，因而威胁生命。汉斯·津泽博士是哈佛大学的医师与生物学家。他强调，因其他互补性疾病，最具历史意义的流行病得以进一步恶化。津泽说："鲜有人依靠士兵赢得战争胜利。在更多情况下，士兵在流行病狂轰滥炸后，才做扫尾工作……单一疾病引发流行病的情况颇为罕见。由于在大瘟疫时期，诸多疾病在雅典肆虐，修昔底德的描述混乱无序。这也并非天方夜谭。当时疾病蔓延的条件已经成熟……不论当时雅典瘟疫究竟是何疾病导致的，其对历史事件都确实产生了深远影响。"

公元前415年，重现辉煌的雅典违反停战协议，发动了希腊历史上规模最大、耗资最多的军事战役，也因此点燃了阿里斯托芬内心之火，创作了反战剧作《吕西斯忒拉忒》，以示抗议。雅典人认为，援助西西里的盟友，雅典义不容辞，因此扬帆起航，大败叙拉古的斯巴达士兵。登陆之后，雅典军队便因其领袖拙劣的领导能力而进退维谷，在叙拉古周围沼泽密布、蚊虫滋生的营地里日渐憔悴。有一种观点认为，防守方有意引领、诱导雅典人进入疟疾肆虐的沼泽地带，使他们在一场生物战中遭遇失败。历史学家已就该观点开展研究。瘴气理论认为，死水与湿地会引起疾病。鉴于此，可能在整个古代世界，这一策略均得到了使用。

位于叙拉古的雅典军队因疟疾而实力大减。由于持续两年的围城依旧终期未定，雅典军队中超过70%的士兵因疟疾而死亡或失去作战能力。公元前413年，雅典人苦苦挣扎，最终遭遇灾难性失败。西西里远征是一场彻头彻尾的灾难。拥有4万人的雅典军队有的被疾病夺去生命，有的战死沙场，有的成为敌军阶下囚，还有的沦为奴隶，任人贩卖，全军无人幸免。雅典海军也支离破碎。雅典财富被挥霍一空。蚊子与军队失误产生了全球性的影响，造成人类历史上的最大军事错误之一。

之后，寡头政治改朝换代，推翻雅典民主政府。公元前404年，在傀儡政府三十僭主的严酷统治下，斯巴达人占领雅典，雅典被迫投降。公元前399年，随着杰出思想家苏格拉底自杀身亡，雅典人之梦与雅典民主也毁于一旦。然而，与雅典一样，斯巴达也处于经济不稳、军事力量不足的状态。战争断断续续，持续长达56年。雅典、斯巴达及其实力更为逊色的盟友科林斯、伊利斯、德尔斐及底比斯因此江河日下。此外，战争将宗教、文化与社会禁忌击得粉碎，大量乡村与城市惨遭破坏，变成废墟。由于战争与疾病，人口数量也大幅减少。

在整个希腊南部蔓延的流行性疟疾为雅典的四分五裂、土崩瓦解推波助澜。疟疾永无休止地榨干了希腊人的健康、生命力与劳动能力。结果，农田毫无生气，谷场无人打理，矿井与港口空无一人。疟疾将目标对准孕妇与幼儿，人口出生率因此遭到打击，人口数量呈螺旋式下降。流行性疟疾开始肆虐，死产与流产便接踵而至。对于寄生虫猎手而言，免疫系统尚未成熟的儿童是唾手可得的目标。疟疾引发的发热经常让人体体温达到 41.1 摄氏度，精子因此被完全烤熟，导致男性不育。柏拉图哀叹道："与之前存在的情况相比，现在仅剩下病入膏肓之人的一副骨架。"伯罗奔尼撒战争与"疟蚊将军"冷酷无情，让希腊"黄金时代"戛然而止。然而，有失必有得。在此情况下，最终胜利者是相对清白、与世隔绝的马其顿王国。

虽然仍为少年的亚历山大沉浸在亚里士多德、父亲腓力国王的谆谆教诲之中，但是他已经开始组织训练一支令人闻风丧胆的马其顿军队。腓力国王双管齐下，使用重骑兵、轻骑兵与步兵，配以当时改进的武器，创造性地使用机动作战方法，打造了一支机动性强、攻击速度快的马其顿部队。亚历山大对这些军事进步、队形及战术进行了改良和重新设计。马其顿人虽然将自己视为希腊人，但是希腊南方人却将其视为下流无耻的野蛮人与尚未开化的酒鬼。马其顿的贵族对酒喜爱有加，经常饮用酒类饮料，但仅限于有益健康的程度。历史与考古学证据均对这一观点予以支持。在古代世界，马其顿迅速崛起，成为超级大国，地位陡增，铸就古代最伟大的奇迹之一。然而，由于其胆小怕战、遭蚊子痛击的南方邻居在经济与社会发展上陷入困境，马其顿能够异军突起绝非偶然。

随着希腊城邦从伯罗奔尼撒战争的废墟中铩羽而归，在公元前350—前340年，国王腓力二世成功说服希腊北部与中部，与其结盟，避免其发动进攻。在父亲远征作战的情况下，16 岁的亚历山大成为摄政王，也是王位的继承人。在反对马其顿统治的叛乱爆发之际，亚历山大在色雷斯会集地方乌合之众，组建了一支规模较小的部队，并在一场闻名全国的事件中以迅雷不及掩耳之势彻底平定叛乱，亚历山大因此名声大振。亚历山大的军事才能卓越非凡。随着他在色雷斯南部与希腊北部平定叛乱过程中连战连胜，其声望也继续提高。为了抵御马其顿在南方的进攻，公元前338年，雅典与底比斯随即组建防御联盟。腓力国王与亚历山大的侧翼部队最先冲击了敌人防线，雅典与底比斯在喀罗尼亚战役中被迅速消灭。在国际事务中，希腊城邦再也未能作为独立力量发挥作用。

亚历山大很快成了一位英勇无畏、万众敬仰的领袖，在军队阵地最前方奋勇杀敌以激发忠诚、勇气和奉献精神。亚历山大因而很快树立了威信。在各方面，无论是战略战术思想与执行能力，以及指挥才能，还是直接与军队建立联系的能力，他都是一位堪称楷模的军事指挥官。他与将士们同吃同住，高度重视伤者治疗，照看其家人。亚历山大与其父亲并肩作战，得到了宝贵的历练，获得了信心与动力。这位年轻的王子对胜利充满渴望，足智多谋，英勇善战。突然之间，亚历山大出人意料地登上已是近在咫尺的马其顿王座。

在腓力国王的统治下，希腊得以统一，顽强不屈却日渐式微、无足轻重的斯巴达得到拯救。亚历山大曾对斯巴达不屑一顾，嘲弄其为"鼠雀之辈"。在此情况下，腓力国王惴惴不安，担心因为没有任务，其实力大增却无所事事的军队可能发动叛乱，破坏稳定。腓力国王灵机一动，捏造出一个需全体希腊人完成的共同目标，通过唤起对一个死敌的回忆，让希腊人团结一致，奋力拼搏。腓力国王宣布，让统一的希腊向波斯进发。然而，腓力国王并未亲自领导这场入侵。公元前336年，腓力国王被一位贴身护卫杀害。围绕这一阴谋而流传于世的传说称，亚历山大与其母亲奥林匹娅斯诡计多端，共同策划了刺杀行动。虽然这样的阴谋论增加了传说的丰富性，但是实际上，一个愤世嫉俗、单枪匹马之人完成刺杀的可能性最大。因此，亚历山大在20岁时出人意料地登上王位，蓄势待发。其遇刺的父亲曾心怀愿景，希望征服四方，让国家达到难以想象的高度。而现在，亚历山大将继承父亲遗志，将其变为现实。

亚历山大没有丝毫迟疑，全力投入，开启征程，创造了属于自己的传奇。与大多数新任领袖一样，其第一个举措便是消灭对手与异己。比如，底比斯发动叛乱，亚历山大便将这一怀有不臣之心的城市夷为平地。巩固国内统治与巴尔干边境之后，他重新发起其父进行的集体战役，攻打大流士三世统治的波斯。公元前334年，亚历山大召集共计不到4万人的马其顿希腊联军，穿越达达尼尔海峡，向波斯进军。

在以一敌三的情况下，亚历山大部队于格拉尼卡斯与伊苏斯大败波斯皇帝大流士三世。在因疟疾突发而做短暂停留之后，亚历山大迅速征服如今的叙利亚、约旦、黎巴嫩、以色列和巴勒斯坦。埃及人将其奉为神明。在埃及人眼中，亚历山大是一位解放者，将自己从波斯统治中解救出来。随后，亚历山大率领部队进入波斯中心地带。虽然如往常一样以寡敌众，但是亚历山大毅然决然，于公元前331年在高加米拉击败大流士三世，获得波斯帝国大部分地区的控制权。

波斯部队毫无斗志，便发动叛乱，推翻了大流士三世的统治。在高加米拉失利后不久，大流士三世便遇刺身亡。在战事期间，亚历山大模仿心中英雄居鲁士大帝，促进文化、技术与宗教交流，并与居鲁士一样，鼓励艺术、工程与科学的发展，并最终获得与居鲁士相同的"大帝"称号。同居鲁士一样，亚历山大并未将所征服土地置于独裁统治之下。他保留了地方管理体系与文化，建设基础设施，建造24座城市（包括亚历山大港、坎大哈、赫拉特及伊斯肯德伦），馈赠土地，令其军人、政治领导人与当地人通婚。亚历山大也将战败的大流士三世之女娶为妻子。

亚历山大离开马其顿仅三年，但是其战绩无懈可击，达到11战全胜。他继续向东进军，进入之前不为人知的领地，其中包括土库曼斯坦、乌兹别克斯坦、塔吉克斯坦、阿富汗，穿过条件恶劣的兴都库什山，进入巴基斯坦与印度。届时，他的部队已连续作战 8 年，却未尝败绩（17 胜 0 负）。但是亚历山大依然马不停蹄。受其狂躁不安的自我意识影响，亚历山大意志坚定，誓要抵达并征服"天涯海角与外部海域"。

公元前 326 年，亚历山大开始向亚洲进军。历时 7 天，经历了印度河流域雨季，其部队精疲力竭，疾病缠身。同年 5 月，在许达斯佩斯战役中，亚历山大击败波鲁斯国王及其波拉瓦部队和战象，成功占领旁遮普。其老友布西发拉斯战马（亚历山大用其名字为巴基斯坦一城市命名，以此作为纪念）无疾而终。表达哀悼后，亚历山大在比阿斯河停下行军的脚步。其最为可靠、最受信任的将军科纳斯向其报告，士兵们"思乡心切，渴望与父母妻儿相见"，并拒绝继续前进。在比阿斯河岸边，亚历山大的印度战役就此结束，同时也标记出其征程及帝国的东部边界。

虽然人们往往对这一事件夸大其词，使之以"兵变"呈现在世人面前，但是此类叛乱乃子虚乌有。在科纳斯向亚历山大转达士兵们希望回到西方的消息期间，亚历山大似乎并未勃然大怒。所谓的兵变，或更准确地说，习以为常、屡见不鲜的指挥链上士兵对不满情绪的表达，仅是诸多让亚历山大左右为难的因素之一。其部队精疲力竭，加之补给线拉得过长，而胜利与之渐行渐远。部队越发依赖外招士兵与雇佣兵，马其顿与希腊士兵却力不从心。亚历山大的下一个目标是实力强大的难陀王国与孟加拉王国。胜利并非遥不可及。面对亚历山大 4 万步兵与 7 000 骑兵的是首先迎战的难陀部队的 28 万步兵和骑兵、8 000 战车及 6 000 头战象（希腊战马因此躁动不安）组成的联合部队。而在亚历山大的前进道路上，敌人绝非仅限于此。

在印度河谷沿线，亚历山大的部队与致命蚊虫及其携带疾病正面相遇，"随之而来的还有发热"。早在 200 年前，印度医师苏胥如塔便通过发热等症状诊断此类疾病。在春天雨季与夏季蚊虫季节，亚历山大的部队穿过沼泽与河流，在此安营扎寨。因为疟疾，他们迷惑不解，遭遇重挫。在亚历山大印度战役的历史记录中，不合时宜的气候与让人软弱无力的疾病使局面混乱不堪。比如，希腊历史学家阿利安告诉我们："希腊与马其顿部队均在战争中损兵折将；其他士兵因负伤而致残，因此留在亚洲各地；但是大多数士兵因染病（与毒蛇）而失去生命，只有少数死里逃生。即便如此，他们也未能再恢复元气。"亚历山大曾经生龙活虎的部队现在骨瘦如柴，如同行尸走肉。在《深入骸骨之地：亚历山大大帝征战阿富汗》一书中，弗兰克·L. 霍尔特认定："军队整体健康日益恶化，各类疾病夺去了许许多多生命。"比如，亚历山大的军队发生翻天覆地变化后不久，科纳斯因病去世。历史评论家认为，其死于疟疾，也有可能死于伤寒。由于其部下身心俱疲，疾病缠身，因而士气低落，希望撤回西方。面对令人胆寒、让人生畏的敌军，加上其他错综复杂的军事问题与阻力，亚历山大被迫终止印度战役。即便是亚历山大大帝，也无法规避此类相互交织、相互影响的挑战。

另一个理论认为，傲慢自大的亚历山大精心策划了整个事件，避免个人受辱以保住声誉，使自己的战绩完美无瑕，永远定格在 20 胜 0 负。亚历山大对战术战略形势心知肚明，意识到自己胜利无望，因此无意继续深入印度，展开进攻。他心意已决，他要保护个人名誉及颇具传奇色彩的英勇形象，因此散播谣言，有意使手下感到原本计划发动的战役困难重重、胜负难料，再上演"兵变"，名正言顺地让违抗命令的手下为撤退承担全部责任。不管怎样，结果别无二致。亚历山大知道，鉴于当前形势，哪怕再前进一步，部队都难以坚持。在更为宏观、并不顺利、前景堪忧的战略形势下，部队归乡的心愿仅仅是其中一个很小的原因，另有许许多多的困难让亚历山大应接不暇。

结果，亚历山大掉头撤退后不久，孔雀王朝建立。该王朝一统印度次大陆，创造了印度历史上最庞大的帝国。该王国为建立现代、统一的印度奠定了基础，与此同时，推动了佛教传播。事后看来，由于亚历山大立足未稳，最终证明，放弃印度战役是一个合情合理、小心谨慎的决策。

虽然亚历山大带领部队调转方向，返回了马其顿，但是他对自己的战绩并不满意，他也并未因此偃旗息鼓，善罢甘休。比如，一回到波斯，得知礼兵亵渎了其心中英雄居鲁士大帝之墓后，亚历山大立刻将其处决。随后亚历山大继续向西，朝巴比伦前进。他令部下做好准备，进军阿拉伯与北非，同时将目光瞄准地中海西部。穿过直布罗陀岩山与西班牙，欧洲便进入亚历山大的视野。此地存在着改变历史的无限可能。二级侦察任务在里海与黑海沿岸展开，为其进军亚洲奠定基础，以便做好最后准备。亚历山大准备下达前进命令，在未知世界中闻所未闻、神秘莫测的数个地区同时开展行动。然而，他永远无法到达"天涯海角"，至少在此次倾其一生的旅程中，他无法得偿所愿。

公元前323年春，亚历山大于巴比伦驻军，为接下来所需采取的行动做计划，并接待利比亚与迦太基使团。虽然亚历山大曾至少8次身负重伤，而且不久前，因为疟疾或伤寒，他失去了最好的朋友（可能也是他的情人）赫费斯提翁，并像往常一样喝得酩酊大醉，但是亚历山大并未心灰意冷。穿过底格里斯河后，当地占星师们警示亚历山大，他们从其神明巴力神那里得到了一个预言，预言说，若亚历山大现在从东方向城市进发，死亡将一路相伴。抵达城市中心边界后，亚历山大随即以之字形前进，穿过沼泽密布、同心运河环绕的迷宫，其中还有在嘈杂中苏醒的蚊子在沼泽中嗡嗡作响。

在巴比伦最初的日子里，亚历山大建设军营，举办宴会，拉近与显要人物的关系，举行宗教仪式，当然，也开怀畅饮。然而，亚历山大出现了严重的间歇性发热，导致其异常疲惫，无精打采。亚历山大核心集团将其疾病一一详细记录，并载入"皇家日记"。相关记录均清楚表明，自首个症状出现至亚历山大去世，病症持续了12天。从亚历山大从沼泽地带、瘴气四溢之地进入巴比伦，到他与世长辞，根据其症状与发热周期，所有迹象均表明，亚历山大感染了恶性疟。公元前323年6月11日，缔造英雄传奇的亚历山大因病去世，享年32岁。

因为毫不起眼、微不足道的蚊子，亚历山大的生命戛然而止。

倘若传播疟疾的蚊子并未夺去亚历山大的生命，那么所有迹象均会表明，亚历山大将向远东进军，旨在首次真真正正实现东西统一。若这一切变为现实，亚历山大将彻底改变人类历史进程，现代社会将会是另一番模样。史无前例的思想、知识、疾病与包括火药在内的技术的交流，将超乎想象。若亚历山大实现目标，世界就不需要再等待1 500年，才能盼来这一切。在13世纪，由于诸如东游的马可·波罗等欧洲商人，以及由成吉思汗领导的横扫西方的蒙古部落，这一统一局面得到进一步巩固。在这一包罗万象的跨文化交流中，黑死病也包括在内。但是假如亚历山大……可事实上，他并未成功。蚊子推波助澜，将这一机会与荣耀从亚历山大手中生夺硬抢了去。

历史上，关于亚历山大死因的猜测数不胜数，但是均缺少证据支持，难以令人信服。虽然对于阴谋论支持者而言，刺杀阴谋颇具诱惑，但站不住脚。尚无可靠书面证据或科学可信性对这一说法予以支持。亚历山大去世5年后，这一魅力无穷的谋杀之谜似乎已经向流言蜚语方向发展。有传言称，幕后黑手正是亚历山大的老师亚里士多德本人，或遭亚历山大抛弃的妻子或情人中的一个。由于这一传言，亚历山大之死的阴谋可能性越发多样，同时也越发扑朔迷离。但是，越发偏执、难以捉摸的亚历山大从未表现出对刺杀阴谋的丝毫担心。[①] 其他理论涵盖范围颇广，从亚历山大嗜酒成性导致的急性酒精中毒与肝病，到种类繁多的自然死亡，包括白血病、伤寒，甚至西尼罗热（他死后仅过了约1 300年，该病便成为独树一帜的病毒性疾病），这些空穴来风的说法最终均被证明并非亚历山大死亡真因。虽然对亚历山大的尸检

---

① 由于亚历山大在生命最后的怪异举止，有人认为，由于在战场中其头部屡受外伤，他饱受慢性创伤性脑病（CTE）折磨，但是这一说法无法得到证实。鉴于当前人们对脑震荡与职业体育比赛检查非常严格，对美国国家橄榄球联盟与美国冰球联盟的检查尤为如此，亚历山大的言行举止似乎与受到慢性创伤性脑病折磨的运动员的症状相差无几。

清清楚楚地证明，其死因为感染疟疾，与普遍意见一致，但是这实属无稽之谈。人类历史上最伟大的领袖之一在毫无征兆的情况下便从历史舞台上消失了。

在返回马其顿途中，亚历山大部下将其遗体运往埃及，葬于孟斐斯。公元前4世纪后期，人们将其遗骸挖出，重新安葬在以其名字命名的亚历山大港陵墓之中。罗马将军庞培与尤利乌斯·恺撒均参观了亚历山大的陵墓，以表敬意。克利奥帕特拉从陵墓中盗走金银珠宝，为其向屋大维（奥古斯都·恺撒）开战提供资金。公元前30年，击败时运不济的克利奥帕特拉与马克·安东尼后，大获全胜的屋大维进入亚历山大港，也参观了亚历山大之墓。据说在1世纪中叶，残酷成性、残暴专横的罗马皇帝卡利古拉窃取了亚历山大的护胸甲，将其占为己有。

到4世纪，亚历山大的安息之地从历史记录中凭空消失，使其传奇故事流传千古。爱慕虚荣的亚历山大对此自然毫不反对。人们已经先后进行超过150次大规模考古挖掘，搜索亚历山大的遗骸。在移动电话、虚拟现实、基因工程及核武器大行其道的年代，亚历山大是为数不多依然能够引发人们共鸣的历史人物之一。同时，从古至今，亚历山大让仰慕者魂牵梦绕，兴趣不减，心怀敬意，顶礼膜拜。

传说，当有人问及谁将继位称王时，亚历山大于临终前低声说"最强者"或"超凡绝伦之人"。而在现实中，亚历山大的广袤帝国与其丰功伟绩与之一起灰飞烟灭了。蚊子为其板上钉钉。亚历山大手下将军立刻陷入内乱，击碎了其内部团结一致或帝国统治稳定的设想。亚历山大直系亲人也遭到清洗。其母亲奥林匹娅斯、妻子罗克珊娜及其继承人亚历山大四世均遭追捕，惨遭杀害。最终，其帝国被分为三个主要领地，但是均弱小无力，相互竞争。其中有两个迅速分裂为面积更小、不堪一击的飞地①，迅速淡出人们的记忆。然而，直到公元前

---

① 飞地，一种特殊的人文地理现象，指隶属于某一行政区管辖但不与本区毗连的土地。——编者注

31 年，埃及依然以马其顿王朝屹立于世。在阿克提姆海战中，屋大维速战速决，击败马克·安东尼与克利奥帕特拉，埃及覆灭。[1]

虽然由于内部斗争与中央集权缺失，亚历山大占领的领土迅速易主，但是其希腊帝国的传奇文化让后人受益匪浅，其传奇故事也流传至今。亚历山大死后，希腊在欧洲、北非、中东与西亚的社会文化影响力达到顶峰。希腊的文学、建筑学、科学、数学、哲学、军事战略和设计均是亚历山大帝国的智慧结晶。这些知识漂洋过海，传播广泛，在学术繁荣进步的时代发扬光大。在阿拉伯世界，各地均建起大型图书馆。学者们仔细钻研苏格拉底、柏拉图、亚里士多德、希波克拉底、阿里斯托芬、希罗多德的思想，研读希腊"黄金时代"其他作家浩如烟海的作品。

在黑暗时代 400 年的文化学术深渊中，欧洲日趋衰弱。而在刚刚受到洗礼的阿拉伯国家，学术蓬勃发展。在十字军东征期间的跨文化交流过程中，阿拉伯学术界向欧洲伸出一把学术之梯，通过重新引入希腊罗马文学与文化，以及伴随颇具启示性的穆斯林文艺复兴产生的自主改良与学术进步，让欧洲人爬出无知洞穴。

然而，蚊子夺去亚历山大的生命之后，其帝国随之面对的支离破碎让地中海世界陷入权力真空。在位于雅典西部约 1 040 千米、蚊虫肆虐的半岛上，一座偏远落后城市的兴起将对其予以填补。在波斯与希腊权力中断后，权力的传递与西方文明的中心继续向西转移，并最终落于罗马。在 2017 年出版的著作《罗马的命运：气候、疾病与帝国的终结》中，凯尔·哈珀强调："罗马的命运由帝王与野蛮人、元老

---

[1] 威廉·莎士比亚创作了悲剧《安东尼与克利奥帕特拉》，该作品使马克·安东尼与克利奥帕特拉名垂青史。公元前 30 年 8 月，在以为其爱人克利奥帕特拉自杀身亡的情况下，马克·安东尼用剑自杀。他发现克利奥帕特拉依然在世后，部下立刻将其带到克利奥帕特拉身边，他因而在她怀中与世长辞。克利奥帕特拉悲痛欲绝，引诱一条埃及眼镜蛇反复攻击自己，以此自我了断。

议员和将军、士兵与奴隶共同决定。但是，细菌与病毒同样起到举足轻重的作用……罗马的命运可能提醒我们，大自然诡计多端，变化无常。"在波斯屠杀期间，蚊子对希腊鼎力相助；随后，蚊子在伯罗奔尼撒战争中伸出援手，将好战的希腊城邦打得落花流水，推动马其顿崛起；之后又将亚历山大不可一世的军队消耗殆尽，并证明亚历山大仅仅是肉体凡胎；紧接着，蚊子直指西方。蚊子将永不满足的渴望宣泄在罗马身上，强大无比的罗马帝国因其俯瞰世界，也因其土崩瓦解。

罗马霸权并非过眼云烟。在第一次针对迦太基人发动的布匿战争期间，通过出人意料却难以置信、代价惨重的胜利，罗马的势力得到壮大。然而，在第二次布匿战争中，一位军事才华可与亚历山大相提并论的将军指挥的一支军队，仿佛战无不胜，让对手疲于应付，让处于下风、士气低落的罗马人落入陷阱。这位将军就是足智多谋、才华横溢的迦太基勇士汉尼拔·巴卡。时至今日，他依然令人闻风丧胆。

第 4 章

蚊子军团：罗马帝国兴衰

与薛西斯和亚历山大一样，汉尼拔继承父亲遗志，发动了战争。迦太基领袖哈米尔卡·巴卡惨遭失败。其 29 岁的儿子下定决心，要为在第一次布匿战争中败在罗马手下的父亲报仇雪恨，将自己从儿时亲眼见证因投降所带来的羞耻的重负中解脱出来。汉尼拔一丝不苟地规划潜入罗马的路线，绕过身强体壮的罗马人与戒备森严的联军要塞，让罗马海军的绝对优势无从发挥。因此，汉尼拔径直穿过地中海最险要的地区，挑起第二次布匿战争。两次布匿战争断断续续，从公元前 264 年持续到公元前 146 年。其结果影响着未来 700 年的历史进程。37 头战象爬过阿尔卑斯山的悬崖峭壁，穿过山间小道，直捣罗马心脏。

约 800 平方千米的蓬蒂内沼泽地环绕、守卫着罗马首都。但是罗马并不知道，此地栖息着一位强大盟友。人们经常将这片沼泽称为"坎帕尼亚"。该沼泽位于罗马城市两侧，是可置人于死地的蚊子军团的安身之所，其防守作用与人类军队不相上下。根据一位早期罗马学者栩栩如生的描述，蓬蒂内沼泽地"令人生畏，让人胆寒。在大量吸血昆虫面前，你必须将脖子和脸裹得严严实实，才敢踏入此地。在炎热夏季，在树荫之间，沼泽像强烈渴望获得猎物的动物一样，耐心等待……你在此发现一片绿色区域，散发着腐败之气，令人作呕。成千上万的昆虫四处活动，令人恶心。在令人窒息的阳光下，成千上万的沼泽植物在此生长"。从布匿战争到第二次世界大战，入侵部队相继在罗马周围的蓬蒂内沼泽地遭到虫群吞噬，命丧黄泉。

罗马与迦太基最初仅仅是面积狭小、与世隔绝的农商飞地，但在为争夺地中海世界霸权而相互仇视、激烈竞争时，双方最终拉开阵势，剑拔弩张。蓬蒂内沼泽地的蚊子出面调停，双方才就此收手。罗马与迦太基继续努力，希望实现亚历山大支离破碎、饱受蚊虫困扰的统治世界之梦。它们以帝国后裔的姿态登上世界舞台，将为经济与领土一争高下。然而，罗马与迦太基骨子里谦卑低调，相对而言，它们并未受到希波战争影响。亚历山大倾尽全力完成其使命，长期以来，对天涯海角未知之地念念不忘，因此无暇顾及迦太基与罗马两座迅速崛起的城邦。

传说，公元前753年，罗穆路斯与雷穆斯建立罗马。二人在孩提时期便遭到父母遗弃，由母狼抚养长大。进入青少年时期后，他们与生俱来的领导能力为其获得一群追随者。随后，人们就二者谁应该成为唯一领袖展开争执。在此期间，罗穆路斯将其孪生兄弟雷穆斯杀害，成为罗马首位皇帝。罗马与希腊城邦大相径庭。罗马通过同化外来者，将其纳入其统一的法律体系，进而实现势力范围的扩大。罗马心甘情愿为外来人员提供公民身份，这一做法在当时独一无二，对罗马帝国的发展壮大与和谐治理起了不可或缺的作用。最初，罗马仅仅是一个残暴专制的君主国家，但随后，在爆发广受大众支持的起义之后，罗马于公元前506年成为民主共和国。在元老院贵族成员的指引下，罗马共和国循序渐进实现扩张。公元前220年，罗马将波河南部的意大利地峡①纳入势力范围。

从为数不多、四处分散的小屋开始，罗马人民已稳步发展，且身经百战。其市民、奴隶与商人激增的状态，巩固了一个涵盖欧洲大部分地区（包括英格兰）、埃及、北非、土耳其、高加索南部及地中海

---

① 地峡是连接两块较大陆地或较大陆地与半岛间的狭窄地带。——编者注

地区的帝国。正因如此，到公元前 117 年，其东部边界也从底格里斯河延伸至其位于波斯湾的河口。旅行车队长途跋涉，护送队伍弯弯曲曲，商人与移民成群结队，来来往往，穿过罗马商业走廊，罗马领地因此不断扩大。人们发现，在此期间，蚊子也与之结伴而行。罗马帝国幅员辽阔，地形多样，民族众多。蚊子狩猎范围日益扩大，整个欧洲疟疾散播范围逐渐递增，最远可到北方的苏格兰。这促使贸易与奴隶买卖线路交会。除罗马外，迦太基是该地区唯一一个大帝国。然而，罗马为了实现登峰造极的统治，将不可避免地仓促投身于与迦太基的冲突之中。

罗穆路斯与雷穆斯均为腓尼基商人，他们来自当时的迦南（现代的黎巴嫩与约旦）。在罗马建国前不久，二人便已于公元前 800 年在地中海世界建立前哨站，西边最远至西班牙的大西洋海岸。其中一个是位于突尼斯的迦太基港口城市。由于地处中心位置，毗邻西西里，迦太基迅速成为大型贸易与文化中心。因此，为获得地中海控制权，迦太基不久便加入与希腊城邦的争夺中。

公元前 413 年，雅典人在叙拉古遭遇蚊子引发的大灾难。阿里斯托芬通过戏剧《吕西斯忒拉忒》予以谴责。在此之后，公元前 397 年，迦太基发动西西里战役，开启其首个大规模侵略行动。在成功将叙拉古孤立之后，迦太基沿该城周围沼泽地区挖掘战壕，于公元前 396 年春季开始围城。在刚刚进入夏季之时，迦太基部队与之前的雅典部队一样，惨遭疟疾折磨。此外，与雅典人如出一辙的是，此次任务最终因蚊媒传染病灾难戛然而止。德高望重的罗马历史学家李维描述道："迦太基人惨遭毁灭，其将军也未能幸免。"然而，迦太基帝国在其他所有殖民活动中高歌猛进，其范围涵盖北非、直布罗陀与巴利阿里群岛在内的西班牙南部、西西里（除叙拉古）、马耳他、撒丁岛与科西嘉岛海岸。但是，罗马也忙于构建自己繁荣昌盛的帝国，使其从一个微不足道的乡村变为一个世界强国。罗马与迦太基的领土范围不断延伸，经济影响日益增强，在地中海贸易中，两国为此纠缠不休，纷争不断。

第一次布匿战争（公元前264—前241年）因西西里爆发。迦太基希望在西西里保护其商业影响力，而紧张不安的罗马希望将迦太基的势力影响挡在意大利门外。虽然此次冲突的陆地作战仅在西西里与北非展开，范围有限，但是战争主要在海上进行。罗马人缺乏海上作战经验，投入大量资金与人力，利用缴获的迦太基战船，打造了一支令人生畏的海军。此次战争让罗马损失了超过500艘船只，死亡人数超过25万。尽管如此，或一定程度上说，正因如此，罗马在其首次对外战争中顽强取胜。

罗马人将西西里岛、撒丁岛、科西嘉岛占为己有，与此同时，占领了巴尔干地区岛屿密布的达尔马提亚海岸。更为重要的是，赢得胜利、通过新殖民地推动经济发展激发了罗马对进一步扩张与征服的渴望。虽然迦太基海军因战争而实力大减，海上控制权也落入罗马人手中，但是这对迦太基陆地部队几乎毫无影响。恢复元气、复仇心切的迦太基帝国下定决心，要以牙还牙。汉尼拔心意已决，誓要直接在罗马一决雌雄。

公元前218年春，汉尼拔启程离开位于西班牙南海岸的新迦太基（卡塔赫纳），准备率领6万人与37头在当今颇具传奇色彩的战象，穿过西班牙东部，翻过比利牛斯山脉，穿过高卢（法国），抵达阿尔卑斯山西侧丘陵。在当代人眼中，汉尼拔调兵遣将，越过阿尔卑斯山，造就了军事史上最伟大的壮举之一。其部队长途跋涉，在没有可靠补给线的情况下，于初冬时节穿越了危险重重的法国部落领地及条件严酷的地域。虽然在经历艰难险阻、翻越崎岖险峻的阿尔卑斯山期间，汉尼拔损失了2万人及少量战象，但是4万名饱经磨难、缺乏营养、风餐露宿的迦太基士兵成功翻越了陡峭山坡，于11月下旬进入意大利北部。

12月18日冬至这天，在凯尔特高卢联军与西班牙联军的帮助下，汉尼拔精疲力竭的部队实力增强，于特拉比亚河同一支4.2万人的罗马阻截军队交战。汉尼拔精心筹划，创新战术，引诱罗马人开展徒劳无益的正面攻击，使其陷入无法防守的位置。汉尼拔部队冲入不知所措的罗马防卫军中，将其一举歼灭，导致敌军至少有 2.8 万人伤亡，战场上残余部队也被汉尼拔清理干净。

迦太基人在特拉比亚河取得决定性胜利。随后，身形消瘦的战象、战马与骨瘦如柴的士兵步履蹒跚，继续前行，在"波河附近的平原"安营扎寨，进行修整。这是为汉尼拔提供"恢复部队元气、使兵马重振雄风的最佳方式"。[①] 公元前 217 年 3 月，汉尼拔下令前进，展开一次精心策划、巧妙设计的行动。

此次战役的成败取决于其是否能够沿一条敌人未曾预料的路线潜行，克服重重困难，翻越亚平宁山脉，并在随后 4 天穿越疟疾肆虐的沼泽，从而确保做到出其不意，攻其不备，杀敌人个措手不及。迦太基人以巨大代价，清理了疾病滋生的沼泽。蚊子影响了迦太基军队士兵的身体健康与作战士气，其天赋异禀的领袖也未能幸免，汉尼拔染上了疟疾。由于高烧，其右眼失明了。此时，疟疾已经夺去了其西班牙妻子与儿子的生命。虽然遭到围攻，但是这位迦太基将军并未气馁，而是继续落实其预先制订、精心规划的策略。

虽然路上疟疾蔓延，但是通过其巧妙制定的线路，汉尼拔有意迂回，避开罗马左翼，实施了军事史上首个有记载的"迂回行动"。通过避开罗马边界，汉尼拔转而攻击战场正面，使本对罗马有利的防守位置与地区成为罗马的劣势。现在，在一个完全暴露的口袋地形区或杀戮区，罗马人陷入由自己防守区域构成的陷阱。公元前 217 年 6 月21 日，汉尼拔在特拉西梅诺湖战役中以创造性的筹划与策略使迦太基人取得胜利，让世人对这一结果心悦诚服。汉尼拔巧妙及时地使用隐蔽、伏击、骑兵及两翼包抄战术让全体 3 万名罗马士兵成为瓮中之鳖，只能引颈受戮或束手就擒。在特拉比亚河与特拉西梅诺湖遭遇溃

---

① 关于在穿越阿尔卑斯山期间究竟有多少头战象得以幸存，尚有争论。

败后，罗马人对于与汉尼拔激战这一问题显得尤为谨慎，转而选择切断其补给线与资源。汉尼拔再次神机妙算，利用罗马自己的策略将罗马人击败。

向罗马发起进攻之前，汉尼拔于公元前 216 年 8 月在坎尼主动采取措施，保障必需供给品的安全。与此同时，此举也切断了罗马连通南部储备的生死攸关的生命线。虽然军队数量处于劣势，与敌军人数比为一比二，但是汉尼拔杀入拥有 8.6 万人的罗马部队的中心，随即进行一次时机堪称完美的两面夹击，将罗马军团包围。迦太基人奋勇杀敌，罗马军队数量锐减，难以形成有效的战斗力量。[1] 汉尼拔在坎尼大获全胜。在军事史上，人们将其视为最让人拍案叫绝的战术演绎。直至今日，世界各个军事学院依然在讲授其所采用的策略。自其取胜以来，人们在战略家与将军的作战计划与计划实施中始终可以看到其所用策略的影子。

第一次世界大战初期，德国军事理论家、总参谋长阿尔弗雷德·冯·施利芬模仿汉尼拔颇具传奇色彩的方案，"以与汉尼拔在长期为人所遗忘时代中设计的如出一辙的方案"入侵法国。在利比亚，德国陆军元帅埃尔温·隆美尔的非洲部队曾让受困英军手忙脚乱，疲于应对。隆美尔在日记中写道："一个新坎尼处于筹备之中。"1942 年，德国第六集团军司令弗雷德里克·保卢斯于斯大林格勒（今伏尔加格勒）傲慢自大地声称，自己即将完成"自己的坎尼"。但此言与最终结果相差千里。盟军最高司令德怀特·D.艾森豪威尔在欧洲抗击希特勒纳粹期间，曾试图"按照坎尼经典案例"复制这场战役，将希特勒的纳粹军队一举歼灭。在首次海湾战争期间，总司令诺曼·施瓦茨科普夫根据汉尼拔的"坎尼模式"，于 1990 年组建联合部队解放科威特。

汉尼拔在坎尼将罗马军队一网打尽后，迦太基人似乎势不可当。

---

[1] 针对罗马在坎尼的伤亡人数，历史学家之间依然争论不休。据估计，在总人数为 8.6 万的罗马军队中，死亡人数为 1.8 万至 7.5 万。大多数历史学家估计，死亡人数介于 4.5 万和 5.5 万之间，并就此达成一定共识。

随着罗马军队全面瓦解，通往罗马之路便畅通无阻。战利品"永恒之城"触手可及。汉尼拔终于可以就第一次布匿战争中的失败之耻惩罚罗马，为父亲报仇雪恨。然而，有一批他未曾预见的罗马守卫者在两侧伺机而动——在蓬蒂内沼泽地巡逻坚守、忠心不二、饥肠辘辘的蚊子军团。罗马军队在坎尼溃不成军后，蚊子便应招服役，随即行动。在蓬蒂内沼泽地，蚊子作为痛苦与死亡的信使，开始了其 2 000 年贯穿历史的统治。作为罗马非官方大使，其唯一的责任就是迎接外来敌军与入侵势力，将其生吞活剥。

汉尼拔于公元前 216 年在坎尼取得大胜，让人佩服得五体投地。随后，两个事件掀起第二次布匿战争浪潮，并在蚊子的参与下，改变了历史进程。第一个事件是汉尼拔不愿向罗马发动进攻。虽然迦太基人已经在意大利半岛征战 15 余年，但是都城罗马从未成为他们的囊中之物。在历史学家的记录中，由于多种原因，汉尼拔拒绝拿下罗马。罗马处于身强力壮、精神十足、战绩完美部队的保护之下，这些士兵能力超群，足以守卫其防御工事，使得直接进攻与强行围城变得毫无可能。因此，攻占罗马并不可行。汉尼拔的部队可实施快速打击，开展机动作战，但并未针对围城战术进行训练，也没有装备相关设备或获得补给。

然而，更为重要的是，战术与围城用地有限，迦太基部队会因此处于蚊子成灾、全年疟疾肆虐的蓬蒂内沼泽地的包围之中。在一丝不苟、详细全面的研究作品《疟疾与罗马：古意大利疟疾史》中，罗伯特·萨拉尔斯断言，在整个意大利的沼泽区，包括坎帕尼亚臭名昭著的蓬蒂内沼泽地，疟疾横行。自始至终，意大利战役中传播疟疾的蚊子一点点将迦太基军队吞噬殆尽。在汉尼拔发动入侵、赢得令人闻风丧胆的名声、取得名垂青史的成就之前，具有传奇色彩的疟蚊便已在意大利安营扎寨。几乎在两个世纪之前，虽然高卢的布伦努斯国王于公元前 390 年成功洗劫罗马，但是其军队因疟疾数量大减，最终罗马用黄金支付了一笔费用，双方达成和解，高卢人才得以带着疾病缠身、居无定所的部队从该地撤军。在短时间内，疟疾夺去的生命之多，迫使高卢人放弃举行习俗要求的大规模火葬仪式。萨拉尔斯强调："汉尼拔足智多谋，如果能够避免，他便不会在疟疾肆虐地区度夏。"蚊子与由罗马守卫者组成的军团一样，保卫着罗马不受外敌侵害。

第二个改变战局的事件是用普布利乌斯·西庇阿（阿弗里卡纳斯）取代受政治动力驱使、缺乏军事训练的罗马将军。在有史以来的军事思想家中，普布利乌斯·西庇阿堪称一流。西庇阿是一位职业军人，参加过坎尼战役。其名声在外，战绩显赫，因此平步青云，加官晋爵，进入高层领导行列。在西庇阿的带领之下，罗马军队成功改头换面，成为一台训练有素、战斗力强的战争机器。西庇阿坚持从无疟山区征召军人。在迦太基主力部队仍在意大利乡间大肆破坏、肆意掠夺之时，西庇阿决定主动出击，与迦太基人兵戎相见。

公元前 203 年，西庇阿部队登陆由提卡，穿过迦太基领地，迫使汉尼拔从意大利撤军，保卫祖国。尽管两位将领彼此欣赏，但是两人之间的谈判最终以失败告终。公元前 202 年 10 月，罗马骑兵在扎马战役中迅速出击，给了汉尼拔具有决定意义的打击。在从汉尼拔手中夺取胜利后，罗马开始迅速崛起，确立超级大国地位。历史学家阿德里安·戈兹沃西说："汉尼拔拥有某种军事天才所具有的独一无二的魅力，能够以令人瞠目的方式赢取胜利，却最终在战争中败北。诸如拿破仑、罗伯特·E. 李等均属于此类天才式人物。汉尼拔从西班牙启程，越过阿尔卑斯山进入意大利，在诸多战役中获得胜利。这些成就自身便是伟大史诗。"

在扎马战役中，汉尼拔最终败在西庇阿手下，标志着 17 年冲突终结。然而，在遭遇意大利疟疾盛行的沼泽很久之前，迦太基的衰落便已经开始。蚊子守卫罗马，使其免受汉尼拔与其友军攻占，成为罗马崛起、统治地中海及以外世界的基石。戴安娜·斯宾塞在其作品《罗马风景：文化与身份》中说："坎帕尼亚的沼泽危机四伏，汉尼拔部队如同鱼肉。汉尼拔因此转移了对罗马的注意力，也因此无暇专注于胜利。"汉尼拔与迦太基文化均后继无人，最终，由于罗马在布匿战争中大获全胜，迦太基文化消失在历史长河之中。

在时间与空间上，罗马在蚊子的支援下所取得的胜利均产生了难以衡量、意义深远的影响。在接下来的 700 年里，随之产生的希腊罗马文化成为欧洲、北非与中东的主导文化，深刻影响了人类文明与西方文化发展。世界依然生活在罗马帝国的蚊虫肆虐的阴影之中。当今有许多国家使用以拉丁语为基础或深受拉丁语影响的语言；许多法制与政治系统均根据罗马法律与共和国式民主演变而来；在整个欧洲，罗马帝国最先扼制基督教传播，随后又放松了对它的限制。

布匿战争期间，罗马取胜产生了另一个难以衡量、至关重要的结果：罗马文学的出现。公元前 240 年之前，罗马文学鲜有作品问世。战火不熄、外部世界与罗马接触、对亚历山大希腊文化的吸纳均促进了罗马学术的发展。广受尊敬的作家们为我们留下一系列文学作品，栩栩如生地描绘了蚊子在罗马世界中的历史地位与力量。在公元前 1 世纪，罗马最著名的学者之一瓦罗警示说："必须对附近沼泽予以警惕，要采取预防措施，（它们）是某类小型生物的温床。虽然肉眼无法发现，但是这些小型生物会悬浮在空气中，通过口鼻进入人体，导致严重疾病。"瓦罗向有经济实力的人建议，将房屋建在远离沼泽的高地或山丘上。在那里，风会吹走看不见的生物。山上建房在罗马精英人士中盛行开来。在欧洲殖民时代，这一时尚风靡全球，延续至今。在美国，虽然价格要高出 15%~20%，但是富人仍争相购买坐落于山顶的房屋，将其视为身份的象征。房地产市场成为又一个受到蚊子综合影响的领域。

罗马医师与充满求知欲的学者沿袭了希波克拉底的传统。与瓦罗一样，他们使得瘴气、"肮脏空气"的疾病概念得到巩固加强。比如，遵照希波克拉底关于疟疾"酷暑期"的早期思想，罗马历的 9 月与天狼星密不可分，并会在罗马历中以警告口吻对"肮脏空气"疾病予以描述。其警告说："空气中有一股乱流。健康人的身体，尤其是病人的身体会随空气状况发生改变。"虽然当时人们仍未发现蚊子是罪魁祸首，但对于其传播的疾病，罗马学者与作家并未疏忽，均滴水不漏地予以记录。

诸如小普林尼、塞涅卡、西塞罗、贺拉斯、奥维德、凯尔苏斯等古罗马经典作家均对蚊媒传染病有所提及。大多数详尽解释由盖伦于公元 2 世纪编写。盖伦是一位有口皆碑的医生、热心好学的作家，也是一位角斗士外科医生。虽然他支持希波克拉底的传统，但是其对人体生理机能所做的解释更为细致入微，引人着迷。盖伦留下一份关于各类疟疾发热的详细描述，对希波克拉底的观察与推断予以详尽说明。盖伦发现了疟疾历史悠久的原始起源，并注意到可将之前与疟疾相关的作品汇总成三大卷。盖伦写道："我们不再需要希波克拉底或其他任何人证明，此种发热确有其事，因为它每天都出现在我们眼前，在罗马尤为如此。"盖伦也一五一十地记录下第二种蚊媒传染病，这毫无疑问是历史上首次对血丝虫病（象皮病）准确无误的记录。

盖伦强调，健康与习惯息息相关，其中包括饮食、锻炼、自然环境与生活条件。盖伦明白，心脏通过动脉与静脉泵送血液。他曾使用放血疗法，治愈大多数疾病，疟疾便位列其中。另一个颇为流行的罗马治疟方法是使用一张莎草纸，或印有强力咒语的护身符。咒语虽然出处不明，但似乎借鉴了阿拉米语，其意思为"我将让所言成真"。其实，这是在通过召唤，以求治愈。[①] 在罗马周围环境优美的山顶上，有三座以精湛工艺建造的庙宇。罗马人也会在那里向发热女神祷告，希望以此缓解疟疾症状。发热女神信徒众多，其祭仪也反映出疟疾蔓延之广，对罗马影响之深，甚至覆盖了整个罗马帝国。

在罗马军队与雇佣兵蜂拥穿过欧洲之时，疟疾也横扫欧洲。疆域广阔的罗马帝国将非洲与欧洲北部相连，促成前所未有的思想、创新、

---

① 1665—1666 年伦敦大瘟疫期间，黑死病暴发，仅用 18 个月就夺去了全城四分之一人口的生命。在那期间，当地居民依然对咒语深信不疑，并将咒语贴在大门口，以此防止染病。

学术与瘟疫交流。罗马疆域扩大的一个直接结果，就是疟疾的影响范围扩大，最北可及丹麦与苏格兰。虽然蚊子保证了罗马人对迦太基人的优势，但是150年后，蚊子也为罗马民主共和国的覆灭一锤定音，有力保障从尤利乌斯·恺撒开始的帝王时代的兴起。

在高卢接连取胜之后，因为罗马元老院为其军事与政治对手执政官庞培赋予独断独裁的权力，尤利乌斯·恺撒于公元前50年调转方向，带领军队向南方进发，对抗元老院。元老院也通过投票，剥夺了恺撒的指挥权，解散了对其忠心耿耿的军队。对于这些要求，恺撒拒绝服从。恺撒穿过位于卢比孔河的意大利边界，说出了他那句"色子已经掷出"的千古名言。恺撒已无路可退。然而，其军队感染了疟疾，无法作战。恺撒自己也未能幸免，他终身都在与疾病做斗争。莎士比亚写道："在西班牙，他害过一次热病，我看见那热病在他身上发作，他浑身颤抖起来。是的，这位天神也会颤抖。"倘若恺撒与军队规模远胜自己的庞培在战场交锋，如果庞培没有避而不战，那么恺撒在卢比孔河掷色子式的赌博终将成为疟疾笼罩下的军事灾难。

结果，在与恺撒获得强援、身体健康的军团的一系列交战中，庞培均吃了败仗。庞培在埃及寻求庇护期间，遭埃及法老托勒密八世所派刺客杀害。恺撒看到庞培人头呈在面前，颇感厌恶，与爱人、托勒密的妹妹克利奥帕特拉废黜托勒密，让克利奥帕特拉将其取而代之，登上埃及王位。公元前44年古罗马历3月15日尤利乌斯·恺撒遇刺之后，领导罗马帝国的多位独裁者均身染疟疾，遭受疾病折磨，有一部分人因此撒手人寰，其中包括维斯帕先、提图斯与哈德良。恺撒继承人屋大维（奥古斯都）及其继任者提比略均经历过疟疾复发。这是蓬蒂内沼泽地蚊子的一贯礼节。

颇具讽刺意味的是，在恺撒惨遭23次刺杀之前，恺撒已准备了一个雄心勃勃的项目，旨在排干坎帕尼亚蓬蒂内沼泽地的积水，发展农业生产。2世纪早期的希腊罗马传记作家普鲁塔克曾提到："恺撒计划抽干沼泽地中的积水……并使之变成坚实的地面，数千人将因此从事农业种植工作。"假如他最终成功，该项创举将无意中使得蚊子数量骤减，后续改变罗马时代历史进程的事件也会不复存在。但是，这段潜在历史随着尤利乌斯·恺撒遇刺而胎死腹中。拿破仑也曾经认真考虑，实施改造蓬蒂内沼泽地这一雄心勃勃的计划。2 000 年后，另一位意大利独裁者贝尼托·墨索里尼终将这一设想变为现实。

虽然疟疾肆虐的坎帕尼亚保护了罗马免受敌人侵犯，但是疟疾同时也影响了抢劫成性的罗马军队。疟疾菌株与细菌、病毒颇为相似，因地区不同而存在差异。在遥远的土地上，罗马军团士兵、行政官及随行商人对他国疟原虫均难以适应，或"无法调味"。在公元 1 世纪早期日耳曼战役中，日耳曼人持续迫使罗马军团在沼泽地带安营扎寨，展开战斗。在那里，疟疾与肮脏饮用水让罗马军团战斗能力大幅减弱。由于人们认为沼泽臭气是疾病的始作俑者，这一日耳曼策略具有刻意设计的生化战争的特性。日耳曼尼库斯·恺撒将军穿过条顿堡森林期间曾报告称，在"潮湿的沼泽与沟渠"中，发现了大量罗马人骸骨、马匹及支离破碎的尸体相互混杂，腐烂发臭。在描写古代世界生化战争时，阿德里安娜·梅厄认为："日耳曼人将罗马军团玩弄于股掌之间……这最有可能是一个生物战争策略。"这与瘴气理论相符，无须事先谋划，将沼泽武器化，使用蚊子这一遭到冷落、边缘化却实至名归的刺客。公元 9 年，条顿堡森林——罗马三个军团与盟友全军覆没之地——被视为罗马最为惨重的军事失利发生地。在不屈不挠的疟疾的影响下，这场灾难迫使罗马放弃在莱茵河东侧的意图。到 5 世纪，罗马帝国最终因中欧与东欧的独立作战的人民而陨落。

罗马人将苏格兰称为加勒多尼亚，而罗马人也曾企图征服苏格兰，这一企图也因当地一种疟疾而遭遇挫败。该种疟疾曾让有 8 万人的皇家军队数量锐减一半。罗马人之后撤退至于公元 122 年修建的哈德良长城寻求保护，同时也让独立的苏格兰人免受战争之苦。在中东，与苏格兰一样，疟疾阻挡了罗马攻城拔寨，使之无法站稳脚跟。面对初来乍到的罗马人，欧洲北部或中东地区的异国疟疾大举进攻，除非这些侵入者"完成调味"或一命呜呼，否则绝不善罢甘休。

在蚊子束缚住罗马军队，使其无法在前线作战，难以在帝国远端战场大展拳脚的同时，蚊子在后方也越发频繁地将毒箭对准罗马。对于罗马而言，蚊子既是救星，最终也是杀手，其一如既往地以行动证明，自己是一个变幻无常、夜间活动的盟友。作为坚定的防卫者，蚊子继续在蓬蒂内沼泽地巡视查看，保护罗马免遭外敌入侵。但是，其也逐渐开始将目标对准受其保护、与之共同生活的人。传播疟疾的蚊子渐渐侵蚀罗马帝国的根基，将其子民的生命吸食得一干二净。罗马人通过其在工程与农业方面取得的进步，将蚊子化友为敌，亲手设计了罗马没落衰败的结局。

具有讽刺意味的是，罗马人对花园、水池、喷泉、洗浴与池塘的喜爱，在复杂沟渠系统与频繁洪灾，以及同时出现的全球变暖的共同影响下，为蚊子繁殖创建了一个避风港，将城市美化的各个元素变成死亡陷阱。[①] 在过去的公元前的两个世纪里，罗马城市人口数从20万增长至超过百万。因此，乱砍滥伐与耕地开垦随之增加，在城市边缘的乡村促进蚊子生态形成，蓬蒂内沼泽地便包含其中。凯尔·哈珀强调："罗马人不仅实现了环境改造，还将自身意志强加在环境之上……人类对新环境的入侵是一个危险游戏。在罗马帝国，自然所施与的报复冷酷无情。在报复行为实施过程中，疟疾位列头阵。通过蚊子叮咬传播的疟疾成为罗马文明的沉重负担……将永恒之城变成一片疟疾横行的沼泽。在城镇与乡间，在任何疟蚊可以繁衍生息之地，疟疾都是穷凶极恶的杀手。"关于意大利疟疾盛行的名声有详细记载。它名扬四海，甚至他国人将疟疾简单地称为"罗马热"。对于这一带有蔑视色彩的绰号，罗马实至名归。

---

① 凯尔·哈珀所列4世纪罗马城市的财产包括：28座图书馆、19条沟渠、423个居民区、46 602座公寓楼、1 790栋别墅、290个粮仓、254个面包店、856个公共浴室、1 352个水箱与喷泉，以及46家妓院。144个公厕每天产生超过45吨排泄物。

由于疟疾势不可当，罗马城持续处于危险境地，遭到蚕食。在"罗马大火"之后，公元65年，在尼禄统治时期，一场飓风袭击坎帕尼亚，使湿度增加，蚊虫滋生，导致疟疾暴发，因此而丧命的多达3万人。现在，蚊子又向罗马发动进攻。罗马元老、历史学家塔西佗记叙道："房屋内死气沉沉，街道上葬礼随处可见。"公元79年，维苏威火山爆发，将庞贝古城埋葬。此后，疟疾再次在罗马与意大利乡村肆虐，农民被迫抛弃田地村庄。这种现象在坎帕尼亚最为显著。塔西佗目睹了"甚至置自己生命于不顾的难民与平民百姓。他们大部分居住在梵蒂冈肮脏混乱的街区。正因如此，许多人死于非命"。因此，这一位于罗马门口、包围坎帕尼亚及其蓬蒂内沼泽地的大片富饶农田长期闲置，无人打理。在第二次世界大战爆发前，才由意大利领袖贝尼托·墨索里尼重新利用，开展安置项目。

这些自然灾害发生之后，罗马附近的农业一蹶不振，沼泽地不断扩大，在让疟疾疫情雪上加霜的同时，也让城市日益增长的人口陷入粮食产量严重不足的境地。这一长期存在的疟疾滚雪球效应直接致使罗马帝国衰败。罗马社会及其经济、农业与政治无法繁荣发展。在司空见惯的疟疾接二连三暴发、劳动力短缺的情况下，维持现状更是难上加难。罗马社会四面楚歌。只有不到一半的婴儿能够在幼年时期幸存。而大难不死的人们的平均寿命只有可怜的20至25岁。维图利亚是一位百夫长的妻子，其墓碑上篆刻的墓志铭是对一位普通罗马人生活的反映："我长眠于此，享年27岁。我与丈夫厮守16年，育有6个孩子，5个先我而去。"伴随悄无声息、一发不可收拾的疟疾，出现了一系列灾难性瘟疫，使罗马陷入瘫痪，政治、社会生活进程也因此受阻。

罗马历史学家李维在公元元年著书立说。李维列出了共和国统治期间至少11种特征鲜明的流行病。有两种在当今臭名昭著的疟疾在当时让帝国心脏备受折磨。第一个流行病由从美索不达米亚铩羽而归的部队传入。该部队也正因在战场上遭受蚊子蹂躏，惨败而归。这场疾病从公元 165 年持续至公元 189 年。根据李维的第一手资料，安东尼瘟疫或盖伦瘟疫，如同野火一般在帝国蔓延开来。罗马首当其冲，随后，瘟疫扩散至整个意大利，造成大规模人口减少，因而出现大量流离失所的难民与漂泊不定的外来人口。这场瘟疫夺去了路奇乌斯·维鲁斯与马可·奥勒留两位皇帝的生命，其姓氏安东尼与瘟疫紧密联系在了一起。随后，瘟疫向北扩散至莱茵河，向西蔓延至大西洋海岸，向东最终蔓延至印度与中国。在瘟疫最严重时期，当代记录显示，仅罗马每天便有 2 000 人因病死亡。罗马档案文件与盖伦的作品均显示，死亡率为 25%。据估计，整个帝国死亡人数高达 500 万。这表明，该种流行病是由欧洲一种闻所未闻的病菌所致。虽然盖伦对瘟疫症状予以描述，但是并未体现其特征，而且内容模糊不清。虽然真正原因依然成谜，但是嫌疑最大的当属天花，其可能性远远高于排名第二的麻疹。

第二种流行病是众所周知的西普里安瘟疫。该流行病发源于埃塞俄比亚，随后在北非蔓延。公元 249—266 年，瘟疫扩散至帝国东部，进入欧洲，最北传播至苏格兰。该病因纪念迦太基天主教圣人西普里安而得名。西普里安让一位目击证人对这场不幸加以解释。根据其记录，当时死亡率为 25%~30%，罗马每日死亡人数接近 5 000。在死者名单中，皇帝霍斯蒂利安与克劳狄二世赫然在目。死亡总人数虽然不得而知，但是据估计，人数再次高达 500 万至 600 万，或者说占整个帝国人口的三分之一。流行病学家认为，安东尼瘟疫与西普里安瘟疫是天花与麻疹首次从动物宿主传至人类。其他专家则认为，第一种流行病是首次从动物到人的传染病，第二种存在一定可能性。专家们认为，导致第二种流行病，即西普里安瘟疫的罪魁祸首是蚊媒出血热。这种疾病与黄热病或和恐怖的埃博拉（并非通过蚊虫传播）类似的一种出血病有共同之处。

这些瘟疫持久的印记与肆虐的疟疾一样，难以修复。罗马帝国是一个从内部爆炸的超级大国，已经无药可救。农业与军事劳动力极度不足，严重削弱了罗马维持人口的能力。其子民只能一边看着幅员辽阔的帝国土崩瓦解，一边瑟瑟发抖，束手无策。除造成大规模死亡外，或者说正因为大规模死亡，这一"第三世纪危机"也见证了大范围起义、内战、厚颜无耻的军队指挥官刺杀皇帝与政客，以及基督教替罪羊频遭残酷处决。因经济萧条、地震与自然灾害、帝国内重新安置的少数民族的持续入侵，以及公元350年开始的"大迁移时代"境外战争，这一不受制约的享乐主义式暴力日趋严重。"疟蚊将军"通过连续不断影响入侵者，从中干涉，以此权宜之计挽救罗马人的生命。但是，这仅仅是使其精心策划、不可避免的结果——罗马帝国的陨落——推迟到来。

在大迁移时代的这场剧变中，诸如高卢人、之前的迦太基人等许多外国侵略者直接将准心对准江河日下的罗马。在当时，罗马已不再是包罗万象的罗马帝国首都。由于罗马是军事战略与商业要地，公元330年，君士坦丁国王将都城从罗马迁至君士坦丁堡（伊斯坦布尔）。帝国的大调整与不稳定一直延续至狄奥多西皇帝统治时期。公元380年，狄奥多西皇帝将尼西亚基督教正式定为罗马国教，并于公元395年将帝国交由两个儿子治理，进而导致东西罗马长期分裂。罗马分裂削弱了东西罗马的军事与经济影响力。公元1453年，拜占庭在奥斯曼帝国手中土崩瓦解，君士坦丁堡也不再是东罗马帝国首都。在西罗马帝国，由于疟疾疫情未曾平息，罗马多次更换都城，但是作为帝国精神、文化与经济中心，"永恒之城"（即罗马）依旧保持着至高无上的地位，其也一直是进行烧杀抢掠的掠夺者的战利品。

第一个向罗马发动进攻的是阿拉里克国王率领的日耳曼西哥特人。公元408年，其"野蛮部队"势如破竹，横扫意大利南部，分别利用三个机会围攻人口约100万的罗马。饥饿与疾病一点点吞噬着罗马人奋起抗争的意志。罗马使节询问阿拉里克，他将为遭遇围攻的罗马公民留下什么。阿拉里克以讽刺的口吻嘲笑道："他们的性命。"跟踪此事的罗马作家佐西莫斯悲痛不已，他为此写道："罗马英勇无畏的精神已无影无踪，化为乌有。"公元 410 年，阿拉里克第三次也是最后一次围攻罗马。对于此次围攻，阿拉里克没有心慈手软，而且不留谈判余地。攻入城门后，其部队立刻进行持续三天的大肆破坏与疯狂屠杀。他们抢劫、强奸、屠戮罗马公民，并将其作为奴隶进行贩卖。西哥特人对罗马进行烧杀抢掠，累累战功使其心满意足，随后他们便撤离罗马，向南方进军，导致坎帕尼亚、卡拉布里亚及加普亚最终遭遇相同命运，丢盔弃甲，一片狼藉。本不稳定的罗马农业生产再次受挫。虽然阿拉里克打算回到罗马，但是这一次，疟疾让阿拉里克的部队溃不成军。800 年来，万能国王阿拉里克自己虽然成为攻陷罗马的第一人，但也于公元 410 年秋季因疟疾命丧黄泉。蚊子再次为罗马筑起防线。

阿拉里克死后，蚊子依然对西哥特人穷追猛打。西哥特人巩固战果，向北撤退，于公元 418 年在高卢西南部建立王国。当地人对其现任统治者百般讨好。据传说，流离失所的凯尔特贵族刻意让西哥特领导人在双陆棋游戏中取胜，以博取青睐。用电影《星球大战》中的话说，他们总是做出明智之选，"让伍基族取胜"。然而，这些高卢的新居民将为保卫西欧免受下一位挑战者入侵助一臂之力，而下一位挑战者便是阿提拉及其掠夺成性的匈人。

动作敏捷、出击迅速的匈人均为技艺精湛的骑兵。他们有着布满文身、令人胆寒的双臂，用疤痕刻画图案的面孔，携带通过夹板拉长的婴儿头骨，令欧洲人闻风丧胆。匈人发源于东乌克兰与北高加索，于公元 370 年左右发起旷日持久的东欧入侵，并迅速抵达匈牙利多瑙河。到 4 世纪后期，随着匈人掠夺加剧，焦虑不安的君士坦丁堡开始向匈人支付费用，以此让东罗马帝国免遭屠戮。随着匈人将胆小怕事、祈求息事宁人的东罗马的供奉收入囊中，英勇无畏、雄心勃勃的匈人新领袖阿提拉计划将势力范围推进至奥地利的阿尔卑斯山以西。其技艺精湛的铁骑攻打罗马仅仅是时间问题。

但是，匈人并不是对"永恒之城"垂涎三尺的唯一掠夺者。西方帝国中心的瑰宝面临双重威胁，即匈人与另一掠夺成性的民族——汪达尔人。随着匈人在东欧的存在日趋增强，作为波兰与波希米亚日耳曼部落的庞大群体，汪达尔人穿过高卢与西班牙，在欧洲北部留下一道清晰可见的痕迹。公元 429 年，骁勇善战的盖塞里克国王率领 2 万汪达尔人穿越直布罗陀海峡，抵达北非。他们进一步削弱了西罗马帝国的力量，通过控制谷物、蔬菜、橄榄油与奴隶税收，将北非牢牢控制，进而使西罗马粮食短缺情况恶化。汪达尔人围攻罗马港口城市希波（今阿尔及利亚东北角的安纳巴）期间，当地主教奥古斯丁苦苦哀求，乞求汪达尔人莫将大教堂与雄伟壮观的图书馆付之一炬，因为其中存放着大量希腊罗马典籍。奥古斯丁的母亲圣人莫妮卡是一位虔诚尽责、备受尊敬的基督徒，她于公元 387 年因在蓬蒂内沼泽地感染疟疾去世，为奥古斯丁 13 卷自传巨著《忏悔录》最为精彩的篇章创作提供了灵感。

在影响和塑造西方基督教方面，未来的圣人奥古斯丁仅次于塔尔苏斯的保罗。与其撒手人寰、受人爱戴的母亲一样，奥古斯丁于公元 430 年 8 月，在汪达尔人围攻希波开始后不久，便因感染疟疾去世。奥古斯丁去世后不久，汪达尔人将希波夷为平地。现代英语词语"汪达尔"（vandal）的意思便是"故意破坏或损毁财产"。通过"故意破坏或损毁财产"，汪达尔人的名声得以流传千古。然而，在希波化为灰烬期间，汪达尔人的行为与我们字典中的定义并不相符。汪达尔人手下留情，奥古斯丁奉若珍宝的大教堂与图书馆因此逃过一劫，在硝烟弥漫的一片废墟中安然无恙，矗立其间。汪达尔人从北非进军，迅速占领西西里、科西嘉岛、撒丁岛、马耳他及巴利阿里群岛。对盖塞里克而言，罗马虽然已是目光可及，但是先发制人的却是阿提拉。

阿提拉企图征服高卢，却于公元 451 年 6 月在法国 / 比利时的阿登高地森林遭遇西哥特与罗马联军，铩羽而归。阿提拉立即率领铁骑部队向南方进军，迅速入侵意大利北部，对沿途的城镇和乡村大肆掠夺。塞莫皮莱的斯巴达人组成了一支小型罗马影子部队，成功钳制住向波河进军的匈人。蚊子增援军团迅速介入，使双方僵持不下。"疟蚊将军"又一次及时参战，挽救了罗马。

汉尼拔军队回忆录中记叙的历史在阿提拉身上重演。阿提拉率领憔悴不堪的部队在波河休息，利奥一世教皇为其平复情绪。虔诚的基督教教皇说服野蛮人阿提拉打消入侵罗马的意图，从意大利撤军。这虽然是一个充满浪漫色彩的睡前故事，但是也超越了天马行空创作的范畴。与之前布伦努斯领导的高卢人、汉尼拔率领的迦太基人及阿拉里克麾下的西哥特人一样，阿提拉手下凶狠无情的匈人被蚊子玩弄于股掌之间，最终坠入毁灭深渊。罗马主教赫德修斯记载道："匈人是天神惩罚的牺牲品，遭遇了饥荒、某类疾病等天灾……因此，他们兵败如山倒，被迫与罗马人言和，然后全部返回故土。"疟疾让匈人军队失去战斗力。阿提拉也敏锐地意识到，自己与40年前阿拉里克及西哥特人一样，遭遇了饱受疟疾折磨的命运。让形势雪上加霜的是，匈人储备不足，粮食短缺。越来越多的迹象表明，若出国远征，可能将无功而返。匈人已将意大利北部的装甲破坏殆尽，汪达尔人劫持了北非进口物资，坎帕尼亚是一片沼泽，由于长期干旱，当地农业大受影响，罗马深陷饥荒之苦。

教皇对阿提拉的恳求仅仅是为保住颜面而实施的缓兵之计，传播疟疾的蚊子使其受到掣肘。凯尔·哈珀解释说："帝国中心地带细菌密布。在此次事件中，疟疾可能是意大利的无名救星。潮湿低洼地带是蚊虫繁殖、致命病菌传播的最佳场所。在此喂马的匈人成为疟疾嘴边的猎物。总而言之，对于匈人的国王而言，调转铁骑部队方向，转移至寒冷干燥的多瑙河外海拔更高的草原才是明智之举。在那里，疟蚊鞭长莫及。"蚊子再一次成功为罗马保驾护航，阿提拉也被迫中止其劫掠计划。虽然阿提拉并未像亚历山大或阿拉里克那样因疟疾死去，但是其于两年后的公元453年去世，与二者一样狼狈不堪。其死因是急性酒精中毒引发的并发症。内部分裂与明争暗斗接踵而至。喜怒无常、以部落为单位的匈人分崩离析，从历史舞台上逐渐消失。

当阿提拉在意大利战役中大败罗马军团时，汪达尔人在地中海伺机而动，掠夺港口，抢劫商人。汪达尔人在地中海频繁活动，越发猖獗，以致人们在古英语中使用"汪达尔人之海"（Wendelsae）指代海洋。由于匈人与汪达尔人构成了双重威胁，罗马将其卫戍部队从英国召回。丹麦盎格鲁人与德国撒克逊人觉察到机会，组建盎格鲁–撒克逊联军，于5世纪40年代入侵英国，从当地凯尔特人手中夺走了城池和领地，将其文化取而代之，占领了剩余的罗马占地。

阿提拉因蚊子叮咬撤出意大利后，罗马人现在可以专心致志应对积聚在北非的汪达尔人的威胁，关注附近让人忧心忡忡的地中海岛屿。罗马精英阶层的政治失败与专制统治迫使盖塞里克采取行动。公元455年5月，在阿提拉去世两年后，盖塞里克率领汪达尔部队进入意大利，向罗马进军。与之前乞求阿提拉一样，教皇利奥一世哀求盖塞里克不要破坏古城、屠戮百姓，并献出劫掠物品，作为和解的奖赏。因此罗马城门大开，盖塞里克与其人马畅通无阻地进入罗马。

虽然汪达尔人信守诺言，但是在两周时间里，他们聚集了所有可以找到的奴隶与财宝，其中包括用于装饰建筑或雕像的珍贵金属。然而，蚊子将汪达尔军队渐渐吞噬。他们迅速打道回府，返回迦太基。与传说故事希望我们相信的内容相比，汪达尔人攻陷罗马的实际情况与之相距甚远。其原因仅仅在于，面对疟疾的欢迎，他们停留过久。与阿提拉死后匈人帝国土崩瓦解一样，盖塞里克于公元477年去世后，汪达尔人对地中海地区的统治也遭到蚕食，其残余的零星收入也被纳入当地。

从3世纪开始，西罗马帝国每况愈下。其衰败是一个循序渐进的过程。然而，在最后几十年里，由于疟疾肆虐、疾病流行、饥荒蔓延、人口减少、战火不断，以及入侵者前仆后继，罗马最终不堪重负，在社会压力下一蹶不振。动物学教授J. L. 克劳兹利-汤普森总结道："虽然过度强调罗马因流行病而衰败的理论存在错误，但是显而易见，黑死病与疟疾对此发挥了重要作用，而疟疾所起的作用似乎更为显著。"菲利普·诺里是新南威尔士大学的高级医学讲师，他补充说："在恶性症的支配下，罗马帝国于公元476年走向末路。"毫无疑问，蚊子造成的持续不断的消耗让罗马逐渐衰败，最终走向灭亡。

5世纪90年代，东哥特人入侵意大利，从意大利分割一片领土，建立王国。在那时，西罗马皇位近20年无人继承。随着后续事件徐徐展开，罗马皇帝也将永远成为历史。公元535—554年，东哥特人联合盟友，与查士丁尼皇帝英明领导下的东罗马帝国（拜占庭帝国）展开为期20年的哥特战争。在此期间，东哥特人于公元546年成功攻陷罗马。该场战争是夺回西罗马失地、实现罗马统一复兴的最后努力。但事与愿违，一波疾病浪潮让查士丁尼复兴帝国的梦想化为泡影。

公元541年，一场史无前例的瘟疫，即查士丁尼瘟疫暴发。这场瘟疫蔓延至整个拜占庭帝国。这场人们认为源于印度的瘟疫迅速席卷地中海所有大型海港，并向北进入欧洲，在不到三年时间里，抵达英国。据记载，这场瘟疫是历史上最致命的流行病之一，3 000万至5 000万人因此丧命，约占世界人口的15%。在君士坦丁堡，一半人口在不到两年时间里因病死亡。现代评论员对此也时有提及，将其称为全球性传染病。普罗科匹厄斯为拜占庭贝利萨留将军的记室①，后者智慧过人，但也曾饱受疟疾困扰。普罗科匹厄斯敏锐地意识到："在此期间，有一种瘟疫将全人类推向灭绝……影响全球，全人类的生命在其面前枯萎灭亡。"在人类有记载的历史中，唯一可与之相提并论的流行病是14世纪中期二度暴发的瘟疫，即举世闻名的黑死病。

通过在君士坦丁堡建造的光芒万丈的建筑物，包括雄伟壮观的圣索菲亚大教堂，查士丁尼皇帝的文化馈赠在今天依旧能引起共鸣。其重新统一编写的罗马法律也流传至今，成为大多数西方国家编纂民法的基础。虽然在统治期间，其治国方式并不像现代那样广受认可，但是其对艺术、神学与学术的奉献推动了拜占庭文化走向繁荣。查士丁

---

① 记室，古代官职，古代诸王、大将军府都设记室令史，负责撰写章表文檄。——编者注

尼皇帝也成为古典时代晚期最具远见的领袖之一。后人常常对其赞美有加，称其为"最后的罗马人"。所谓的古典世界，即希腊罗马文明世界，彻底落幕。正如威廉·H.麦克尼尔所说，查士丁尼瘟疫导致"欧洲文明中心从地中海明显转移，使得北部地区的重要性随之增加"。正因如此，西方文明中心持续向西移至法国、西班牙，并最终扎根英国。

对于罗马而言，蚊子最终证明自己是一把双刃剑。最初，蚊子捍卫罗马，使其免受军事天才汉尼拔及其不可一世的迦太基人的侵犯，极大地推动了帝国建设，促进罗马文化、科学、政治及学术先进成果的传播推广，保障罗马时代遗产造福后世。然而，随着时间的推移，虽然蚊子继续在自己的蓬蒂内沼泽地大本营守卫罗马，抵挡外敌——其中不乏西哥特人、匈人与汪达尔人，但是蚊子也无时无刻不深深影响着罗马帝国的中心。

对于罗马人而言，与虎谋皮、与蚊子达成浮士德式的交易最终证明，蚊子是变化不定的盟友，而且交易危机四伏。这场交易最终导致罗马走向灭亡。约翰·沃尔夫冈·冯·歌德创作了由两部分组成的悲剧《浮士德》。1787 年，他写道："我从未见过像人们在罗马描述的那样糟糕的情况。"在剧中，歌德对蓬蒂内沼泽地的污染及其潜在利用价值均有所提及："一片沼泽绵延山麓 / 映入眼帘的仅是一片污物 / 若能将这坑臭水清除干净 / 便是我永垂青史的丰功伟绩 / 为千万人开拓空间 / 虽然无法永保安宁，但他们可以自由自在，幸福生活。"在《浮士德》篇章之外，蓬蒂内沼泽地的蚊子生生不息，成为罗马变化无常的盟友，在敌友角色间摇摆不定。蚊子抹去了罗马社会的生机，为历史上实力最强、疆域最广、影响力最大帝国之一的衰落埋下伏笔。在这一进程中，蚊子也在人类精神与全球宗教秩序中留下无法磨灭的痕迹。

罗马帝国的兴衰与基督教的出现及传播时间一致。这一新生信仰始于 1 世纪犹太教内部的分支阵营，或称"耶稣运动"。随后，一定程度上，因为对蚊媒传染病的治疗、宗教环境、对医治者神性与作用的争论，基督教从其最初信仰中脱离。在经历艰难险阻、暴力相伴的开始后，基督教迅速在欧洲与近东国家的人民心中生根发芽，成为一种修复心灵的宗教，永远改变了世界权力的平衡格局。

然而，最重要的是，在罗马帝国崩塌的余波中，欧洲转为内向发展。以君主政体、贵族身份及教皇制度为代表的独裁专制性封建主义处于至高无上的地位。最初治愈心灵的基督教转而倡导宿命论，成为一个充斥着地狱烈火和硫黄、精神和经济腐败的宗教信仰。在黑暗时代，随着古人创造的发展进步、学术成就与知识文化淡出大众记忆，畏缩不前的欧洲人陷入困境。虽然欧洲因疾病与宗教文化动荡而失去理性，但是另一种精神与政治秩序于中世纪得以确立，走向繁荣。7世纪早期，伊斯兰教在麦加与麦地那出现，在中东催生出一场以宗教为基础的文化与学术复兴。随着欧洲坠入学术深渊，教育与学术进步在日趋成熟的阿拉伯世界兴起。为了从蚊群那里获取领土与经济霸权，这两种精神力量不可避免地相互竞争，因而引发一场文明冲突：十字军东征。

第 5 章

不知悔改的蚊子：信仰危机与十字军东征

基督教的出现是一个循序渐进的过程。耶稣受难 200 年后，皈依基督教的教徒在社会上依然占少数。这些教徒惨遭迫害，分散各处。人们将其视为罗马帝国内部背信弃义之人，认为其威胁罗马帝国稳定。罗马人是一个多样灵活的群体，愿意同化各种各样的人，将许多其他民族的风俗习惯、宗教惯例纳入自己的宗教文化体系。然而，事实证明，对于罗马人而言，吸纳基督教并非易事。罗马人以前所未有的方式对基督徒大肆屠杀，将基督徒装入动物皮囊，让恶狗将其撕成碎片，将一些基督徒绑在柱子上，天黑以后便用一把火将其活活烧死。通常情况下，罗马人以集体处决的形式执行火刑，以便获得更好的燃烧视觉效果。与此同时，还有其他基督徒遭受被钉在十字架上的标准刑罚。然而，迫害基督徒虽然抑制了基督教发展，但引起最后皈依基督教的教徒的好奇心，更在大范围内逐渐动摇了罗马社会的稳定，罗马帝国也因疾病、邻国不断入侵围攻而大受影响。

在这场"三世纪危机"期间，基督教在罗马地区发展壮大。前文我们讨论过安东尼瘟疫与西普里安瘟疫。基督教浪潮与两场瘟疫引发的破坏在同一时期出现。同时，地方性疟疾也在整个罗马帝国进一步扩散。两场瘟疫期间，基督徒惨遭迫害。由于信奉唯一真神耶和华，基督徒拒绝向罗马多位天神卑躬屈膝，罗马人以此为借口杀害基督徒。然而，在疟疾流行这一阴郁的背景下，这两场冷酷无情的瘟疫也让许多人投入基督教的怀抱。在他们眼中，基督教是一种"拥有治愈功效"的宗教。毕竟，据传说，耶稣曾化腐朽为神奇，创造治疗奇迹，让跛脚之人正常行走，让失明之人重见天日，让麻风病人恢复健康，让麻风乞丐起死回生。人们相信，这些治疗能力可以转移至耶稣门徒和其他信徒身上。

在"三世纪危机"的文化剧变中，由于大迁移时代生活在蓬蒂内沼泽地的蚊子，罗马得以幸免于难，躲过接二连三的外国掠夺。而长期存在的疟疾感染也因而成为当时宗教与社会的一大挑战。正如索尼娅·莎所写："所有以往无可置疑的事情均支离破碎。"疟疾之祸本将使传统罗马宗教、医学与神学的问题日益凸显。治愈性基督教仪式与慈善性看护为人们带来了新希望。在其面前，护身符、咒语及向发热女神提供的祭品相形见绌。

虽然在历史观方面，我不会鲁莽行事，草草认定是蚊子凭借一己之力，让芸芸众生皈依基督教。然而，疟疾是推动基督教最终统治欧洲的诸多因素之一。欧文·W. 谢尔曼是加利福尼亚大学生物与传染病学名誉教授，他解释说："与其他宗教不同，基督教宣扬照顾病患，将其视为一种宗教责任。那些在精心照顾下恢复健康的人会由于心存感激而加入基督教。在其他机构未能发挥作用的时代，这有助于加强基督教会的影响力。基督教教义有能力帮助人们处理流行病带来的精神打击。这使得基督教对罗马帝国人民充满吸引力。另外，其他宗教在处理难以预测的死亡问题上，均效果不佳。罗马人及时接纳了基督教的观点。"在整个罗马帝国，蚊子是"精神打击"的罪魁祸首之一。基督教给予其信徒心灵安慰、悉心照料，甚至予以救赎。

早期基督教团体将照顾病患视为宗教义务，并率先建立了第一所真正意义上的医院。这一做法与基督教的其他慈善做法相同，巩固了人们强烈的集体感与归属感，强化了一个范围更广的网络，为人们雪中送炭，排忧解难。若基督徒因公务出差，他们会受到当地教会的热烈欢迎。到公元300年，罗马城内散居各处的基督徒照看着共计1 500名寡妇与孤儿。暴力、饥荒、瘟疫肆无忌惮，疟疾疯狂蔓延。3世纪到5世纪，罗马因此晕头转向，疲于应对。在此期间，作为一个治疗性宗教，基督教颇具吸引力，凭借这一特点吸引了大量信徒。

微生物学教授戴维·克拉克对疟疾与基督教传播之间的关系进行了总结。他警告称："虽然现如今基督教不愿承认，但是对于基督徒早期的所作所为，我们可将其描述为一种魔法。基督徒首先在莎草纸上写上咒语，然后将其折成长条状，作为护身符随身携带……最晚在11世纪，人们依旧可以发现与之类似的咒语。其经常包含中世纪犹太神秘哲学的魔法咒语，混杂了更为正统的基督教术语。此类咒语向人们阐明，在基督徒之中，疟疾与魔法具有举足轻重的地位……它们也证明，在许多方面，早期基督教是一个打着治病幌子的邪教。"

比如，5世纪的一个罗马基督教护身符上写有文字，其作用是治愈一位名叫乔安娜的女性，使患有疟疾的她康复。文字内容是："跳蚤，这令人生厌的恶灵！基督将对你穷追猛打，上帝与圣灵之子已发现你的行踪。羊池之神，将您的侍女乔安娜从种种罪恶中解救出来……上帝、基督、子嗣与妙手回春永活之神的咒语，也请治疗、照看你们的侍女乔安娜……赶走她身上一切每日、间日与四日发作的高热与寒战及一切邪恶之症。"安玛莉·路易珍迪克是普林斯顿大学宗教学教授。在其作品《赫卡忒之女：古代世界的女性与魔法》中，她在"乔安娜的福音护身符"一章中表示："伊莉娜·万德莉认为，在当时大量存在的退烧护身符与古典时代晚期疟疾增加之间，存在一种联系。"她详细阐述道："治疟护身符与符咒虽然似乎是微不足道的日常物品，但是却在更大规模的治愈、宗教与权力模式中处处可见……创造了一种正当合法、为社会所接受的基督教做法。"罗伊·科坦斯基是古宗教与纸草学历史学家。他机敏地发现："在罗马帝国时期，人们似乎首先要对疾病做出诊断鉴定，才能使用护身符治疗疾病。我们发现，护身符上所写内容经常对具体疾病进行了说明。"虽然人们难以对乔安娜的护身符上针对个人与疟疾的请求视而不见，但是她所祈求的神明是否让她逃脱病魔魔爪，帮她驱赶蚊子带来的死亡，我们不得而知。

正如乔安娜祈求时所用符文所示，早期的基督徒为满足自己的需要，将其他宗教内容混入其中。这点实属意料之中。在疟疾流行、宗教可靠性缺失的时代，存在满足需要、多种多样的信徒与护身符，供奉异教与基督教的多位神明，可以增加关心百姓、救人于水火、真正救世主出现的概率。基督徒照顾紧张不安、感染疟疾的芸芸众生，并为之举行圣礼，因此基督教神明成为驱除病魔的首选。众人望其能济世救人，让来生免受发热、病痛与苦难折磨。蚊子势不可当，推动着基督教向前发展，同时在此过程中，两位举世闻名的帝王——君士坦丁与狄奥多西，均予以鼎力相助。

4世纪动荡不安，基督教在江河日下的罗马帝国步入正轨。公元312年，君士坦丁国王皈依基督教，并于次年发布《米兰敕令》，巩固基督教在罗马的发展势头。其上一任国王对基督徒的"大迫害"余波未平，在此情况下，君士坦丁的法令并未如众人所料，使基督教成为罗马帝国正统宗教。然而，其法令的确承认，所有罗马子民拥有选择信仰、进行宗教活动的自由，同时无须担心遭受迫害，这让多神教徒与基督徒的需求均得到了满足。公元325年，在尼西亚公会议上，为抚慰各类多神教徒与基督徒的派系，结束宗教清洗，将各个信仰合而为一，君士坦丁批准通过《尼西亚信经》，认可圣三位一体①概念，为当今《圣经》与现代基督教教义的编纂打开了大门。

君士坦丁正典编纂法规发布后，在公元381—392年，最后一位统治东西罗马帝国的狄奥多西皇帝将基督教与欧洲永久结合。狄奥多西废除了《米兰敕令》中的宗教容忍规定，关闭了多神庙宇，将崇拜

---

① 三位一体，基督教教义，谓上帝只有一个，但包括圣父、圣子耶稣基督和圣灵三个位格。——编者注

高烧女神或佩戴魔法护身符的人一一处决，并正式宣布，罗马天主教为罗马帝国唯一国教。罗马城将成为基督教搏动的心脏，梵蒂冈将建造上帝的人间居所。

4世纪，基督教全面覆盖罗马，梵蒂冈与其他基督教历史遗迹得以建立，而难以根除的疟疾也如影随形。克劳兹利-汤普森指出："最早的基督教教堂，即圣乔瓦尼教堂、圣彼得教堂、圣保罗教堂、圣塞巴斯蒂安教堂、圣阿涅塞教堂及圣洛伦佐教堂，均建立在随后成为感染中心的山谷之中。"我们的确清楚，在基督教建成最初的圣彼得教堂之前，该地区便有蚊子出没，传播疟疾。也许你还记得，在之前的章节中，塔西佗告诉我们，在随后的公元79年，维苏威火山爆发，大量难民与流离失所之人"居住在梵蒂冈肮脏混乱的街区。正因如此，许多人死于非命"，并且"由于台伯河相距不远……他们身体虚弱，已经成为疾病嘴边的猎物"。

虽然梵蒂冈的早期历史不为人知，但是在罗马共和国的前基督时代，人们便以梵蒂冈命名罗马城对面的台伯河西岸沼泽地区。在人们心中，周围地区庄严神圣。考古学者已经揭开了多神神殿、陵墓、古墓与为供奉多位神明所用的圣坛，高烧女神也包含其中。公元40年，残酷成性的卡利古拉皇帝将这片神圣之地全部用于二轮战车比赛场地建设（尼禄将其进一步扩大），并将与亚历山大护胸甲一起从埃及被窃取的梵蒂冈方尖碑立于场地之中。在卡利古拉用于寻欢作乐的运动场中，这根高耸挺立的针状建筑是唯一保存至今的遗迹。从公元64年起，在罗马大火（基督徒为罪魁祸首）之后，这根25.6米高的红色大理石柱成为国家出资建设的基督徒受难标志，其中受难者就包括圣彼得。据说，圣彼得在方尖碑影子下，头朝下脚朝上，被人钉死在十字架上。

按照君士坦丁的命令，公元360年，老圣彼得教堂竣工。教堂位于原二轮战车比赛场地与传说中的圣彼得安息之地。君士坦丁方尖碑不仅迅速成为人们朝圣的主要目的地，而且成为梵蒂冈集中建设的中心。其中有一所医院人满为患，吸纳了超过其承载能力三倍的疟疾患者。这些患者均来自罗马及坎帕尼亚蓬蒂内沼泽地周边地区。

栖息在蓬蒂内沼泽地的"蚊子军团"保护着天主教会大本营，使之免受外来入侵，与此同时，将天主教庇护的人们赶尽杀绝。在此期间，教皇大部分时间并未居住在梵蒂冈。对疟疾的恐惧驱使他们在未来数千年里在罗马另一侧的拉特兰宫生活。在疟疾统治罗马期间，天主教徒在对待其精神大本营时，更多的是心怀恐惧，而非充满敬意，抑或心怀敬意，却同时感到恐惧。尽管如此，在（由米开朗琪罗、贝尔尼尼与其他艺术家共同设计的）新圣彼得教堂于1626年完工前，至少7位主教，包括颇具影响力的15世纪后期放荡不羁的亚历山大六世（在网飞的剧集中，其名为罗德里戈·波吉亚）及5位神圣罗马帝国统治者，死于"罗马热"。名垂青史的诗人但丁于1321年因疟疾引发的高烧去世。按照但丁自己所言："（自己是）因患有四日热而寒战不止的人。"

罗马的死亡陷阱深深吸引着外人、参观者与历史学家的关注。6世纪的拜占庭行政官与历史学家约翰·利德斯推测，自然四元素精神与流行病高烧病魔展开了旷日持久的斗争，而罗马正是斗争发生之地。其他人认为，在地下洞穴中，生活着一条喷出致人发热的气体的龙，它将城市包裹在汹涌澎湃、散播疾病的热气之中；或者一位不可一世、复仇心切的高烧女神因人们支持基督教、对自己不管不顾，而对城市进行惩罚。一位受命前往罗马的中世纪主教说："闪闪发光的天狼星即将在猎户座一角升起，导致疾病肆虐。"疟疾在罗马大行其道。"在城中，几乎所有人都因发热不止与肮脏空气而软弱无力。"希波克拉底的由瘴气造成的"夏季酷暑期"理论依然至关重要，其朗朗上口的流行词依旧在整个古典世界口口相传。

虽然罗马天主教因治病救人而闻名于世，但是罗马依然难以摆脱欧洲疟疾之都的恶名。甚至到1740年，在一封从罗马寄出的信件中，英国政治家与艺术历史学家霍勒斯·沃波尔报告称："每年夏天，有一种名叫'疟疾'（malaria）的恐怖之物会降临罗马，夺人性命。"这是历史上首次将"疟疾"一词引入英语。然而，英国人通常把疟疾称为"寒战热"（ague）。一百年后，英国艺术评论家约翰·拉斯金对其前辈之词表示赞同，并强烈表示："整座城市笼罩在一种离奇古怪的恐怖之中。那是死亡阴影，渗透到城市每个角落，所有人都无处可逃……但是一切都夹杂着对高烧发热的恐惧。"19世纪中期，丹麦作家、《小美人鱼》作者汉斯·克里斯汀·安徒生到访罗马。看到"面无血色、皮肤发黄、疾病缠身"的当地居民，安徒生大惊失色。举世闻名的英国护士弗罗伦斯·南丁格尔描述了寂静无声、死气沉沉的罗马周围的环境，将其称为"死亡阴影之谷"。在评论夺去其密友拜伦勋爵（尽管存在流言蜚语，但二人并非情人关系）生命的疾病时，浪漫主义诗人珀西·雪莱哀叹道："他自己在蓬蒂内沼泽地感染疟疾，因发热而备受困扰。"衣衫褴褛、毫无生气、骨瘦如柴的当地人竭尽全力在疟疾肆虐的坎帕尼亚艰难求生，其境遇令人心生怜悯。至20世纪初期，来到此地的旅行者见到这一场景，均目瞪口呆，不知所措。正如我们现在所见，而且在以后也将继续看到，罗马、梵蒂冈与蚊子建立了一种长期相互依存、变化无常且可置人于死地的关系。

罗马因疟疾而承受巨大压力，同时由于疟疾稳步向北蔓延，欧洲其他地区也未能幸免于难。虽然罗马人在向新土地扩张期间已携带疟疾菌株，导致诸如之前提及的苏格兰、德国等地区时常暴发疟疾，但是直到7世纪，疟疾才在欧洲北部流行蔓延。虽然在天寒地冻地区，致命的恶性疟无法在更为严酷的气候中生存，但是同样危及性命的三日疟原虫与间日疟原虫在欧洲北部安身立命，最远传播至英格兰、丹麦与俄罗斯阿尔汉格尔斯克港。

人类干预使蚊子加快了对欧洲的控制。在人类开荒、迁徙、殖民或贸易模式发生改变之后，蚊媒传染病总是接踵而至。罗马帝国版图扩大，基督徒随之产生，推动了蚊媒传染病扩散，感染了当时不为人知的群体。人类永不停歇地征服地方环境，尤其是过度开垦耕地、破

《疟疾》：法国艺术家欧内斯特·赫伯特于 1850 年创作了这幅氛围阴郁、死气沉沉的油画。油画描绘了饱受疟疾折磨的意大利农民逃离坎帕尼亚蓬蒂内沼泽地死亡陷阱的场景。赫伯特在意大利的旅行经历与所见所闻为该作品创作带来了灵感。（戴奥墨得亚 / 惠康图书馆）

坏生态系统的做法，使得蚊子栖息地不断扩大。倘若没有此类人类行为，这一切最初不可能发生。正所谓种瓜得瓜，种豆得豆，或者说，在哪里播种，收割者便在哪里出现[①]。

　　所有生命力量之间均存在一种妙不可言的平衡，这种平衡越发容易受到人类干预的影响。6 世纪，铧式犁被引入欧洲，可以通过牛耕，翻开厚重肥沃的土壤，供农民开发欧洲中部与北部密实的河流流域土地。城市和乡镇迅速建立，巩固了农业殖民地建设，人类与牲畜的密度随之加大，导致活跃忙碌的水路交通激增，贸易港口因而愈发繁忙。农业发展、人口密度增加与对外贸易之间的关系彼此交织，为传播疟疾的蚊子的繁殖创造了条件。

---

① "收割者"一词原文为 reaper，在英语中，该词亦有"死神"之义。——编者注

随着欧洲北部向农业过剩经济转变，其也加入全球市场。商人为获取前景更佳的机会而向更远地区投资。正如历史学家詹姆斯·韦伯解释的那样："移居者长期以来在流行病感染队伍间来来往往。对于黑暗时代的痛苦，新型疾病不可或缺，新宗教举措使这一时代的形势更为错综复杂。与蚊子同行是另一个外来运动，通过伊斯兰教，揭开一个全新世界哲学的神秘面纱。"

与在蚊子帮助下传播进度缓慢、阻力重重的基督教不同，伊斯兰教发源于穆罕默德先知的愿景，并迅速席卷全球。公元610年，在一次潜修冥想期间，大天使吉卜利勒现身，召唤与犹太教及基督教相同的、穆罕默德所崇拜的真神安拉（伊斯兰教之神）。穆罕默德不断获得天启，最终在麦加与麦地那向一小群日益壮大的穆斯林（伊斯兰教教徒）传教。其布道与语言最终成为《古兰经》的组成部分。伊斯兰教（意为"顺从真神"）迅速在阿拉伯半岛赢得人心。

在7世纪，由于蚊子与疟疾不知不觉向欧洲北部徐徐进发，伊斯兰教得以在中东快速传播。这一以基督教上帝为模板的新生一神信仰在北非备受推崇，并传入拜占庭与波斯世界。在那里，伊斯兰教同样广受欢迎。公元711年，信奉伊斯兰教的摩尔人扬帆起航，穿越直布罗陀海峡，入侵西班牙，由此掀起了另一场疟疾浪潮。到公元750年，阿拉伯帝国从东方的印度河扩张，使得帝国范围覆盖整个中东，跨越北非，最北可至土耳其东部与高加索山脉。随后，阿拉伯帝国入侵西班牙。现在，伊斯兰教与基督教在两条战线上拉开阵势，一个是西方的西班牙，另一个是东方的土耳其及巴尔干半岛。欧洲处于蚊子与穆斯林的双重包围之中。

虽然黑暗、疾病与死亡笼罩欧洲，但是公元732年，在法国的图尔战役中，法兰克国王、绰号为"铁锤"的查理·马特率领其农民队伍，面对卓越非凡的穆斯林将军阿卜杜勒·拉赫曼·迦菲齐领导的西欧入侵者，不仅阻止了其前进脚步，而且扭转乾坤，夺取了胜利。马特之孙十字军克里斯蒂安·查理曼大帝是神圣罗马帝国的首位皇帝。

查理曼大帝将造就摩尔人在法国与西班牙遭受的另一场挫败，并继续在全欧洲给基督教涂上血色。自古典罗马帝国盛世以来，查理曼大帝首次实现西欧大部分地区的统一。在其高瞻远瞩却又冷酷无情的统治之下，欧洲开始逐渐摆脱黑暗世纪的阴影，并从中走了出来。历史学家因此为其冠以"欧洲之父"的美名。

公元 768 年，足智多谋、能言善辩的查理曼大帝加冕法兰克国王。查理曼大帝先后发动超过 50 次军事战役，旨在扩大帝国疆域，救人民于水火之中。查理曼大帝是一位作风强硬的基督教保护者与推动者，他迅速阻止了穆斯林在西班牙扩张。随后，查理曼大帝向北方的撒克逊人与丹麦人及东方的匈牙利马扎尔人发动战争，与此同时，强化其对意大利北部的控制。查理曼大帝的军事战役将法兰克王国周围起缓冲作用的邻国彻底摧毁，掀起侵略他国的浪潮，对他国形成全新威胁。

查理曼大帝所征服的子民对基督教信仰热情满满，甚至狂热难当。虽然在权威人士看来，这些子民对基督教的信仰并非其发起十字军东征的原因之一，但是由于其程度极端强烈，可将其做法定义为宗教灭绝。在查理曼大帝的推动下，基督教从一个通过治疗安慰感化人心、倾情奉献的宗教，向与济世救人截然相反的方向发展。被征服之人面临一个简单明了的选择：张开双臂，接受基督教之神，或殒命于刀剑之下，与神明立刻相见。比如，公元 782 年，位于凡尔登的 4 500 名撒克逊人拒绝对查理曼大帝及基督教之神俯首称臣，查理曼大帝因此下令对其展开屠杀。随着查理曼大帝的军事、政治与宗教影响力日益增强，教皇利奥三世虽然悲痛不已，内心对查理曼大帝嗤之以鼻，但依旧认定，这位法兰克国王保护并加强了教皇的权威与统治。

利奥教皇由于与他人通奸，想花钱封口，加上其私人事务造成巨大影响，政治上与人狼狈为奸，经济上图谋不轨，因此很快失去了意大利精英人士的支持。在查理曼大帝的保护下，利奥设法保护罗马教皇职位的合法性，让谋权篡位者不敢造次。公元 800 年，利奥教皇于圣诞节为神圣罗马帝国（或加洛林帝国）首位国王查理曼大帝加冕。而当时，利奥教皇在宗教领域四面楚歌。虽然自 300 年前西罗马帝国土崩瓦解以来，查理曼大帝是首位统治团结一致的西欧的皇帝，但是其全面基督教化与发动军事侵略的政策破坏了力量平衡，引来打击报复。公元 814 年，71 岁的查理曼大帝无疾而终。其子嗣身肩重任，保卫由其创建却脆弱不堪的基督教帝国。

不久，发源于俄罗斯乌拉尔山与伏尔加河之间的马扎尔人大举入侵，查理曼大帝疆域过大的神圣罗马帝国的稳定因而被破坏。到公元 900 年，马扎尔人沿如今匈牙利地区的多瑙河定居，直接影响了既有秩序。在接下来的 50 年里，马扎尔人继续向西，攻入德国与意大利，最远抵达法国南部。最后，伊斯兰教虽然在西方徐徐后退，但是仍然在西班牙生根发芽，并继续向东发展，敲开东方拜占庭帝国的大门。

公元 955 年，德意志国王奥托一世于莱希费尔德让马扎尔人的西欧计划戛然而止。国王奥托也因此获得"基督教国家救星"的美誉，并由此于公元 962 年登上江河日下的神圣罗马帝国的王位。尽管不总能得到教皇祝福，但是从奥托大帝开始，德意志国王便能同时加冕神圣罗马帝国国王。马扎尔人遭遇败仗后，开始信奉斯蒂芬国王（未来的圣斯蒂芬）统治下的基督教，并在匈牙利融入当地农耕文化。马扎尔人发展农业破坏了生态平衡，再一次为蚊子与疟疾的肆意扩散提供了新的场所。然而，对于欧洲而言，马扎尔人沿匈牙利地区多瑙河创建的疟疾环境看似是飞来横祸，实则是天降洪福。13 世纪蒙古人冷酷无情入侵期间，在马扎尔人农业发展中长成的疟蚊依然是一道强大可靠的防线。事实证明，这道防线是上帝对大欧洲的恩赐。

穆斯林与马扎尔人的进攻是外敌最后一次对欧洲心脏地带的大规模入侵。神圣罗马帝国迅速四分五裂，形成各种各样的民族割据势力。在许多方面，它们是在大迁移时代西哥特人、匈人、汪达尔人遭蚊子挫败劫掠的延伸，也是 4 世纪和 5 世纪动摇西罗马帝国根基战争的延续。与之前劫掠成性的游牧民族一样，这些外敌继续留在欧洲，并融入当地社会，或为诸如匈牙利马扎尔人、法国人、德国人、克罗地亚人、波兰人、捷克人、斯拉夫俄罗斯人（俄罗斯人与乌克兰人）等创建新领地。现代欧洲的民族版图开始形成。

这标志着欧洲的一个相对和平、基督教和谐发展时期的开始。这一团结和谐的假象催生了商业多元化、行业专业化、贸易密集化，社会因此欣欣向荣。农学、市场资本化、商业交通及贸易的加强也推动蚊子活动范围扩大。这场经济繁荣促进了当地发展，维护了当地治理，以农奴为基础的封建君主国家或君权国家由此诞生。在有需要的情况下，国家将派出征召的骑士与佃农雇佣兵，保护这些独裁专制的统治者及其封地。

全新的皇家区域在国王的神圣权力下正常运转。虽然教皇总是冷眼旁观、吹毛求疵、谨小慎微，但国王的权力需要获得其支持。随着权力与财富不断增加，教皇对王权的影响超过平民百姓。作为一种治愈人心、抗击疟疾的治疗性信仰，与初始时期相比，教会现在已经面目全非，人们看不见教会最初的影子。获得救赎成为一个受人利用的概念，成为一种威胁恐吓、进行贿赂的武器，以搜刮清白无辜、生活拮据的农民的财产。这种利润不菲的商业革命笼罩了欧洲及其以外地区，教皇也因此迫不及待地分出属于自己的一块蛋糕。

从奥托一世开始，神圣罗马帝国皇帝前仆后继，设法征服贪得无厌的罗马与其他奋力反抗的意大利城邦，但均无功而返。与此同时，这迫使权力越发强大、越发不受制约的教皇利用法律，保障其至高无上的权力与地位。在这个冲突频发的时代，蓬蒂内沼泽地的蚊子一如既往，像对待迦太基人、西哥特人、匈人及汪达尔人一样，继续保护罗马与梵蒂冈，使其免受外敌入侵。其他许多南征北战的征服者曾经渴望征服罗马，其中不乏汉尼拔、阿拉里克、阿提拉与盖塞里克。与他们一样，奥托一世、奥托二世、亨利二世（请不要将其与在其之后的英国国王混淆）及亨利四世率领部队，同样因为传播疟疾的蚊子大败而归。

在镇压一场意大利叛乱期间，奥托一世领导的德意志军队感染疟疾。其儿子奥托二世继承其志，但同样未能获得胜利。公元 983 年，奥托二世因患疟疾去世。由于奥托二世在 28 岁的年纪猝然离世，大量德意志与外国贵族争抢王位，导致帝国经历了一段混乱时期。而其三岁的儿子奥托三世虽然名义上获得王位，但已名存实亡。在这场内部斗争发生期间，德意志国王亨利二世勉强维持日渐式微的神圣罗马帝国的团结统一。在当时的情况下，王位继承徒有虚名。随着其他民族国家的相继脱离，在所谓神圣罗马帝国的主要构成国家中，仅剩下中欧的德意志王国。

1022 年，亨利二世企图平定意大利。在此期间，因严重疾病，他被迫中止其惩罚性战役。当时，本笃会僧侣及枢机主教彼得·达米安（于 1828 年被封为圣徒）在罗马工作，对罗马噬人生命的氛围进行了概述。彼得写道："罗马对生命的吞噬永无止境，让意志最为坚强之人精神崩溃。罗马是高烧发热的温床，向人们大量施与死亡之果。罗马热始终如一，行使一项权利，而法律对此无能为力：凡是罗马热触及之人，罗马热便与其如影随形，至死方休。"亨利四世的统治面临内忧外患，三位教皇曾先后 5 次将其从教会驱逐。1081—1084 年，亨利四世 4 次围攻罗马。由于其千军万马每次均在夏季遭受蚊子折磨，亨利四世被迫从坎帕尼亚撤退，因此罗马及宗教统治者每次得以坚守城池，取得胜利。亨利四世虽然在身后留下了影子部队，但在罗马蓬蒂内沼泽地热情高涨、恪尽职守的疟蚊盟友面前，影子部队也难逃厄运，溃不成军。

1155 年，在一系列淡出人们记忆的领袖之后，一位令人难以忘却的统治者最终掌握孤独绝望的神圣罗马帝国的大权。腓特烈一世深受其同时代人民爱戴，他们饱含深情地将其称为"巴巴罗萨"（"红胡子"），这一名字也因此流传千古。巴巴罗萨是一位声名显赫的人物，集所有强大英明领袖必备才能及美德于一身。其大名震古烁今，不仅因其受万众敬仰，也因其与一个反动组织密不可分。臭名昭著的阿道夫·希特勒将 1941 年 6 月入侵苏联的行动命名为"巴巴罗萨行动"，以此向这位中世纪德意志领袖与梦想家表达敬意。①

巴巴罗萨渴望重振查理曼大帝时期的帝国雄风，恢复其往日辉煌。然而，蚊子对蓄势待发的巴巴罗萨军队另有打算，绝非让其建功立业。从 1154 年起，巴巴罗萨先后向意大利及天主教会发起 5 次战役，均因疟蚊化为乌有。巴巴罗萨手下的一位士兵认为，意大利"遭到附近沼泽毒雾的腐化，凡吸入毒雾者均将遭受折磨，难逃一死"。枢机主教博索是教皇教廷成员。在其当时对巴巴罗萨发动入侵的解释中，博索证实："突然之间，一致命热病在巴巴罗萨军中暴发，在 7 天时间内，几乎所有人……无一例外，惨死异乡……8 月，（他）开始撤回其规模日益变小的军队。然而，致命疾病寸步不离。虽然竭尽全力，努力坚持，但他被迫将数不胜数的死亡士兵留在身后。"在蚊子对罗马坚定不移的防守阻挡下，巴巴罗萨撤退至德意志，努力满足其子民的社会愿望，实现其越发独立自治的男爵们的要求，创建了一个"大德意志"，通过征服东方斯拉夫人，获取生存空间。750 年后，"大德意志"这一口号由希特勒的第三帝国再次使用。

在因疟疾去世后，乌尔班三世的继任者格里高利八世撤销了将巴巴罗萨驱逐出教会的决定，并与其言归于好。在第三次十字军东征期间，格里高利号召欧洲收回圣地。在教皇支持下，巴巴罗萨用赤诚的基督热情予以响应。1187 年，因对基督教控制的圣地遭到侵蚀而惴惴不安，格里高利发布教皇诏书，下令发起十字军东征。此举与萨拉丁率领穆斯林占领埃及、黎凡特及圣城耶路撒冷密切相关。

虽然仅仅 57 天后，格里高利便因疟疾在办公之所倒下，但格里高利教皇在"忏悔行善机会"的伪装之下发动战争，其号召得到了欧洲基督教国家的响应。巴巴罗萨的基督教士兵在其带领下，与法国国

---

① 在入侵的计划阶段，最初代号为指代奥托一世的"奥托行动"，1940 年改名为"巴巴罗萨行动"。

王腓力二世、奥地利国王利奥波德五世及刚刚加冕的英格兰国王"狮心王"理查德一世共同前进。蚊子及保家卫国的穆斯林共同创造了一个死亡旋涡，而这些由欧洲伟大统治者集结的十字军则径直冲入其中。

在其松散不稳的开始阶段，蚊子、蓬蒂内沼泽地内规模庞大的罗马保卫巡逻部队与天主教会共同推动基督教从一个规模不大、分散各处的治愈性邪教，转变为腐败堕落的宗教、经济与军事权力机构。对于从监护人向贪得无厌的十字军这一角色的转变，圣地的蚊子颇为不满。蚊子将满腔怒火发泄至入侵黎凡特的基督徒身上，以此报复，也使入侵者入侵阿拉伯国家的行动戛然而止，并循序渐进，将中东基督十字军国家不堪一击的据点侵蚀殆尽。

在事件实际发生期间，"十字军东征"（Crusades）一词并未得到使用。仅在1750年左右，该词才成为一个具有高度概括性的描述性词语，用于描述1096—1291年基督徒持续不断企图从穆斯林手中夺取圣地而前往中东的9次征程。1492年，随着西班牙向穆斯林发起收复失地运动，同期战争画上句号。同年，恰巧也是哥伦布不经意间改变世界的一年。这些战争往往成为圣地入侵的注脚。第一次十字军东征于1096年开始，由此导致出现一系列持续200年的圣地探险，以满足难以遏制的贪欲及思想要求。宗教也由此悄无声息地开始以教义对侵略战争做出解释，进而促进了贸易发展。

虽然福音传道者、电影及儿童读物，包括《侠盗罗宾汉》，让我们相信，十字军东征备受拥护，旨在反抗伊斯兰教对圣地的异教统治，但十字军东征的宗教色彩远远不止于此，其中还包括对所有非基督教信仰的镇压与灭绝。侠肝义胆、身穿金光闪闪装甲的欧洲骑士跨着皇家战马，风卷残云般向穆斯林城堡发动进攻。与此类因煽风点火而发起的疯狂至极、反黎凡特伊斯兰教统治的基督教护教战争相比，东征的十字军绝不是如此简单纯粹，而是更为错综复杂，并非仅限于具有象征意义的童话故事图景中。正如一位十字军头领偶然之间解释的那样，若其他非基督徒都是你的邻居，那么不远万里向穆斯林发动进攻便显得过于鲁莽。他说："这么做会适得其反。"

实际上，这些忠心虔诚、身背十字图案盾牌的骑士满足的是统治者或教会领导者的欲望。更大程度上，这些骑士等同于阿尔·卡彭或巴勃罗·埃斯科巴的黑帮成员①，而非神话一般、拯救落寞少女于水火的圆桌骑士救星，也不是大基督教国家的护卫者。之所以选择特定的欧洲至圣地路线，是因为沿途犹太教与异教教徒密集。这些骑士均被迫加入一场冷酷无情、关于民族宗教清洗的狂欢之中。按照惯例，随之而来的还有对全体当地居民的大肆掠夺，基督徒同胞也未能幸免。相互为敌的天主教派系间的冲突得以化解，这是十字军东征的另一组成部分。在"上帝旨意"这一煽动性口号的作用下，君主与神职人员另辟蹊径。毕竟，教皇希望召集部队，因而完全赦免了雇佣兵的罪孽。东征的磨砺与苦难也远远胜于普通忏悔与修行。

从农民到贵族，欧洲上下无不加入这场运动之中，为上帝而战。他们将其视为一个机会，在军队护卫下展开朝圣之行，成为志愿兵或应招士兵，在远东堕落放纵的奢侈生活中难以自拔，奸淫掳掠，无恶不作。在加入东征的个人原因方面，目前尚无共识。历史学家艾尔弗雷德·W. 克罗斯比总结道："作为一种虔诚信徒为从穆斯林手中拯救圣墓而发起的自杀性攻击……这是一种融合宗教理想主义的思想，一种对冒险精神的渴望。事实证明，其也是一种疯狂无度的贪欲。"对于十字军东征的设计者而言，宗教原因是唯一动力。设计者们通常以此掩盖其真实意图。其核心目的是占据政治、领土与经济优势。

由于随后十字军东征次数不断增加，其也成为一种利润颇丰的商业活动。从欧洲到地中海，大量军队与虔诚朝圣者的交通、生活与补给均是一笔不小的开支，需要耗费大量财力。由于黎凡特已经落入基督教手中，整个地中海经济将处于欧洲君主政治及其宗教主人控制范

---

① 阿尔·卡彭为美国黑帮成员，1925—1931 年掌权芝加哥黑手党。巴勃罗·埃斯科巴为哥伦比亚贩毒枭，麦德林贩毒组织头目，20 世纪 80 年代至 90 年代初世界最具影响力的毒枭。——译者注

围之内。在未来几百年里，贪得无厌的统治者向其躁动不安的子民们传递了一个隐含信息，告诫他们"从邪恶种族手中夺取那片土地，并交由我们自己掌控"。

第一次十字军东征期间（1096—1099 年），在基督教热情的驱使之下，大约 8 万名来自社会各界的人士勇敢踏上通往耶路撒冷的危险征程，沿途对非基督徒烧杀抢掠。随着这支鱼龙混杂的队伍向圣地前进，其人数也日益减少。顽强不屈的成员长途跋涉，进入亚洲，抵达君士坦丁堡。就在此时，疟疾流行，其人数进一步减少，使得队伍规模也相应缩小。一阵季风雨伴着 1098 年的春天洒遍大地，由蚊子引起的疟疾肆虐的夏季随之到来。到初秋时节，已有成千上万的十字军因感染致命寄生虫而一命呜呼，其中由 1 500 人组成的德意志援军更是全军覆没。但是，幸存者依旧恪尽职守，于耶路撒冷北部建立新的十字军国家。1099 年 6 月，十字军最终从穆斯林手中夺取耶路撒冷。法国战斗牧师雷蒙德·阿吉勒写道："现在，我们的人已经占领城墙与塔楼。这里视野开阔，风景宜人。其中有些人取下敌人首级；有些人用弓箭将敌人射杀，敌人因此从塔楼上跌落；还有些人将敌人投入烈火之中，让敌人遭受更长时间的折磨。"不论实现目标的方式多么野蛮残暴，耶路撒冷现都已是基督教徒的囊中之物。

到 1110 年，小型十字军国家已数不胜数，其中包括安提俄克（今安塔基亚）与耶路撒冷（及其主要港口阿卡港）。这些国家均已被纳入沿海的黎凡特。由于该地区具有至关重要的商业意义，长期以来，该地区发展成为一个文化多样的民族大熔炉。由于大多数十字军带着战利品回到欧洲，这些统治者必须与当地人合作，确保自己及其狭小的欧洲飞地得以与之共存，其中不乏穆斯林、犹太人、迦勒底人、波斯人及希腊人。世界贸易迅速在这些繁忙喧嚣、生气勃勃的多民族港口展开，东地中海成为全球贸易中心。虽然暴力冲突是十字军东征的标志，但是十字军东征也促进了贸易的发展，扩大了知识的传播范围，推动了发明创新。为此类贸易的垄断权发动战争物有所值，因此，这场最初指向黎凡特的战争进一步扩大，发展出一连串十字军东征。

第一次十字军东征大获成功，基督教国家得以在黎凡特建立。然而，这一切均是海市蜃楼。即便1139年成立圣殿骑士团（承担富有战斗精神的禁欲主义口号附带的职责），基督教在中东的影响力也不可避免地日渐减弱。然而，在宗教幻想、上帝盲目崇拜，以及骄奢淫逸、毫无限制的贪欲刺激下，难以抗拒的诱惑力产生了。因此，在未来200年里，为保障地中海贸易，将伊斯兰教赶出圣墓，他们掀起接二连三的基督征程。

在法国路易七世国王与德意志皇帝康拉德三世的领导下，在路易七世智慧过人、活力十足、意志坚定的妻子阿基坦的埃莉诺（值得一提的是，其所率军队数量超过国王路易七世）的陪伴下，第二次十字军东征（1147—1149年）仓促展开，旨在攻占大马士革。在发起一波毒气生物战后，大马士革守卫者刻意破坏了所有通往城市及城市周边的水源，创建了一个成熟的疟疾环境，只待十字军进入。1148年7月，在疟疾流行季，为期5天的大马士革围城计划漏洞百出，执行不力，成为一场遭受疾病蹂躏的灾难。

在这场蚊子引发的失败中，最重要的后果是，遭到抛弃的路易七世大失所望，将情绪倾泻在妻子埃莉诺身上。当时她未能为路易生下一个儿子，而且路易怀疑她与十字军国家安提俄克统治者、埃莉诺的叔叔雷蒙德有染。两人回到法国后，教皇立刻"解除"其毫无爱意的婚姻。埃莉诺立刻改嫁表亲亨利二世。就在二人结婚两年后，亨利二世于1154年登上英格兰王位，成为英格兰国王。亨利与埃莉诺（及其法国土地）的结合产生了千古不朽的影响。在其8个子女中，其中两人——国王理查德与国王约翰，与《大宪章》（也称《自由大宪章》）批准存在直接关系。

第二次十字军东征一片混乱。此后，格里高利教皇于1187年号召欧洲，将耶路撒冷从萨拉丁与其穆斯林军队手中夺回。在第三次十字军东征期间，刚刚登基的"狮心王"理查德一世为英格兰下达了基督教国家的审判，与奥地利国王利奥波德五世、法国国王腓力二世及德意志国王巴巴罗萨并肩征战。在耶路撒冷以北约 160 千米处的沿海要塞阿卡城，萨拉丁挡住了十字军前进的道路。1189 年 8 月，近期获得自由的耶路撒冷前国王吕西尼昂的居伊领导一群鱼龙混杂的当地十字军，同腓力与利奥波德分队共同发动围攻。随着疟疾让围攻军队元气大伤，足智多谋的萨拉丁出其不意，将敌人层层包围，受困十字军沦为蚊子的盘中餐，蚊子也因此有机会一饱口福。

1191 年 6 月，理查德与其部队赶到之时，十字军已在频繁暴发、永无安宁的疟疾魔爪中苦苦挣扎了近两年。约 35% 的欧洲十字军已因疟疾丧命，曾经对基督教思想热情满满的幸存者也精疲力竭。登陆之后，理查德便染上疟疾，其看护者将其称为"严重疾病，平民百姓将其称为'阿诺迪亚'（Arnoldia），它是因气候变化影响体质而导致的"。高烧不退的理查德一边与疟疾抗争，一边与维生素 C 缺乏病战斗，还要与穆斯林作战。最终，理查德在一个月内攻破城门，攻占阿卡。然而，其欧洲支持者既没有军队，也没有意愿继续向耶路撒冷发动攻击。蚊子行之有效地使之实力大减，虚弱无力。攻陷阿卡后，同样身染疟疾与维生素 C 缺乏病的腓力与利奥波德收到属于自己的战利品，但是数量却少得可怜。二人深深感到，理查德目中无人，而自己受到了欺骗。两位国王有苦难言，疲惫不堪。发现军事和经济处于劣势后，两位国王于 8 月召集本国饱经磨难的剩余部队撤出圣地。然而，他们最终向理查德喷出了复仇之火。

面对其志同道合盟友的无情抛弃，理查德无所畏惧，誓要继续前进，兵临耶路撒冷。理查德与萨拉丁谈判失败后，这位英国国王在全体穆斯林军队面前，将 2 700 名俘虏全部斩首。萨拉丁则以牙还牙。理查德继续向南前进，抵挡住穆斯林的猛烈反击，成功镇守雅法城。理查德勇敢无畏、军事才能过人、骁勇善战，以及拥有狮心（coeur de lion）的名声由此产生（理查德说法语，不说英语）。11 月，大雨倾盆，道路泥泞不堪，理查德首次进军耶路撒冷出师不利。在黎凡特，11 月通常也是疟疾最为严重的月份。一位观察者写道："疾病与贫困让许多人身体虚弱，无精打采。"第二次尝试攻占耶路撒冷时，理查德也因疟疾被迫撤退。理查德再次患病，其医生将该病称为"急性半日疟"或"间日恶性疟"。

与自己的指挥官相比，一盘散沙的十字军的境况同样糟糕。理查德的圣城耶路撒冷之梦虽然朴实无华，却难以实现。相反，作为基督教与阿拉伯世界备受尊敬的实权领袖，"狮心王"与萨拉丁达成了一项协议。伊斯兰教将依然统治耶路撒冷，但是耶路撒冷必须成为一座"国际"城市，向基督教徒与犹太教徒及商人敞开大门，对他们予以热烈欢迎。[①]1291年，穆斯林夺回阿卡这片遭疟疾腐化的十字军国家的最后遗迹。至此，基督教首次在欧洲以外展开的大规模进攻也折戟沉沙，淹没在荒漠黄沙之中。

直到第一次世界大战，英国将军埃德蒙·艾伦比在1917年于圣诞节大获全胜，进入耶路撒冷，圣地才得以从伊斯兰教手中易主。其上级因此为埃德蒙·艾伦比取了"末日审判艾伦比"的绰号。埃德蒙·艾伦比是第34位耶路撒冷征服者，也是十字军东征以来首位"基督征服者"（尽管他本人是无神论者）。英国陆军医疗服务部门对艾伦比大力拥护，将其称为"在让许多军人殒命的疟疾地区中，首位深谙其中风险，同时采取相应措施的指挥官"。1917年，英国外交大臣及前任首相亚瑟·贝尔福也在其臭名昭著的《贝尔福宣言》中宣布："英国政府将巴勒斯坦视为犹太人民的国家，将尽其所能将这一目标变为现实。"第一次世界大战期间，基督教占领黎凡特，贝尔福带有乌托邦色彩的声明变为现实，进而再次让圣地陷入火药味十足的境地，制造了当前笼罩整个中东的敌对行动与紧张局势。

1917年，艾伦比实现了理查德于1192年无法取得的成就——在

---

① 比如，1865年耶路撒冷人口数约为16 500，其中包括7 200名犹太人、5 800名穆斯林、3 400名基督徒及100名"其他人"。

与蚊子的周旋中计胜一筹。在第三次十字军东征期间，理查德走向毁灭的原因在于疟疾及自己的狂妄自大。1192 年 10 月，身患疟疾、高烧不退的理查德从黎凡特撤军，返回英格兰。其路途充斥着尔虞我诈，最终将其引至绝路。理查德在圣地率领十字军征战，而愤愤不平的法国腓力国王与理查德兄弟约翰在其背后秘密谋划，图谋不轨。

一回到法国，腓力便秘密援助约翰王子，趁其兄弟理查德出征之际，企图发动叛乱。腓力自己也发动了一场运动，控制了之前由亨利与埃莉诺联姻转交至法国的英国土地。最终，腓力禁止理查德在法国港口靠岸，迫使其通过危险重重的陆路穿过中欧。利奥波德在途中守株待兔，于圣诞节前不久让理查德成为自己的俘虏。利奥波德索要赎金高达 10 万磅白银，相当于英国皇室每年税收的三倍，令人瞠目结舌。最终，理查德的母亲埃莉诺筹齐了赎金。为了筹到这一巨额款项，埃莉诺就财产、牲畜、累积财富等方面增加税收或强行征税，征收对象包括农民、贵族及神职人员。收到巨额赎金后，理查德获释。腓力紧急向约翰发送一条消息，具体内容是："恶魔已出笼，你自己多加小心。"

理查德获释，踏上回英之路。随后，理查德立刻开始着手重新夺回位于法国的英国省份，并挥霍更多资源与金钱。1199 年，在围攻阿基坦一座微不足道的城堡期间，一位守卫者吸引了理查德国王的注意。在城堡城墙上，站着一位男子，其一手拿着弩弓，一手以巨蟒剧团①风格紧握一口煎锅，将其用作盾牌。见此情景，理查德忍俊不禁。就在稍稍分心之际，理查德突然中箭，随后因伤口坏疽死亡。约翰因此登上英格兰王位。在未来十年里，为了阻止英国土地不断遭到侵占，约翰多次在法国发动战争，却均无功而返。为给战争筹集资金，约翰尽其所能获取财政收入，包括增税、追加到期款、继承遗产及联姻、

---

① 20 世纪 60 年代末成立的英国剧团，表演颠覆传统的喜剧小品。—— 译者注

直截了当地敲诈、接受贿赂。虽然我对卡通狐狸①喜爱有加，但不幸的是，罗宾汉实际并不存在。

在约翰国王的统治下，英格兰进入民不聊生、惨遭压迫的黑暗可怖时代。而虚构人物罗宾汉则成为这个时代希望与变革的标志。虽然有人怀疑，罗宾汉故事主要依靠口述在民间传开，其历史也更为悠久，但是罗宾汉故事的最早记载出自威廉·朗格兰的寓言叙事诗《农夫皮尔斯》（1370年）。该诗与《高文爵士与绿衣骑士》一起，被人们视为英国文学早期最伟大的作品。杰弗雷·乔叟的史诗性作品《坎特伯雷故事集》与该诗创作于同一时期，故事集中谈及"一种可致人死亡的寒战"。这证实，在英格兰东部低洼沼泽地中，疟疾已安营扎寨，并在莎士比亚的8部戏剧很久之前，便已脱颖而出，成为英国文学描写的对象。

早期的罗宾汉故事与肖恩·康纳利、凯文·科斯特纳、加利·艾尔维斯与拉塞尔·克罗演绎的罗宾汉故事相差千里。直到1938年，风格浮夸的电影《罗宾汉历险记》才将所有人物及补充情节进行集中展现。该电影由埃罗尔·弗林与奥莉薇·哈佛兰领衔主演，是最早的彩色电影之一。在罗宾汉故事中，离经叛道、无忧无虑的舍伍德森林居民与诺丁汉贪得无厌的暴君展开斗争。而此版本的故事树立了标杆，赢得了全世界观众（及给孩子讲述故事的父母）的心。时至今日，罗宾汉的故事日渐完善，但并非完美无缺。1973年，迪士尼以动画形式将这一经典故事搬上银幕。故事中，约翰以胆小怕事、乳臭未干的狮子形象出现，显得滑稽可笑。

1214年，法国于布汶大败国王约翰，引发震荡效应，促使约翰不堪重负、心怀不满的贵族组建联盟，共同发起反叛。1215年6月15日，约翰在兰尼米德被迫同意叛乱贵族的要求，在《大宪章》上签字。这份具有革命意义的文件规定了所有自由英国人民（一类极

---

① 1973年迪士尼动画版罗宾汉形象。——译者注

少数群体）的权利与个人享有的自由。正因如此，我将省略讲述具有神话色彩的现代《大宪章》故事，也不会谈及历史对其无情的批判。我在此仅讲述一个故事。现如今，"没人可凌驾于法律之上"可谓放之四海而皆准的口号。几乎人人都认为，这句口号与《大宪章》密不可分。这是一种误解。在这份具有开创意义的宪章中，其所包含的 63 个条款对这一说法只字未提。我们可通过对两个条款内容的简单拼凑，获得该表达的现代解读与构建："第 39 条：任何自由民，如未经同侪的合法审判，或未经国法判决，皆不得被逮捕、监禁、没收财产、剥夺法律保护权、流放或加以任何其他损害。第 40 条：人人有权受法律保护。"

不论这些概念在 1215 年时的意义为何，它们均象征着现代民主与习惯法时代的到来，为对个人赋予生命、自由及财产保护等不可剥夺的普遍权利奠定基础。《大宪章》是政治法律思想历史上意义最为深远的变革之一，其影响力在现代民主宪法中依稀可见，其中不乏美国《权利法案》、加拿大《加拿大权利与自由宪章》及国际上 1948 年通过的联合国《世界人权宣言》。如果沿时间线追根溯源，我们则会发现，以失败告终的第三次十字军东征为《大宪章》的出现创建了外部环境，为其孕育而生建立了民主平台。

如果说《大宪章》作为参与奖已经足矣，那么欧洲十字军收回圣地的企图则是一场影响深远、彻头彻尾的失败。在信仰危机中，蚊子已让基督教陷入困境。蚊子不仅在 3 世纪危机期间推动基督教治愈性基础的确立，而且也在十字军东征期间，干净利落地让其商业活动戛然而止。

在欧洲范围之外，十字军东征是欧洲为实现永久殖民、展现欧洲实力所发动的首次大规模攻击。蚊子横加干预，确保了这些首次发起的对外侵略以失败收场。在作品《生态帝国主义》中，艾尔弗雷德·W.克罗斯比曾就蚊子在十字军东征期间夺人性命的干预发表看法，其全文内容值得在此重温：

纵观历史，几乎无人料到，前往地中海东部出兵作战的欧洲人认为，其主要问题在于军事、后勤、外交，可能还有神学等方面。但真实情况是，其首要困难在于医疗。西方人在抵达目的地后，通常便迅速死亡。在更多情况下，他们身在东方的孩子还未能长大成人，便早早夭折。十字军抵达黎凡特时，他们不得不经历数百年后由北美殖民者所称的"调味"……他们身染重病，必须寻求生机，努力学会与东方微生物及寄生虫共同生活。随后，他们与萨拉森人展开较量。这一适应期耗时耗力，影响效率，最终导致成千上万人客死他乡。在影响十字军的疾病中，疟疾嫌疑最大。这种流行病存在于黎凡特低洼潮湿地区及沿海地区，而那里正是十字军国家人口大量集中之地……黎凡特与圣地及某些其他地区依然疟疾肆虐……法国、德国与英格兰的每一批新到十字军如同煤炭一般，一股脑儿进入疟疾横行的东方熔炉。在我们所处世纪中，前往巴勒斯坦的犹太复国主义移民的经历可能与之相关：1921 年，在抵达巴勒斯坦后的前 6 个月，感染疟疾的移民占移民总数的 42%，半年后，这一比例达到 64.7%……十字军国家的人口如同落花一般，纷纷化作尘泥，离开人世。

与十字军形成鲜明对比的是，坚守城池的穆斯林在自己的地盘作战。他们已经获得免疫力，适应了当地疟疾。许多人也拥有之前提到的基因遗传性保护能力，如达菲阴性、地中海贫血、蚕豆病，甚至可能还有镰状细胞等。迪韦齐斯的理查德是一位英国僧侣，也是理查德国王的御用史官。在第三次十字军东征期间，其关于其穆斯林敌人的记录无不体现羡慕之情。他写道："他们对天气习以为常；作战地点就是他们的祖国；他们充满活力，身体健康；他们勤俭节约，医药充足。"通常情况下，防守者在战争中会占据优势，因为他们可以决定战斗地点、战斗方式及战斗形式。在此例证中，抵抗疟疾感染便是穆斯林最为有利的防守优势，这也是赢得战争胜利的关键武器。

虽然十字军东征是一场苦不堪言、具有经济目的的资本主义冒险，但是参与者确实为未来帝国主义冒险的成功拼尽了全力，至少间接促成欧洲地理大发现时代的到来，并随后迎来哥伦布大交换。正如前文所言，十字军东征不仅包括对外入侵，更重要的是，也包括开展贸易。穆斯林与基督徒间的跨文化交流重新将古希腊与古罗马著作引入空洞贫瘠的欧洲学术界。穆斯林的创新涉及各个学术领域，通过回国十字军与商人引入欧洲。穆斯林文艺复兴或"黄金时代"，战火纷飞，跨越了十字军东征发生所在的数百年。具有启发性的思想重新产生，推进了文化发展，点亮了欧洲黑暗笼罩下陷于停滞的各个角落。

十字军东征促使穆斯林航海技术迅速得到推广，其中包括现代指南针与船只设计技术，比如尾舵与三桅三角帆，船只因此可以逆风而行。1218 年，惊魂未定、愚蠢无知的法国主教于阿卡向法国传回一条消息："铁针与磁石接触后，总是会指向北极星。而北极星一成不变，静止不动，成为浩瀚天空的轴线。因此，磁针是航海人员的必备物品。"这封信的收信人一定认为，主教彻底失去理智，陷入癫狂。这一知识强化让欧洲爬出黑暗世纪荒芜死寂的深坑。而归根结底，这一切均因为穆斯林搭建的一把学术之梯而变为现实。除巨蟒剧团英勇无畏的圣杯搜寻之旅、印第安纳·琼斯、罗伯特·兰登及其他数不胜数的浪漫"骑士传奇"睡前故事、电影与电视剧外，此次知识交换可能是真真正正的十字军遗产。

13 世纪十字军东征的硝烟尚未散尽，在权力的游戏中，另一争夺者将此次文化贸易与地球村范围进一步扩大。虽然在穆斯林知识的推动下，欧洲逐渐走出黑暗世纪，但是一项致命威胁日益凸显，不仅影响向黎凡特的进军，而且波及欧洲自家东部门户。来自亚洲大草原武艺高强的骑兵将首次统一东方与西方，引发人类历史上最致命的流行病，欧洲的生存也因而岌岌可危。智慧超群、足智多谋的战略家与勇士成吉思汗率领成群结队的蒙古骑兵，摧枯拉朽般直逼欧洲门户，建立人类历史上连续不断的最为庞大的陆上帝国。

第 6 章

蚊子部落：成吉思汗与蒙古帝国

亚洲北部高原荒凉贫瘠，寒风凛冽。其大草原海拔高、位置偏远，自然条件恶劣。那里是争斗不断的宗族部落与唯利是图的帮派的地盘。他们构建的联盟变化无常，人们的一言一行如同狂暴多变的大风，轻而易举便会发生改变。1162 年，铁木真便出生于这片严酷无情的地区，在一个以宗族部落为基础的社会长大。在这一社会中，部落掠夺、烧杀抢掠、打击报复、腐败堕落，当然，还有成群结队的骏马，对人们而言司空见惯。在其父亲成为敌对部落阶下囚后，铁木真及其家人的境遇急转直下，生活一贫如洗，仅仅依靠野果野菜、动物尸体、小型昆虫与啮齿动物填饱肚子。随后，由于其父去世，在蒙古各大部落组成的联盟与政治舞台上，其宗族部落威望不再，失去影响力。在这一弥漫着痛苦绝望的时刻，铁木真并不知道，在这艰难困苦的环境中，他将名垂千古，享受荣华富贵，并获得全新的名字，让敌人在其统治世界的战争中对其闻风丧胆。

15 岁的铁木真不遗余力地恢复其家族的荣誉。在一次父亲的前盟友对其部落的掠夺过程中，铁木真被俘。随后，他成功逃脱，得以免受奴役之苦，他发誓要向敌人复仇。而其敌人数量众多，既包括过去的敌人，也包括以往盟友。虽然铁木真不愿分享权力，但是他意识到，正如母亲在他儿时教导他的那样，权力与威望最终来源于许许多多强大稳定的联盟。

在其统一彼此兵戎相见派别的征程中，铁木真打破蒙古传统。他向其他部落许诺为其提供保护，并在未来战争中分配战利品，而不是将敌方赶尽杀绝，或抓做奴隶。铁木真承诺以功绩、忠诚度及智慧，而非宗族部落关系或裙带关系为标准，对高级军事与政治职务进行任命。这些社会创新使其联盟的凝聚力得到加强，受其征服之人对其忠心耿耿。随着铁木真继续吸纳蒙古部落，使其成为越发强大联盟的一部分，其军事实力与日俱增。到 1206 年，在铁木真的统治下，亚洲草原上交战的部落实现统一，一股令人生畏、团结一心的军事政治力量创建而成，并最终建立了人类历史上最为庞大的帝国之一。他终将亚历山大因蚊子而破灭的美梦——将亚洲与欧洲"连为一体"——变为现实。然而，对于壮丽宏伟的梦想与光芒万丈的荣誉，蚊子有其自己的愿景，与 1 500 年前对亚历山大穷追不舍时如出一辙。

此时，铁木真的蒙古子民已经给予铁木真一个新名字——成吉思汗，意为"世界统治者"。相互竞争、穷兵黩武的蒙古部落实现彼此联合后，成吉思汗及其技艺精湛的弓骑兵发起一场对外突袭，以获得生存空间……同时达到其他目的。

在成吉思汗的领导下，蒙古实现扩张的部分原因在于小冰河期[①]的出现。草原是饲养马匹、维系游牧生活方式的基础，气温骤降带来的气候变化会使草原面积大幅减少。对于蒙古人而言，只有两个选择，要么持续扩张，要么坐以待毙。蒙古人前进的速度令人震惊。这要归功于成吉思汗及其将军的军事才能，令人难忘、凝心聚力的军事指挥及控制结构，覆盖面广的夹击技术，特别制作的组合弓，最重要的是，其骑兵无与伦比的技术与矫健身手。到 1220 年，蒙古帝国从中韩太平洋海岸向南扩张至长江及喜马拉雅山，西抵幼发拉底河。蒙古是纳

---

① 小冰河期，指相对而言较冷的时期，始于 13 世纪，在 17 世纪达到巅峰。——编者注

粹口中"闪电战"的真正大师。他们以迅雷不及掩耳之势，用无可匹敌的勇猛凶残，将时运不济的敌人重重包围。

1220年，成吉思汗将其军队分成两个分支，取得了亚历山大未能取得的成就——将已知的两个世界合而为一。尽管环境颇为严酷，火药味十足，但这是历史上东西方首次正式统一。成吉思汗领导主要部队穿过阿富汗与印度北部返回蒙古，镇守东部。另一支由约3万骑兵组成的部队通过高加索北上进入俄罗斯，劫掠乌克兰克里米亚半岛的意大利卡法（费奥多西亚）贸易港。通过欧洲的俄罗斯与波罗的海国家，蒙古击败基辅罗斯公国与保加利亚。当地人惨遭烧杀抢掠，或被贩卖为奴，拒不服从的士兵则锒铛入狱。当尘埃落定，蒙古人的铁蹄声渐渐离去，在远处隆隆作响时，已有80%当地人要么遭到杀害，要么沦为奴隶。蒙古人在波兰与匈牙利四处打探，收集情报。随后，于1223年夏天向东撤退，进入成吉思汗的蒙古势力范围。

蒙古人决定放弃欧洲的原因有待讨论。许多人认为，此役最终目的仅仅是为全面入侵欧洲做好侦察工作。历史学家也认为，蒙古军队由于在高加索及黑海沿海地区感染疟疾，军事实力有所削弱，再加上近20年来战火不断，便决定推迟入侵。众所周知，成吉思汗自己当时经常饱受疟疾影响。最广为人们接受的理论是，其之所以在65岁去世，是因为慢性疟疾感染导致其免疫系统严重退化，使伤口难以愈合，感染溃烂，最终死亡。

1227年8月，这位伟大勇士与世长辞。按照文化传统，其葬礼并没有大张旗鼓，人们也没有为其建造陵墓。据传说，一个负责埋葬成吉思汗的小队将沿途遇见的所有人赶尽杀绝，一个不留，以便不透露风声，隐藏其安息之所。他们在其坟墓上方引出一条河流，或利用惊慌失措的群马，使其消失在历史长河之中。与亚历山大一样，人们只能在传说之中才能领略伟大的成吉思汗的风采。所有为找到其坟墓的尝试与探索均以失败告终，无不让人大失所望。然而，蚊子对蒙古人血液的渴望并未就此停止，其将继续影响成吉思汗庞大恢宏的帝国。

1236—1242 年，在成吉思汗之子及继承人窝阔台的统治下，蒙古竭尽全力，向欧洲发起反向进攻。蒙古部落势如破竹，迅速攻破俄罗斯东部、波罗的海国家、乌克兰、罗马尼亚、捷克和斯洛伐克、波兰及匈牙利，于 1241 年圣诞节抵达布达佩斯及多瑙河。他们从布达佩斯继续向西进发，穿过奥地利，然后向南前进，最终调转方向，向东方进发，穿过巴尔干半岛与保加利亚，对沿途各地烧杀抢掠。1242 年，蒙古部落继续向东前进，放弃欧洲，再也没有踏上这片土地。最终，战无不胜的蒙古人面对蚊子束手无策，找不到取胜之道。在蚊子的守卫下，欧洲固若金汤，牢不可破。

　　针对这一看上去因一时冲动、令人惊讶的撤退，温斯顿·丘吉尔写道："在某一时刻，整个欧洲仿佛都将臣服于东方时隐时现的恐怖威胁之下。来自亚洲心脏的蒙古部落野蛮残暴，信仰异教，是令人生畏、身背弓箭的骑士。他们摧枯拉朽，横扫俄罗斯、波兰与匈牙利，并于 1241 年在布雷斯劳[①]将德国人打得落花流水，在布达[②]让欧洲骑兵丢盔弃甲，落荒而逃。至少，德国与奥地利均向蒙古人俯首称臣。幸运的是……蒙古领袖快马加鞭，长途跋涉数千英里，赶回蒙古首都哈拉和林……欧洲西部因而逃过一劫。"1241 年夏秋季节，蒙古部队主力在匈牙利平原修整。虽然前几年一反常态，干燥温暖，但是 1241 年的春夏时节异常潮湿，降水超过以往，将原本干燥的欧洲东部马扎尔的草原变为一片沼泽，成为一片蚊虫猖獗、疟疾肆虐的雷区。

　　对于蒙古军事机器而言，这一气候变化产生了消极影响，创造了一场完美的风暴，成为欧洲的避难所。首先，沼泽与较高地下水位让蒙古失去了必不可少、牧草覆盖的土地与牧场，其数不胜数的马匹因

---

① 布雷斯劳是波兰西南部城市。——译者注
② 布达位于匈牙利首都布达佩斯附近，后与佩斯城合并为布达佩斯城。——译者注

此无处休养，而马匹正是蒙古部队的力量之源。[①] 异乎寻常的湿度也使得蒙古弓箭质量受损。在潮湿空气中，胶水无法干燥凝固，因热膨胀的弓弦越发松弛，让蒙古人原本得到增强的速度、准度及远距离作战优势荡然无存。除这些军事劣势之外，嗜血蚊子数量激增，让蒙古人所处形势雪上加霜。疟原虫开始侵入他们毫无防备的血管。著名历史学家约翰·基根写道："蒙古部落虽然野蛮凶残，但是最终，他们未能在西欧多雨地区充分施展其在半温带荒漠地区发展壮大的轻骑兵力量……他们不得不接受失败。"虽然蒙古人及诸如马可·波罗等随行商人最终实现东西统一，但是由于蚊子出手相助，西方免受彻底沦陷的厄运。蚊子通过疟疾的力量，支配了蒙古的征服之路，将蒙古人引出欧洲。

虽然蚊子将蒙古人征服欧洲的梦想吸食干净，但是1260年，在成吉思汗之孙忽必烈领导下的蒙古人首次向圣地发动战争，为尚未结束却奄奄一息的十字军东征又添一位竞争者。在第七次（1248—1254年）与第八次（1270年）十字军东征期间，蒙古人加入这场日渐式微的争夺。在未来50年里，发动了4次大规模的蒙古入侵。穆斯林、基督徒与蒙古人组成的联盟发生了改变，盟友之间的忠诚度反反复复，变化无常，表明混乱会将未来的十字军渐渐吞噬。如同蚊子一样，今日共谋大事的老朋友在明天可能在战场上兵戎相见。事实上，在许多情况下，每个强大势力的分支力量均会站到原势力的对立面。三大主要群体的凝聚力曾因内部混乱而遭到破坏，这便是一个例证。

虽然蒙古确实取得了一定成就，比如短暂攻陷了阿勒颇与大马士革，但是面对疟疾、其他疾病及强有力的防守联军，他们多次被迫撤退。"疟蚊将军"这一基督教罗马的守护者，也为伊斯兰教驻守圣地。正如在早期基督教战争，包括令"狮心王"理查德惨遭蚊子折磨的第

---

① 充满活力的骏马源源不断，蒙古勇士因此得到持续补给。通常情况下，每名士兵拥有3~4匹马。

三次十字军东征中的所作所为，蚊子出手阻止了蒙古的进攻，使得黎凡特免受蒙古威胁。圣地及圣城耶路撒冷依然受穆斯林掌控。

在欧洲与黎凡特均遭到蚊子阻击后，忽必烈为遏制颓势，努力征服喜马拉雅山以东最后一片亚洲独立遗迹。忽必烈在中国南部与东南亚，包括如日中天的高棉帝国①（或吴哥王朝）展现出全部实力。吴哥文化起源于公元800年，随后迅速传播至柬埔寨、老挝与泰国，并于13世纪末发展至顶峰。农业区域扩大、水资源管理不善及气候变化为蚊子提供了绝佳机会，发动一次让忽必烈土崩瓦解的进攻。R. S. 布雷博士说："由于身处积水密集处，加之疟蚊繁殖，三角洲密布的湄公河成为高棉帝国繁荣昌盛之源，也成为疟疾滋生之源。"精细复杂的运河与蓄水池系统为贸易提供了便利，也使之成为鱼米之乡；为增加水稻产量，满足日益增长人口的需要，遭乱砍滥伐区域的面积不断扩大；暴雨洪水频发，为传播蚊媒传染病登革热与疟疾的寄生虫的繁殖创造了绝佳条件。

在这场于1285年开始的南部战役中，忽必烈对习惯性的撤军策略充耳不闻，未在夏季将部队撤至不受疟疾影响的北部地区。结果，其约9万人的大军与整装待发的蚊子守卫者相遇。在中国南部与越南，忽必烈的军队在疟疾面前溃不成军，损失惨重，被迫于1288年彻底放弃原定计划。仅存的2万人四处逃散，疾病缠身，步履蹒跚向北方蒙古前行。此次东南亚撤退，以及信奉印度教与佛教高棉文明的崩塌，均因蚊子而起。到1400年，高棉文明已无影无踪，只留下令人生畏、雄伟壮观的遗迹，其中包括吴哥窟与巴戎寺。它们无时无刻不让人们想起，高棉帝国曾民殷国富，光芒万丈。

无独有偶，在中国南部与东南亚惨遭不幸后，疆域广阔的蒙古帝国元气大伤，并在接下来的一百年内四分五裂，分崩离析。到1400年，蒙古帝国的军事与政治影响消失殆尽。这一次，政治内斗、军队伤亡

---

① 高棉帝国是位于东南亚中南半岛柬埔寨的一个古国。——编者注

及疟疾肆虐让曾经不可一世的蒙古帝国耗尽气力。到1500年，绝大部分蒙古残余省份渐渐消失。其中有一省份位于克里米亚半岛及高加索北部的死水地区。18世纪末，该省份最终也成为过眼云烟。然而，时至今日，蒙古人及人类历史上延续不断的最为庞大的陆上帝国的遗产依旧活跃在世界各地人口的基因之中。遗传学家认为，现生活在前蒙古帝国区域的人群中，8%~10%与成吉思汗有直接血缘关系。[①] 换言之，全球当下有4 000万至4 500万人为其直系后裔。倘若我们将所有成吉思汗的后人集中在一个国家，该国将成为当今世界第30大人口大国，加拿大、伊拉克、波兰、沙特阿拉伯、澳大利亚等国家均难以望其项背。

蒙古之所以未能让铮铮铁蹄踏平欧洲，一定程度上要归功于蚊子构建的坚不可摧的防线。尽管如此，蒙古人身上的疾病却成功征服了欧洲。1346年，在围攻港口城市卡法期间，蒙古人使用投石机，将感染黑死病病毒的尸体投过城墙，使当地居民患上黑死病，从而攻破城门。更为重要的是，卡法是一个熙熙攘攘、忙碌不停的贸易中心。因此，1347年10月，有船只停靠在了西西里，随后在热那亚与威尼斯靠岸，并于1348年1月到达法国马赛。船上生活着老鼠，而老鼠身上长有感染瘟疫的虱子。此外，船上也有疟疾缠身的水手。瘟疫就以这种方式传播到欧洲。疾病也随蒙古勇士与商人穿过丝绸之路。跳蚤在诸如老鼠等许许多多陆地啮齿类动物身上生活。虽然鼠疫耶尔森菌是一种通过此类跳蚤才能传播的细菌，但是黑死病依然立刻流行起来。

1347—1351年，黑死病在欧洲恶化至无以复加的程度。黑死病的暴发持续不断，直到19世纪才有所减弱，其中不乏1665—1666年的伦敦大瘟疫。这场瘟疫夺去了10万人的生命，死亡人口占城市总人口的25%。此次瘟疫恰巧与1666年伦敦大火发生在同一时期。对于伦

[①] 成吉思汗的个人移动妓院成千上万。在征服新领地过程中，他会抛弃女性，同时也会增添女性，进而使其遗传基因遍布世界。

敦而言，1666 年是灾年。在反复出现的瘟疫中，没有一个可以在强度与致死人数上与黑死病相提并论。虽然有些学者认为，欧洲死亡人数在总人口中占比高达 60%，但是现代学者普遍认为，这一比例实际约为 50%。威廉玛丽学院中世纪史教授菲利普·戴理德慎重指出："在死亡人数上，存在较大地理差异。在欧洲地中海地区，比如意大利、法国南部、西班牙，瘟疫连续 4 年暴发，死亡人数接近人口的 75%~80%。在德国与英国……该比例接近 20%。"在整个中东地区，死亡率约为 40%，亚洲趋近 55%。

黑死病与大饥荒在同一时期暴发，对欧洲而言可谓火上浇油。人们认为，因新西兰塔拉韦拉火山连续 5 年喷发，饥荒大肆蔓延。在欧洲北部，气候变化接踵而至，导致蚊虫数量与疟疾发病率激增。虽然难以精确计算该事件导致的死亡人数，但是人们普遍认为，其比例为受影响人口的 10%~15%。一位匿名目击者告诉我们："倾盆大雨几乎让所有种子腐烂……在许多地方，颇为茂盛的干草长时间被埋在水下，无法割除。绵羊与其他动物因瘟疫突发而毙命是家常便饭。"整个欧洲只能任由死亡摆布。

单从数量上看，欧洲有 4 000 万人因疟疾死亡。保守估计，全球死亡人数约为 1.5 亿，甚至可能高达 2 亿。全球人口耗时 200 年才恢复到原有水平。这些数字令人难以置信，同时也无法进行合理计算。黑死病自成一派，是对马尔萨斯人口论的独立检验，其结果令人胆战心惊。正如我们所见，6 世纪，威力仅次于黑死病的查士丁尼瘟疫只造成 3 000 万~5 000 万人死亡。[①]19 世纪 80 年代，抗生素问世。1928 年，亚历山大·弗莱明发现青霉素。从那以后，瘟疫近乎绝迹。根据世界卫生组织统计，当前，鼠疫致死人数为每年 120。

除黑死病造成的灾难性人口死亡外，欧洲幸存者实际上受到巨大

---

① 我并未囊括历史上因蚊媒传染病而亡的 520 亿人，未涵盖哥伦布大发现后数世纪里因欧洲疾病而销声匿迹的 9 500 万美洲原住民。这并非一蹴而就，也非真正流行病，而是断断续续流行病暴发形成的长期流行病感染。

的积极影响。大片闲置及无人占用的土地得到利用，使财富变相增长。土地增加，人口减少，意味着人们对小麦的需求量减少，进而促进农业生产多样化，因此形成更为健康、全面的饮食结构。由于粮食更为充裕、价格更为低廉，人们的营养更为均衡，人口大量增长。随着以前的边际耕地返回自然状态，变为牧场或森林，蛋白质消费量相应增加。这一现象使得传播疟疾蚊子的繁衍生息之地大幅减少。工作竞争也相应减少，技艺精湛的手艺人与五大三粗的劳工的工资随之增加。由于夫妻双方经济能力增强，结婚年龄下降，出生率继续上升。财富增加，加之学术竞争减少，大学与高等教育稳步发展，学术进步有条不紊，最终促成文艺复兴、启蒙时代到来，欧洲力量因而影响全球。

蒙古侵略战争持续约 300 年，改变了世界人口、商业、文化、宗教与民族结构。蒙古人允许商人、传教士及旅行者在整个蒙古帝国穿行，进而首次向欧洲、阿拉伯、波斯及其他地区打开了中国及东方其他地区的大门。基督教与伊斯兰教小型团体迅速遍布以往不为人知、未被探索过的东方陆地，在诸如佛教、儒教、印度教等众多主流信仰中获得一席之地。蒙古军事扩张打开的新陆地与路线将两个地域辽阔、地理差异明显的世界合而为一，创造形成一个联系更为紧密、时空更小的全球性社会。

香料、丝绸与异域产品进口超乎想象，也成为欧洲市场的货架与货摊上的主打产品。蒙古帝国是一条灵活多样、内部联系紧密的对外交流高速公路。一位弗拉芒牧师于 1254 年抵达蒙古首都哈拉和林（但愿没有人献茶以表欢迎），一位在弗拉芒时生活于其临近村庄的妇女用家乡话向其问好。原来，在 14 年前蒙古烧杀抢掠期间，蒙古人将这位当时还是孩子的妇女抓走，带至蒙古首都。现代文学与档案显示，对于旅行者、显要人物与商人来说，欧亚大陆是一个极其安全、易于渗透的区域。马可·波罗与其他旅行者的游记促进了欧洲贸易飞速发展，经济实现突飞猛进。

而马可·波罗举世闻名的故事则被记录在一份仅仅因机缘巧合而

问世的出版物中。虽然 1298—1299 年马可·波罗被关押于热那亚，但是由于牢狱生活枯燥乏味，马可·波罗便将其 1271—1295 年周游亚洲的故事，以及在忽必烈宫廷的经历分享给狱友。这个充满好奇、惊叹不已的罪犯将这些史诗故事一一记下，并最终于 1300 年出版《世界见闻录》，也就是今日广为人知的《马可·波罗游记》。马可·波罗是否曾来到中国，或是否讲述着其他旅行者向其讲述的故事，有些专家对此提出疑问。故事不论是其亲身经历，还是抄袭剽窃，都确有其事，千真万确，是对现代事件的准确描述。关于这一点，研究人员并无异议。克里斯托弗·哥伦布一项颇具价值的财产便是马可·波罗破旧不堪、满是笔记的作品。

马可·波罗对东方及其令人应接不暇的美景、取之不尽的财富予以细致描绘，因而激发了哥伦布漂洋过海向西航行以抵达亚洲沃土的渴望。1492 年，哥伦布向西航行，目的地为世界东方。芝加哥洛约拉大学历史学家芭芭拉·罗森韦恩明确指出："在某种意义上，蒙古人发起了对异国商品与商业机会的搜寻，在欧洲发现美洲新世界后，此类行为发展至顶峰。""发现"实属无心插柳，却掀起历史上无与伦比的由蚊子、疾病与死亡组成的浪潮，狠狠拍打在与世隔绝、毫无免疫力的美洲原住民身上。

在哥伦布大交换之前，可夺人性命的疟蚊与伊蚊并未进入美洲。虽然在美洲大陆上，充满活力的蚊子数量激增，但是它们自身并不携带病菌，仅仅是令人厌烦、叮咬他人的害虫。当时西半球依然与世隔绝，免受外部势力侵占。至少在 2 万年前，蚊子才抵达美洲。在 1492 年与欧洲人发生接触之前，约有 1 亿原住民从未尝过蚊子之苦，也未目睹蚊子发怒之景，因此他们依然对蚊媒传染病毫无抵抗力。至少在当时，美洲蚊子并未让人类遭遇灭顶之灾。

在哥伦布的带领下，世界进入帝国主义与生物交换时代。在此期间，细皮嫩肉的欧洲人、非洲黑奴与偷渡进入美洲的蚊子熙熙攘攘抵达"新世界"海岸这片处女地。这场无意间通过隐蔽外来感染开始的生物战争震动欧美两洲，以史无前例的速度让当地原住民纷纷离开人世。西班牙、法国、英国、葡萄牙、荷兰等重商主义欧洲强国大动干戈，为帝国牟取财富。为此，这些国家走遍其殖民地，将财富与可灭国灭种的疟疾、黄热病等疾病，带出欧洲与非洲大门，漂洋过海，送至毫无戒备的美洲原住民身旁。一位玛雅幸存者哀叹道："死尸臭气熏天。我们的祖辈死后，有一半人逃往田地。恶狗与秃鹫在尸体边大快朵颐。死亡人数触目惊心……我们所有人都难以幸免。自来到人世，我们命中注定难逃一死！"作为哥伦布大交换中一个意外出现的媒介，蚊子是首批在美洲挥之不去、杀人如麻的连环杀手。

第 7 章

哥伦布大交换：蚊子与地球村

西班牙牧师巴托洛梅·德拉斯·卡萨斯在哥伦布第四次与最后一次航行的阴影之下，扬帆起航，最终于 1502 年抵达伊斯帕尼奥拉岛（现多米尼加共和国与海地）。随后，德拉斯·卡萨斯开始撰写其举世闻名、观点尖锐的历史著作——《西印度毁灭述略》。收到巴托洛梅关于西班牙残忍暴行的初版报告后，费迪南多国王与伊莎贝拉女王感到毛骨悚然。因此，1516 年，西班牙国王迅速将巴托洛梅封为印第安守护者。巴托洛梅的西班牙同胞对泰诺人①犯下的暴行数不胜数。在巴托洛梅编纂的编年史中，有关殖民的前十年的焦点内容便是此类暴行。该部分内容均充斥暴力，未做丝毫修改，全方位还原了真实场景。其第一手长篇解读是对西班牙殖民和疟疾、天花及其他导致人口死亡的疾病的严厉控诉。

德拉斯·卡萨斯报告称，西班牙人对待伊斯帕尼奥拉岛原住民的态度"最能体现公平缺失、暴力行径与暴政专横……西班牙人完全剥夺了印第安人的自由，将其囚禁于牢笼之中，并使其从事条件最艰苦、劳动强度最大、境遇最可怕的奴隶工作。对于未曾目睹真实场景的人而言，他们无法体会，实际情况超越了他们的想象……遭到奴役的印

---

① 泰诺人隶属阿拉瓦克人，是加勒比地区主要原住民之一。——编者注

第安人身患疾病乃家常便饭。一旦出现此种情况……西班牙人认为他们只是装模作样，因而熟视无睹，残忍无情地将其称为懒狗，对其拳脚相加……大多数岛屿原住民……命如蝼蚁，大量死亡。在8年时间里，90%的原住民消失得无影无踪。这场风卷残云般的瘟疫自此席卷圣胡安、牙买加、古巴，最后覆盖整个美洲大陆，让毁灭遍布西半球的每一个角落"。在这场"风卷残云般的瘟疫"传播的过程中，携带疟疾的蚊群起到了巨大作用。

1534年，德拉斯·卡萨斯到访巴拿马达连湾殖民地。当地人为遭到蚊子叮咬的西班牙人挖掘了大量坟墓，虽然将死者置于坟墓之中，却未将其掩埋。看到这些尚未填土的坟墓后，德拉斯·卡萨斯目瞪口呆。他说："每天有许许多多人失去生命。人们不想将他们埋葬，因为这些人心知肚明，在几小时之内，可能会有另一人死去，然后被送至这里。"德拉斯·卡萨斯断定，居住于达连湾的西班牙人遭到"大量蚊子攻击"，受到其冷酷无情的侵扰，随后开始感染疾病，最终撒手人寰。在最后一次航行期间，哥伦布与其船员对中美洲北部海岸线状况叫苦不迭，由于频繁遭到蚊子与疟疾的无情蹂躏，他们将该区域命名为"蚊子海岸"。西班牙于1510年在巴拿马地峡达连湾建立殖民地，那里是现在臭名昭著的"蚊子海岸"。该片殖民地是欧洲在美洲大陆建立的首个殖民地。我们即将看到，达连湾的蚊子将使苏格兰主权彻底瓦解。

达连湾是世界上由嗜血蚊子统治的地狱。正如一位早期年代史编纂人所说："'蚊子海岸'臭气熏天，肮脏腐败。"因此，该海岸迅速以"死亡之门"闻名世界。达连湾殖民地地势低洼，沼泽环绕。根据近期抵达殖民地的人士所说，达连湾殖民地是一个污水坑，"浓厚烟雾夹杂着病菌在地面缭绕，人们开始逐一死去，其中三分之二命丧于此"。另一位参与殖民的人士写道："最初有1200名西班牙冒险家染病，身体每况愈下，病情越发严重，他们甚至无法照料彼此。一个月后，700人因病去世。"1510—1540年，德拉斯·卡萨斯与另一位同时代记录人总结道，单单在"蚊子海岸"荒野地区，就有超过 4 万名西班牙人丢了性命。虽然这一数据令人震惊，但是与当地原住民所遭受的痛苦与死亡相比，这一数字相形见绌。达连湾殖民地建立 15 年后，据估计，在巴拿马，疾病已夺去约 200 万原住民的生命，死于疟疾人数尤为甚之。

1545 年，西班牙建立奴隶劳工糖产品殖民地后，德拉斯·卡萨斯抵达位于墨西哥尤卡坦半岛西部的坎佩切。当地玛雅人早已销声匿迹，无影无踪，有的落荒而逃，有的沦为奴隶。德拉斯·卡萨斯哀叹道，他的同伴们发现，"由于村庄不洁，自己身染疾病"，并迅速感到发热不适。其中一位身患疟疾的同伴悲痛不已，说："我目睹许多长嘴蚊子叮咬同伴，不免心生怜悯，因为此类蚊子毒性颇强。"在贯穿欣欣向荣的西班牙帝国之旅中，德拉斯·卡萨斯为西班牙人与印第安人之死而心惊胆战，痛心疾首。

德拉斯·卡萨斯并不知道，其奄奄一息的同胞已经携带了疾病病毒，并成为带菌蚊子的蓄水池，将蚊子与病毒从西班牙及沿途停靠的非洲站点带到了加勒比地区。对于从非洲与欧洲流亡异乡的蚊子而言，此次穿越太平洋中央航路的旅程是一次包罗万象、为期两三个月的游轮假期，沿途提供了自助餐及盛大狂欢。舒适水域拥有丰富且现成的水池与水桶，为其繁殖后代提供了绝佳场所。它们登上第一批前往美洲的船队，来到了一片远离世俗、未受污染的处女地，而船队领导者正是历史上最负盛名、最饱受非议的人物之一：克里斯托弗·哥伦布。

在 14 世纪与 15 世纪，奥斯曼帝国自其位于土耳其的中心区域起，跨越中东、巴尔干半岛及欧洲东部，将基督商人挡在丝绸之路之外，使欧洲无法进入亚洲市场。由于经济萧条近在咫尺，欧洲大国努力绕开国力日渐强盛、面积不断扩大的奥斯曼帝国，以此重新打开这条至关重要的商业生命线。在连续 6 年恳求欧洲君主国提供资金后，西班牙费迪南多国王与伊莎贝拉女王最终改变态度，同意支持一位名不见经传、神神秘秘的狂想家克里斯托弗·哥伦布，使其能够开始自己的首次航海之旅，进而与远东地区重新建立贸易关系。哥伦布也心甘情愿成为此番事业的开路先锋。按照他的话来说："要抵达大汗的领地。"哥伦布扬帆起航之时，随身携带了一包皇家介绍信及一堆留有空白的贸易协定，待抵达后呈交亚洲统治者。

欧洲君主国勉强同意对此类仓促鲁莽、风险巨大的计划提供资金支持。由于航海耗资巨大，此举合情合理。西班牙皇室名义上对哥伦布给予资金支持，实际上，其中三分之一的费用花在了公主的婚礼上。这表明，他们不仅对皇室财力心怀忧虑，而且对哥伦布的能力信心不足。哥伦布出发时，仅带领三艘小船，船员一共仅 90 人。哥伦布自己不得不支出全部费用的 25%，被迫向其意大利商人兄弟借钱。根据所有符合逻辑的分析评估，哥伦布的航行的确是一项鲁莽草率、耗资巨大的事业。

1492 年 8 月，哥伦布带领船队驶入一片未知区域。他下定决心，向西航行，重新打开通往亚洲东部财富的道路。哥伦布相信，世界并非无边无际，而是主要由 6 片至 7 片大陆组成。普利策奖获得者、记者托尼·霍维茨评论道："哥伦布改变了世界。这并非因为他判断正确，而是因为他顽固不化，错得离谱。哥伦布对世界之小深信不疑，从而开始将新世界纳入旧世界的轨道，并使之成为现实。"尽管偏离航线约 12 800 千米，且哥伦布自认为抵达了东印度群岛（指亚历山大大帝时期的东西分水岭，亚洲南部地区印度河），但是哥伦布依然于 12 月首次踏上伊斯帕尼奥拉岛，这确实是人类的一大步。

哥伦布首次航行标志着新世界秩序的开端。拜哥伦布大交换所赐，这一新秩序也将致命的蚊子及蚊媒传染病引入美洲，使之在美洲站稳脚跟。历史学家艾尔弗雷德·W.克罗斯比在其 1972 年创作的作品《哥伦布大交换：1492 年以后的生物影响和文化冲击》的书名中创造了"哥伦布大交换"这一术语。克罗斯比认为，不论是因意外还是人为设计，在这场自然与人类历史上规模最大的交换过程中，全球生态系统得到重新调整。

大约 2 万年前（可能更早），由一小群北欧猎人从西伯利亚发起的美洲之行切断了所有寄生虫传播的循环路径。[①] 这群猎人可能徒步走过白令陆桥，更有可能乘坐航海船只抵达美洲西北海岸。这条天寒地冻的道路无法让传播疾病的动物与昆虫（及其后代）完成感染所需流程。此外，这些早期移民的人口数量过少，他们并不经常东奔西跑，因此无法对动物性传染疾病的生命周期起推动作用。感染链因此遭到破坏。这也解释了为何在公元 1000 年左右，挪威人虽然发起为期短暂的纽芬兰探险，但当地原住民并未感染疾病，或者至少并未迅速感染外来疾病。虽然美洲疟蚊能够心甘情愿为疟原虫提供栖身之所，但是美洲原住民与其斯堪的纳维亚来客所经路途的气候过于寒冷，使得当时传播疾病的可能不复存在。然而，当欧洲人蜂拥抵达新世界的南部地区与海滩时，情况则截然不同。

哥伦布大交换开始之时，新世界疟蚊与从非洲与欧洲进入美洲的疟蚊与伊蚊均为美洲蚊媒传染病循环的一部分。突然之间，之前人畜无害的美洲本地疟蚊变成疟疾携带体。由于蚊子自身已进化了 9 500 万年，而且之前从未与疟原虫有所接触，蚊子与疟疾所展现出的适应能力令人震惊。正如哈佛大学昆虫学家安德鲁·斯皮尔曼转述给知名作家查尔斯·曼恩的话一样："理论上说，一个人就可以让寄生虫在一整片大陆上安身立命。这与扔飞镖有点儿相似。在合适条件下，引入足够数量、与一定蚊子接触的病人后，你迟早会中彩，让疟疾繁衍生息。"从南美洲到加勒比与美国，再到位于加拿大北部的首都城市渥太华，斯皮尔曼的观点均得到印证。在当时，病原人[②]，即首个引入疟疾的人，就位于哥伦布首次航行的队伍之中。

1492 年圣诞节，哥伦布旗舰圣玛丽亚号在伊斯帕尼奥拉岛北部浅

---

① 与全世界所有文明一样，美洲先民有自己的神创故事与口述历史。在此我并无表达不敬或蔑视之意。

② 亦称零号病人（Patient Zero）。——译者注

滩搁浅，其首次航行因此戛然而止。剩下的两艘船，尼尼亚号与平塔号，无法承载多余船员。因此，哥伦布返回西班牙前，被迫将39人留在由栅栏围成的天然要塞之中。1493年11月，即11个月后，为了进一步进行经济渗透，创建一个永久的西班牙殖民堡垒（据推测位于亚洲），哥伦布开启第二次航行。在此期间，哥伦布发现伊斯帕尼奥拉岛已经成为一片废墟。其孤立无援的西班牙同胞早已命丧黄泉，原住民泰诺人因疟疾与流感同时暴发而饱受摧残。哥伦布以冷漠无情的口吻，对泰诺人未受玷污的血液予以描述："（血液）无穷无尽，因为我相信，在此生活着数百万的泰诺人。"对于饥肠辘辘的寄生虫而言，泰诺人的血液如同一条欢迎红毯，将它们引至泰诺人身边。哥伦布也证实，在其第二次到访伊斯帕尼奥拉岛期间，"我的全体船员均上岸住下，每个人都发现，大雨不断。他们间日发热，患上严重疾病"。其中一位病人在记录中称："在那些国家，生活着许许多多的蚊子。"另一人写道："蚊子不计其数，令人心烦，而且种类多样。"面对毫无免疫力的西班牙人与泰诺人，蚊子来者不拒，照单全收。因此，他们付出了惨重的代价。新世界立刻对外来蚊子及其所携带疾病敞开双臂，予以接纳。

1502—1504年，在其第四次与最后一次航行期间，哥伦布也公开表示："我身染重病，多次因高烧与死神擦肩而过。我疲惫无力，死亡是我解脱的唯一希望。"哥伦布与手下水手表现出因疟疾引发的"精神错乱与胡言乱语"，同时，他们也对"蚊子海岸"与加勒比地区扬声恶骂。在大西洋彼岸的西班牙，埃尔南·科尔特斯[①]充满愤恨，认为自己错过了亲历冒险、发掘财富、获得崇拜的机会。由于西班牙国内暴发一场恶性疟，埃尔南·科尔特斯被迫退出哥伦布最后一次航行的附属船队。结果，科尔特斯因让一个土地广袤、力量强大的帝国土

---

① 埃尔南·科尔特斯，西班牙贵族出身，大航海时代西班牙航海家、军事家、探险家，阿兹特克帝国的征服者。——编者注

崩瓦解而迅速名声大振，荣誉加身。其所拥有财富超乎想象。至少，故事是这样发展的。

在美洲，所有最初通过动物传播、大杀四方的病原体均发源于欧洲或非洲。在由哥伦布于 1492 年开启的所谓地理大发现或帝国主义时代，天花、肺结核、麻疹、流感，当然也包括蚊媒传染病，盛极一时。欧洲人对许多此类疾病能够免疫，从而让欧洲入侵者征服世界诸多地区，将其变为自己的殖民地，其中就包括美洲。欧洲人一次又一次取得胜利，其中不乏科尔特斯的胜利，这主要拜疾病感染所赐。在利用疾病征服异地后，西班牙征服者与殖民者仅需要做好扫尾工作即可。欧洲人开始利用其传染病带来的优势，进行全球扩张。这解释了为何欧洲人能征服世界。在贾雷德·戴蒙德的作品《枪炮、病菌与钢铁》一书的标题中，"病菌"一词并非进行殖民、实现征服、完成对原住民种族灭绝的最有效工具。但在许许多多（若要说全部，我不敢肯定）欧洲殖民地，原住民因病菌惨遭灭顶之灾。

当时，欧洲人一般居住在温带地区，亦称"中土世界"。从美国与加拿大，到新西兰与澳大利亚，这些生物环境均与他们在欧洲祖国的环境近似，从而让移居者更能轻而易举地适应新环境。甚至时至今日，我们依然受到气候适应能力或"调味能力"的保护，让我们能够立刻调整，适应周边环境，抵御当地病菌。我们的家园与我们长期生活的地区是天然安全区。不同种类的细菌、病毒与我们共同生活在当地生态环境之中，而我们的免疫系统也渐渐适应，从而建立起一种力量平衡。我们与这些病菌处于平衡状态，因此，我们在大多数情况下可以在不对病菌造成过度伤害的同时繁衍生息。简而言之，我们小心翼翼，和谐共存。假如新的外部病菌进入我们的小小安全泡沫之内，打破这一微妙的平衡，那么我们就会身染疾病。倘若我们进入携带病菌的外部环境，我们也会感染疾病。等到我们具有长效抵抗力，融入该生态系统，成为其中一部分，我们才能保持健康。届时，该生态系统也会变成我们自己的生态系统。

我刚进入牛津大学攻读博士学位时，生了一个月的病。我大学冰球队中的队友毫无同情心，他们告诉我，这是每一个"新人"的必修课。很快我便发现，这一生物"调味期"颇具传奇色彩，并获有"牛津流感"之美名。接种疫苗与服用药物可以缓解病情，降低传染风险。在哥伦布大交换期间，许多欧洲人因长期暴露于欧洲疾病环境之中而获得免疫力，进而从中受益。随后，病菌便如影随形。

这些疾病，包括疟疾与黄热病，均由哥伦布引入美洲，随后到来的殖民者群体让毫无免疫力的美洲原住民大难临头，在种族灭绝的边缘摇摇欲坠。哥伦布的西班牙同胞对美洲原住民实施残酷暴行，对其进行性侵。哥伦布自己对此有所预见，并亲身参与其中。虽然当年哥伦布（因晕头转向或迷路）偏离既定目的地约 12 800 千米，但是每年 10 月的第二个周一，美国人都会欢庆联邦假期"哥伦布日"，以纪念其于 1492 年 10 月 12 日抵达美洲。哥伦布的个人经历就是梦幻岛的噩梦。实际上，哥伦布距离真正的美国还很远。1992 年，在这个举国欢庆的假日，当地苏族[①]活动家拉塞尔·米恩斯将血泼在哥伦布雕塑上，并宣称新世界"发现者让希特勒看起来不值一提"。虽然在哥伦布之前 500 年，挪威人便于加拿大纽芬兰岛屿兰塞奥兹牧草地建立殖民地，但是时至今日，人们依然在哥伦布的名字与新世界"发现"之间画上等号。尽管有人对克里斯托弗·哥伦布嗤之以鼻，但是其所带来的影响，包括无意之间将蚊媒传染病引入美洲，已渗入历史发展进程。

著名历史学家丹尼尔·布尔斯廷认为："挪威人与哥伦布截然不同，尽管同样到访美洲，挪威人并未改变自身与他人的世界观。像此次如此漫长却近乎毫无影响的航行（从卑尔根市飞往兰塞奥兹牧草地全程约 7 200 千米）前所未有……最为卓越非凡之处并非维京人切切实实抵达美洲，而是虽然他们抵达美洲，甚至在那里定居一段时间，但他

---

① 苏族，北美印第安人中的一个民族。——编者注

们未能发现美洲。"当然，哥伦布并未发现美洲。因为在其误打误撞之前，美洲原住民便已连续千年在世界上繁衍生息。哥伦布甚至不是首位发现美洲的外国人。然而，哥伦布是第一位打开新世界大门的人，让欧洲人、非洲黑奴及疾病成功引领美洲发展。

动物源性传染病为何在哥伦布发现美洲后才出现，关于这一问题，其广为人知的原因多种多样。原住民驯养牲畜不多，因此动物向人传染疾病的可能性极低，甚至毫无可能。我之前也对这一点有所提及。但是，由于此事举足轻重，需要再做叙述。约1.3万年前，在最后一次冰河世纪行将结束之际，美洲80%的大型哺乳动物均已灭绝。仅有如火鸡、蜥蜴、鸭子等少数家养动物得以存活。尽管如此，它们并未大量群居，无须时刻接受盘旋空中的"直升机家长"的监管。通常情况下，人们任其自生自灭。我猜测，这具体取决于个人倾向，按照我们的感觉，皮毛比羽毛或鳞片更具魅力。怀里紧紧抱着一只新生羊羔、马驹或牛犊听上去远比抱着小火鸡或刚刚孵化出的蜥蜴更能吸引人们。

除缺少感染传染病的家养动物外，原住民并未发展产业农业，因此不足以破坏生态平衡。在旧世界大部分时间里，情况一直如此。通常情况下，资源与气候限制只允许农民发展自给农业。与欧洲农民不同，美洲原住民缺少驮兽，因此限制了农作物发展规模，无法获得大量商业或可供贸易的农业剩余产品。实际上，在美洲，狗是唯一用于劳作的动物，而且其使用仅限于美国与加拿大的北方平原地区。在南美与中美地区，狗处于半驯养（本质上通过四处游荡，寻找残羹剩饭来自我驯化）状态，而且也是当地人的餐桌美食。的确，虽然原住民通常通过有节制的烧荒措施，刻意清理土地，控制动物群体迁徙，耕种玉米、大豆、南瓜及其他作物，但是相对而言，当地生态系统依然处于平衡状态。

然而，若以浪漫态度看待神圣、原始、原生态、主张保护自然的"印第安环保人士"，将大发现之前的美洲错误解读为某种有组织的乌托邦式伊甸园，那也是愚蠢之举。原住民与当地环境的相互作用、对当地环境的控制远远未达到完美和谐状态。由于我们存在的本质和与生俱来的生存本能，想实现这一状态可谓天方夜谭，遥不可及。原住民对土地利用的侵略性远不足以改变自然节奏与当时的自然状态。詹姆斯·E.麦克威廉斯写道："原住民制作工具，其目的并不是将工具销往远在天边的市场，而是主要供自己及所处的群体使用。贸易主要在当地展开，而非同外国人进行，并不具有显著的资本主义性质。生态环境便可反映出这一差异所带来的影响……当地与市场生产之间的显著区别至关重要。"在哥伦布大交换与欧洲突袭前夕，仅有0.5%的美国与加拿大密西西比河以东的土地得到开垦。对于欧洲国家而言，欧洲人进入美洲后，这一数字范围变为10%~50%！自欧洲人于17世纪早期抵达美国东海岸，他们每年清除的古老森林面积占森林总面积的0.5%。

随着商业农业与水坝的引入，欧洲殖民者在不知不觉中建立了一个蚊子理想的栖息地，为自己创造出一个毒性环境。昆虫学家认为，在一个世纪的殖民化进程中，当地与外来蚊子数量增长了15倍，托马斯·杰斐逊因此宣布，对蚊子的大肆破坏无能为力，"超出人类控制范围"，进而显现不祥之兆。疟疾与黄热病迅速沿北美大西洋海岸线落地生根。

这些因欧洲人的欲望而建立的殖民地与蚊子一起大量涌现。尽管如此，殖民地未受带病伊蚊与疟蚊的污染。这些死亡天使是随欧洲船只靠岸的偷渡者。在外来蚊子的新家，气候炎热，阳光时而呈现出血色，它们的数量迅速攀升，将一些当地蚊子赶出家园，甚至赶尽杀绝。而与蚊子一同到来的欧洲殖民者上演了如出一辙的戏码。欧洲人将当地人赶出家园，或大肆屠杀，一个不留。蚊媒传染病在殖民者的血液中汹涌流动。欧洲殖民者每在一个殖民地留下全新独一无二的印记，都会将疟疾引入其中，从西班牙与葡萄牙占领的南美，穿过多国活动的加勒比海，再到北部的英属詹姆斯敦、弗吉尼亚及马萨诸塞普利茅斯清教避难所，外来疾病将殖民地一一吞噬殆尽。

哥伦布首次航行结束后，疾病大军迅速通过当地贸易通道，在整个美洲扩散。1513年，胡安·庞塞·德莱昂以探险与掠夺奴隶为目的，组织探险队，抵达佛罗里达。此次探险恰巧大力推动了疾病在美洲的传播。[1] 研究人员认为，到16世纪二三十年代，从加拿大南部五大湖地区到好望角，天花、疟疾及其他流行病让当地人苦不堪言。

当时已经建立的当地贸易路线纵横交错，贯穿整个西半球。虽然生活在内陆平原的人们从未尝过夹杂着咸味的海风，但是他们用海贝装饰衣物。生活在沿海地区的人们在海浪里嬉戏玩耍，虽然他们身穿野牛皮制成的衣服，但是他们从未见过野牛这一身形壮硕又富有魅力的生物。虽然美洲各地区人民均在某些仪式上吸食烟草，但是他们只能依靠想象，猜测未经处理的烟叶的模样。南美人民则将加拿大五大湖地区生产的铜制成珠宝。外来疾病，包括疟疾与天花，也沿着四通八达的经济走廊传播到各地，当地人在还未亲眼看到欧洲人身影之时，便已惨遭病痛折磨。在过去与现在，商业是效率最高的传染性疾病载体。威廉·H.麦克尼尔证实："疟疾将美洲印第安人彻底摧毁……以前人口稠密的地区现在近乎变得空空荡荡。"

16世纪40年代，埃尔南多·德·索托与弗朗西斯科·巴斯克斯·德·科罗纳多率领的欧洲探险队首次穿过美国南部，搜寻大黄金城。据历史编纂者所说，两人发现毫无生气的村庄废墟数不胜数。那里已经成为野牛的天地。科罗纳多从墨西哥城迅速抵达亚利桑那大峡谷，再向东北进入堪萨斯。他穿过曾经欣欣向荣、如今硕果仅存、逃脱疾病魔爪的地区。无独有偶，在十年前的第一手资料中可以发现，德·索托从佛罗里达翻越阿巴拉契亚山脉，穿过墨西哥湾沿岸地区与

---

[1] 胡安·庞塞·德莱昂所谓寻找佛罗里达不老泉的探索是光鲜亮丽、彻头彻尾的童话故事，毫无可信度。

阿肯色州，乘筏渡过密西西比河，经过大批惨遭杀害原住民的墓地，途经曾由西班牙征服者勘察、现已空无一人的鬼城。

4名孤立无援的西班牙水手从佛罗里达穿过索托-科罗纳多走廊，向西穿越墨西哥湾，最终于1536年步履蹒跚地抵达墨西哥城。这几名水手向新西班牙总督报到后，将这场令人难以置信、为期8年旅程中的各类事件讲述给为之着迷的群众，让他们大开眼界。其中有一个细节值得一提，那就是水手们对已感染疟疾原住民的描述。西班牙水手的证词显示："在那片土地上，我们遇见3个不同品种、数量巨大的蚊子。当时形势危急，令人不安。在夏天剩余时间里，它们为我们带来了大麻烦。"西班牙水手报告称："蚊子疯狂叮咬印第安人。你甚至会认为他们患上了圣拉扎鲁斯会麻风病人[①]所患的疾病……还有许多人陷入昏迷，倒地不起。我们发现他们病情严重，骨瘦如柴，下腹肿胀。我们对此深感震惊……我能肯定，世上没有其他任何一种痛苦可与之相提并论。这里曾土地肥沃，泉水清澈，小河潺潺，现在在我们眼前的是一片荒芜，村庄化为焦土，人们瘦骨嶙峋，病入膏肓。此情此景，令我们悲痛欲绝。"疟疾先欧洲人一步，进入整个美国南部地区。此后，原住民大量死去，为欧洲殖民事业铺平道路。17世纪，一位法国探险家追随德·索托的脚步，穿越位于密西西比河下游纳奇兹殖民地荒无人烟的地区。这位探险家在记录中写道："看见眼前这片荒凉景象，有一件事情我不能不提醒你注意。显而易见，上帝希望他们将自己的土地让给新民。"在欧洲人抵达北美很久以前，包括疟疾在内的欧洲疾病便已渗透进北美内陆地区。

加勒比海地区的阿拉瓦克人、印加人、中美洲阿兹特克人、纽芬兰贝奥图克人及全球许许多多本土文明将遭受与泰诺人一样的种

[①] 圣拉扎鲁斯会成立于12世纪，拉扎鲁斯为其守护者。该组织在耶路撒冷北墙附近建立了医院，照看麻风病人。——译者注

族灭绝的厄运。其数量之大，令人瞠目结舌。600万阿兹特克人并未向埃尔南·科尔特斯俯首称臣，弗朗西斯科·皮萨罗 ① 也未能征服1 000万印加人。天花、流行性疟疾等带来灾难性后果的流行病肆虐后，两名西班牙征服者的所作所为仅仅是召集为数不多、尚未康复的幸存者，然后将其作为奴隶进行贩卖。1531年，皮萨罗抵达秘鲁海岸，天花（5年前传入秘鲁）掀起滔天恶浪。多达168人的皮萨罗队伍因而得以将十年前还拥有数百万人口的印加文明收入囊中。克罗斯比指出："西班牙征服者与其成功效仿的科尔特斯奇迹般的胜利主要归功于天花病毒。"疾病一次又一次帮助欧洲人在整个美洲不费吹灰之力，轻而易举攻城略地，"战胜"原住民。对于原住民而言，目睹其同胞饱受病痛折磨，而欧洲人则安然无恙，一定使他们士气受挫。

在为数不多的阿兹特克幸存者中，有一人哀叹道："在西班牙人到达之前，并没有任何疾病；其他阿兹特克人不会感到骨头疼痛；那时人们也不会发高烧；人们没有出现下腹疼痛的症状；人们也没有感到头痛欲裂……而外国人来到美洲后，发生了翻天覆地的变化。"1521年，科尔特斯成功赢得为期75天的特诺奇蒂特兰城（如今的墨西哥城）围攻时，其手下人数不到600，当地盟友仅有数百人。特诺奇蒂特兰城是一座雄伟壮观的大都市，除了巧夺天工的工程建筑，还拥有精细精致、互联互通的湖泊、河道与沟渠系统，从而使得蚊子与疟疾在西班牙围城期间滋生蔓延。阿兹特克文明因此灭亡之后，疟疾于16世纪50年代在墨西哥兴风作浪。到1620年，在墨西哥最初的2 000万人口中，仅有150万人（7.5%）逃过一劫。

与科尔特斯、皮萨罗之辈一样，欧洲军队的军事成就似乎更容易解释。历史书反复告诉我们，因为使用钢制武器与枪支弹药对抗石器或木制武器，欧洲人稳操胜券。而真实原因主要是，疾病肆虐，加上

---

① 弗朗西斯科·皮萨罗，西班牙掠夺者，秘鲁印加帝国的侵略者。——编者注

原住民免疫力不足，欧洲殖民者得以将原住民赶出家园，或将其推入毁灭深渊。正是来自欧洲的细菌疯狂蔓延，外来蚊子与疾病为所欲为，使得这些不经意间铸造的生化武器为原住民敲响丧钟。

由于疾病与蚊子已开拓道路，欧洲殖民者及相继到来的各国殖民政府使用多种策略，让原住民俯首帖耳。这些方法包括但不限于：发动决定性军事战役；破坏政治组织稳定性；抑制具有鲜明特色的文化特性的发展；创造经济依赖；极大地改变人口结构，使之有利于欧洲殖民统治。在这一点上，蚊子与疾病使之水到渠成，剥夺并限制了美洲国家的土地基础。面对包括疟疾与黄热病在内的欧洲疾病的疯狂蔓延、自己亡国灭种的厄运及其所带来的文化剧变，原住民设法发展并保护他们自身的利益，保障自己的活动。

在哥伦布掀起此次变革海啸之前，在欧洲紧锣密鼓建立殖民地之时，托马斯·莫尔爵士于1516年推出政治讽刺作品《乌托邦》。该作品预示了在全球，欧洲与原住民关系这一普遍性主题：

> 如果当地人希望与乌托邦居民生活在同一片土地上，那他们便遭到了欺骗。由于当地人心甘情愿加入殖民地，他们迅速使用了完全相同的体制，培养出一模一样的习惯。这对于两国人民而言均大有裨益。因为根据乌托邦人民的政策与习惯，乌托邦人民让土里产出大量产品，造福大众。而在此之前，单单对于当地人而言，土地贫瘠，产出作物远远无法满足当地人的需要。如果当地人不遵守乌托邦法律，乌托邦人民便将其赶出该地区，将该地区占为己有。若遇到反抗，他们便会发动战争。若一国人民拥有土地，却弃之不用，不予以开垦，不为依法通过土地利用维持生计、获取利益的他人所开发或占用，他们便认为这就是一个正当理由，足以发起战争。

在查尔斯·曼恩2011年颇具可读性的作品《1493：物种大交换开

创的世界史》中，曼恩表示："在人类历史上，哥伦布凭借一己之力，开启了生命历史的新时代。"虽然这一说法有些言过其实，但是毫无疑问，正如托马斯·莫尔爵士所预言的那样，其航行激起一系列连锁反应，为当今全球力量格局奠定了基础。[①]

　　在哥伦布完成航海后的数个世纪里，传染病在原住民中留下一道深深的印记。在欧洲疾病面前，原住民毫无免疫力。因此，他们惨遭灭顶之灾，近乎从地球上彻底消失。正如查尔斯·达尔文于1846年所言："不论欧洲在何处肆意践踏，死亡似乎都会接踵而至，对原住民穷追不舍。我们可以注意到，美洲、波利尼西亚、好望角与澳大利亚的覆盖范围虽然广，但其遭遇的后果不尽相同。"[②]1492年，西半球原住民的人口数量预计可达1亿。到1700年，其人口仅剩约500万。疾病将超过20%的世界人口从地球上抹去。对于种族灭绝，蚊子与诸如

---

① 托马斯·莫尔爵士（1478—1535）是文艺复兴时期英国哲学家、人文学者、作家、政治家及政府文职人员。作为一名天主教徒，他反对宗教改革。虽然身居英格兰大法官高位，身兼亨利八世首席辅臣与公使，但是莫尔拒绝支持亨利成为英格兰新教会领袖，也反对支持1534年的《至尊法案》。托马斯·莫尔坚信宣誓效忠亨利国王违反《大宪章》要求，因此严词拒绝。随后，其因叛国罪遭到起诉，并于1535年于伦敦塔遭斩首处决。400年后，天主教会于1935年将其封为圣徒。

② 哥伦布大交换期间，澳大利亚与新西兰毛利原住民也备受流入的欧洲疾病折磨。据估计，在与欧洲人接触之前，两地原住民人口约为50万。而到1920年，澳大利亚原住民统计人数为7.5万。无独有偶，詹姆斯·库克于1769年登陆新西兰。当时毛利人口约为10万至12万。1891年，其人口为4.4万，跌至历史最低。19世纪40年代，马来西亚商人将疟疾与登革热带入澳大利亚。自1962年最近一次北方领地暴发疟疾以来，澳大利亚再也没有出现疟疾疫情。每年全球感染黄热病人数为4亿。而在过去十年，黄热病已在澳大利亚卷土重来，制造麻烦。澳大利亚与巴布亚新几内亚也存在两种颇为罕见、通常也不危及生命的蚊媒传染病，其中一种为默里山谷脑炎，另一种是罗斯里弗病毒病。

天花等疾病难辞其咎。① 随后，少部分逃过一劫却困惑不解的人口面对的是永无休止、接二连三的纷飞战火、大肆屠杀、流离失所与残酷奴役。

直到近代，各个领域的学者依然低估了疾病在削减美洲原住民方面的能力，因此错误计算了其与欧洲人接触前的实际人口数。估计数量过低减轻了欧洲殖民者后人的心理压力及殖民所带来的罪恶感。到20世纪70年代，小学生所接受的教育依然是由于大多数美国土地空无一人，为了开发利用无人土地，欧洲人受到召唤，展开殖民活动。毕竟，所谓的100万"印第安人"并不需要这片土地，以塑造美洲命运。根据预言，神明下达旨意，欧洲扩张乃命中注定、正当合理，是上天的安排。但是现如今人们认为，仅佛罗里达就有近100万原住民繁衍生息。当前人们所估算的在哥伦布抵达美洲前的美国原住民总量为1 200万至1 500万，其中还有6 000万野牛与之和谐共生。②

正如贾雷德·戴蒙德所解释的那样："在将白人的征服正当合理化的过程中，若原住民人口数量低，这一做法则颇为有用。因为可以将美洲视为近乎空无一人的大洲……对于新世界整体而言，印第安人口在哥伦布抵达美洲后的一到两个世纪内连续下降，其比例预计高达

---

① 疾病交换是一条单行线，即从旧世界流向新世界。但是可能有一个例外。虽然雅司病及品他病的美洲最初病菌不通过性交传播，但是梅毒可能也随着哥伦布大交换回到欧洲。欧洲首次梅毒暴发便出现在哥伦布完成首次航行返回后不久，大约发生于1494年意大利那不勒斯。二者是否有关联，还是纯属巧合，依然备受热议。这一问题也是当前学术研究的主题。在5年时间里，梅毒通过性传播，在全欧洲蔓延。每个国家均认为邻国是罪魁祸首。由于使用避孕套可让堕落之人避免感染梅毒，1826年，教皇利奥十二世禁止人们使用避孕套。在他看来，感染梅毒是对堕落之人道德沦丧、不检性行为必不可少的神罚。

② 到1890年，北美野牛总数因人为因素下降至1 100头。美国政府规定，要系统性消灭野牛，进而让平原原住民，尤其是苏人，因食物短缺而消亡，迫使他们进入保留地。

95%。"保守估计，整个美洲有 9 500 万人因欧洲殖民死亡。这是人类有记载的历史中数量最大的一次人口灾难，是一次近乎达到灭绝级别的事件。其毁灭性甚至远超黑死病。另外，在同一时期，欧洲移民奔赴美洲，非洲黑奴作为货物被发送至美洲。二者成为人类历史上规模最大人口迁移安置的标志。在这场哥伦布大交换巡回恐怖表演中，蚊子一如既往是其中的明星。

哥伦布大交换名副其实，影响全球，将全球各个角落的人民、产品、植物与疾病彼此相连。除蚊子之外，在 1494 年哥伦布第二次航行期间，哥伦布将动物源性传染病的动物宿主引入新世界，其中包括马、牛、猪、鸡、山羊与绵羊。原本在美洲种植产出的烟草、玉米、西红柿、棉花、可可豆及土豆，得以在全世界肥沃土地里生长。而苹果、小麦、甘蔗、咖啡及各类绿色作物也在美国生根发芽。比如，在欧洲，土豆是备受欢迎的移植作物，那里与土豆原产地的距离跨越了半个地球。在爱尔兰土豆饥荒期间，土豆第二次加入哥伦布大交换的浪潮。1845—1850 年，土豆作物大片枯萎，进而导致大饥荒，超过 100 万爱尔兰人因此丧命。在这 5 年里，由于另有 150 万爱尔兰人因逃荒大量移居美国、加拿大、英格兰与澳大利亚，爱尔兰总人口因而减少 30%，令人震惊不已。

在哥伦布大交换期间，全世界在人口、文化、经济、生物等方面实现永久性重构。自然母亲的自然秩序及力量平衡因此发生了史无前例的改变，如同一副丢弃在风中的扑克牌。在某种程度上，人类地球村首次成为一个单一且完全统一的整体，其体积也得到极大缩小。包括蚊媒传染病在内的全球化成为一种新趋势。

比如，美国烟草进入寻常百姓家，成为家用毒品。人们也经常用其驱赶虫子。世界各处都将烟熏作为一种驱虫方法加以使用，大概在人们首次利用火时便已经开始。尤瓦尔·赫拉利解释道："早在 80 万年前，有些人种便可能已经偶尔用火。30 万年前，直立人、尼安德特人、智人祖先已在日常生活中使用火。"也许烟草的魅力与其驱蚊属性密不可分。在任何情况下，人们都会对烟草迅速成瘾。早在 17 世纪，梵蒂冈便接到投诉，称牧师主持弥撒时，一手拿着《圣经》，另一只手夹着雪茄。与此同时，中国皇帝因发现手下士兵为购买烟草卖掉了手中武器而龙颜大怒。但是，皇帝并不知道，烟草仅仅是"入门级毒品"，因为没过多久，烟草与鸦片混合而成的大烟便出现在大街小巷。

到 19 世纪中叶，英国鸦片贸易赶上哥伦布大交换的末班车，成为英国帝国主义种种手段中的秘密武器。英国政府一手操纵着疟疾的流行扩散，并创造性地提出，对于印第安人与亚洲人而言，鸦片是一种高效抗疟药物。在对疟疾及英国鸦片贸易的研究中，保罗·温特写道：皇家鸦片委员会 1895 年报告显示，"由于疟疾具有可怕作用，使人疾病缠身，饱受摧残，因此引人关注。而鸦片则能够起到预防与治疗作用。到 1890 年，鸦片与疟疾的相关性会定期显现……1892 年，这种关系便随处可见。南亚地区疟疾疫情严重，委员会因此反对大幅削减鸦片产量……以此表示拒绝加剧人类痛苦。希望英国进行鸦片种植、加工与分销的人员将委员会的调查结果解读为一种道德性命令"。蚊子不仅成了替罪羊，现在又变成了毒贩子。这不符合逻辑。鸦片与烟草均进入亚洲，尤其是中国，让英国大发不义之财。到 1900 年，每天至少吸食一次鸦片的中国人多达 1.35 亿。这一数字占当时中国 4 亿总人口的约 34%。最初，中国人将鸦片作为抑制疟疾的药物使用。随后，一旦上瘾，满足烟瘾便成为吸食它的目的。

到 1612 年，当约翰·罗尔夫将首批在弗吉尼亚种植的烟草运抵英格兰，伦敦已经拥有超过 7 000 家"烟馆"。这些烟馆为瘾君子们提供了一个促膝长谈，同时饮用（如吸烟最初的标签所示）烟草制品的场所。咖啡是随哥伦布大交换而进入英国的舶来品。不久，当人们一边吞云吐雾，一边侃侃而谈时，咖啡也成为必不可少的元素。咖啡馆起源于牛津，最初是一个学者会面的场所。没过多久，咖啡馆便遍布英格兰的大街小巷，如同今天无处不在的星巴克。如今在星巴克，人们打开手提电脑，摆好造型，然后小口抿着经过调制的 6 美元拿铁。实际上，到 1700 年，伦敦咖啡馆所占用房屋面积与支付租金为各类零售店之最。在这些"便士大学"内，你花一便士买"一杯咖啡"，便可一直坐在咖啡馆内，聆听甚至参与学术性及知识分子间的对话，无须担心你是否与同桌的人相识。安东尼·威尔蒂在其《咖啡：黑色的历史》一书中解释道："在咖啡馆内，人们可以在一个由想法相近人群组成的小团体中共享成果，也可以展开辩论，对结果加以改进。英格兰启蒙运动便诞生于咖啡馆，并在那里发展壮大。"当然，虽然咖啡风靡英国乃至整个欧洲，但是其依然与疟疾治疗药物这一起源有着千丝万缕的联系。而最初提倡将咖啡作为疟疾治疗药物使用的，正是我们 18 世纪中期的牧羊人朋友卡尔迪。

正如英国人所知，除了治疗疟疾，咖啡也以万灵药为卖点在市场上售卖，声称可治愈鼠疫、天花、麻疹、痛风、维生素 C 缺乏病、便秘、醉酒、阳痿，消除忧郁情绪。正如所有新生流行事物一样，人们不可避免地会对其产生抵触情绪。1674 年，伦敦一个女性社会组织印刷了一本小册子，名叫《女性抵制咖啡请愿书》，并在其中抱怨道："男性在咖啡馆度过一天后，臀部从来没有增大，脾气却没有丝毫减小……他们喝完咖啡后，只有鼻子变得湿润，只有关节变得更硬，只有耳朵能竖立起来。"在同样露骨、形象生动的两性小册子《男性答复女性抵制咖啡请愿书》中，有人反驳道："咖啡让男性坚挺后更加生龙活虎，更加精力十足，精子更富灵气。"我还是将这场爱人之间的吵架问题留给现代医学解决吧。

甚至 20 世纪初期，仍然有人声称："卡尔迪咖啡是一种颇具价值的治疗或预防性药剂。在各类疟疾引发的发热肆虐之际，咖啡可以缓解病痛，发挥功效。"更为重要的是，正如威廉·乌克斯在其 1922 年的《咖啡简史》一书中所提倡的那样："不论何时引入咖啡，都会激起一场革命。咖啡是世界上最能让人群情激昂的饮品，因为其功能往往是激发人们思考。当人们开始思考，他们便成为危险的暴君。"喝茶还是咖啡？这是美国革命前各个政党提出的唯一问题。然而，不论是咖啡还是茶，都可以通过加糖或蜂蜜增加甜度。而糖和蜂蜜也是哥伦布大交换食品清单上的两项物品。

除引入蚊子之外，英国殖民者也将蜜蜂带入美洲。野生蜂群迅速发挥作用，开始为大量本地植物授粉，也为欧洲农场与果园茂盛生长、实现大丰收助一臂之力。[①] 虽然直到 18 世纪中期，人们才发现昆虫授粉行为，但是蜜蜂极大地推动了欧洲农业发展，原住民也迅速意识到，看到这些"英国苍蝇"后，侵略性的欧洲扩张便会接踵而至。正如黑死病所证，蒙古人之前已将亚洲与欧洲永远连在一起。因此，哥伦布大交换就成为一场全世界范围内的庭院拍卖。其不仅包括具有毒性的蚊子，也有相应解药。

奎宁是首个能够有效预防并治愈疟疾的药物。随着殖民化进入后期，奎宁随哥伦布大交换进入世界各国。17 世纪中期，旧世界传言不断，处处流传着一个从神秘国度秘鲁传来的奇迹故事。在几十年时间里，各类广告对"基督信徒树皮"、"伯爵夫人魔粉"及"金鸡纳树皮"的强大力量与治愈能力大唱赞歌。有传言称，1638 年，丽人多纳·弗朗西斯卡·恩里克斯·德·里贝拉是秘鲁西班牙属省份钦琼的第四任伯爵夫人。正是因为使用金鸡纳树皮，其疟疾发热症状得以消退，她也因此完全康复。

伯爵夫人感染了病毒性疟疾，至少在故事中情况如此。虽然医生一次又一次对其进行穿孔放血，但是其病情依然继续恶化，死亡似乎近在眼前。她亲爱的丈夫钦琼伯爵下定决心挽救妻子的生命。伯爵记

---

① 目前，美国消耗的粮食中，35% 均通过蜜蜂授粉。一场名为蜜蜂崩溃综合征的神秘病症横扫美国，各个区域的蜜蜂大片死亡，数量下降 30%~70%，危及蜜蜂生存。最近，一项营销活动引人注意，其目标直指拯救蜜蜂，营造蜜蜂友好型地方环境。我近期购买了一盒蜂蜜坚果脆谷乐。当时正在搞促销活动，里面提供"免费种子包，帮助蜜蜂回来！"的免费样品。我热爱昆虫的儿子强烈要求我和他妈妈让我们的花园变得对蜜蜂友好，他自己也动手，贡献了一分力。

起几年前听过一个迷信故事。在他印象中，故事讲述了一位西班牙基督教传教士通过一种叫作金鸡纳树的"印第安黑魔法"，治好了厄瓜多尔总督的疟疾发热。这并非某个魔法师的石制护身符，也不是"护神护卫"咒语 [①]，更不是需要重复吟诵的魔法挽歌。那是一种"苦味树皮"或"树皮之王"，取自生长在安第斯山脉高海拔地区颇为罕见、变化无常的树木。由于对传说内容十分着迷，为了挽救妻子性命，伯爵愿意一试。从曾经兴旺繁荣、现在销声匿迹的当地克丘亚人那里，伯爵匆匆忙忙拿到了一小块神秘树皮样品。

果然，伯爵夫人从死神手中逃脱。在她成功康复并回到西班牙后，这一神奇"退烧树皮"的故事便家喻户晓。这在今天等同于有人在转瞬之间，便用魔法制造出治愈癌症或艾滋病的药物。疟疾不仅是帝国主义国家在热带殖民地的巨大障碍，而且在17世纪中期，疟疾最为严重时期也与奎宁的发现时间重合，一定程度上促进了奎宁的发现。奎宁对疟原虫具有毒性，可抑制其代谢血红蛋白的能力。

随着哥伦布大交换促使农作物大范围移植，农业、商业加速发展，人口增长加快，1600—1750年成为欧洲疟疾肆虐最为严重时期。疟原虫感染了大量鲁莽行事的平民百姓。请注意，在同一时期，大量欧洲殖民者及其携带的疟原虫涌入美洲，让已经种类繁多的殖民地病菌队伍进一步壮大。欧洲某些区域因疟疾而闻名于世，比如比利时与荷兰的斯海尔德河沿海洼地、法国卢瓦尔河与地中海海岸、英国伦敦以东郡县的咸沼泽、乌克兰顿河三角洲、欧洲东部多瑙河沿岸及意大利波河和蓬蒂内沼泽地的蚊子运动场。最终，人们找到了解药，治好了罗马热、英国寒战热、但丁地狱火发热及欧洲无处不在的地狱火发热。

最终，尽管伯爵夫人曾疟疾发作，但是其最后死于黄热病，未能成功返回西班牙。伯爵夫人与奎宁相关的故事似乎仅仅是一个重新设

---

① "护神护卫"咒语为魔幻文学系列小说《哈利·波特》中的咒语。该咒语的作用为召唤出守护神，击退可以吸食他人灵魂的摄魂怪。——译者注

计的童话。神奇抗热树一般叫金鸡纳树。无论如何，该树与钦琼伯爵夫人及伯爵的浪漫爱情故事密不可分。然而，这种基督信徒树皮迅速成为西班牙殖民地的摇钱树，并随后在哥伦布大交换时期成为漂洋过海的产品、粮食、人口、疾病等冗长物品清单的一部分。哥伦布大交换促使各个截然不同、相互隔绝、如今翻天覆地、特色鲜明的小世界组成史无前例的联盟，彼此相互影响。而疟疾与奎宁便是绝佳例证。奎宁是治疗旧世界疾病的新世界药物。疾病本身及带病蚊子均源自非洲与旧世界，通过人类活动进入新世界，并在那里蔓延扩散。

到 19 世纪中期，配备奎宁的欧洲列强甚至在更靠近热带的殖民地历尽艰辛，站稳脚跟，这些殖民地不乏印度、东印度群岛与非洲。在南北回归线间繁荣丰饶的大部分区域，拥有欧洲祖先的人群仍然只是自然选择与进化历史中的匆匆过客。他们缺乏那些可以救人性命的遗传性基因免疫力，无法抵御某些非洲与地中海间传播的疟疾的进攻。虽然在当时，疟疾依然不为人知，神秘莫测，但是自 17 世纪中期发现奎宁、钦琼伯爵夫人战胜高热的虚构故事出现以来，人们一直将奎宁作为抗疟药物使用。

为了讲授哥伦布大交换的涟漪效应，我会使用英国在印度进行的帝国主义冒险这一简单明了的故事。然而，这一场景也适用于欧洲的非洲或东印度群岛殖民地。英国只有拥有抗击疟疾的能力，才能控制印度殖民地。因此，在印度的英国人饮用"印度奎宁水"，吸收了一定量的奎宁。到 19 世纪 40 年代，位于印度的英国公民与士兵每年消耗 700 吨金鸡纳树皮，用于生产奎宁，以保护自身安全。他们将杜松子酒添加至奎宁水中，以减少苦味，同时也能获得令人陶醉的醉酒感。杜松子酒与奎宁鸡尾酒由此诞生。其成为盎格鲁-印度人的饮品之选，现在也是全球酒吧酒单上的主要产品。

奎宁粉让英国部队充满活力，让军官在印度低洼潮湿地区生存下来，最终让英国人在热带殖民地稳扎稳打，繁衍生息，不断发展（令人惊讶的是，人口规模较小）。到 1914 年，超过 1 200 名英裔印度公

AGROTAT LIMA CONIUX CHINCONIA FEBRIM
CORTICE MIRANDO POCULA TINCTA FUGANT

《1638 年，用奎宁治愈钦琼伯爵夫人》：该幅大约创作于 1850 年的绘画作品
再现了第四任伯爵夫人丽人多纳·弗朗西斯卡·恩里克斯·德·里贝拉于秘鲁
西班牙属钦琼省的传奇故事。通过当地克丘亚人名叫金鸡纳的"印第安黑魔
法"，伯爵夫人奇迹般从疟疾高热中康复。从金鸡纳树中提炼的奎宁成为首个
抗疟药物。作为哥伦布大交换的组成部分，奎宁是治疗旧世界疾病的新世界
药物。（戴奥墨得亚 / 惠康图书馆）

职人员与仅 7.7 万名英国士兵统治着 3 亿印度公民。帝国的扩张举步
维艰，但因流行病学发展，情况得到显著改善。各国争相提高科学知
识，包括奎宁的发现，是哥伦布大交换中一块不起眼却分量十足的基
石。包括欧洲殖民、疾病传播、原住民消亡、海外帝国财富的获取等
大交换中相互交织的主要元素均密切相关，也因为血液而与蚊子休戚
相关。

哥伦布对自己的影响力毫无察觉。在于 55 岁去世之时，哥伦布
还依然认为自己仅发现了亚洲边缘无关紧要的地区。1506 年，哥伦布

因"反应性关节炎"与世长辞。这是一种通常由梅毒引发的心力衰竭。随着其地理位置计算错误及个人缺点公之于世，社会上层阶级对哥伦布大肆诋毁，西班牙法院视其为贱民，将其特权与荣誉一一废除。虽然哥伦布家财万贯，但是其晚年生活充斥着屈辱、愤怒及对万能弥赛亚①的崇拜之情。在其作品《预言书》手稿中均对此有所概述。由于孤苦伶仃，郁郁寡欢，也许也因为其晚年梅毒引发的精神错乱，哥伦布坚信，自己是上帝派来的先知。上帝在天启中通过圣人约翰描绘了新天国及人间，而他命中注定要将此事公之于世。哥伦布在去世前不久，向心怀不满的西班牙国王写信称，唯有意志坚定的他才能让中国皇帝及其臣民皈依天主教。

在过去几十年里，其传奇故事并未随时间流逝而得到美化。哥伦布的确为欧洲经济扩张与发展打开了一个崭新的世界，但是其代价也十分惨重。原住民几近灭绝。跨大西洋非洲黑奴贸易接踵而至，并呈现爆炸式增长。

非洲黑奴是哥伦布大交换与种植园经济繁荣发展的核心元素。由于受到俘虏的当地劳动力因传染病而遭受灭顶之灾，非洲黑奴及其所携带的疾病直接由殖民者运往美洲及全球各地。数百万非洲人抵达美洲海岸，替代数量不断减少的当地奴隶。而蚊子则使部分非洲黑奴对蚊媒传染病形成基因免疫，以此发挥着自己的作用。撇开道德问题，现在有两个问题密不可分，即"为何在可以入侵的情况下选择贸易"及"为何在可以奴役他人的情况下选择花费资金"。欧洲人通过美洲种植园与矿产殖民地中的黑奴积累财富，而哥伦布大交换的核心往往以此为基础。新世界是一片广袤无垠、生物多样的大陆，哥伦布、西班牙征服者与随之而来的蚊子最初冲开这片大陆的大门，牟取利益，挖掘其无穷无尽的经济潜力。

---

① 弥赛亚，耶稣基督的另一称谓。——编者注

第 8 章

出乎意料的征服者：吞并美洲

　　1514 年，在哥伦布因命运安排首次踏上伊斯帕尼奥拉岛 22 年后，西班牙殖民政府开展人口普查，旨在将幸存的泰诺人作为奴工分配给殖民者。我可以想象，虽然这片土地曾经拥有 500 万 ~800 万人口，生机勃勃，但是最终统计结果显示仅有 2.6 万名幸存者时，他们一定大失所望。到 1535 年，于 1518 年首次在新世界舞台亮相的疟疾、流感与天花在与西班牙残酷暴行的共同作用下，让泰诺人走向灭绝。为方便比较，假如在欧洲展开同等水平的大屠杀，整个不列颠群岛及某些地区的人口均将消失。西班牙的残忍行径人尽皆知，名为"黑色传说"。虽然我并不希望对所有人轻描淡写，但是这并非当地人口遭遇弥天大祸的主要原因。在西班牙领土上，疟疾、天花、肺结核及黄热病均为难以匹敌的杀手。然而，蚊子，在一定程度上还包括西班牙殖民者，将数量庞大、自力更生的泰诺劳动力的未来毁于一旦。由于欧洲人与原住民均遭受疟疾与其他疾病折磨，需要其他劳动力推动利润丰厚的烟草、糖、咖啡与可可的生产。非洲黑奴贸易则赶上了哥伦布大交换的东风。

　　1502 年，首批被运往美洲的非洲黑奴抵达伊斯帕尼奥拉岛，与其一起的还有西班牙牧师巴托洛梅·德拉斯·卡萨斯。他们随哥伦布第四次及最后一次航行抵达美洲。这些土生土长的非洲人加入了日益减少的泰诺奴隶群体，与其一同寻找金矿，在伊斯帕尼奥拉岛刚刚建成的烟草与糖料种植园里辛苦劳作。然而，德拉斯·卡萨斯认为，并非所有奴隶都生而平等。1502年，在抵达美洲后不久，德拉斯·卡萨斯声称，包括泰诺人在内的印第安人为"真真正正的人"，不得将其"作为愚蠢的野兽加以对待"。德拉斯·卡萨斯恳请西班牙皇室对其进行人道管理。他公开宣布："人类为一家，恳请批准全面保障印第安人的自由，确保其获得公正对待。人类事务乃头等大事，人身自由至高无上。"

早在1776年之前，德拉斯·卡萨斯对美国与法国革命高唱赞歌，对约翰·洛克、让-雅克·卢梭、伏尔泰、托马斯·杰斐逊与本杰明·富兰克林赞不绝口。德拉斯·卡萨斯说："人人生而平等。他们因上帝馈赠，拥有与生俱来、不可剥夺的权利，即生命权、自由权与追求幸福的权利，以及（根据卢梭的观点）财产受到保护的权利。"与美国国父一样，德拉斯·卡萨斯也针对人的定义，制作了一份印刷精美的免责声明。结果表明，对照德拉斯·卡萨斯与《独立宣言》的原则及道德条款规定，人人并非生而平等。因为人们将非洲黑奴视为财产，而非人类。德拉斯·卡萨斯虽然满怀激情，支持以人道主义方式对待遭到奴役的美洲原住民，但即使是他，也依然认为非洲黑奴是财产。

在德拉斯·卡萨斯要求以温和方式对待泰诺人的同时，他也对非洲黑奴至关重要这一观点予以支持。德拉斯·卡萨斯认为，黑奴的体质更加适合热带劳动。部分原因在于其"皮糙肉厚"，"身上散发出强烈气味"。德拉斯·卡萨斯夸夸其谈，称："在让加勒比海地区实现多样发展的西班牙殖民地，只有对黑人处以绞刑，黑人才会最终毙命。"他推测，对非洲黑奴劳动力的引进决定了西班牙在美洲是否可以大发横财。

1776年，在其著作《国富论》中，著名经济学家、哲学家亚当·斯密公开指出："在人类历史上，美洲及由好望角通往东印度通路的发现是最伟大、最重要的两大事件……然而，对于东、西印度群岛的当地人而言，两个事件所产生的所有经济效益均在因他们而起的可怕灾难中化为乌有……这些发现产生了诸多重要影响。其中一个是形成重商主义体系，使其散发出原本无处可寻的光辉。该体系的目标便是让一个伟大国家实现繁荣富强。"欧洲帝国主义的扩张与殖民地提供的资源与财富密不可分。获取资本及斯密提及的重商主义经济体系的支柱就是非洲黑奴贸易，而将非洲伊蚊与疟蚊及其所传播疾病引入美洲是贸易的组成部分。[①]

也仅仅因为无法从当地获取奴隶，从非洲运输奴隶才成为另一个带来巨大利润的选择。一位早期观察家写道："印第安人命如纸薄，只要西班牙人看他们一眼，闻到他们的味道，他们便可能一命呜呼。"西班牙与其他欧洲帝国的殖民地的气候是蚊子的温床。随着原住民奴隶因疟疾及黄热病在此类地区大量死亡，从当地抓取奴隶充当劳动力就显得不切实际。因此，跨大西洋的非洲黑奴贸易蓬勃发展起来。非洲后裔的达菲阴性、地中海贫血、镰状细胞保护了他们免受疟疾侵扰。许多黑奴在非洲时便已适应黄热病，获得免疫力，不会再次感染。虽然在当时这些因素并不为人所知，但是欧洲矿主与种植园主可以轻而易举地观察到，相对而言，非洲黑奴并未受到疟疾与黄热病折磨，病死率远低于其他人群。正因他们拥有基因免疫力，在之前具备了适应能力，因此非洲人成为哥伦布大交换中至关重要的组成部分，对新世界重商主义经济市场的发展起到不可或缺的作用。

的确，虽然欧洲人抵达了美洲，但是他们并非凭借一己之力便让

---

① 重商主义，或太平洋三角贸易，是 16 世纪至 18 世纪欧洲现代化国家所使用的经济体系。其目的在于将帝国主义欧洲国家的利益最大化。为了获取诸如糖、烟草、黄金、白银等资源，欧洲帝国主义国家通过非洲黑奴劳动力开发海外殖民地。随后，这些原材料被运回欧洲，转化为制成品，再用于交换获取更多非洲黑奴，或以极高价格出售给殖民地居民。殖民地数量不断增加不仅意味着资源数量和种类的增长，由于欧洲大国垄断进出口，其也意味着手工制成品将拥有更为广阔的市场与消费群体。18世纪后期与 19 世纪，革命与独立运动席卷包括美国在内的美洲各地，而殖民国家与殖民地之间的重商主义失衡便是其中一个原因。

原住民和美洲国家俯首帖耳。疟蚊与伊蚊同样来到这片土地，开始自己的征战。贾雷德·戴蒙德称，如同在哥伦布大交换中不知不觉进入美洲一样，他们是"出乎意料的征服者"。在哥伦布大交换后的几个世纪，一般情况下，欧洲人均是此次有失公平的全球交通往来的受益方。① 查尔斯·曼恩解释道："400 年前的事件为我们今天发生的一切创建了模板。这一生态系统的创建有利于欧洲在至关重要的几个世纪里掌握政治主动权，进而形成当今覆盖全球经济体系的框架。其光芒虽然让人匪夷所思，却交相辉映，影响波及全球各地。"曼恩也特别指出："从巴尔的摩到布宜诺斯艾利斯，与其他因素相比，引入的物种在塑造社会方面发挥了最重要的作用。具体例子就是引发疟疾与黄热病的微生物。"感染疾病的欧洲人、非洲黑奴与偷渡者将这对放毒兄弟及其他蚊媒传染病引入美洲，历史进程因此发生改变。J. R. 麦克尼尔说："若不是黑奴贸易将黄热病与疟疾传入美洲，此处所有故事本将不复存在。"黄热病是最重要的历史因素之一，对西半球政治、地理与人口分布产生了决定性影响。

致命的黄热病病毒随非洲黑奴及外来伊蚊一起登上美洲大陆。而伊蚊通过奴隶运输船远渡重洋，在大量水桶与水坑中繁殖，利用运输船，不费吹灰之力，便生存下来。欧洲黑奴贩子及其人类货物为病毒提供大量机会，在航行期间形成连续完整的病毒感染周期。而抵达异国港口后，伊蚊便开怀畅饮新鲜血液。在新世界的宜人气候中，伊蚊没过多久便安身立命，针对当地物种建立优势，并作为苦难与死亡的散播者，产生巨大影响。

1647 年，一艘从西非出发的荷兰奴隶运输船停泊在巴巴多斯，正

---

① 欧洲人及其所带来的疾病通过殖民地，对美洲、新西兰、澳大利亚与非洲原住民带来毁灭性打击。因此，哥伦布大交换对原住民未带来丝毫好处。此处我可以举一个例子，那就是北美平原人民接受了完全具有变革意义的马文化。西班牙引入马匹之后，加拿大与美国的原住民立即过上了马背上的生活，改变了社会生活方式。

是这艘奴隶运输船将黄热病传入美洲。在不到两年时间里，黄热病首次大暴发，因此丧命的巴巴多斯人超过 6 000。在接下来一年时间里，黄热病在古巴、圣基茨、瓜德罗普蔓延，在 6 个月内因病死亡的人口占总人口的 35%。随后，黄热病直奔西班牙属佛罗里达。在坎佩切，驻扎在墨西哥尤卡坦半岛的一支西班牙部队因黄热病苦苦挣扎。一位精神饱受摧残的当地居民记录下黄热病令人揪心的症状。在记录中，他写道："该地区沦为一片荒地。"对于分散各地的残余玛雅人，黄热病"让生活在陆地上的人们大量死亡，是对我们深重罪孽的惩罚"。在传入美洲不到 50 年时间里，令人胆寒的"黑呕病"、"黄杰克"或"橘黄苦"疯狂肆虐，蔓延至加勒比海及美洲沿海地区，北部最远传播至加拿大哈利法克斯与魁北克，令所有地区备受折磨，苦不堪言。

英国皇家海军为攻打魁北克，途中需经过加勒比海地区，因而将可置人于死地的病毒传播至英属北美殖民地。1693 年，黄热病随小型舰队共同抵达波士顿港，在拥有 7 000 人口的小镇手下留情，仅仅夺去 700 人的生命。不出意外，费城与查尔斯顿成为当年接下来的攻击目标。1702 年，纽约首次对黄热病举手投降。美国革命之前，英属北美殖民地至少暴发了 30 次大规模黄热病，在新斯科舍至佐治亚沿海约 1 600 千米范围内，每一个大型城市中心与港口都未能幸免。

黄热病成为整个美洲最令人害怕、最为人所厌恶但又口口相传的话题，在各国奴隶贸易船的咽喉要道的港口城市最为显著。这些死亡之船远渡重洋，穿过西半球及其以外地区，将蚊媒传染病传播至世界各地。新奥尔良、查尔斯顿、费城、波士顿、纽约及孟菲斯首当其冲，但经历致命黄热病的美国城市远不止于此。实际上，此次黄热病是美国历史上致死人数最多的流行病，与阴魂不散的疟疾共同塑造了今日美国的结构。黄热病离开其位于中非、拥有 3 000 年历史的古老家园，跨越约 4 800 千米，对影响美洲命运起到至关重要的作用。然而，倘若没有非洲黑奴贸易，在这一致命病毒对美洲产生变革性影响后，人类翻开的将会是截然不同的历史篇章。

自诞生之日起，奴隶制度便与经济帝国主义和以领土所彰显的权力密不可分。在我们的历史中，这一纽带是一种屡见不鲜的主题，希腊、罗马、蒙古等国人民均亲眼予以见证。然而，在古代，奴隶并不仅仅源于某一群体，种族、信仰、肤色与此毫不相干。比如，罗马帝国的奴隶来自全国各地、各行各业，约占总人口的35%。通常情况下，罪犯、欠债人与战犯会沦为奴隶。在全世界，从美洲原住民到新西兰毛利人，再到非洲班图人，奴隶往往是战争的主要动因，也是主要战利品。虽然该种奴隶制度促使小规模掠夺长期存在，但是其具体表现形式仅限于局部地区，受到冲突与社会规则的限制。遭到奴役一段时间后，奴隶要么惨遭处死，要么被其他部落家族认领并融入其中，后者更为常见。在西亚，穷困潦倒的父母经常将自己的孩子卖给他人充当奴隶。14世纪后期，奥斯曼帝国入侵巴尔干半岛，关闭了连通亚洲贸易的丝绸之路。许多当地人沦为奴隶，在原本属于自己的土地上，挥汗如雨，辛苦劳动。然而，在奥斯曼帝国军队中，奴隶组成了精英分遣队，不仅能获得军衔，而且享有特权，拥有权力。

在很大程度上，人们通常将大多数奴隶视为大家庭的一部分，按此加以对待。他们经常能够获得自由；不会饱受皮肉之苦；其子女不会成为奴隶，也不会遭到贩卖；通常情况下，他们并不会像美洲种植园内的奴隶一样，因奴隶制度的规定而受到社会与身体上的束缚。在古代世界，许多奴隶相关法律与社会风俗习惯均显得通情达理、同情奴隶，对奴隶的幸福与平等待遇颇为关切。这一点实在出乎意料。在其他文化中，奴隶制度只在局部地区实施，适用范围相对较小，并未体现应用于非洲黑奴制度的痛苦折磨、惨无人道等特点。

到12世纪，欧洲北部大部分地区已经废除奴隶制，转而选择采用更为细致、更为复杂的农奴制度。由于气候更为寒冷，农耕季节更为短暂，农奴需要自力更生，因此为地主节约了资金与劳动力。简而言之，美洲沦为殖民地后，奴隶遭受到畜生一般的待遇。而在哥伦布发现美洲之前，奴隶的境遇与之有天壤之别。非洲至美洲的奴隶贸易走廊不断延伸，在原基础上发展成为一个日趋扩大的非洲黑奴市场，产生了一个独一无二的美洲奴隶制度，使得奴隶运输储备产业化。

8世纪，穆斯林征服北非，首次打开西非的陆路奴隶贸易系统。穆斯林商队路线纵横交错，穿越撒哈拉沙漠，将奴隶从西非运至欧洲南部、中东及其他地区。非洲阉人成为中国宫廷最受欢迎的宝物。到1300年，穆斯林与基督教黑奴贩子经常默契配合，每年向北方运输多达2万名西非人。1418—1452年，在葡萄牙王子、航海者亨利的领导下，真正的欧洲殖民主义者抵达此地，该地区因而成为首个跨大西洋奴隶贸易中心。亨利王子航行至亚速尔群岛、马德拉群岛及加那利群岛，沿非洲西北部的大西洋海岸展开冒险，开启了地理大发现时代。这位葡萄牙人继续沿非洲海岸向南行驶，到达非洲南端巴尔托洛梅乌·迪亚士发现的好望角附近，1488年抵达印度洋。

1498年，瓦斯科·达·伽马最终抵达印度。那时，葡萄牙黑奴贸易已经完全成熟，蚊子与疟疾也随之肆无忌惮，无法无天。蚊子与蚊媒传染病有的同黑奴贸易运输一起，有的通过非洲黑奴体内的血液，来到最终目的地。当哥伦布最终将已知世界的边界向西拓展时，已有10万名非洲黑奴背井离乡，沦为殖民者的阶下囚，其数量占葡萄牙总人口的3%。

1442年，首个位于西非的葡萄牙黑奴港口被启用。葡萄牙人将非洲的糖料与奴隶运至马德拉群岛的种植园殖民地，这预示着新世界殖民地奴隶经济与种植园体系原型的建立，为其他国家树立了典型。在此期间，哥伦布本人也在马德拉群岛上生活。马德拉群岛总督也因新发现的种植园财富受益匪浅，而哥伦布则将总督女儿娶为妻子。哥伦布也为一家意大利运输公司经营糖料生意，并经常走访西非黑奴贸易站。哥伦布颇为欣赏非洲采矿与种植园奴隶制度的欧洲模式。作为哥伦布大交换的一部分，他将这一体系推广至美洲。其首次航行促使西班牙于1501年在西非正式建立奴隶贸易站。1593年，英国加入令人毛骨悚然的奴隶贸易竞争之中。正如安东尼·威尔蒂在其关于咖啡历史的作品中阐述的那样："黑奴浪潮行将拍打在新世界海岸之上，而哥伦布则站在潮头。糖是其最先带来的产品，接踵而至的便是咖啡。"冷酷无情的死神也化身为蚊子、疟疾、登革热与黄热病，跟随这一大潮悄然而至。

总体而言，在荷兰人最后费尽周折，在大量出口以印度尼西亚金鸡纳树皮为原料的奎宁之前，欧洲人因蚊子而难以在非洲立足。金鸡纳树对海拔、温度及土壤类型要求颇为严格，只能在特定环境下种植。这一价格不菲、供应量有限的补给品也使得大量假冒奎宁涌入市场，制造了满足大量市场需求的假象。威廉·H.麦克尼尔反复强调："深入非洲内部是19世纪下半叶欧洲扩张的显著特征。倘若荷兰种植园未能提供奎宁，这一切都是痴人说梦。"配备通过移植而获取的奎宁后，欧洲帝国主义国家于1880年开始在非洲展开争夺，时间跨越数十年，其间经历了第一次世界大战。然而，奎宁并不能包治百病。黄热病继续如影随形，不放过每一个进入非洲野外的欧洲人。

比利时国王利奥波德二世于1885—1908年统治刚果（金）。这一疯狂事业遭遇备受黄热病折磨的命运。利奥波德让国际社会相信，其所作所为是出于人道主义与积德行善的目的。而他自己却获得"刚果自由邦国王"称号，取得绝对统治权。象牙、橡胶与黄金均成为其私有财产，而利奥波德对当地人民普遍实施暴行，令他们苦不堪言。波兰裔英国作家约瑟夫·康拉德当时在比利时轮船上担任船长，在刚果河运输价值不菲的货物。在其1899年发表的中篇小说《黑暗的心》中，康拉德以半虚构方式详细描述了其个人历程，其中就包括因患疟疾与黄热病而带来的鬼门关体验。[①]在书中，康拉德对帝国主义国家的种族主义行径提出疑问，同时引发国际社会对比利时残酷暴行及血

---

① 《现代启示录》是由弗朗西斯·福特·科波拉创作，于1979年上映的电影。电影剧本直接根据康拉德的书改编而成。电影中，美国越南战争时期的越南与柬埔寨替代了利奥波德统治下的刚果（金）。

腥屠杀的强烈抗议。利奥波德的政策与统治直接造成非洲约 1 000 万人死亡。其欧洲贸易商们同样为非作歹，罄竹难书。利奥波德收到的刚果（金）有关报告表明："只有 7% 的当地人能够完成自己三年的工作。"

《约 1900 年于荷属东印度群岛移植金鸡纳树》：种植金鸡纳树颇为讲究，涉及海拔、温度、土壤类型等影响因素。金鸡纳树只能在特定环境中种植，进而使得可用于制造奎宁的金鸡纳树皮十分稀少，价格高昂。19 世纪 50 年代，荷兰人将南美安第斯山脉的金鸡纳树分别装在独立的小袋子中，在印度尼西亚殖民地引种。这是荷兰人首次在户外成功种植金鸡纳树。在荷属东印度群岛各地种植金鸡纳树之后，英国与美国迅速成为这一弥足珍贵、救人性命的金鸡纳奎宁的主要进口国。（戴奥墨得亚／惠康图书馆）

　　荷属印度尼西亚金鸡纳树种植园数量激增，促使欧洲大国于 19 世纪 80 年代展开"非洲争夺战"。然而，在此之前，蚊媒传染病却让欧洲人退避三舍，迟迟不敢入侵非洲。为进入非洲内部，欧洲人百般努力，在非洲捕获奴隶，开挖金矿、开发经济资源，或传播宗教，但最终，蚊子守卫者筑起的防线固若金汤，誓要将他们置于死地。此类探索征途均以失败告终。而欧洲人在非洲的死亡率连年保持在 80%~90%。

对于欧洲人而言，在非洲遭死刑宣判已是屡见不鲜。比如，16世纪，因葡萄牙君主国将犯罪的牧师流放至非洲，罗马教廷谴责其违反禁止处决伤风败俗牧师的禁令，称："在短时间内，遭到流放的牧师便会身亡。葡萄牙对此心知肚明。"帕特里克·曼森是一位疟疾学先驱，人们将其视为"热带医学之父"。1907年，帕特里克·曼森向蚊子表达敬意。他证实："捍卫非洲大陆、非洲秘密及所有财富的冥府守门犬是一种疾病。我认为其与一种昆虫颇为相似！"对于美洲原住民而言，蚊媒传染病如同一种欧洲进攻性生物武器。然而，对于非洲人而言，其则是一种针对欧洲人的防御性生物威慑。

在欧洲全球扩张的最初三个世纪，非洲一直都是"黑暗大陆"。英国人在受蚊子支配的恐惧下，为非洲冠以"白人坟墓"的称号。欧洲人只能占领寥寥无几的奴隶要塞，将此类地方称为"奴隶禁闭所"。①这里甚至成了墓地。据估计，在西非沿海奴隶中心，欧洲人年均死亡率大约为50%。1871年，查尔斯·达尔文写道："文明国家与未开化人群发生接触后，除非致命气候对当地种族伸出援手，否则他们的斗争转瞬即逝。"这句话中的"气候"一词应由"蚊媒传染病"替换。蚊子捍卫非洲，既是一位冷血杀手，也是非洲救星。马达加斯加早年的一位国王自豪地说，没有任何外部力量可以击败其国家的茂密森林，它无法对疟疾引起的发热予以迎头反击。此言千真万确。他说，蚊子不仅拯救了他的祖国，也拯救了整个非洲大陆。若不是因为非洲人为实现欧洲人的目标而相互勾结，这一说法本应成为亘古不变的真理。

在非洲，非洲人参与黑奴贸易意愿强烈，推动了黑奴贸易蓬勃发展。非洲人将非洲同胞送给欧洲人做牛做马。在蚊子的影响下，欧洲人想要完成同样的工作可谓遥不可及。蚊子绝不允许欧洲人随意掳走非洲人。假如未对非洲进行奴役，新世界重商主义种植园经济则是死

---

① 带有种族色彩的贬义词"黑人"（coon）由奴隶禁闭所（barracoon）一词衍生而来。

路一条，人们也不可能发现奎宁，非洲依然是非洲人的非洲。哥伦布大交换的面貌也会截然不同，也许，哥伦布大交换根本不会发生。

非洲奴隶文化因战俘而演化出现。然而，葡萄牙人、西班牙人、英国人、法国人、荷兰人及其他欧洲人最终都能够对其进行深入挖掘。最初，非洲人将俘虏卖给葡萄牙人，因此一种规模较小的黑奴贸易在当地出现。起初，黑奴贸易在传统非洲奴隶制度的保护下进行。通过利用非洲各国与社会网络间长期不断的争斗，欧洲人得以引入一种与战俘奴隶制度大相径庭、依靠大量商业出口的形式。非洲领导人与君主仅为了捕获奴隶，在与日俱增的沿海奴隶贸易站将其出售，便开始对宿敌与盟友进行大肆掠夺。而奴隶贸易战则由欧洲国家运营操作。这些国家的数量也与日俱增。非洲提供非洲黑奴，满足了欧洲的需求。非洲沿海国家发生的暴力与奴隶掠夺循环继续加快，最终深入诸如奴隶海岸、黄金海岸或象牙海岸等主要出口地内部。

随着欧洲人发现美洲，美洲原住民因疾病肆虐几近灭绝，各国因而渴望将葡萄牙殖民地马德拉群岛的糖料种植园系统推广至其他经济作物的种植，非洲跨大西洋的黑奴贸易因此发展至顶峰。泄洪闸门已经开启，蚊子借着非洲与美洲的贸易东风，加入这一史无前例的大潮。哥伦布成为将非洲黑奴、外来蚊子与疟疾引入新世界的第一人，为西班牙赢得至高无上的荣誉。虽然最初只是小打小闹，但随着原住民人口不断下降，引入非洲黑奴成为一项稳步发展、蒸蒸日上的人口贩卖产业。

随着西班牙"榨取"殖民地所创利润不断提高，人力源源不断则意味着原材料不断增加，进而促使经济收益不断增长。对于疟疾、黄热病、登革热及其他蚊媒传染病，非洲人具有基因免疫力，因适应疟疾而产生抗性，使其生产能力不断提升。在蚊子肆虐、其他人丢了性命的种植园，非洲人顽强生存。由于非洲人穷极一生创造利润，他们自己的价值也随之水涨船高。

然而，对于早期欧洲殖民者而言，与携带疟疾与黄热病的蚊子玩俄罗斯轮盘赌①是一项必不可少的活动。俄罗斯轮盘赌是一种人与人之间以性命为赌注的赌博游戏。尽管欧洲奴隶主与其手下监工感染蚊媒传染病后便身处险境，死亡率颇高，但是在利益驱使下，美洲种植园奴隶经济以异乎寻常的速度在增长。在18世纪中期，黑奴贸易发展至巅峰，法国与英国每年进口的奴隶数量超过4万。17世纪后期与18世纪初期，非洲奴隶人数飙升。这一现象与蚊子有着直截了当、密不可分的关系。

由于非洲黑奴的基因能助其抵御蚊媒传染病侵袭，非洲黑奴经受住了蚊子的狂轰滥炸，成为炙手可热的商品。在非洲国家及非洲当地环境的影响下，大量非洲黑奴完成遗传性进化。大自然母亲从未打算或考虑到非洲黑奴、蚊子与蚊媒传染病的哥伦布大交换。从这个意义上而言，非洲黑奴及其自然环境中各类元素是作为一种紧密结合、相互依赖的整体引入美洲的。这些针对蚊媒传染病的自然选择性的非洲特性确保非洲黑奴在美洲生存下来，同时也决定了他们在美洲遭受奴役。在蚊媒传染病的驱使下，这一因基因而产生却又残酷无情、令人痛苦的发展一波三折，让人始料未及，颇具讽刺意味。

在哥伦布大交换期间，随非洲人来到美洲的还有复杂多样、进化程度较高的人蚊疾病关系，其影响更为致命。当糖、可可豆、咖啡等主要种植园经济作物从非洲进入新世界，这一从非洲引入美洲的生态系统周期就完成了。疾病经济学教授罗伯特·麦奎尔与菲利普·科埃略说："在非洲黑奴贸易得以确立并引人注意后，英属美洲新世界的疾病环境才开始与热带西非相似。由于环境发生变化，美洲南部成为传染病院，新世界的热带地区也成为欧洲人的墓地。"对于非洲蚊子而言，尽管它们的新家位于地球另一端，但似乎与非洲别无二致。非洲蚊子迅速适应了新环境。全年活跃的疟疾、登革热与黄热病传播至

① 俄罗斯轮盘赌是一种残酷的赌博游戏。游戏规则是在左轮手枪中放置一颗或多颗子弹，旋转转轮后关上轮转。参与者随后轮流把手枪对准自己头部，扣动扳机，中枪或放弃一方为输。——译者注

美洲后，非洲向美洲的迁移才最终完成。

1848 年，卡尔·马克思对这一早期变化位置的殖民资本主义给予严厉批判，并发出警告："先生们，也许你们认为，咖啡与糖的生产是西印度群岛的自然宿命。大自然从不通过商业自讨苦吃。在两个世纪前将甘蔗与咖啡种在美洲的并不是大自然。"尽管马克思对自然界秩序观察细致，对资产阶级深恶痛绝，但是非洲黑奴依然是此次大规模被动式迁移及资本主义体系的基础。随着对咖啡与糖（及用于蒸馏朗姆酒的废料糖浆）的需求增加，对非洲黑奴的进口需求也随之增长。咖啡的种植与糖的生产相互补充，彼此并不相互竞争。

到 1820 年，葡萄牙殖民地巴西每年引进 4.5 万名黑奴。而在那里，咖啡与糖可为预先投资带来 400%~500% 的利润。在同一时期，糖与咖啡占巴西经济总量的 70%。因此，巴西成为非洲黑奴的最大输入地便是意料之中的事情。在整个跨大西洋黑奴贸易中，运往巴西的非洲黑奴占比令人瞠目，达到 40%（500 万~600 万人）。到 18 世纪末期，在整个西半球，从葡萄牙殖民地巴西到英国殖民地牙买加，再到西班牙殖民地古巴、哥斯达黎加与委内瑞拉，再到法国殖民地马提尼克与海地，凡是适宜的地点，处处都种植了咖啡。

为了推动欧洲重商主义经济发展，包括美洲咖啡、糖、烟草与可可豆种植园殖民地，有超过 1 500 万非洲人穿过大西洋，由欧洲人运至西半球，活着抵达那里的种植园与采矿地点。还有 1 000 万非洲人在遭到绑架、抵达新世界终点港口的过程中死去。与此同时，另有500 万非洲人穿过撒哈拉沙漠，在开罗、大马士革、巴格达及伊斯坦布尔的奴隶市场遭到贩卖。在黑奴贸易进行期间，总共约有 3 000 万人在非洲中西部地区遭到绑架，为其主人创造收益。在美洲各个殖民地，这些非洲黑奴、种植园财富的积累，以及对皇权的保护，均与蚊子密不可分。通过哥伦布航海及恃强凌弱的征服者，西班牙最先在美洲抓住此次发展资本主义的机会。

西班牙人最先抵达殖民地，疾病迅速推动西班牙建立势力庞大的海外帝国。到 1600 年，西班牙矿业殖民地与种植园殖民地遍布中美至南美、加勒比海岛屿及美国南部。与其他相互竞争的欧洲国家相比，西班牙帝国主义拥有两个优势。第一，有些西班牙人，尤其是来自南海岸的西班牙人，通过 G6PDD（蚕豆病）与地中海贫血获得对间日疟的基因性免疫。第二，西班牙人是最先抵达美洲的殖民者，意味着他们最先开始自我调整，适应新世界的疟疾与黄热病。

因为只有反复感染疟疾，感染者才能获得部分免疫。然而，这既是诅咒，也是天佑，需要一定时间才能获取。比如，在 2 100 名随哥伦布抵达殖民地的西班牙人中，在哥伦布最后一次航行结束后依然得以幸存的只有 300 人。对于饥肠辘辘的蚊子及其所携带疟原虫而言，首批西班牙探险者们及刚刚踏上美洲的开拓者们的血液如同免费自助餐，诱惑难当。早期西班牙征服者在没有地图的条件下，穿越热带地区，一手握着利剑，另一只手不停拍打蚊子，披荆斩棘，探索新世界。在新世界热带地区与美国南部，欧洲人成为活靶子，让蚊子趋之若鹜。

公元 1600 年之前，西班牙依旧是新世界的主宰，从其糖料与烟草种植园殖民地不断获得经济收益，尤其是黑奴贸易的利润也牢牢被其掌控。最终，西班牙殖民者、商人、士兵及最终定居美洲的奴隶均后天获得免疫力，免受疟疾与黄热病侵扰。法国与英国羡慕不已，对西班牙在殖民商业中卓越超群的地位觊觎已久。到 17 世纪初期，在开局不顺、经历了试错期之后，英国与法国时来运转，在新世界攻坚克难，建立起自己用于开发资源的经济帝国。一位周游美洲的法国传教士观察到，在加勒比海地区，欧洲人极易患上疟疾与黄热病。这位传教士曾在记录中写道："倘若（各个国家均）有 10 个人前往美洲岛屿，英国会有 4 人死亡，法国会有 3 人死亡，荷兰会有 3 人死亡，丹麦会有 3 人死亡，西班牙则只会有 1 人死亡。"这一现象再次证明，与近期抵达殖民地的其他欧洲人相比，西班牙人占领殖民地时间更长，他们在新世界的基因免疫力与疾病适应能力也更强。时至今日，这一由蚊子制图师早期绘制的美洲种族地图依然清晰可见。

按照麦奎尔与科埃略的观点:"蚊媒传染病的引入让新世界热带产糖地区的欧洲人口急剧减少,导致在前英属、法属与荷属加勒比海殖民地的非裔人口占其当今人口主要部分。前西班牙殖民地(古巴、波多黎各与圣多明各)则是例外。一直以来,这些岛屿都是欧洲至关重要的组成部分。"

17世纪到18世纪,在所有曾进入加勒比海域的欧洲人之中,有近一半因蚊媒传染病而失去生命。对非洲黑奴巨大的需求,吸引了人们的注意力。美洲产业奴隶制度确立的最初两个世纪,直接从非洲进口的奴隶价格高居所有类型奴隶价格之首。与来自欧洲、签订合同的佣工相比,直接从非洲进口奴隶的价格超过其三倍,是当地奴隶的两倍,是未经检验的从非洲进口的黑奴价格的两倍。然而,随着时间的推移,由于在当地出生和成长的奴隶数量的增加,黑奴贸易遭禁,出生在乡下的奴隶的基因免疫力有所下降。

1807年,英国全面禁止黑奴贸易。次年,美国停止黑奴贸易。1811年,西班牙的黑奴贸易发展开始放缓。直接从非洲向这些国家或殖民地出口新奴隶变为违法行为。但是,奴隶人口依然继续增长。奴隶制度有一个令人深恶痛绝、十分普遍的特点,即女性奴隶遭奴隶主性虐待这一现象颇为猖獗。毕竟,法律规定,奴隶的孩子自出生起便自动成为奴隶。鉴于奴隶价格居高不下,性侵黑奴可以免费获得奴隶,这种方法万无一失,同时也满足了奴隶主的施虐欲望。此类性侵行径对受害者造成情感与身体上的双重折磨,同时也在生物方面带来严重后果。不同人种间发生性行为、进行基因交换,导致了达菲阴性与镰状细胞免疫力逐渐消失,在美国南部地区,这一问题尤为明显。对于天生不具有免疫力的从美洲出生的黑奴而言,这种结果出现的概率大得多,达到了令人毛骨悚然的程度。现在,疟疾向大量生于乡下的奴隶发动进攻,改变非洲人在社会达尔文主义虚假种族结构中的位置。疟疾踪迹难以令人察觉,而美洲人对其一无所知,因此他们坚持认为,非洲人天生萎靡不振,好吃懒做。

遗传性免疫力减弱造成了未曾预料、影响深远的后果，使人们对蚊媒传染病的敏感性日益增加。在美国南北战争期间，我们也遭遇了相同情况。这导致死亡率随之增高，刺激了对高价奴隶的需要。由于黑奴贸易已属非法行为，英国皇家海军不畏辛苦，在非洲西海岸不停巡逻，因此强迫生育与在种植园性侵奴隶不仅带来丰厚利润，而且成为家常便饭。然而，奴隶制度标准，遭到囚禁、沦为奴隶的人数不断增加，以及冷酷无情、推动奴隶人口增长的措施，促使奴隶奋起反抗，发动起义。

　　为了在奴隶反抗与地方种族冲突发生前领先一步，从19世纪中期开始，美国与英国将自由非洲人运往位于西非的塞拉利昂与利比亚殖民地。由于生于非洲之外地区，缺乏基因免疫力，在这些迁移至非洲、曾经为奴的黑人开始非洲生活的第一年，有40%因蚊媒传染病撒手人寰。在他们来自其他大洲的监工中，有一半同样难逃厄运。蚊子以一种神秘莫测、令人胆战心惊的方式开启一段历史。蚊子让黑奴贸易损失惨重。这也自然而然成为哥伦布大交换期间，其更具破坏性的历史影响之一，蚊子也以残酷无情的方式，将人类玩弄于股掌之中。

　　非洲人具有针对多种蚊媒传染病的抵抗力，促进了种族阶层的形成，产生了持续不断、意义深远的影响，奴隶制度应运而生，导致出现种族主义这一遗留问题。在美国南部，人们以这种免疫力"科学"合法地为奴隶制度正名，其中许多说法促成美国南北战争爆发。美国南北战争期间，蚊子继续疯狂叮咬。历史学家安德鲁·麦基尔韦恩·贝尔指出，在美国南北战争之前，废奴主义者认为，美国南方人因犯奴役之罪而遭到"神罚"，受到不祥黄热病暴发的沉重打击。废奴主义者还认为（结果表明他们是正确的），这场疾病是黑奴贸易带来的恶果。不可否认，黑奴贸易是黄热病流行的直接原因，也是其对美洲产生巨大影响的直接原因。

　　从历史角度看，尽管出现了适合疾病传播的蚊子类型，但是诸如亚洲、太平洋沿岸等地区却安然无恙，丝毫未受黄热病影响。鉴于远东地区并未参与非洲黑奴贸易,黄热病这一举世闻名的杀手虽然穿过哥伦布大交换相互交织的圈子,但是并未在亚洲暴发。虽然诸如疟疾、登革热、血丝虫病等其他蚊媒传染病曾为亚洲地方性疾病,但是黄热病的缺失削弱了蚊子在亚太地区的历史影响力。

然而,在美洲,同样的疾病主导了历史。疟疾与黄热病迫使原住民背井离乡,远离大片土地,在这些土地上彻底消失。欧洲殖民者大张旗鼓地占领同一片空无一人、蚊虫泛滥、疾病肆虐的地区。查尔斯·曼恩说:"疟疾与黄热病蔓延后,这些之前气候宜人的地区变得荒无人烟。以往的居民纷纷逃离至更为安全的土地;迁入空无一人土地的欧洲人不到一年便一命呜呼……甚至时至今日,与欧洲人所发现的更为健康的地方相比,当年欧洲殖民者无法生存之处的经济状况根本无法相提并论。"

比如,彼得·麦坎德利斯在其对美国地势较低地区疾病的研究中写道:"南部英属美洲殖民地并非供老年人安享晚年的乡村,而是希望变成老人的人的理想去处。观察者们注意到,人们在那里会迅速衰老死亡……细菌与外来移民一同来到这片土地,穿过面积不大的查尔斯顿半岛,像皮下注射器一般进入美洲大陆。"一位南方居民写道:"南方殖民者在劫难逃。每年夏天与秋天,热病无数,蔓延至南方每个角落。"与气急败坏的投资者一样,南方殖民者及整个美国南部很快因蚊媒传染病而背负恶名。数不胜数的日记、信件与报刊中均记载着一位德国传教士的所见所闻。这名传教士在记录中写道:"这些地区春天是天堂,夏天便成为地狱,秋天则变成一家医院。"虽然美国殖民地通过土地,为早期欧洲殖民者提供了崭新生活,创造了经济机遇,但是拜蚊子所赐,其也为他们提供了英年入土的机会。

比如,英属南卡罗来纳殖民地因黄热病与疟疾而四分五裂。1750年以前,在疫情最为严重的水稻与槐蓝属植物种植园内,欧洲裔美洲人在 20 岁前死亡的比例达到了惊人的 86%。其中在 5 岁前便夭折的占 35%。1750 年,一对南卡罗来纳州年轻夫妇的处境颇具代表性。在他们所生下的 16 个孩子中，长大成人的仅有 6 个。在南方殖民地，欧洲人挥金如土，过着纸醉金迷的生活。你无法将金钱带入坟墓，因而他们的生活方式是"活得短暂，死得年轻"。有些拥有经济实力的人则在疾病流行季节迁至北方住所。一位船长对其前往南卡罗来纳州查尔斯顿的乘客进行清点时发现，在 1684 年从普利茅斯殖民地前往该市的行程中，32 位乘客均为"生龙活虎的清教徒"。在不到一年的时间里，仅剩两人侥幸保住性命。其忧心忡忡的乘客们要求他调转船头。这就是法国-西班牙侵略船队的命运。1706 年夏，安妮女王战争期间，该船队遭到黄热病迎头痛击，被迫返航。查尔斯顿获得疟疾与黄热病中心的恶名实乃意料之中。据估计，在如今的非裔美洲人中，有 40% 为通过查尔斯顿港进入美洲的黑奴的后裔。与之一起的，还有外来蚊媒传染病。①

英国人爱德华·蒂奇原本是武装民船船员，后来变为彻头彻尾的海盗。他的另一个名字更为家喻户晓，那就是"黑胡子"。1718 年，虽然"黑胡子"封锁了查尔斯顿港，但是因害怕"黄杰克"，"黑胡子"将船队停泊在远离港口的地方，并未阻止船只进出港口。乘客们登上自己的船只，而"黑胡子"则将他们扣为人质，索要赎金，其中就包括一群地位显赫的当地居民。然而，令人胆寒的海盗"黑胡子"对贵重物品或金银财宝毫无兴趣。其要求简单明了：只要将查尔斯顿的所有药物安全运至其"安妮女王复仇号"，他便会释放人质，不动一枪一炮，然后悄然离去。在"安妮女王复仇号"上，其欺软怕硬、虚弱不堪的船员因蚊媒传染病痛苦难当。在几天时间里，惶恐不安的查尔斯顿市民满足了"黑胡子"的要求。当装有药品的箱子运至船上时，"黑胡子"履行了诺言。虽然"黑胡子"将人质身上价值不菲、做工精细的衣物、饰物一扫而光，但是他原封不动归还了所有船只，所有

---

① 查尔斯顿也是出口当地奴隶的最大港口。1670—1720 年，有超过 5 万名当地奴隶离开查尔斯顿，前往加勒比海地区的种植园。

人质均安然无恙，全部获释。

虽然查尔斯顿是蚊媒传染病的发源地，但是部分由于其黑奴贸易，因此在英属美洲殖民地参与哥伦布大交换的过程中，查尔斯顿并非形单影只。回顾历史，作为奴隶贸易港口、疟疾与黄热病发源地，以及死亡巢穴，查尔斯顿名声在外，地位显赫。其直接原因在于英国殖民地、种植园与奴隶制度模式在詹姆斯敦首次大获成功，并在大西洋海岸不断拓展。我们将会发现，1607 年，蚊子、疾病、苦难与死亡将弗吉尼亚詹姆斯敦殖民地淹没。1620 年，清教徒在普利茅斯建立詹姆斯敦姊妹殖民地，其境遇同样惨不忍睹。①

这些最初的英国卫星国②开创了先例，开启了受蚊子影响的历史事件进程，促进了 13 个殖民地及美利坚合众国的建立。在美洲，英国殖民社会也成为蚊子、疟疾与黄热病的殖民地。不畏危险的殖民者、无能为力的奴隶及由本能驱使的蚊子均在其自身策略中发挥主导作用。对于美洲人而言，蚊子与奴隶制度之间的关系挖开了一个深不见底、一片黑暗的兔子洞。蚊子与奴隶出人意料地成为哥伦布大交换的征服者。从波卡洪塔斯与詹姆斯敦，到如今的政治与偏见，这些因素让美国的方方面面都发生了翻天覆地的变化。

---

① 普利茅斯并不是新英格兰的首个英国殖民地。这一殊荣属于缅因州波珀姆的圣乔治港。詹姆斯敦建立几个月后，该港于 1607 年建立。在此之前，英国于 1602 年在马萨诸塞州的卡蒂杭克岛上建立了一个小型港口，用于获取黄樟。虽然黄樟是传统沙士（一种以黄樟油、冬青油为香料的无醇饮料）的主要原料，但是当时人们认为，其能治疗淋病与梅毒。哥伦布航行之后，欧洲对黄樟的需求不断增加，利润也水涨船高。然而，在不到一年时间里，这些殖民地均遭抛弃。

② 卫星国，指国际关系中名义上完全享有主权，但其国内政治、军事和外交受强权干预的国家。——编者注

第 9 章

最具"天赋"的敌人

　　可怜的玛托阿卡。1995 年，华特·迪士尼的动画影片登上大荧幕。影片虚构了玛托阿卡与约翰·史密斯命途多舛的爱情故事。倘若看到影片故事情节，这位波瓦坦酋长 10 岁的女儿肯定难以认出影片故事的主角就是自己。其在影片中的漫画式形象看上去如同金·卡戴珊一类人物，举止轻佻，沉迷于花天酒地，与尚未迎来豆蔻年华的当地女孩的形象相距甚远。约翰·史密斯与年轻的玛托阿卡之间的神话就发生于英属詹姆斯敦殖民地。故事流传至今，家喻户晓。在历史中和好莱坞的作品中，该故事的主人公为波卡洪塔斯。这些经过改编的故事也以此口口相传。

　　围绕詹姆斯敦的成立，流传着许多故事。开拓美洲的故事虽然散发出迷人魅力，但内容却遭到扭曲，与史实相距甚远。而约翰·史密斯这一名字就是詹姆斯敦成立的代名词，可与美洲的迷人魅力之间画上等号。约翰·史密斯原来仅仅是一个不知廉耻、自私自利之人。史密斯是许多不实信息、个人宣传及明目张胆的欺诈行为的始作俑者。在不到 18 年里，史密斯出版了 5 部自传。正因其所作所为，其自传内容的真实性很难让人信服。其在对流传故事所做的解释说明中称，自己在 13 岁时成为孤儿，其奇幻的冒险故事便从那时开始。在年仅 26 岁时，史密斯就已经在荷兰与西班牙人兵戎相见，曾用时数月陶醉于马基雅维利、柏拉图的思想及经典著作之中。随后，史密斯成为活动于地中海与亚得里亚海的海盗。此后，史密斯又以间谍身份潜伏于匈牙利，通过在山顶点燃火炬，报告敌方奥斯曼帝国的行动。在罗马尼亚的特兰西瓦尼亚，他继续与土耳其人战斗，但成了土耳其人的俘虏，并沦为奴隶。据史密斯自己所称，他遭到残酷折磨，但他略施巧计，"把折磨他的人的脑浆打了出来"。将其杀死后，史密斯拿走了其身上的衣物，并重获自由。接着，史密斯穿越俄罗斯和法国，抵达摩洛哥，在那里再次成为一名海盗，劫掠西非沿海的西班牙船只。1604 年，他结束在外漂泊，最终回到英国。两年后，史密斯应招加入詹姆斯敦探险队，于 1606 年 12 月扬帆起航，前往弗吉尼亚。我的朋友，这就是史密斯"狂野青春"的大致内容，他这 13 年的经历真是让人叹为观止，大开眼界。大多数专家认为，约翰·史密斯沽名欺世。然而，史密斯的确曾在痛苦笼罩、蚊子泛滥的詹姆斯敦殖民地短暂停留了两年。在此期间，他与波卡洪塔斯一见如故。对于这一点，所有专家均深信不疑。

1607 年 5 月，詹姆斯敦成立。为了获取需求量极大的补给品，保障寡不敌众的殖民者不会因实力悬殊而灰飞烟灭，史密斯立即与波瓦坦言归于好。12 月，史密斯于搜寻食物期间遭人捕获，以俘虏身份来到波瓦坦酋长面前。随后发生的一切至今依然是一段传奇故事。史密斯称，在遭受挥舞棍棒的猛士们的折磨后，人们为他举行了一场盛大宴会，以表敬意，随后把他带往中心长屋，将其处死。11 岁的波卡洪塔斯出手相助。史密斯自吹自擂道："就在行刑之际，她冒着遭人暴打、头破血流的危险，将我救下。不仅如此，她说服她父亲，使其相信，我的所作所为不会危及詹姆斯敦的安全。我在那里发现了 8 到 30 个痛苦不堪、引人怜悯、疾病缠身的人。"按照史密斯的说法，原本残暴无情的波卡洪塔斯"为他提供了许许多多补给品，拯救了其中许多人的生命，不然所有人都要忍饥挨饿"。自史密斯的自传于 1624 年首次出版以来，其说法遭到学者们的猛烈批判，难以经受诸多调查研究的考证。

其故事漏洞百出。首先是时间。史密斯于 1608 年最早发布的报告是在其遭绑架数月后撰写的。关于此后自己因一位相思成疾的印第安公主而获救的故事，报告中只字未提，也没有任何相关线索。实际上，史密斯自己称，在沦为俘虏数月后，自己与波卡洪塔斯最初仅仅是点头之交。但是，史密斯的确提到了与波瓦坦酋长长谈后举行的盛大宴会，或用他的话说，"在欢声笑语中享受五花八门的美食大拼盘"。这段证词是史密斯私下为一位读者所写。因此，与其以自我为中心、追名逐利的自传不同，他无须对这段话进行美化或夸大实情。后来，我们通过其回忆录发现，史密斯身材矮小，相貌平平，对自己获得一位忘情少女营救的故事线添油加醋，因为实际上这一场景是在 4 个不同场景下分别上演的。

其次，在文化方面，波瓦坦在行刑前从未为战俘举行宴会，同时，诸如波卡洪塔斯等儿童也不得出席正式宴会。史密斯将波瓦坦的习俗完全本末倒置，难以自圆其说，最终作茧自缚。人类学家海伦·朗特里已就该主题出版十余本作品。她认为："史密斯的故事没有一个符合印第安文化。只有在贵宾光临的情况下，印第安人才会举行大型宴会，等待行刑的罪犯无法享受此般礼遇。他们为何要处死一个智力型财产实在让人费解。"史密斯饱受折磨。波瓦坦酋长并非因为即将将其处决才设宴款待他，而是因为他是詹姆斯敦的领导人，波瓦坦主动要求并同意让史密斯成为自己部落与英国殖民者间的媒介，以推动贸易发展，维系双方和平友好的关系。波卡洪塔斯并未参与其中，与之毫无关系。在波卡洪塔斯家喻户晓之后，史密斯才重写此段历史，并将波卡洪塔斯纳入其中。波卡洪塔斯真正的英国丈夫为约翰·罗尔夫。在与罗尔夫争名夺利的竞争中，约翰·史密斯下定决心要一争高下。1616 年，波卡洪塔斯已在英国成为大名鼎鼎的人物。正是在此后，身为早期美国偶像的约翰·史密斯为其浪漫爱情故事添上画龙点睛的一笔，创造性地利用赫赫有名的波卡洪塔斯，提高自己的声誉。

迪士尼本会让我们相信，詹姆斯敦虽然是一个新兴殖民地，但是其环境和平稳定，未来可期。在迪士尼的梦幻世界中，波卡洪塔斯与史密斯赤脚奔跑，穿过新世界乌托邦式的自然美景，在田园瀑布间嬉戏玩耍。而实际情况是，在詹姆斯敦，人们自相残杀，蚊虫肆虐，一片混乱。早期富有远见的殖民者被疟疾生吞活剥。据报告，1609—1610 年冬，一位最先抵达詹姆斯敦的殖民者因谋杀烹煮孕妇，遭受火刑处决。这一时期为"饥饿时期"。虽然詹姆斯敦在灾难边缘摇摇欲坠，但是在此之前，英国在殖民地进行了种种尝试，包括在其富有传奇色彩的罗诺克"失落的殖民地"也有所行动。与之不同的是，由于烟草及非洲黑奴，詹姆斯敦幸免于难。正是约翰·罗尔夫于 1610 年种下了烟草的种子，也为美利坚合众国的诞生种下了种子，而这一切与约翰·史密斯毫无关系。

在哥伦布大交换过程中，最终统治北美大陆的英国人姗姗来迟，在晚些时候才加入重商主义事业之中。1607 年，当约翰·史密斯刻意与天真无邪、身手矫健的波卡洪塔斯于詹姆斯敦相见时，在美国 48 个州中，其他欧洲人已在 24 个州留下了足迹。到英国与法国最终于 17 世纪早期针锋相对，就美洲殖民地土地展开争夺时，西班牙已经独自在美洲活动了一个世纪，建立了一个强大的南方帝国，并在其间将蓬勃发展的原住民文明彻底摧毁。

由于领土选择有限，首批位于加拿大及美国东北角的英法殖民地的经济潜力乏善可陈。虽然生机勃勃的匈牙利蚊群将苦难洒遍纽芬兰与魁北克早期殖民地，但是对于带病物种而言，其地理位置过于偏北。在这些最早建立的英法殖民地，烟草、糖、咖啡、可可等让西班牙赚得盆满钵满的经济作物同样无法生长。一旦这两个欧洲竞争对手获得哪怕一个不够稳固的立足点，它们便会渴望扩张，建立殖民地，利用丰富的资源与美洲丰饶的土地获取利益。经济重商主义体系颇具吸引力，需要通过殖民化或征服，侵入西半球热带地区，从而保障建立依靠奴工、利润可观的种植园。

在起步不稳的情况下，法国与英国最终通过连续不断的殖民战争，向西班牙在加勒比海地区的垄断地位发起挑战，彻底改变了美洲领土争夺的局势。在哥伦布大交换日渐成熟的背景下，这些帝国主义侵略行为相继发生，而蚊子浪潮及蚊子所带来的疟疾、黄热病等致命疾病对战争结果起到了决定性作用。英法早期试验性殖民地均一片荒芜，疾病滋生，其中也包括殖民地从外部带入的疟疾。许多殖民地因当地人袭击、缺乏补给及死亡不断而逐渐消失，或遭到遗弃。蚊子尤为活跃，决定了欧洲帝国在美洲殖民地的设计与定居模式。

法国人一直在东北海岸游荡，并于 1534—1542 年通过雅克·卡蒂埃三次探险，进入"卡纳塔"圣劳伦斯河地区。[①] 1608 年，萨缪尔·德·尚普兰于魁北克市建立皮草贸易总部。直到那时，探险才真正有所成就。对于殖民者而言，新法兰西并非颇具魅力的目的地。少数年轻法国探险家努力与当地阿尔衮琴人及休伦人建立和平关系，以促进皮草贸易发展。法国因此得以在北美安身立命。法国皮草贸易迅速扩大，不久便在圣劳伦斯河谷与五大湖地区形成垄断。然而，皮草贸易所吸收的法国商人数量并不多。到 18 世纪初，法国已建立一系列与世隔绝却又彼此连通的军事要塞与皮草贸易站，范围跨越美国与加拿大的大西洋海岸，顺圣劳伦斯河而下，穿越五大湖走廊，向南穿过密西西比河三角洲，将新奥尔良墨西哥湾覆盖其中。

在新法兰西这片幅员辽阔的马蹄形殖民地上，生于法国的移民与混血儿（法国男性与当地女性所生子女）构成了当地全部人口。但此地法国人口数量不多，到 1700 年，也仅有 2 万。法国移民主要由毫无前途的年轻人及其他被法国社会遗忘的社会成员组成。由于殖民地的法国女性数量不足，因此殖民地人口自然增长速度最慢。因此，法国皮草商娶当地女性为妻，融入当地社会的现象处处可见。在与更富活力的英国与西班牙殖民地人口竞争时，这一小群法国人在经济与军事上均处于劣势。为了补足短板，法国皇室组建由 800 名 15 至 30 岁

---

① 卡纳塔（Kanata）是易洛魁语词，意指"殖民地"或"村庄"。雅克·卡蒂埃得知的也是此意。他用该词指整个地区，并授予该地区"加拿大国"称号。

单身女性组成的"国王之女"队伍，强制其前往魁北克市与新奥尔良。法国皇室承担她们的行程费用，并提供补给品及金钱作为嫁妆。由于在新法兰西女性稀缺，这些赠予她们新婚丈夫的礼物显得多此一举，可能是一笔毫无必要的慰问金。

法国殖民地范围最初仅限于北美。皮草贸易并不需要大量法国人或非洲黑奴参与。当地人即可满足劳动力供应需要。他们捕捉动物（主要是海狸），并用其皮毛换回枪支、金属商品及玻璃珠。由于法国人对皮草爱不释手，且当地法国人口数量不多，已经融入当地社会，所以法国人与当地人的力量处于平衡状态。因此，殖民者人口相对较少，分散各处。

新奥尔良市于 1718 年正式建城。此时，黄热病与疟疾已在该地区常驻。在整个路易斯安那，法国人口仅有 700 人。新奥尔良的法国殖民地是黄热病与疟疾流行病的中心，由此传播的疟疾不时在墨西哥湾沿岸地区与密西西比河暴发，将许多新兴法国殖民地夷为荒地。由于蚊子、疟疾及吸血鬼一般的黄热流行病在新奥尔良肆虐，新奥尔良在劫难逃。作为至关重要的港口，新奥尔良对法国经济设计具有不可或缺的作用。但是作为一个生活安居之处，新奥尔良是一个每况愈下、遭受飓风袭击的沿海沼泽，在蚊媒传染病包围中行将溺毙。

因为需要依靠法属新奥尔良殖民地维持生计，密西西比公司让法国男性囚犯重获自由，但前提是他们需要与娼妓成婚，并登船前往新奥尔良。人们用铁链将这些新婚夫妇拴在一起，其所乘船只抵达外海后，才将铁链卸下。1719—1721 年，三艘载有这些奇怪组合、同床共枕伙伴的船只驶向新奥尔良。人们希望他们抵达后，会哺育新一代能适应疾病的法国人。尽管蚊子拼尽全力，但是新奥尔良及少数适应疾病的殖民者还是顽强生存了下来。这座港口城市成为数不胜数的灾难性蚊媒传染病的入口与中心。在这些疾病中，主要为在密西西比河不时暴发的黄热病。该病也造成了足以影响历史的后果。

除在新奥尔良发展的自给农业之外，蚊媒传染病也限制了各类规模糊料或烟草种植园殖民地的建立。1706 年，非洲黑奴开始取代少量当地奴隶，并且没过多久，当地奴隶便由非洲黑奴完全替代。最初，人们通过劫掠西班牙船只获取黑奴，后来发展至直接从非洲进口。新奥尔良非洲黑奴数量不多，难以驯服。奴隶经常趁机逃跑，发起反抗，逃往沼泽地，或由当地原住民国家接收。到 1720 年，路易斯安那领土上拥有 2 000 名非洲黑奴，这一数量是自由非洲人的两倍。殖民者之所以在路易斯安那种植糖料作物，仅仅是因为 1791 年蚊子促使奴隶在法国海地殖民地在杜桑·卢维杜尔的领导下发起反抗，开展独立运动。而杜桑随后也成为世界上最大的糖料生产者。1795 年，通过引入海地模式，路易斯安那首个糖料作物种植园最终得以建立。没过多久，美国总统托马斯·杰斐逊便于 1803 年将该种植园买为己有。

虽然对于自己早期的北方殖民地计划，法国刻意小心翼翼、偷偷摸摸予以实施，其目的在于避开位于南方的强大西班牙帝国，以免引起其注意，但是相比之下，英格兰则有与之不同的战略设计。1558—1603 年，英格兰处于伊丽莎白一世女王的统治之下。女王的身边人士与其身边的财政专家均高声疾呼，要求英格兰采取行动，夺取西班牙在海外贪婪获取的部分财富。此外，伊丽莎白的父亲亨利八世颁布了 1534 年《至尊法案》，以此在短时间内建立新教英格兰。新教英格兰承担着济世救人的神圣职责，挽救"那些可怜卑鄙之人。因为美洲人民哭天喊地，强烈要求我们将传教士派往美洲，将福音传播给芸芸众生"。① 这些人认为，天主教西班牙已经"让数百万异教徒

---

① 一般情况下，亨利的肖像展现的是一个大腹便便、不修边幅、状态癫狂的君主形象。其实这并不完全准确。在年轻时期，亨利相貌英俊，极富魅力。他身材高大，体形健硕，智慧过人。他通晓多国语言，是一个无可救药的情种。与此同时，他也是一位技艺高超的运动员与音乐家。他是一位真正的文艺复兴式人物。与亚历山大一样，人们认为，1536 年，由于亨利热衷于马上长枪比武，反复遭受脑震荡，引发慢性创伤性脑病，导致亨利的相貌与心理健康突然改变，急转直下。1547 年，他因病态肥胖去世，享年 55 岁。

皈依天主教"，作为奖励，其上帝已经打开"无穷无尽、价值连城的宝藏"。西班牙在美洲广阔水域中沐浴阳光，而英格兰则只能受限于"粗暴野蛮、日日可见的海盗活动"。伊丽莎白为世界权力和利益不平衡问题提供了解决方法，将两名最为著名的恐怖海盗与商人——弗朗西斯·德雷克爵士与沃尔特·雷利爵士变为合法"私掠船船长"，并使其效忠女王。二人在美洲欺凌弱小，展开冒险。在此期间，唯利是图的海盗与士兵会摆好阵势，抗击有史以来最为强大、最具天赋的敌人，但他们却一次又一次败下阵来。这一敌人便是蚊子。

1519—1522 年，斐迪南·麦哲伦环游世界。此后，德雷克于1577—1580 年进行了自己的环球之旅。在其舒心愉快的环球之旅中，德雷克劫掠西班牙运宝船，在西班牙殖民地大肆掠夺，共获取相当于今日价值 1.15 亿美元的战利品，使其成为历史上第二富有的海盗，与首富"黑山姆"贝拉米仅相差约 500 万美元。德雷克沿南美洲环绕一周，随后沿美洲的太平洋海岸北上。德雷克于旧金山金门大桥以北约 48 千米的德雷克斯湾 / 雷斯岬稍做休息，随后，向西穿越太平洋。这位富可敌国的私掠船船长利用西班牙皇室的财富，最终找到了返回英格兰普利茅斯的归乡之路。英格兰与荷兰在大西洋两岸公海上展开劫掠，而英格兰清教徒在西属尼德兰横加干预，导致西班牙越发不满。

1585 年，天主教西班牙与清教英格兰（及其荷兰改革派盟友）最终爆发大战。刚刚受封为骑士的德雷克绝不会浪费这一获得战利品的机会。一直以来，德雷克都是诡计多端、奸诈狡猾的机会主义者。他说服伊丽莎白女王将其任命为一大型探险队队长，从而先发制人，向利润丰厚的加勒比海地区的西班牙殖民地发动进攻。对于德雷克而言，他领导着"童贞女王"伊丽莎白合法授权的庞大海盗船队，出征作战，而等待他的是名望、荣誉与财富。在穿越大西洋、"将西印度群岛的西班牙国王绳之以法"前，德雷克于西非海岸的葡萄牙佛得角群岛殖民地短暂停留，掠夺财富。毫无疑问，如此一来，德雷克也让一些不请自来、足以致命的难民加入自己的队伍。

在率领船队向加勒比海进发之际，德雷克的船员迅速因恶性疟大量死去。德雷克在航海日志上记录道："我们出海时间虽然不长，但是已经有人毙命。在几天时间里，就死掉了两三百人。"德雷克也提到："我们从圣伊阿古（佛得角圣地亚哥）启程七八天后，开始出现致命热病……随后，我们的船员高烧不退，寒战不断。几乎所有病人都难逃一死。"在抵达加勒比海之前，德雷克船队中疟疾肆虐。蚊子成为其为期 6 周战役的主导。英国商人亨利·霍克斯写道："由于天气炎热，一种叫作蚊子的小飞虫颇多，不论男女均遭其叮咬，感染毒虫。加勒比海因而容易滋生多种疾病。遭蚊子叮咬最多的是刚刚进入加勒比海地区的人。许多人因这一令人烦恼的事情而丧命。"的确，面对霍克斯笔下的"蚊子"与疟疾"毒虫"，德雷克及其手下刚刚进入地中海地区的船员被迫返回英格兰。

蚊子迫使德雷克及其加勒比海盗终止任务。德雷克因而迅速意识到："不论谁在光天化日之下登上他的船，都将因感染疾病而死亡。"1586 年春，德雷克努力调整，勉为其难，两手空空返回故土。在途中，德雷克洗劫西班牙的佛罗里达圣奥古斯丁殖民地，将另一场疟疾流行病传染给当地大量蒂穆夸人。德雷克提到："最初与我们船员接触的蒂穆夸人很快便一命呜呼。"在西班牙于 1565 年建立圣奥古斯丁仅 21 年后，在这片位于欧洲人连续生活时间最长的美国殖民地，与殖民者与之接触前相比，幸存下来的蒂穆夸人仅有 20%。

洗劫圣奥古斯丁后，德雷克向北航行，前往罗阿诺克（南卡罗来纳州）。在那里，四处劫掠的私掠船船长沃尔特·雷利爵士出资建设了一个殖民地。但当时，殖民地已经陷入苦苦挣扎。在返回英格兰的途中，德雷克的船上拥有充裕空间，可安置所有在罗阿诺克幸存的首批殖民者。在德雷克最初的 2 300 名船员中，能够继续工作的只剩 800 人，因疟疾死亡的有 950 人，另有 550 人身患重病，奄奄一息。蚊子挫败了德雷克首次将英格兰国旗插在美洲大陆的企图。对于伊丽莎白女王而言，目前在加勒比海地区进行殖民统治，或抢劫掠夺西班牙殖民地的任务只能暂缓，不得不另觅良机。

在家乡受到胜利者般的欢迎后，德雷克晋升为英格兰海军中将。1588 年，英格兰海军击败来犯的西班牙无敌舰队，这一轰动性的胜利使德雷克的地位大幅提高，成为国家英雄。德雷克利用其名声获得官方许可，让其因蚊虫叮咬而终止的海盗活动起死回生，并再次向西班牙加勒比海地区殖民地发动进攻，延续其十年前开始的战斗。尽管英格兰与西班牙激战正酣，但是在击败西班牙无敌舰队后，英格兰占据了优势。西班牙元气大伤，意味着其价值连城的加勒比海殖民地也无还击之力。与令人闻风丧胆的德雷克相比，还有谁更能理解这一劫掠使命的意义呢？

1595 年，德雷克把目光聚焦到波多黎各圣胡安，希望在加勒比海地区建立首个永久性英国殖民地。"疟蚊将军"及其意志坚定的西班牙盟友将这一帝国主义美梦迅速扼杀，同时也结束了德雷克的生命。在德雷克抵达圣胡安几周内，被疟疾夺去生命的船员数量便占到船员总数的 25%。随后，一场灾难性的疟疾让德雷克的船员的境况雪上加霜。围攻圣胡安失败后，由于德雷克及其手下饱受多种流行病折磨，他将船队停泊在"蚊子海湾"（哥伦布在第四次及最后一次航行期间，于 1502 年 10 月为其取了这个名字，可谓名副其实），距离当今巴拿马运河北部入口不远。①1596 年 1 月，德雷克因感染致命疟疾与痢疾而死亡，被葬于大海。德雷克的失败与死亡均由蚊子导致。而当时，蚊子也再一次将英格兰在加勒比海殖民的梦想击得粉碎，迫使英格兰将发展帝国主义的希望寄托在更为遥远的地方。虽然德雷克在蚊子面前败下阵来，但是在加勒比海阳光明媚、危机四伏、蚊虫滋生的温暖水域以北约 3 500 千米外，英格兰夺取了其首

---

① "蚊子海岸"也于哥伦布第四次航行期间得名。其位置更靠近北部，沿尼加拉瓜与洪都拉斯海岸线，向南延伸至巴拿马。"蚊子海湾"则指巴拿马海岸特定的一片水域。

个海外殖民地。

1583 年，英格兰在纽芬兰岛成功建立首个海外殖民地。当地原住民贝奥图克人将身上涂满红色赭土或动物脂肪，把皮肤染成深红褐色，以此作为驱虫剂，抵御蚊子、黑蝇等混杂虫群的侵扰。贝奥图克人总人口不到 2 000，却以"红肤人"在欧洲人之中声名鹊起。[①] 随后由于发生一系列不幸事件，贝奥图克人彻底消失。虽然有些历史学家认为当时可能出现了种族灭绝式屠杀，但是此种事件实乃子虚乌有。天花与肺结核是最重大的影响因素。此后，由于无法展开传统的沿海捕鱼活动，贝奥图克人食不果腹。紧接着，残忍无情的殖民者对其展开"猎杀"。种种灾难共同导致一个后果：贝奥图克人无法繁衍生息，更难以维系本来就已人口稀少的族群。结果，1829 年，最后一位名叫莎娜维迪斯特的贝奥图克年轻女性因肺结核病逝。贝奥图克人从此彻底灭绝。

虽然纽芬兰的圣约翰是条件最优越的天然港之一，且该岛大浅滩拥有世界最丰富的渔业资源，但是纽芬兰殖民地因位置过于偏北，无法获取像种植园那样的利润。[②] 也因其过于偏远，无法成为起始港口，为劫掠满载殖民地矿产宝藏，甚至致使船身下沉的西班牙大型帆船服务。由于纽芬兰殖民地无法带来经济收益，已适应当地疾病的西班牙守卫者将加勒比海地区防卫得密不透风，加之由蚊子带来的热病根深蒂固，德雷克同代人沃尔特·雷利爵士通过努力，于罗阿诺克建立自己的殖民地，以此扭转这一局面。

罗阿诺克冒险最初由汉弗莱·吉尔伯特出资组织。同样身为私掠船船长的吉尔伯特建立纽芬兰殖民地后，在返程途中溺亡（引用托马斯·莫尔《乌托邦》一书中最后结语）。罗阿诺克的使命传递到了吉尔

① 除烟熏之外，其他当地常见驱虫剂包括动物脂肪乳液，"熊脂"是理想之选。赭土也起到天然防晒霜作用。

② 纽芬兰于 1907 年从英国独立，是继加拿大之后最后一片从英国独立的领土，并于 1949 年加入加拿大联邦。

伯特同父异母的弟弟沃尔特·雷利手中。作为"海盗女王"伊丽莎白的宠儿，雷利继承了拥有 7 年历史的皇家租船，接过了殖民"任何位置偏远、信奉异教、野蛮残暴、不归基督教王子所有、没有基督子民生活的土地、国家及领土"这张空头支票。换言之，雷利需要将所有西班牙尚未占领的可利用、可获取的土地变为英格兰殖民地。作为回报，英格兰皇室称将把其所获的不义之财的 20% 赠予雷利。伊丽莎白私下命令雷利于加勒比海北部建立一座基地，以便让私掠船从该地出发，掠夺前往欧洲的西班牙运宝船队。在历史上，人们将这片海盗湾称为"失落的殖民地罗阿诺克"。雷利脑子里充斥着"黄金热"，对努力使殖民地成为表面光鲜亮丽的南美黄金国颇为着迷。但是他从未亲自踏上北美的土地。雷利仅仅是为最早的罗阿诺克殖民者提供资金，让他们执行自己的命令。

1585 年 8 月，首批 108 名殖民者抵达罗阿诺克岛。航船出发前往纽芬兰时，他们仅仅获得一个不知能否兑现的承诺，即补给品于次年 4 月才会送达。到 1586 年 6 月，后续救援船队依然不见踪影，心力交瘁的幸存者们饥肠辘辘，疲于应付当地克洛坦人与塞柯坦人的报复性袭击。你应该还记得，在 6 月中旬，德雷克在经历了因疟疾而遭到破坏的加勒比海探险之旅后，曾登上这片殖民地。由于德雷克 2/3 的船员要么因疟疾病逝，要么坐以待毙，船队急需帮手，因此脱离队伍的罗阿诺克幸存者登上了德雷克的船。在首次探险结束后，罗阿诺克遭到抛弃。当补给最终送达时，人们发现殖民地遭到遗弃，只有一个由 15 人组成、孤立无援的小队留在那里，通过自我牺牲，保护着英国在该地区的印记。

1587 年，雷利派遣了第二支由 115 名殖民者组成的队伍，在位于罗阿诺克以北的切萨皮克湾建立殖民地。德文郡位于英格兰受疟疾影响区域对面，被称为沼泽地。该片土地与东南部郡县彼此交织，以肯特郡与埃塞克斯郡这一遭蚊子攻击地区为中心，向四周发散。可能在来到德文郡前，这些殖民者从未患过疟疾。新殖民者的目标是在罗阿诺克停留，将孤独绝望、寥寥无几的英国驻守部队全部带走。但他们发现那里空无一人，只剩下一具白骨。舰队队长下令，让殖民者们改变计划，放弃前往切萨皮克湾，转而登陆罗阿诺克，并在那里建立殖民地。只有探险队领袖约翰·怀特、一位雷利的朋友及由德雷克救下的一位最早到此的殖民者返回了英格兰，确保罗阿诺克补给品能够送达。但是，补给品再一次未能到来。

西班牙与英格兰之间的战争远比怀特的顾虑与罗阿诺克的需求更为重要。所有英国船只均被征收，用于应对强大的西班牙无敌舰队所构成的威胁。罗阿诺克失守只是时间问题。三年后，怀特最终返回罗阿诺克，却只发现在仅存的一根围栏桩上，刻着失落之城（CROATOAN）几个字。在附近的一棵树上，刻有 C-R-O 几个字母。没有任何挣扎或燃烧迹象。一切看上去都是以井然有序的方式得到拆除的。流言立即在英格兰传开。其中有些是由实行重商主义的帝国主义国家的财政家暗中传播的，他们刻意放任不管，对这一行为予以纵容。因为如果最终结局是难逃一死，那么便没有人愿意毛遂自荐，成为未来殖民地的开路先锋。人们在殖民地忍饥挨饿、疾病缠身，遭受野蛮残忍的印第安人的折磨，因而必然会自我了断。对于英国皇室及其商业资助人而言，殖民化过程不能存在此类污点，这对商业发展有百害而无一利。

关于这些不见踪影的殖民者究竟经历了什么，人们提出了大量相关理论。虽然电视频道与网飞的平台充斥着效果华丽的纪录片，但是只有一个基于考古证据的解释通过了"古代外星人"科幻小说的测试。大多数人死于饥饿与疾病，幸存者大多为妇女儿童。当地克洛坦人与塞柯坦人将其收养，纳入自己的社会群体。在北美东部原住民中，这一融合同化的文化行为是习惯做法。我们通过法国皮草商与其混血子女，便能看到这一点。2007 年，"失落的殖民地罗阿诺克"基因项目成立。然而，阴谋理论家依然能够获得时间，在广播电视上发表言论，用所谓达雷之石①、外星人绑架、欺骗性地图等说法，污染这段历史，直到该项目发现科学的宗谱证据，他们才最终收手。

虽然雷利从未到访北美，但是1595—1617年盎格鲁-西班牙战争期间，雷利确实依托其掠夺探险，率领军队向殖民国家西班牙发起进攻，其中包括对位于当今委内瑞拉与圭亚那地区神秘莫测的黄金国展开搜寻。其所有新世界的探险均因蚊媒传染病而以失败告终。1603年，伊丽莎白女王去世。雷利因策划对其继任者詹姆斯一世发动政变，最终获罪。詹姆斯一世勉为其难，免其一死。雷利随后被囚禁于伦敦塔内，1616年获得赦免。获释之后，雷利立刻获得许可，开启寻找黄金国的第二次旅程。最终，这也成为其最后一次探险之旅。

在圭亚那进行寻宝游戏之时，雷利因疟疾反复发作而遭边缘化。在他因病无法活动期间，少数手下违抗其直接命令，洗劫了一个西班牙殖民地。此次活动不仅导致雷利的儿子遭到杀害，而且直接违反了其假释协议及结束19年的盎格鲁-西班牙战争的1604年的《伦敦条约》。由于西班牙强烈要求雷利人头落地，詹姆斯国王别无选择，只能恢复对雷利的死刑判决。于伦敦遭到斩首处决之前，雷利留下遗言。其临死之言既未体现其因功勋卓著而透露的骄傲，也未显露其生命将尽前的满腔怒火，而是因蚊子和反复发作的疟疾发热而发出的肺腑之言。雷利在遗言中告诉握着斧子的刽子手："给我个痛快。此时此刻，疟疾依然折磨着我。我不会让我的敌人认为，我在恐惧面前瑟瑟发抖。动手吧，动手吧！"

在其丰富多彩的一生中，沃尔特·雷利爵士最为重要的"成就"便是在一次对西班牙展开的劫掠中获得烟草，并使之在英格兰进入寻常百姓家。获救的罗阿诺克殖民者回到英格兰时，也在身上装满烟草，同时内心也"带着无尽的欲望与贪婪吸食着恶臭的烟草"。罗阿诺克

---

① 达雷之石为刻有"失落的殖民地罗阿诺克"成员留下的消息的一系列石头。——译者注

的幸存者、英国著名数学家与天文学家托马斯·哈里奥特回到英格兰后，对吸食烟草的医疗益处赞不绝口，他声称："烟草能够打开身体所有毛孔与通路……显而易见，（吸食烟草后）身体一直处于健康状态，并未患有经常在英格兰让我们饱受折磨的严重疾病。"结果，极具讽刺性的是，"大烟枪"哈里奥特大错特错（他因吸食、咀嚼及闻嗅烟草成瘾而患上口腔癌与鼻咽癌）。尽管如此，西班牙依然垄断了烟草生意，获利颇丰。倘若将烟草种子出售给外国人，西班牙便会对销售者给予死刑惩罚。

不久，因一位英格兰人的勤奋努力，这一西班牙烟草垄断集团每况愈下。这名英格兰人热爱冒险，又兼具开拓进取的美国精神。在罗阿诺克建立殖民地失败后，一位名叫约翰·罗尔夫的年轻英格兰烟农与其波瓦坦妻子波卡洪塔斯用自己的努力，保障詹姆斯敦继续长存于世，为英属美洲殖民地的创建种下了种子。最终，那里成为美国。烟草是利润极高的经济作物，也是商业货币。烟草最初经詹姆斯敦销往各地，足以让英属美洲焕发勃勃生机。通过种植烟草，英国殖民者在不知不觉中也将蚊媒传染病与死亡召唤至身边。

罗阿诺克殖民地建立的失败让人大为震惊，流言蜚语也随之四起。在人们平复情绪、流言渐渐被平息之后，建立另一个英国重商主义殖民地的计划浮出水面。在加那利群岛与波多黎各短暂停留之后，1607年5月14日，在伦敦公司与普利茅斯公司（统称弗吉尼亚公司）共同出资支持下，三艘载有装备不齐、补给不足的104名男性的船只排除万难，驶入切萨皮克湾。约翰·史密斯也是船上一员。根据与蚊媒传染病相关、久经考验的瘴气理论，伦敦公司提供了选择殖民地地点的书面说明，其内容言简意赅，直白明了。殖民者受命，不得在"低洼或潮湿之地建立英国殖民地，因为此类地区对健康有害。必须根据当地人的身体状况，判断空气好坏。因为在某些地势低洼的海岸地区，那里的人视力不佳，肚子与双腿肿胀"。他们小心翼翼沿詹姆斯河向上游航行。河岸两边，树木高耸，其间夹杂着刚刚种下的玉米。

根据船队货物清单上的物资，他们来此并非为了探索，也不是为了种植农作物，更不是为了建立永久性殖民地。船上没有妇女，供给品短缺，没有牲畜，没携带种子，也没有装运农耕设备或建筑材料。然而，船上有一群骄傲自大、以上层人士为主的人。他们并不习惯于体力劳动，却装备着挖掘黄金的设备，心里怀着挖掘弗吉尼亚矿产宝藏的目标。在詹姆斯河上一片荒无人烟的沼泽半岛上，这些百里挑一、有勇无谋的英国人偶然之间建立了英属美洲殖民地。

在这一未经开发的殖民地附近，却不见当地波瓦坦人的踪影。其原因很快浮现。由于当时生活着数量超过今天40倍的海狸，北美东部许多地区沼泽丛生，其覆盖面积是当今的两倍。对于蚊子而言，这些湿地一定宛如天堂，成为它们的游乐场。[①]17世纪至18世纪海狸战争期间，海狸几近灭绝，从而导致这些沼泽与泛滥平原重新变为富饶之地，吸引英格兰人开垦耕种。这些皮草贸易战争促使易洛魁联盟及其英国支持者与各个阿尔衮琴族及法国资助人为敌，让长期稳定的当地各族人的关系出现裂痕。七年战争（1756—1763年），尤其是其中最为美洲人所知的法印战争[②]，是这场错综复杂北美战争的高潮。其也是第一场影响深远的世界战争。英国与法国最终为争夺北美霸权展开决定性交锋。正如我们随后将看到的，蚊子如同杀人不眨眼的战士，在营地与战场上处处可见。然而，英国人并不急于占领新法兰西，因为詹姆斯敦与普利茅斯两个最早建立的殖民地依然前途未卜。

由于海狸忙碌不停，詹姆斯敦无法成为建立产品销售地的理想地

---

① 海狸（巨型啮齿类动物）最大可重达约40千克。它们用树木、泥土及石头阻挡水道，形成一个由小型通道与湿地组成的棋盘式结构。海狸则居住于其中的拱形洞穴内。在一条河流上，海狸每英里最多可建造20个水坝。海狸所建的有史以来最大水坝位于加拿大阿尔伯塔北部，长达近一千米。英国殖民者抵达詹姆斯敦时，美国湿地面积超过89万平方千米，比如今湿地面积的两倍还多，阿拉斯加也包含其中！

② 法印战争是七年战争中的重要战役。——编者注

点。伦敦公司的指令还未经考虑便遭到无视。结果证明，这一决定带来足以致命的后果。曼恩以挖苦的口吻说："原住民之所以不在半岛上生活，是因为那里不适合居住。英国人是最后进入这片土地生活的人。最终，他们得到的是最糟糕的财产。那里沼泽密布，蚊子肆虐。"一位殖民者抱怨称："那里的含盐咸水中满是烂泥与污秽之物。"这种水不宜饮用，也导致土壤不适合利用。① 潮汐沼泽无法为野生动物提供草料，只能在一定季节成为鱼类栖息地。

另外，在此种条件下，传播疟疾的蚊子得以发展壮大。外来与本地疟蚊均携带疟疾，将疟疾传染给刚刚登上这片土地的殖民者。其中许多人在来到美洲时，疟原虫便已经寄生在其血液或肝脏之中。纳撒尼尔·鲍威尔是詹姆斯敦早期的殖民者。在一封信中，鲍威尔报告称："我尚未从四日疟中完全康复。但是，由于我昨天已经发病，预计下次我将在周四发病。"詹姆斯敦位于你能想象到的最不利于农耕、狩猎与保持健康的地点之一。更糟糕的是，在这里，越发虚弱的殖民者大张旗鼓、努力寻找的黄金、白银与珍宝均无处可寻。

取而代之的是饥饿、疾病及原住民出其不意的袭击。原住民对英国人的高大身材与骁勇善战颇为惧怕。原住民备有弓箭，其发射与装填速度比英国火枪快 9 倍。为数不多、融入当地的旅居法国人来此是为了进行皮草贸易。而英国人则与之不同。他们来到这片土地，是为了建立覆盖从滩头边缘至内陆边界的扩张殖民地，因此与原住民发生冲突在所难免。然而，疾病缠身的英国殖民者不仅装备不足，而且寡不敌众。波瓦坦联盟以詹姆斯敦为中心，而且还在不断扩大。联盟由 30 多个小型同盟组成，总人口达 2 万。在不到 8 个月的时间里，詹姆斯敦仅剩 38 名痛苦不堪的英国人，在疟疾发热这一人间地狱中备受煎熬。

---

① 最初，殖民者游手好闲，其程度令人咂舌。他们花了两年时间才解决了打井这一最为显著的问题。其懒惰无为程度可见一斑。

虽然 1608 年有两批补给品运抵了詹姆斯敦，随之来到殖民地的还有数批殖民者，其中包括不少女性，但殖民者的补充依然不及其死亡速度。一位名叫乔治·珀西的殖民者灰心丧气地写道："诸如肿胀、痢疾、高热等无情疾病将我们击垮。早上，人们将尸体拖出船舱。尸体如死狗一样，等待埋葬。"殖民地最初女性数量不足，这也阻碍了殖民者自身的人口增长。英国国内收到一条消息，要求为行将暴发的"国家性疟疾传染病"做好准备，有时疾病暴发后，大多数人为适应该病反应剧烈（叫作"调味"）。在蚊子的围追堵截、狂轰滥炸之下，詹姆斯敦殖民地土崩瓦解。到 1609—1610 年冬天的"饥饿时期"，在最初的 500 名殖民者中，幸存者仅为 59 人。其主要死因为"此处的'调味'与美洲其他地方一样，均为发热或寒战。通常情况下，刚刚进入新环境的人面对气候与饮食变化，都会出现类似症状"。詹姆斯敦的蚊子不依不饶，散布疟疾，使饥荒蔓延，让人痛苦难当。虽然詹姆斯敦殖民地笨拙地走出了第一步，在沼泽中初步落了脚，但也摇摇晃晃，立足不稳。

在《细菌与刺刀》一书中，戴维·佩特里埃罗对疾病在美洲军事史中的影响进行了追踪。佩特里埃罗慎重指出："严重影响小型殖民地的问题可以轻而易举让詹姆斯敦重蹈罗阿诺克的覆辙，延缓英国对更远地区展开探险，甚至可能使其全部行动化为乌有。殖民地的故事家喻户晓。关于殖民者如何与当地人作战，如何应对食品短缺，如何面对贪欲，以及如何彼此斗争并最终建立起一个屹立不倒的殖民地等情节，已是人尽皆知。在最初几天，大多数殖民者会命丧殖民地，殖民地曾饱受此类问题困扰。在历史上，人们将其称为'饥饿时期'。但是，需要再次说明的是，即使这不是一种完完全全的表述不当，也是一种过于简单化的解读。詹姆斯敦与弗吉尼亚近乎毁灭的原因并非粮食匮乏，而是疾病肆虐。"在历史记载中，历史学家与评论家认定，最初抵达詹姆斯敦的殖民者好吃懒做，冷漠无情。也许他们的确如此。这些殖民者经常感染疟疾。詹姆斯敦之所以缺少食物，是因为居住者病入膏肓，没有能力，也许也没有意愿，从事体力劳动，种田务农，搜寻粮草，甚至偷抢粮食。如此看来，"饥饿时期"应更名为"蚊子时期"。疟疾、伤寒及痢疾最先袭来，在后续"饥饿时期"依然阴魂不散。

早期殖民者希望与当地波瓦坦人进行粮食交易，而不是自己种植粮食，以供自己食用。在为获取粮食交换了自己的一切财物后，殖民者一无所有，随即便开始偷窃原本产量就不高的波瓦坦作物。1609 年可谓年谷不登，粮食歉收，猎物减少。木栅栏让这场针对当地人积蓄已久、规模更大的掠夺及惩罚性征程与世隔绝，迫使骨瘦如柴、因疟疾而颤颤巍巍的幸存者藏在詹姆斯敦臭气熏天的垃圾堆之中。随着饥饿真正到来，树皮、小老鼠、皮靴和皮带、充血的大老鼠、身边同伴均成了桌上美餐。后来有报告称，饥不择食的殖民者从土里"挖出坟墓中的死尸头颅，将其啃食干净"。正如我们之前所见，一位忍饥挨饿的殖民者杀害了其怀有身孕的妻子。一位旁观者在记录里写道："他在妻子身上撒上盐，将其变为自己的盘中餐。"约翰·史密斯是一位足智多谋的领袖，他曾作为中间人，与波瓦坦人实现短暂和平，并展开贸易。史密斯于 1609 年 10 月回到英格兰。"饥饿时期"接踵而至，英格兰也随之与波瓦坦爆发冲突。史密斯因意外，笨手笨脚地引爆了一包挂在裤子上的火药而受了重伤，烧伤严重。因此，史密斯返回了英格兰，再也没有回到弗吉尼亚。

史密斯出发之后不久，另一位同样名叫约翰的人携带满满一袋烟草种子抵达詹姆斯敦。约翰下定决心，要在弗吉尼亚开启新生活。在此过程中，约翰也不知不觉为一个新生国家——美利坚合众国——耕耘出一片未来。虽然好莱坞与历史对约翰·史密斯赞美有加，但是詹姆斯敦名副其实的名人当属约翰·罗尔夫。他是我们迪士尼宝贝波卡洪塔斯真正的英国丈夫。

罗尔夫与妻子从英格兰乘船出发。1609 年 6 月，9 艘船只组成第三批补给运输船队，载着 500 至 600 名乘客，向詹姆斯敦驶去。在 9

艘船中，7艘于当年夏天抵达詹姆斯敦，殖民者上岸、卸下补给品后，船队于10月带着"饥饿时期"的消息，载着几个犯下罪行、殖民者中的害群之马，以及身负重伤、憔悴不堪的约翰·史密斯返回英格兰。两位约翰未曾谋面，至少从未在弗吉尼亚相见。

罗尔夫所乘船只名为"海洋冒险号"。在横渡大西洋期间，该船遭遇飓风袭击，最终于百慕大北部浅滩沉没。幸存者在岛上孤立无援，苦苦支撑了9个月。而罗尔夫的妻子与刚刚出生的女儿百慕大则在海难中丧生，最终葬于百慕大群岛。幸存者们利用岛上木材与"海洋冒险号"残骸，建造出两艘小船。1610年5月，在史密斯及其他护航队离开7个月后，两艘手工制造的小船摇摇晃晃驶入詹姆斯敦。

对于所有热爱莎士比亚的人而言，"海洋冒险号"排除万难、乘风破浪的航行为戏剧《暴风雨》（创作于1610—1611年）提供了灵感之源，也为其创作提供了背景。该剧中多次提及奴隶制度与寒战。在莎士比亚的一生中，英格兰东部的沼泽地居民由于一直皮肤惨白、面如死灰、疟疾缠身，当时已经声名狼藉。因此，莎士比亚对疟疾了如指掌。在《暴风雨》中，奴隶卡利班诅咒其主人普罗斯佩罗感染疟疾。卡利班说："愿太阳从一切沼泽平原上吸起来的瘴气都降在普罗斯佩罗身上，让他的全身没有一处不生恶病！"在该剧后续情节中，酩酊大醉的斯蒂芬诺为躲避暴风雨，从卡利班与屈林鸠罗身前跌跌撞撞走过，在斗篷下瑟瑟发抖，错将他们看作"岛上生四条腿的怪物，照我看起来像在发疟疾"。[①] 在许多评论家与历史学家看来，《暴风雨》是莎士比亚最后一部由其亲笔完成全部创作的戏剧。然而，尽管可能性不大，但是除了该剧，"海洋冒险号"通过此地还带来了另一个产物。

"海洋冒险号"的不幸让英格兰因祸得福。虽然罗尔夫的队伍中没有人留在百慕大群岛上照顾遇难者尸体，但是在这片北大西洋具有战略意义的亚热带岛屿上，英格兰国旗却在此升起。百慕大群岛位于

---

① 此段《暴风雨》原文有关翻译参考朱生豪译本。——译者注

古巴以北约 1 600 千米处，位于北卡罗来纳与南卡罗来纳以东约 1 040 千米处。1612 年，该岛正式被纳入弗吉尼亚公司宪章管辖范围，发挥着英国战船与运输船休息站的作用，以便他们达成最终目标。一位同代评论家写道："由于当前英格兰刚刚对殖民地予以关注，百慕大群岛成为满足英格兰对殖民地更大关切的跳板。因为当前，对于英格兰而言，弗吉尼亚是新生活开始之地，而英格兰人在弗吉尼亚的主要目的是传播神学与宗教。只有这个王国实力大增、走向繁荣、荣耀加身，我们的'同胞'才能在此扎根，安身立命。但事实证明，这仅能让弗吉尼亚当地居民单方面受益。即使在此情况下，我们的同胞依旧应该前往那里。"到 1625 年，随着清教徒让马萨诸塞州皈依清教，百慕大殖民地人口远超弗吉尼亚。虽然种植诸如糖、咖啡等其他作物依然是痴人说梦，但是烟草却促使两个英属殖民地的经济不断发展。然而，1630 年，百慕大殖民者分成两队，在巴哈马群岛与巴巴多斯安营扎寨，将其变为殖民地。英国在此地的制糖业终于有了着落。巴巴多斯成为英国在加勒比海制糖业发展的最前沿，巴巴多斯人口也飞速增长。到 1700 年，其人口已经达到 7 万，其中奴隶 4.5 万。

有趣的是，虽然 1647 年巴巴多斯暴发美洲首次（由伊蚊传播的）黄热病疫情，但是在这里，引发疟疾的疟蚊依然不见踪影。尽管黄热病与其他疾病在巴巴多斯肆虐，但是由于没有疟疾，巴巴多斯很快作为一个"有益健康"、卫生干净的殖民地而闻名遐迩，甚至许多医生认定，那里是疟疾病患的疗养院。我可以想象，巴巴多斯关于殖民者与各类假期的殖民广告宣传是什么样子：纵情欢乐，畅饮朗姆酒，尽情享受阳光下的一切，免受疟疾困扰！或仅仅是简简单单的一句：巴巴多斯，疟疾无影无踪，度假最佳之地！由于该岛健康卫生的环境已众所周知，其预期经济机会引人关注，因此也吸引了大批外来移民。在 1680 年之前，与巴巴多斯相比，任何一个英国新世界殖民地吸引的移民数量均相形见绌。英格兰最终得偿所愿，打入利润丰厚的加勒比海制糖与烟草市场。英格兰对此渴望已久。通过约翰·罗尔夫与"海洋冒险号"艰难困苦的航行，英格兰虽然在经济上进入加勒比海地区，但是也进一步深入蚊子巢穴，陷入蚊媒传染病及死亡掀起的混乱境地。

因海难在百慕大停留 9 个月后，罗尔夫最终于 1610 年 5 月与 140 名足智多谋的同伴（以及一条意志坚强、忠心不二的狗）成功抵达詹姆斯敦。当时，映入他们眼帘的殖民地是一片废墟。60 名食不果腹、身患疟疾、精疲力竭的居民苦苦哀求将他们带离此地。补给品已消耗殆尽，而这些船员才刚刚抵达。这意味着已缺吃少粮的殖民地需要养活更多人。这些殖民者别无选择。波瓦坦酋长束手无策。最初几年，在枪支、斧子、镜子、玻璃珠等贸易商品持续流通的情况下，他允许殖民者在毫无价值的土地上勉强维系。只要这些外国人提供受人欢迎的产品，波瓦坦便会向其提供粮食，保障其基本生存。由于英格兰人口数量下降，疾病缠身，因而不再对当地人构成威胁，当地人可以轻而易举地在转瞬之间将其全部消灭。在波瓦坦的武器库中，人数优势与手中有粮是最具杀伤力的武器。

1609 年 10 月，约翰·史密斯离开之后，波瓦坦人对英格兰人的欢迎热情逐渐消磨殆尽，他们对英格兰人偷鸡摸狗、野蛮粗鲁的行为失去了耐心。由于殖民者没有可供交易的商品，其自身价值也所剩无几。随着约翰·史密斯的离去，殖民者可利用的价值也随之消失。对于饱经詹姆斯敦噩梦、意志坚强的老殖民者，以及刚刚抵达的罗尔夫的船员而言，放弃船只恰逢其时。詹姆斯敦在自己臭不可闻、疟疾肆虐的污水坑中不断沉沦。1610 年 6 月，罗尔夫队伍来时乘坐的两艘手工制造船只及詹姆斯敦仅剩的两艘劣质船只整装待发，向纽芬兰驶去。在那里，逃离詹姆斯敦的殖民者将乞求大浅滩渔民帮助他们返回故土。与罗阿诺克一样，詹姆斯敦殖民地也未能摆脱遭到遗弃的命运。

随着船队在庄严肃穆的气氛下起航，开始沿詹姆斯河离去，德·拉·沃尔男爵及其幸运的救灾船队载着 250 名殖民者、军队用品、一名医生，最为重要的是，超过一年的补给品，抵达詹姆斯敦，及时为詹姆斯敦注入希望。面对东部大西洋海岸这片依然得以勉强维系的殖民地，英格兰曾对其经济前景雄心勃勃。但是由于詹姆斯敦处于遭到抛弃、因疟疾面临毁灭的边缘，这一雄心壮志也随之灰飞烟灭。按詹姆斯敦救星德·拉·沃尔男爵所言，为了表达感激，"欢迎我们的是一阵来势汹汹、让人怒火中烧的疟疾。之前的疾病接踵而至，迅速复发。由于病情更为严重，我一个月卧床不起，随后元气大伤，变得弱不禁风"。随着殖民者涌入重新焕发生机的农业殖民地，德·拉·沃尔像约翰·罗尔夫及其忍饥挨饿的流放者一样，再次确保了蚊子得以饱食终日。

罗尔夫在死气沉沉的沼泽地内种下首棵小型烟草作物。1612年，作物出口至英格兰后，罗尔夫获取了等同于今天150万美元的收益。罗尔夫将让其发家的特立尼达岛烟草植株命名为"奥里诺科"，以向沃尔特·雷利爵士将烟草引入英格兰的做法致敬，纪念其历经艰险、沿圭亚那奥里诺科河寻找黄金国的远征之旅。对于詹姆斯敦及其英裔美洲子女而言，黄金国并非某座高耸入云、珠光宝气、金光闪闪的城市，而是一种草本茄属植物：烟草。此处，我同意查尔斯·曼恩对弗吉尼亚烟草业快速成熟及重要意义的简明评论。曼恩说："就像强效可卡因是一种劣质、便宜的粉状可卡因一样，弗吉尼亚烟草的质量不如加勒比烟草，但也没加勒比烟草那么贵。与强效可卡因一样，弗吉尼亚烟草在商业上大获成功。在抵达詹姆斯敦后一年时间里，殖民者们仅用小包烟草就偿还了自己在伦敦的所有债务……到1620年，詹姆斯敦每年烟草运输量高达近23吨；三年后，这一数字增长了近两倍。在40年时间里，切萨皮克湾，即后来人们眼中的烟草海岸，每年烟草出口量达约1.134万吨。"显而易见，约翰·罗尔夫的烟草投机之举让农业殖民者、契约奴及田间奴隶为其带来了丰厚回报。詹姆斯敦从一片萧条走向繁荣。

然而，未进行自我适应的殖民地依然需要资本投资、自我补充增长的人口及劳动力。最让人忧心忡忡的是，殖民地还需要依旧掌握在他人手中的土地。发现烟草能够带来巨大利润之后，弗吉尼亚公司倾尽所有资源，保障詹姆斯敦屹立不倒。公司也出资支持，将男女罪犯运抵詹姆斯敦，用作契约奴，使其种植烟草，并在乡下生出适应当地疾病的后代。履行7年义务之后，若一切顺利，在生下许多适应疾病的后代后，这些契约奴或罪犯便能在弗吉尼亚获得约20公顷土地。虽然詹姆斯敦并不像澳大利亚那样，主要作为流放地而建立，但是运送至美洲殖民地的英国囚犯超过6万名。公司也向殖民地运送了非契约"烟草新娘"，通过包办婚姻，将她们嫁给单身男性。因此，弗吉尼亚殖民地最初5 ∶ 1的男女比例渐渐趋于平衡。投资即将到来，劳动力源源不断，自我补充、自我增长、自我适应的人口渐渐形成。现在他们仅仅需要将宝贵的土地从詹姆斯敦周围蚊子泛滥的咸水沼泽地中分离出来。现在，与波瓦坦人的冲突升级已不可避免。也许，一直以来都是如此。

由于家境殷实，约翰·罗尔夫在短时间内便成为詹姆斯敦的实际领导者。由于权力的天平向外来殖民者倾斜，波瓦坦感觉到，这是一个重建和平、恢复贸易的良机。他的女儿玛托阿卡年纪轻轻，充满好奇，经常走访詹姆斯敦殖民地。她与当地孩子一同玩耍，学习英语，了解基督教，问了太多与殖民者喜好相关的问题，并渐渐因自己天性善良，陷入贻害无穷的麻烦之中。人们不经思考，便给她起了波卡洪塔斯、"烦人精"、"小恶魔"等绰号。随着两个阵营间冲突加剧，波卡洪塔斯于1613年被英国人绑架，成为英国人手中的筹码。罗尔夫出席了谈判会议，并与波瓦坦酋长达成一项协议。双方也同意，现年17岁的波卡洪塔斯将依旧留在英国阵营中。更具体地说，她将嫁给约翰·罗尔夫，成为他的妻子。两者结合自然是帮助双方实现和平的有效政治工具，与欧洲君主国之间的联姻别无二致。然而，种种迹象均表明，在他们成为朋友的三年时间里，两人真心真意坠入了爱河。

虽然罗尔夫意识到，两人的感情是一份经济与外交合约，但其在个人通信中并不避讳谈及两人的情感关系。罗尔夫曾致信总督，请求获准与波卡洪塔斯结为夫妻。在信中，罗尔夫说："驱使我与她结为连理的并非放纵不羁的肉欲，而是这座种植园的美好未来及祖国的荣誉……我真心实意关心波卡洪塔斯。长期以来，她令我坐立难安，心驰神往，如同一个错综复杂的迷宫让我着迷，除她之外，我甚至不愿向他人敞开心扉，表达感情。"显而易见，约翰·罗尔夫是一个不可救药的情种。1614 年 4 月，二人结为夫妻。10 个月之后，他们的独子托马斯降临人世。一位婚礼的不速之客对二人的结合做出评价："自我们友好通商，开展贸易以来……时至今日，我找不到殖民地无法实现飞速发展的理由。"约翰与现在为人所知的丽贝卡①喜结连理，创造了 8 年和平时期，人们将这段时期亲切地称为"波卡洪塔斯和平时代"。

1616 年 6 月，夫妻二人带着儿子回到了英格兰。"波瓦坦公主"波卡洪塔斯作为名人，享受英格兰为其举办的盛大仪式，接受游行列队的欢迎。但是之所以如此安排，更多原因可能是出于好奇，而非尊重。波卡洪塔斯与丈夫对此备感惊喜，甚至在晚宴上遇见了约翰·史密斯（波卡洪塔斯以为他已因伤去世）。我认为，两个约翰在出于礼节被迫进行交流时，一定颇为尴尬。人们为波卡洪塔斯制作了以坐姿呈现的版画，这是唯一展现其真实面貌的肖像。随后，人们将肖像制成"明信片"式仿古董纪念品，在英国各地销售。1617 年 3 月，就在即将踏上他们在弗吉尼亚的烟草种植园之前，波卡洪塔斯染上致命疾病，几天之后便撒手人寰，年仅 21 岁。虽然大多数人认为波卡洪塔斯死于肺结核，但是其真实死因尚无定论，依旧成谜。根据罗尔夫所言，她临死前说，虽然所有人都难逃一死，但如果这能让她的孩子继续活下去，她便死而无憾。②在随后一年的时间里，波瓦坦酋长也与世长辞。"波卡洪塔斯和平时代"就此画上句号。在力量天平上，英

---

① 波卡洪塔斯婚后改名为"丽贝卡·罗尔夫"。——编者注

② 玛托阿卡（波卡洪塔斯）葬于格雷夫森德的圣乔治教区，具体位置因年代久远不得而知。教堂于 1727 年毁于一场大火，之后得以重建。教堂花园内竖立了一座真人大小的雕像，以对其本人及其不为人知的安息之地表示纪念。如今，波卡洪塔斯通过儿子拥有数百名直系后裔，使其血统得以延续。

格兰人因此占据统治地位。形势朝着有利于他们的方向发展，促使大量殖民者、探险家、投资者及非洲黑奴漂洋过海，穿过大西洋，抵达詹姆斯敦。

由于殖民者纷纷各自为政，采取行动，开始在詹姆斯河与约克河沿岸更为肥沃的土地上种植烟草，其惩罚性掠夺行为的周期也相应大幅度增加，原住民感染疾病的速率一同随之迅速增长。1646 年，波瓦坦的土地上确立了一条边界，借此划分出了地界。该地界的出现标志着美洲印第安人保留地体系就此创立。紧随培根起义 [1] 之后，1677 年签订的中部种植园条约使得印第安人保留地正式建立。[2] 殖民者对保障本地人获得土地、钓鱼狩猎权及其他领土保护的条约视而不见，置之不理。这标志着美国制定与打破条约体系的确立。

最终，疾病、战争与饥饿将波瓦坦联盟击垮。剩余成员有的转向西部，加入其他国家；有的沦为阶下囚；有的遭人贩卖，成为奴隶。佩特里埃罗写道："疾病，包括疟疾，让英国人与当地人最终爆发冲突，为弗吉尼亚进一步的发展扫平道路。沿海切萨皮克部落败下阵来，使得数代英国人进一步向西部前进，深入新世界土地。"最初的"美国梦"便是掌握土地所有权。拥有土地资产，就等同于拥有了机会，获得了成功。

土地，或以烟草形式从土地获得的财富，是 1676 年身负重税、拥有小片土地的烟农、新殖民者与契约奴在纳撒尼尔·培根领导下发动起义的核心原因。腐朽堕落的殖民政府对波瓦坦土地进行保护，对土地极度渴望的殖民者不惜代价，严格限制向西扩展。反叛军对此嗤之以鼻。一个世纪后，这一富有争议的问题点燃了革命的星星之火。

不少大型种植园园主通过使用契约奴，为在任已久的总督威廉·伯克利提供分成，实现对烟草生产和运输的垄断，进而限制新土

---

① 培根起义，英属北美殖民地的第一次农民起义。——编者注

② 条约规定，原住民离开保留地时，必须佩戴身份标牌，这与 19 世纪后期曾在美国、加拿大及实行种族隔离的南非实施的"通行证法"颇为相似。

地的分配或转让。对于垄断集团所有人而言，这些位于肥沃低洼地、不断壮大的烟草种植园既为伯克利内部圈子带来了巨额财富，也带来了政治权力。种植园开发也导致契约农场佣工因疟疾大量死亡，其数量达到骇人的程度。最终，起义以失败结束。培根因连续数周在倾盆大雨中作战，感染疟疾与痢疾，不治身亡。

然而，起义确实造成了两个十分可怕却至关重要的后果。第一，正如之前所说，保留地体系失败，波瓦坦联盟最终瓦解，因而让土地彻底敞开，可以不受限制，完全用于烟草生产。第二，弗吉尼亚非洲黑奴数量急剧增长。1619 年，英国海盗乘着"白狮号"，插着荷兰国旗，将非洲人运至詹姆斯敦。船上载着的是他们抢来的非洲人。这些非洲人原本位于一艘葡萄牙奴隶运输船上，按计划前往墨西哥。正如约翰·罗尔夫在报告中所说，"白狮号"原是德雷克船队中一艘破旧不堪的海盗船，"这艘船只带来了二十几名黑人"。几天之后，另一艘请求修理的受损船只交易了 30 名非洲黑奴，以换取自己迫切需要的船只修理服务。在此之前，非洲与英国殖民地之间并未正式建立黑奴贸易关系，早期殖民者也没有可以参照的奴隶制度模型。虽然这些非洲人的地位依然不为人知，但是他们很有可能在由人购买后，被安排在烟草种植园进行劳作。最初，他们的身份是契约奴，后来又变为奴隶。

1676 年培根起义爆发，弗吉尼亚当时约有 2 000 名非洲黑奴。培根起义显示出由契约奴组成、不断扩大的劳动力群体的限制。对于初来乍到之人，在蚊子成灾、面积广阔的大型种植园内，蚊子轻而易举便可夺去他们的生命。起义过后，关于他们难以控制、不愿服从的评价千真万确。此外，许多奴隶直接逃跑，在一片空无一人的小岛上安家，自己开始种植烟草。最后，随着重商主义让英格兰经济不断改观，工作机会增加，失业人数下降，因而愿意成为契约奴的人数也随之减少。培根起义结束 30 年后，弗吉尼亚非洲黑奴人口最高为 2 万人。简而言之，随着契约奴人数的减少，非洲黑奴变为劳动群体的主力。这标志着非洲黑奴制度的建立，以及蚊媒传染病更为广泛的传播，影响了美洲经济、政治及文化。英属美洲、殖民者、烟草、奴隶及蚊子均开张营业。约翰·罗尔夫在詹姆斯敦的烟草试验大获成功，推动商业与领土方面的重商主义的扩展，蚊媒传染病的扩散，以及出生于乡下、适应疾病人口的最终形成。

德雷克、雷利、史密斯、波卡洪塔斯与罗尔夫均深陷哥伦布大交换的混乱局面与殖民行为的繁杂喧嚣之中。在英国确立在新世界存在的进程中，他们均发挥了自己的作用，最后成为强大重商主义帝国最终建立的先驱。在英属美洲创建过程中，这些令人难忘、形象遭到歪曲、堪称神话的历史角色得到蚊子、殖民者与非洲黑奴全体的支持，与烟草和制糖这些利润不菲、让人无法自拔的事业紧密相关。从普利茅斯到费城，英国每在一个地方留下足迹，蚊媒传染病便也在发生翻天覆地变化的美洲地图上留下印记。哥伦布大交换掀起变革之风，从欧洲经非洲吹向美洲，而蚊子与蚊媒传染病也卷入了这股风潮。

蚊子既推动英国全球统治与英国强权和平下帝国主导实力的提升，也在某些情况下对其予以阻碍。蚊子巧妙地促使英格兰吞并北爱尔兰与苏格兰，建立了范围更大的英联邦。英国租赁北爱尔兰的做法是由来自英格兰烂泥遍地的沼泽的蚊子一手安排的。与此同时，在巴拿马丛林愉快生活的蚊子让苏格兰获得主权与民族自决权的梦想化为泡影。虽然蚊子帮助英国获得了对法属加拿大的控制权，但其也将英国人赶出了美洲殖民地，促使美国走上自己的独立道路。

虽然波卡洪塔斯自然不会对关于自己的虚构的迪士尼改编电影拍手称赞，但是对她来说，在其去世后屹立于世一个世纪的新世界也已面目全非。查尔斯·曼恩反复强调："对于英属美洲而言，詹姆斯敦是其参与哥伦布大交换中的开场礼炮。用生物学术语来说，这标志着过去向以后转变。"但是波卡洪塔斯与丈夫约翰·罗尔夫、卡通动画里的爱人约翰·史密斯，以及其他西班牙征服者、罪犯、海盗与殖民者，包括来自英格兰疟疾肆虐的沼泽地的蚊子与疾病，为这一"以后"及其未来种下了种子。

第 10 章

国家侠盗：蚊子与英国建国

沼泽地是英格兰疟疾中心，从北部赫尔至南部黑斯廷斯，沿东海岸绵延约 480 千米，以埃塞克斯郡与肯特郡为中心向周围发散。沼泽地蚊子泛滥，使其东南 7 个郡县死气沉沉，毫无生气。在 16 世纪后期至 17 世纪，英格兰开始从黑死病的灾难性破坏中恢复。17 世纪，其人口增长超过一倍。到 17 世纪末，其人口数量接近 570 万。经过一个世纪，伦敦人口从 1550 年的 7.5 万增长至 40 万。流离失所之人、走私犯及渴望获得土地的穷人涌入荒无人烟的沼泽地，但最终难逃被蚊子利用的命运。

人们经常将沼泽地居民称为"沼泽居住者"或"美人"，因为此类人因身患疟疾而拥有一副长有黄疸、憔悴不堪的外表。他们毫无畏惧，直接面对致死率最高可达 20% 的疟疾。幸存者勉强度日，也因患过疟疾而痛苦不堪，历经折磨。小说家丹尼尔·笛福因其海难漂流者故事《鲁滨孙漂流记》而闻名于世。笛福于 1722 年撰写过一篇标题为《英格兰东部游记》的报道，内容令人瞠目结舌。笛福以非正式形式，通过与诸多沼泽居民聊天后发现，"经常能够遇见曾经拥有 5 个或 6 个甚至 14 个至 15 个妻子的男性……有一位农民当时与第 5 位到第 12 位妻子共同生活。他们大约 35 岁的儿子已娶过大约 14 位妻子"。一位"快乐的伙计"态度冷淡地向笛福做了解释。笛福在报道中写道，由于孕妇对蚊子与疟原虫均拥有极大吸引力，年轻女性"离开自己的生长环境，来到烟雾缭绕、终年潮湿的沼泽地生活后，不用多久，她们的外貌便会发生改变，然后会感染一次至两次疟疾，鲜有人能活过半年，最多一年便离开人世。他说：'随后我们又一次次前往高地，再娶一位妻子。'"儿童也不成比例地纷纷死去。

在查尔斯·狄更斯的《远大前程》中，在父母与"在社会挣扎中早早放弃生存意愿的5个兄弟"因沼泽地疟疾去世后，7岁的主角皮普成为孤儿。故事的开头，皮普在当地墓地哀悼过世的亲人，并描述着自己平凡的故乡："我的家乡是一片沼泽地……堤坝、丘陵及闸门在这里纵横交错，零星散布着的几只牲畜正在悠闲地觅食；远处那一条低低的浅灰色水平线是河流；再远一点儿的像在野蛮巢穴中呼啸着的狂风的是大海。同时，心中的恐惧不断增长并开始哭叫的，正是我，皮普。"后来，皮普遇见一个从停泊在泰晤士河运输囚犯船队中逃出的人。皮普告诉这个颤颤巍巍的人："我觉得你患了疟疾。在这里这不是件好事。你一直在沼泽地休息。它会给你带来巨大痛苦。"

正如乡下沼泽臭名昭著的名声所体现的那样，在17世纪下半叶，许多"美人"搬离这里，前往更远的美洲殖民地。实际上，船只乘客清单显示，在这些首批殖民者与契约奴中，来自英格兰疟疾带的占60%。他们离开英格兰是为了逃离疟疾，但又无意间成为哥伦布大交换中疟疾传播的媒介。在他们的新世界里，他们不仅饱受旧世界的疟疾之苦，也惨遭其他病痛折磨，其中就包括更为致命的恶性疟。我们将看到，悲剧性的现实是，在新世界中，与他们有意远离的家乡相比，他们面对的疟疾的形势更为恶劣。

除了在美洲殖民地寻找避难所，躲避疟疾侵扰，大量沼泽地居住者也从沼泽地逃往爱尔兰，一段脍炙人口的谚语由此诞生："从农场到沼泽地，从沼泽地到爱尔兰。"爱尔兰共和国与北爱尔兰的当前划分与这些17世纪逃离疟疾的英国沼泽地农民的定居模式有直接关系。蚊子为20世纪被称为"麻烦"的族群民族主义冲突做了准备，为其奠定了基

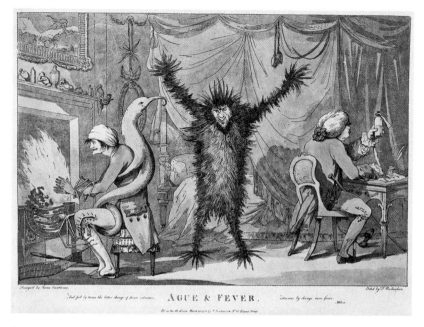

《寒战与发热》：一个狂暴愤怒的怪兽极度痛苦地站在房间中央。与此同时，一个代表寒战（疟疾）的怪物在火炉边牢牢抓住受害者（图片左侧）。图片右侧，一位医生正在开具奎宁处方。托马斯·罗兰森于 1788 年在伦敦为该画着色。（惠康图书馆图片 / 科学资源）

础。直到近些年，除英国陆军外，爱尔兰共和军与阿尔斯特志愿军之间在北爱尔兰由来已久的暴力冲突（在不列颠群岛引起震荡）才有所缓和。

因蚊子而被迫前往爱尔兰天主教地区的英国清教农民超过 18 万人。他们在那里安定下来，与拥有土地的英国贵族和躲避 1642—1651 年英国内战的苏格兰清教徒一起，生活在同一片土地上。这群鱼龙混杂的清教徒创建了早期、明斯特、阿尔斯特及晚期种植园。这些种植园在 16 世纪与 17 世纪家喻户晓。他们在此安身立命，扩大领地，引发了一场关于种族与宗教的国家主义战争，让英国清教徒与爱尔兰天主教徒之间出现冲突。从那以后，这些种植园对爱尔兰历史产生了显而易见、意义深远的强烈影响。虽然蚊子忙于瓜分"绿宝石岛"[①]，但是

① 绿宝石岛为爱尔兰岛别称。——译者注

其也直接通过叮咬，影响了爱尔兰邻国苏格兰的领土完整。

在宗教引发的英国内战期间，狂热虔诚的清教徒奥利弗·克伦威尔领导议会议员，推翻国王查尔斯一世的统治及君主制度。饱受争议的克伦威尔以护国公身份，统治英格兰、苏格兰与爱尔兰组成的英联邦近十年，向苏格兰及天主教爱尔兰人发动近乎使其亡国灭种的战争。

在其短暂统治期间，克伦威尔扩大英国在加勒比海地区的控制范围，将牙买加也纳入其中。在刚刚就殖民贸易和竞争性海盗活动与荷兰结束战争后，克伦威尔对规模庞大、闲置无用的英国陆军与海军深感不安。尽管可能性不大，但由于英格兰、爱尔兰与苏格兰陷入宗教纷争，军队无所事事就等同于主动邀请潜在叛党向其狂热清教统治发起反抗。利用部队实现这一不着边际的国家目标可能会起到让满腹怨言、愤愤不平的小集团团结一心的作用，为其军队提供一个一箭双雕的使命，使其获得西班牙战利品，同时让克伦威尔自己远离可能爆发的革命运动。虽然克伦威尔拒绝服用奎宁治疗自己反复发作的疟疾，但是一场旧式的精彩战争也许正是医生为其开具的灵丹妙药。

克伦威尔于 1655 年发动"西征"。在此时，英国向美洲派遣有史以来最为庞大的组合舰队（38 艘船）。在 9 000 名士兵中，超过一半来自英格兰。据描述，大部分士兵是"佩剑骑士，除此之外，也有招摇撞骗之人、匪徒强盗、小偷扒手、好色之徒等长期依靠阴谋诡计、投机取巧谋取生计之人。他们现在正有条不紊地向纽盖特监狱（伦敦臭名昭著的监狱）前进"。在其余人员中，残障人士、海盗及失去劳动能力的契约奴有 3 000 至 4 000 人。英国在未受疟疾困扰、未经历过适应期的巴巴多斯岛将他们征召而来。在一位探险队高级军官看来，他们是"我所见过的最为罪孽深重、腐化堕落的人"。1655 年 4 月，英国在伊斯帕尼奥拉岛圣多明各向西班牙发起突袭。英国利用此次突袭，对这群由乌合之众组成的部队予以检验。损失 1 000 人后，英国立刻放弃围攻。其中死于蚊媒传染病的有 700 人。

一个月后，无所畏惧的英国人向主要目标牙买加发动进攻。那里生活着 2 500 名西班牙人与奴隶。他们寡不敌众，在不到一周时间里，英国人便以少量损失夺下小岛，西班牙人因此逃往古巴。然而，蚊子并未擅离职守。由于厄尔尼诺季节延长了温暖潮湿天气的持续时间，蚊子因而在岛上发展壮大，为它们对 9 000 名刚刚上岛、尚未适应、诱惑难当的英国人寸步不离创造了完美条件。正如一位见证者所言："这些昆虫聚集成群，向所有胆大妄为的入侵者宣战。"在 3 周时间里，疟疾与黄热病每周夺去 140 人的生命。登陆牙买加 6 个月后，在最初的 9 000 名士兵中，依然坚守岗位的仅剩下 1/3。罗伯特·塞奇威克是一位诡计多端的老兵。他根据自己亲眼所见，留下了一份证词，对这场蚊子大屠杀进行了描述："看到精力充沛、表面上健康壮硕的年轻人在三到四天时间里便进了坟墓，我感到非常莫名其妙。一旦出现发热、寒战或痢疾等症状，不用多久，他们便一命呜呼。"塞奇威克抵达牙买加 7 个月后，便因黄热病去世。

最终，到 1750 年，为了确保岛屿稳定，形成涵盖 13.5 万名非洲黑奴与 1.5 万名适应当地疾病、服务于制糖产业的英国种植园人口，牺牲在蚊媒传染病祭坛上的士兵与殖民者数不胜数。飞速发展的英国奴隶-种植园重商主义经济开始走向繁荣。英国强取豪夺，从西班牙手中强占牙买加，这也标志着最后一座加勒比海地区大型岛屿在武装暴力驱使下，永久性地转移到另一欧洲帝国主义国家手中。[①]

在英国不断增加的加勒比海领地清单中，牙买加榜上有名，百慕大群岛、巴巴多斯岛、巴哈马群岛及小安的列斯群岛中的 6 个小岛也位列其中。为了从不断扩大的大英帝国获取利益，推动国内繁荣发展，克伦威尔通过了《航海法案》系列中的首批法案，旨在促进英格兰重商主义经济的发展。最初法案规定，所有英国货物贸易，包括从殖民地获取的原料及源自英格兰的制成品，均需通过英国港口实现进出口。

---

① 比如，1651—1814 年，由于战争，圣卢西亚在英国与法国间相继易主 14 次。诸如圣卢西亚、圣基茨等面积较小、价值较小、防御较薄弱的岛屿是帝国主义大国唾手可得的目标，其归属权也往往摇摆不定。

为了满足英国商人的需要，保障海外企业的投资，法案规定，禁止苏格兰签订契约，不得与英国殖民地开展贸易。然而，对于自己的安排所带来的个人经济回报，克伦威尔却无福消受，他在获得回报前便与世长辞。

克伦威尔对英国实施专制统治，也可以说是自由统治，具体取决于你在历史辩论中的立场。其妻子的生命及其统治均因一只传播疟疾的蚊子而终结。克伦威尔的医生乞求克伦威尔服用金鸡纳奎宁粉，他毫不犹豫地予以回绝。由于金鸡纳奎宁由天主教耶稣会信徒发现，克伦威尔坚持认为，他不想接受"教皇的治疗"，不想"因耶稣会信徒而死去"或遭到"基督会信徒粉末"毒害。1658年，在奎宁首次搭乘哥伦布大交换的末班车，漂洋过海来到欧洲20年后，克伦威尔却因疟疾去世。克伦威尔去世两年后，在查尔斯二世统治下，英国君主制复辟。与克伦威尔截然不同，查尔斯因服用神圣的金鸡纳树皮，从疟疾中康复，勉强逃过一死。

克伦威尔在英国内战期间实施排外经济政策，发动泯灭人性的战争，让苏格兰陷入一片混乱。更为糟糕的是，十年干旱让苏格兰乡村连年受到炙烤，农作物遭到破坏，导致灾难性大饥荒等严重后果，为已经脆弱不堪的苏格兰经济火上浇油。1693—1700年，大饥荒让苏格兰与斯堪的纳维亚走向毁灭。在此期间，苏格兰燕麦仅在其中一年有收成。据估计，因此次旱灾死亡的苏格兰人多达125万，占总人口的近25%。由于粮食短缺问题蔓延全国，人民食不果腹，如之前所述，数千名苏格兰清教徒自发建立北爱尔兰，形成了延续至今的文化宗教暴力风暴的导火索。其他人则为欧洲君主国服务。在英格兰，苏格兰难民蜂拥而至，乞求英格兰施与工作、金钱与食物。在这一饥饿与困苦交加的时期，英格兰人对苏格兰人不屑一顾，嘲笑称，其北方邻居仅需摩西十诫中的八诫，因为在苏格兰已经没有东西可以偷盗，也没什么值得贪恋。

美洲殖民地对契约奴的需求日益高涨。这些苏格兰人在申请者中尤为抢眼，其数量也十分可观。查尔斯·曼恩写道："数百年来，英格兰农民一直雇用穷困贫苦的苏格兰人。但是，就在陷入绝境的苏格兰人的供应量不断增加之时，殖民者将目光转向遭到俘虏的非洲人……原因为何？"答案在世界的另一端，处于巴拿马野外丛林蚊子的掩盖之下。

为了缓解苏格兰的经济衰退，改善财政前景，苏格兰投资者于1698年大胆开启殖民事业。由于无法进入英国重商主义体系，苏格兰的经济雪上加霜。至少按照苏格兰国家主义者、企业家及英格兰银行创办人威廉·帕特森所说，对苏格兰而言，最为显著的解决方案是拿起帝国主义之剑，建立属于自己的重商主义王国。帕特森估计，巴拿马将成为挥金如土的苏格兰帝国的商业中心。或按他所说："成为世界之匙……商业世界的仲裁者。"帕特森在年轻时便曾到访该片区域，对诸如弗朗西斯·德雷克、沃尔特·雷利及亨利·"船长"·摩根惊险刺激、天天畅饮朗姆酒的故事颇为着迷。

在达连湾巴拿马丛林地峡开拓出一条贸易路线已经不是什么新奇的想法。你也许还记得，西班牙人于1510年在达连湾建立殖民地。巴托洛梅·德拉斯·卡萨斯牧师曾走访那里。由于疟蚊导致人们接二连三地死去，大量坟墓只能一直敞开。而他也对此予以记录。西班牙人早在1534年便试图开辟一条穿越巴拿马的道路，但受到蚊子的强力阻挠。随后的接连尝试也因蚊子的影响以惨败告终。在进行这些希望打开商业通道却最终一无所获的尝试期间，估计有4万西班牙人因此丧命，其中大多数死于疟疾与黄热病。在西班牙屡战屡败之地，帕特森胸有成竹，认为坚强勇敢、在高地生活的苏格兰人将取得成功。

在其预想中，苏格兰要建造一条道路，并最终建成一条环绕达连湾巴拿马地峡的运河，"运河位于世界两大洋之间……航行至中国、日本与香料群岛 ① 的时间与成本将降低过半……贸易规模将不断扩大，

① 印度尼西亚东北部马鲁古群岛。——译者注

经济效应将日益增强"。面对一些潜在的富有英国投资者，帕特森如是宣传。但他们担心，英国对贸易密不透风的垄断会受到影响，因此拒绝了帕特森的提议。灰心丧气的帕特森离开伦敦，在其独立的祖国苏格兰，在潮湿大风中，宣传其商业提议。帕特森召集了 1 400 名苏格兰投资者，其中也包括苏格兰议会，获得了投资者提供总计 40 万英镑资金的承诺。据估计，对于已经艰苦度日、资金紧张的苏格兰而言，这笔费用占其总流动资本的 25%~50%。非常时期需要非常措施。上至爱丁堡精英，下至贫苦无地的平民，富有冒险精神的资本家遍布苏格兰社会各个阶层。

1698 年 7 月，5 艘船载着帕特森与 1 200 名苏格兰殖民者开启航程，于巴拿马达连湾建立新加勒多尼亚殖民地及其商业首都新爱丁堡，帕特森的愿景变为现实。在其设想中，该地是处于全球商业十字路口的贸易殖民地。前往这一受上天眷顾的苏格兰站点的船只满载交易货物，其中包括最为精致的假发、锡制纽扣、桌巾式样的连衣裙、饰有贝壳的梳子、质地精良的羊毛毯与羊毛袜、1.4 万个缝衣针、2.5 万双新潮时髦的皮鞋，以及数千本《圣经》。古登堡风格的印刷机也漂洋过海，运抵殖民地，用于印刷印第安条约，编辑财务账目，记录交易量巨大的贸易金额，登记在闷热痛苦热带地区通过信奉外来神明、销售苏格兰冬季羊毛衣物所积累的财富。为在船上给这些毫无实际作用的货品腾出存储舱位，苏格兰人将粮食与农产品的舱位砍掉了一半。

帕特森驶往海外的苏格兰财富船队在马德拉群岛靠岸。在丹麦加勒比海岛屿圣托马斯岛短暂停留一周后，船队便沿"蚊子海岸"驶往达连湾。1647 年，黄热病首次通过一艘停靠在巴巴多斯的奴隶运输船传入美洲。而此时，黄热病已在加勒比海地区根深蒂固。但是，在三个月的航行期间，即便流行病通过查尔斯顿、纽约、费城、波士顿，甚至远在北方的魁北克等主要港口城市向北扩散，也只有 44 名前往达连湾的乘客因疟疾与黄热病去世。其原因在于，有偷渡者在之前停靠的两个港口感染疾病，随后传染给其他乘客。我之所以说"只有"，是因为正如我们在诸如德雷克等其他航海者的旅程中所见，死亡人数本可能远远不止于此。实际上，这一数字低于17世纪跨大西洋航海期间的平均死亡人数。一般情况下，死亡人数占乘客与船员总数的15%~20%。如果他们留在饥寒交迫、经济萧条的苏格兰，死亡人数可能将远远高于在航行中因病去世的人数。然而，幸运女神并未一直站在他们这一边。

抵达达连湾后，展现在他们眼前的是如同灾难恐怖电影一般的场景。在所有人的日记、信件及苏格兰殖民者的解释中，反复出现乃至让人厌恶的词语是"蚊子"、"发热"、"疟疾"与"死亡"。在抵达达连湾6个月不到的时间里，在1 200名殖民者中，近一半因疟疾与黄热病（也可能因首次在美洲出现的登革热①）去世。每日死亡多达十几人。随着达连湾绝望处境的消息传至英格兰，由于担心惹恼西班牙与法国及英格兰富人阶层，威廉三世国王禁止对其展开任何形式的救助。因此，位于达连湾的苏格兰人继续因感染蚊媒传染病接连死去，腐烂在他们摆放羊毛毯、假发、冬袜、《圣经》及闲置无用印刷机的仓库之中。

由于有传闻称，西班牙可能发动进攻，在经历6个月地狱般生活后，700名幸存者将三艘船装得满满当当，准备离开。那些病入膏肓、无力登船的人遭到抛弃，留在海滩上等待死亡。其中一艘船发现了牙买加，但在短途旅行中，失去了140名乘客。一位船长写道："其他船只在经历无处不在的发热之后，跌跌撞撞抵达马萨诸塞。太多人因病死亡，我从船上扔下的尸体就有105具。"加勒比海与美洲的英国官员严格遵守国王的命令，同时，面对"四处扩散的苏格兰热"，他们也惊慌失措。他们禁止患病的苏格兰人登上英国船只。最终，一艘船将包括帕特森在内的不到300名幸存者全部运回破败不堪的苏格兰。在首次对达连湾进行殖民统治之后，苏格兰人将达连湾遗弃。

---

① 有证据表明，登革热于1635年随外来非洲黑奴或蚊子抵达马提尼克岛与瓜德罗普岛，首次进入美洲。比首个记录中传入美洲的黄热病病例早12年。也有种种迹象表明，登革热曾于1699年在巴拿马肆虐。

具有讽刺意味的是，或者说不幸的是，就在帕特森引人同情的队伍回家前，4 艘船只组成了第二支船队，载着包括 100 名女性在内的 1 300 名苏格兰增援力量，扬帆起航，驶往达连湾。在第二批前往蚊虫肆虐的达连湾的苏格兰人中，有 160 人在途中死亡。在因蚊子而走向毁灭的苏格兰先行者抵达达连湾整整一年后，第二批苏格兰人踏上达连湾的土地。与第二次抵达罗阿诺克一样，他们眼前近乎一无所有。西班牙人与当地古纳人已将临时建立的提基小屋①付之一炬，将里面所有东西抢夺一空，仅仅留下印刷机。印刷机周围分散着沙子横飞的墓碑，而印刷机如同一块纪念碑，矗立在海滩上。首部恐怖电影的剧情围绕"达连湾：续集"展开。

到 1700 年 3 月，即队伍登岛后 4 个月，疟疾与黄热病每周夺去 100 人的生命，西班牙袭击也让苏格兰人损失惨重。到 4 月中旬，侥幸存活的苏格兰人向西班牙投降。作为送别礼物，蚊子的病毒兄弟继续对逃之夭夭的苏格兰人穷追不舍，在他们穿越大西洋时，又杀死了 450 人。在组成第二支达连湾殖民队伍的 1 300 名殖民者中，成功返回苏格兰的只有不到 100 人。这一次，达连湾遭到彻底遗弃。面对未能适应当地疾病的欧洲人，蚊子依然立于不败之地。

为了进一步提高死亡率，蚊子在最后一餐中，面对前往达连湾的 2 500 名苏格兰殖民者，给其中 80% 的人判了死刑。②正如曼恩迅速指出的那样："人员死亡也导致人们给冒险所投资的每一分钱都血本无归。"巴拿马蚊子直戳苏格兰独立的中心，向威廉·华莱士为自由做出令人毛骨悚然的呼喊予以冷嘲热讽。

在国家财政上，苏格兰已苦苦挣扎。在蚊子的清算下，苏格兰因达连湾冒险而倾家荡产。在巴拿马野外丛林中，蚊子切切实实将苏格兰国库消耗一空。成千上万苏格兰人一贫如洗，骚乱暴动遍布大街小

---

① 提基小屋为一种木质结构、热带地区使用的茅草露台。——译者注
② 听上去虽然荒唐可笑，但是从巴拿马回到故土后，帕特森于 1701 年立刻努力说服投资者为第三次达连湾探险提供资金支持。

巷，失业率逼近极限，国家陷入财政混乱。此时此刻，虽然英格兰与苏格兰均受同一君主统治，但是两国是两个各自拥有独特议会立法机构的独立国家。英格兰更为富有，人口更多，总体而言，经济状况优于苏格兰。数百年来，为了统一，英格兰一直与其更为穷困的北方邻居纠缠不休。

苏格兰，包括13世纪后期挥舞着双刃砍刀的威廉·华莱士，在此之前一直强烈抵制英格兰人的一切请求。J. R. 麦克尼尔解释说："英格兰提出，帮助苏格兰议会偿还全部债务，并对投资者给予补偿。听到这一要求，许多苏格兰人认为无法回绝。甚至有些诸如帕特森等意志坚定的苏格兰爱国者也对1707年《联合法案》予以支持。因此，在达连湾热病的帮助下，大不列颠由此诞生。"罗伯特·伯恩斯是著名的苏格兰民族诗人。在哀叹苏格兰失去独立自主权的同时，他也义正词严地对苏格兰腐朽政客与富商进行批判，认为他们通过支持《联合法案》出卖了苏格兰人民。伯恩斯斥责道："为了英格兰的黄金，我们遭到出卖。真是一个国家的乌合之众。"虽然苏格兰民众并不支持《联合法案》，反对苏格兰失去独立自主权，但是苏格兰经济开始出现反弹，搭上了英格兰在美洲蓬勃发展、大量开采利用自然资源的殖民地发展的末班车。

达连湾灾难也向英格兰殖民种植园园主发出信号，体现出使用苏格兰契约奴的风险。如果在6个月内，每5人当中有4人死去，那么雇用苏格兰劳动力便毫无意义，更为重要的是，也无利可图。苏格兰人及其他欧洲国家的人因蚊媒传染病迅速死亡而一无是处。达连湾就是再清楚不过的证明。曼恩概括道："虽然英国人以个人为单位，与家人一起继续踏上前往美洲的道路，但是越来越多的商人拒绝向那里派送大型欧洲团队。恰恰相反，他们转而寻找其他劳动力来源。唉，他们最终还是找到了。"英国内战让苏格兰与英格兰人口骤减10%，其国内工人也相应减少，劳动力市场需求进而增加，大门敞开，推动工资不断上涨。结果，预期的契约奴供给完全耗尽。作为大众劳动的一种形式，欧洲契约奴因蚊子而走向灭亡。欧洲人在非洲黑奴中找到了替代品。其中许多黑奴对完全相同的蚊媒传染病具有免疫力。整个美洲对黑奴的需求突飞猛涨，非洲黑奴产业进入超高速发展时期。

英属美洲殖民地与惨遭抛弃的命运擦肩而过，避免了经营失败，躲过了如同苏格兰人在达连湾一样的灾难。在蚊子、饥饿及战争的考验中，这些殖民地险些灰飞烟灭。它们的成功绝非轻而易举。我不想让人觉得，最终建立的 13 个殖民地仅仅是因为烟草与非洲黑奴（二者密不可分），才在转瞬之间发展兴盛，实现繁荣。殖民者是沿着一条崎岖坎坷、不为人知的道路，不畏艰险，辛苦劳动，通过漫长的努力，才取得成功的。玛丽·库珀在日记条目中对早期殖民地生活进行了概述总结。她叹息道："我身上脏兮兮的，我感到痛苦不堪，几乎精疲力竭。时至今日，我离开父亲家来到这里已有 40 年。在这里，我近乎只看到了苦力劳作，哀鸿遍野。"建功心切的资本主义殖民者利用苦力，清理土地，种植烟草，同时创建了一片新的栖息地，蚊子接踵而至，开始传播疟疾与黄热病，在这里散播苦难。

殖民者，包括女性，持续不断大量涌入，其中一些在感染疟疾、黄热病与其他疾病后挺了过来，一批生于乡下、适应了当地疾病的人口由此诞生，殖民地得以不断发展。这一情况的出现打破了僵局，詹姆斯敦、普利茅斯及其他殖民地也免于遭受像罗阿诺克那样从世间消失的厄运，同时免除我们观看更多关于其他"失落的殖民地"、更具误导性纪录片的麻烦。出生在殖民地的几代人最终生存下来，渐渐适应了他们所在的公共生态环境，并成为其中一部分。经过连续不断的死亡之后，生于美洲的几代人与当地细菌最终达到生物平衡状态。然而，完成这一适应过程并非一朝一夕。最初，除了清理土地导致蚊子数量激增，一批又一批主要由从蚊子肆虐的沼泽地逃难而来的人组成的英国殖民者来到殖民地，成为他们自己最为可怕的传播疟疾的敌人。

这些殖民者遇到的问题在于，现在其面对着一个崭新的蚊子与疟疾环境。他们所在的环境既存在地方病，也存在流行性疟疾，需要他们经历多个令人生畏的适应过程。英国人引入了自己的疟原虫。在殖民地这一疟疾肆虐的熔炉中，它们的形态发生改变，成为海外特有的全新病株类型。与此同时，非洲黑奴也将恶性疟注入越发多样化、疟疾肆虐的美洲环境中。在循环往复的感染周期中，刚刚从英格兰沼泽地与非洲西部与中部进入的外来者持续不断地将海外疟疾品种引入美洲，而殖民者也培育出了美洲自己的疟原虫。蚊子及其数量众多、独一无二、散播疟疾的后代从未尝过饥饿之苦。

兰德尔·帕卡德是约翰斯·霍普金斯大学医学史研究所所长。在其作品《热带疾病的形成：疟疾简史》一书中，帕卡德证实："疟疾于17世纪中叶在英格兰达到顶峰……这场对外运动带来的一个后果可能就是将疟疾传播至新兴英属美洲殖民地。来自东南郡县（沼泽地）的男男女女漂洋过海，来到殖民地谋求新生。"詹姆斯·韦伯对帕卡德的观点给予了补充。在自己关于全球疟疾史的作品中，韦伯指出："17世纪后期至18世纪初期，殖民地密度增加促使感染人数增长，也正是在此期间，疟疾成为北美殖民地最为可怕的杀手。"

在弗吉尼亚殖民地，相关数字更加令人震惊。1607—1627年，在詹姆斯敦与弗吉尼亚成立后的最初20年里，超过80%刚刚来此的人在一年内便毙命！绝大多数在几周或几个月内便一命呜呼。在此期间，进入弗吉尼亚殖民地的外来移民约有7 000名，但是挺过第一年的只有1 200人。1620年，弗吉尼亚烟草种植园主兼总督乔治·亚德利向其位于伦敦的利益相关方建议："劳工抵达殖民地后，在其第一年至完全适应这段时间，他们可能无法工作。不要对这一问题有所抱怨。"然而，烟草利润颇高，因此弗吉尼亚公司愿意承担费用，向殖民地派遣大量移居者、罪犯、娼妓、契约奴及非洲黑奴，以确保殖民地得以延续，使其财富能够继续增长。烟农与种植园大发横财，其利润率与投资回报率达到令人瞠目结舌的1 000%。在弗吉尼亚，利润与人口均持续增长。波卡洪塔斯去世一个世纪之后，弗吉尼亚成为8万名欧洲人的家。在那里，3万名非洲人沦为他们的奴隶。殖民地继续繁荣发展，英国人同样日益强大。对于他们而言，殖民地是值得他们为之战斗的摇钱树。在美国独立战争前夕，弗吉尼亚人口达到70万，其中奴隶人口为20万。

马萨诸塞州清教殖民地是第二个殖民地。与历史更久的弗吉尼亚殖民地相比，其建立之初的经营同样一塌糊涂。最终，与其他12个殖民地一样，出生在乡下、适应疾病的人口战胜了疟疾与其他疾病。一群英国清教徒因极端清教信仰，在英格兰与荷兰均遭到迫害，他们便是后来移居美国的清教徒。他们努力在新世界建立一个宗教公社。甚至在1517年马丁·路德及其《九十五条论纲》引发宗教改革后，清教徒依然坚信，英格兰教会保留了过多天主教成分与教条。对普通神话进行破坏之后，1620年这102人组成的队伍乘着"五月花号"加入极少数殖民者中。这些殖民者为了宗教信仰自由来到美洲大陆。其中大部分人为了土地来到这里，其余的人则听信花言巧语，以契约奴、罪犯或奴隶身份抵达美洲。

这场艰苦卓绝的海上行程让"五月花号"最终偏离原定目的地哈得孙河，最终抵达哈得孙河以北约320千米的地方。1620年11月11日，恰逢新英格兰寒风凛冽的冬季。在距离4吨花岗岩普利茅斯岩[1]以北约3.2千米处，船体受损的"五月花号"摇摇晃晃驶入一个小海湾。每年有超过100万观光客来到普利茅斯岩这一神话旅游景点，目睹其风采。[2] 在清教徒在美洲的第一个冬天，他们一部分时间在船上

---

① 普利茅斯岩又称"移民石"，上面刻着"1620"的字样，据传是新移民涉过浅滩，踏上美洲大陆的第一块"石头"。——译者注

② 关于这一代表"五月花号"登陆地点、随机选择的岩石，与其相关的信息首次记录于1741年（清教徒到达美洲后121年）。爱德华·温斯洛与威廉·布拉德福德为普利茅斯殖民地成立提供了最为可信的直接解释。但是，其中并未提及任何岩石。

度过，另一部分时间则用于建造一些简单建筑物。1621年4月，"五月花号"扬帆起航，驶向英格兰。在最初的102名清教徒中，依然活在人世的仅有53人。在18名成年女性中，只有3人熬过了为期5个月的寒冬。

没过多久，疟疾便在殖民地生根发芽。正如昆虫学家安德鲁·斯皮尔曼证实："由于成千上万来自疟疾区（沼泽地）的人抵达这一地区，对此我毫不怀疑。一旦有机会进入此地，疟疾通常便会迅速行动，扩散传播。"在1623年疾病流行的蚊子季节后，普利茅斯殖民地州长威廉·布拉德福德简要做了记录。他写道："殖民地出现的问题是，人们受到蚊子的严重困扰。"布拉德福德发现了适应疾病带来的益处，因此推断"刚刚登上美洲大陆的人脆弱不堪，不适合在美洲建立新的种植园与殖民地。他们无法忍受蚊子叮咬。我们希望在他们对蚊子免疫之前，让他们留在国内"。虽然有很多人认为，疟疾在马萨诸塞殖民地是迅速流行起来的，但是1634—1670年，流行病每5年就会暴发一次，对该地区造成巨大破坏。

清教徒信奉的上帝要求他们"多子多孙，发展壮大；在大地繁衍生息，世世代代，人丁兴旺"。清教徒从来不会逃避责任，总是兢兢业业完成每一天的工作。他们勤勤恳恳听从上帝领导，不知疲倦，儿孙满堂，圆满完成任务。据估计，当今美洲人中，这一小群清教徒直系后裔的占比为10%~12%。与詹姆斯敦一样，在经历最初的疟疾适应期后，清教徒的人口开始趋于稳定，并最终实现增长。到1690年，清教徒面积广大的殖民地并入马萨诸塞殖民地，总人口将近6万。当时，清教徒人口数达到7 000。与詹姆斯敦一样，马萨诸塞州滩头殖民地向西扩张，导致殖民者与原住民发生冲突。原住民因疾病、战争及饥饿而不断死亡。幸存者们四散而逃，继续向西迁徙，或遭到围追堵截，成为俘虏，被贩卖为奴。

疟疾和黄热病的出现，殖民地乡下出生人口的增长，外来移民的不断涌入，西部扩张，殖民者与原住民的战争，原住民战败、逃离、被迫迁徙或遭到抓捕，这些贯穿了 13 个殖民地的演变过程。从 1700 年开始，生于乡间、适应了疾病的新一代人让殖民地人口翻了一番。比如，1700 年，在不计算奴隶与原住民的情况下，殖民地总人口约为 26 万。1720 年，这一数字为 50 万。到 1750 年，人口超过了 120 万。6 年后，在七年战争前夕，英国殖民地总人口增长了 30 万。而新法兰西总人口仅为 6.5 万。此时，新法兰西人认为自己不是"法国人"，而是出类拔萃的特殊民族。1775 年 4 月，当在莱克星顿"响彻世界的那一枪"打响美国独立战争时，殖民地人口已接近 250 万，而英国本土人口则为 800 万。

蚊子的活动是殖民地发展与殖民地结构中不可或缺的组成部分。然而，在整个西半球，并非所有蚊媒传染病环境均"生而平等"。其因地区差异而有所不同，与它们独一无二的蚊种密不可分。多种因素塑造了这些各具特色的蚊媒传染病活跃区域，其中包括气候条件、地理条件、农耕习惯、作物选择，以及包括非洲黑奴在内的人口密度。这些区别对即将到来的帝国与独立战争产生了决定性影响。17 世纪至 18 世纪，正是这些战争让美洲陷入动荡不安。这些冲突的结果很大程度上将最终由蚊子及其步步为营的疟疾和黄热病部队决定。

为了便于解释，也为了确定即将进行的对蚊子有偏见的敌对事件的行动区域，我们可以从地理上将美洲分为三个独具特色的蚊媒传染病区或感染区。我们首先将从最为糟糕的南方殖民地开始，然后来到中部殖民地，最后谈谈北方殖民地。

第一个区域从南美中部起，沿亚马孙河盆地延伸至美国南部。或者，按 J. R. 麦克尼尔简单明了的说法："在 17 世纪至 18 世纪，南美、中美、北美大西洋海岸地区及加勒比海岛屿成为种植园区：从苏里南到切萨皮克……种植园经济的确立改善了两个蚊种（伊蚊与疟蚊）的生存与繁殖条件，帮助它们在近代早期大西洋世界地缘政治斗争中扮演关键角色。"该片区域是蚊子的避难所，也是当地流行病间日疟与恶性疟肆虐之地。同时，该地区也深陷黄热病与登革热的泥潭。正如之前在南卡罗来纳及奴隶交易港查尔斯顿之所见所闻一样，整个地区的感染率及死亡率居高不下，保险公司因此相信，针对位于蚊子肆虐的南方的客户，应收取金额更高的人寿保险费。与在北方烟草殖民地截然不同，在南卡罗来纳，由于奴隶贩卖数量巨大，其主要产业为水稻种植，因此蚊媒传染病造成的打击尤为严重。恶性疟成为最致命的杀手。佐治亚很快成为一个小型的南卡罗来纳"水稻王国"。实际上，从日本到柬埔寨，再到南卡罗来纳，在世界各地的农耕种植地区，传播疟疾的蚊子的身影随处可见。

安全网：一幅 1797 年完成的木版画。画中描述了在仆人的帮助下，日本女性在蚊帐中更衣的典型场景。（美国国会图书馆）

在北美，我们拥有一个便于使用的著名文化标志，可以标记首个致命感染区的北部边界。1768 年，查尔斯·梅森与杰里迈亚·迪克森通过测量，确定宾夕法尼亚州-马里兰州边界，解决了两个殖民地与特拉华州和弗吉尼亚州（现西弗吉尼亚州）的边界争端。这条边界为致命蚊子活动的北界。虽然间日疟在梅森-迪克森线两侧兴风作浪，但是这条界线是当地恶性疟与黄热病的北部边界。在边界以北，两种颇为罕见、偶尔出现的疾病的确时有发生，但是它们取人性命后，便销声匿迹。比如，1690 年，在马里兰州疟疾暴发期间，一位游客评论道："人们站在家门口，无精打采，满脸疲惫……仿佛许许多多纹丝不动的幽灵……每栋房子都是一家医院。"

梅森-迪克森线将奴隶州与自由州加以区分，但是这一边界并不能完全准确地体现二者的区别。马里兰州位于该线的东北侧。虽然在美国南北战争期间，马里兰州并未选择加入南方邦联，但是直到通过《美国宪法第十三修正案》，马里兰州才废除奴隶制度。[①]1865 年，北方联邦取得南北战争胜利后，该修正案获得批准。其在法律上保障"除相关方依法受到的犯罪处罚之外，在美国及其司法管辖范围内，奴隶制度或非自愿劳役制度一律废止"。梅森-迪克森线如同划过美国文化的一道伤疤，如同一条直插美国南部与北部差异及长期分歧问题核心的主电缆，贯穿美国历史。

梅森-迪克森线与奴隶制度、种植园及蚊媒传染病关系密切，绝非巧合。烟草与棉花无法在北方各州生长，因此种植园-奴隶制度未在北方确立。这些农作物可在气候更为温暖、蚊子滋生的南方生长。这些种植园需要奴工为其创造利润。从外部引进的奴隶将恶性疟与黄热病，也许还有间日疟，传入美洲，为生龙活虎的蚊子再助一臂之力。梅森-迪克森线以南地区，当地及流行性蚊媒传染病肆虐的环境因此形成。种植园殖民地、非洲黑奴及可置人于死地的蚊媒传染病相互交织。随后人们发现，看上去似乎仅由几个人确定的梅森-迪克森线同样与之密不可分。

从南部殖民地穿过梅森-迪克森线，沿大西洋海岸一路向北，我们便进入了混杂着蚊媒传染病的第二个区域——中部殖民地。该区域从特拉华州与宾夕法尼亚州起，延伸至新泽西州与纽约。在这一地

①　虽然马里兰是奴隶州，但是其并未选择加入南部邦联。事实上，有 5 个奴隶州拒绝加入南部邦联，并在南北战争期间站在北部联盟一方，为之战斗。具体为：密苏里州、肯塔基州、西弗吉尼亚州、特拉华州及马里兰州。

区，间日疟根深蒂固，在美国历史上有几次最为严重的恶性疟与黄热病曾在此暴发。这几次疾病暴发让未能适应的人口大量减少。1793年，在当时美国首都费城，我们看到，黄热病在3个月里造成超过5 000人死亡。另有2万人因为恐慌而逃离费城，其中就包括美国总统乔治·华盛顿，政府因此停止运转。在政治对话与茶余饭后的闲谈中，将国家首都迁往更为安全地点的话题不知不觉开始出现。

北方殖民地是第三个也是最后一个感染区，其中包括位于加拿大的新法兰西殖民地。由于七年战争，这里于1763年成为英属加拿大殖民地。这一地区天寒地冻，不会造成黄热病或其他任何形式的地方性疟疾的流行。然而，在条件适宜的夏季，商船与海军船只及士兵与过路人会不定期引发蚊媒传染病暴发。从康涅狄格州至缅因州，美洲殖民地经历了周期性间日疟与黄热病暴发。蚊媒传染病突然出现在多伦多及魁北克安大略以南五大湖地区。1711年惨烈的黄热病暴发便是证明。热闹忙碌的大西洋港口新斯科舍哈利法克斯港，也成为蚊媒传染病经常出现的地方。

在为撰写本书进行调查研究期间，我惊讶地发现，1826—1832年，在建造长约200千米的里多运河期间，疟疾曾在加拿大北部的首都渥太华暴发。每年7月至9月，是建筑工人们患病严重的"疾病流行季节"，约60%的工人会感染疟疾。1831年疟疾季之后，总包商兼工程师约翰·雷德帕思写道："该地区卫生条件每况愈下，让所有生活在这里的人都饱受湖边热、高热及寒战之苦，导致每年工程进度延期约三个月。我自己也在第一年与第二年连续感染疾病。虽然第三年躲过一劫，但是我今年患上了湖边热，病情严重。我连续两个月卧床不起，又过了近两个月才能够精神饱满地工作。"不用担心。在其疟疾适应过程中，雷德帕思挺了过来，并于1854年创建了加拿大最大的制糖公司。雷德帕思制糖公司如今依然屹立不倒，其总部是多伦多港口与繁忙港口的地标建筑。

在修建里多运河的过程中，约有1 000名工人因病去世，其中死于疟疾的有 500~600 人。在运河传播的疟疾也扩散至当地社区。据信，因疟疾死亡的平民有 250 人。在纽伯勒的老普雷斯比特里安公墓有一块纪念碑，对他们的牺牲表达了敬意："1826—1832 年在此地峡建设里多运河的工兵与矿工埋葬于此。他们在可怕的条件下辛勤劳作，因疟疾而告别人世。时至今日，他们的葬身之地依然不为人知。"19世纪末，沃尔特·里德与威廉·戈加斯医生分别在古巴与巴拿马工作。在此之前，运河挖掘工程是一项危险重重的事业。大量工人成群结队，在狭小空间内清理土地，挖掘沟渠，运水灌水，即便在加拿大北方的气候条件下，也不可避免导致蚊媒传染病迅速传播。

美国南北战争期间，超过 6 万名保皇派成员穿过边境，涌入英属加拿大。人们认为，正是在此后，季节性疟疾传入加拿大。正如我们所见，从历史角度看，人类迁徙、迅速介入的外国军队、旅行及贸易是传染病传播的主要渠道。18 世纪 90 年代，随着黄热病与疟疾在美国大西洋各州流行，加拿大又有 3 万名"后期保皇派"与难民寻求避难，以躲避疾病，不经意间扩大了疟疾活动范围，使之延伸至安大略、魁北克及大西洋沿海省份。

比如，1793 年，在革命期间，上加拿大①总督、杰出英国外交官约翰·格雷夫斯·西姆科的妻子于金斯顿首府感染疟疾。这座城市坐落于安大略湖的湖岸。里多运河以渥太华为起点，而金斯顿则是该运河在南方地区的终点站。杜桑·卢维杜尔于 1791 年发起海地革命。而在此期间，西姆科曾短暂领导过英国部队。最后，还是蚊子决定了那场革命的最终结果。在于近期播出的电视连续剧《逆转奇兵》中，西姆科为主要反派人物。这与史实不符，令我感到恼火。与历史证据表明的情况截然相反，在剧中，西姆科是一个暴虐成性、丧心病狂的指

---

① 上加拿大，1791—1841 年以五大湖北岸为管辖区域的英国殖民地，是安大略省的前身。——编者注

挥官，领导着一群心狠手辣的非正规英国突击队员。①

然而，在历史中，真正的西姆科则处于殖民主义十字路口。他被卷入了蚊子掀起的历史变革风潮，以及从欧洲在美洲展开的殖民地竞赛与掀起的喧闹，转而投入相同几块殖民地上由黄热病和疟疾熔炉所缔造的独立运动之中。蚊子在其中也起到推动作用。拜哥伦布大交换所赐，通过重商主义及糖料、烟草、咖啡及其他种植园作物积累的财富成为值得为之一战、诱惑不减的奖励。

在殖民化的前两个世纪，西班牙、法国、英格兰 / 英国（以及荷兰、丹麦和葡萄牙）最初你争我夺，争得不可开交。美洲自然资源丰富，吸引了诸多欧洲帝国主义国家踏上美洲海岸。殖民者与奴隶均服从命令，进入西半球的荒郊野岭，夺取领地，创建经济帝国。作为这场全球大转移的一部分，早期殖民者成为蚊媒传染病的祭品。他们及其生于乡下的后代适应了当地环境与疾病后，情况才有所好转。

这一适应过程最开始帮助他们保护国力强大的西班牙帝国，使其免受法国与英国两个发展迅速、虎视眈眈的海外对手的侵犯。因为在持续两个世纪的经济竞争与殖民战争中，英法曾设法攻占由蚊子把守的西班牙领地，但均以失败收场。在整个 17 世纪与 18 世纪，黄热病、登革热与疟疾从未停止向刚刚进入该地区的人发动攻击。因此虽然欧洲挑战者贪得无厌，但是老牌西班牙帝国获得了庇护，免受其烧杀抢掠。然而，18 世纪后期至 19 世纪初期殖民战争期间，依然是这些疾病推动了革命取得成功，推翻了欧洲殖民统治。

---

① 1791—1796 年，西姆科任加拿大首任总督。他建立约克市（多伦多），成立法院，创立习惯法，确立陪审团审判制度，承认自由保有土地所有权，反对种族歧视，废除奴隶制度。他在加拿大闻名遐迩。许多加拿大人将其视为国父，对其尤为敬重，在全国各地用其名字命名街道、城市、公园、建筑、湖泊及学校。其在美国革命期间指挥的非正规英国突击团现在名为皇家约克突击兵，是一个加拿大武装部队装甲侦察团，如今依然能够执行任务。

适应了疾病、生于乡下的新一代最终从祖国登上航船，渴望驶向无人抵达的独立海域。殖民者为蚊子献上足够的血祭，以死亡换取应得之物。此后，蚊子向这群已适应疾病、思想独立的人提供保护，免受殖民统治者的欧洲军队的攻击。当地民兵，甚至拥有欧洲血统的民兵，也已经完全适应当地疾病。在蚊子的帮助下，革命者摆脱了欧洲附庸的束缚。南美洲与中美洲国家，包括加勒比海地区各国、加拿大与美国无不愧对蚊子，应向蚊子表示感激。因为正是蚊子，促使它们不断进步，成为独立自主的国家。对于美洲最早的英国祖先及其子孙而言，他们最终成功从沼泽地逃出，摆脱了疟疾，奔向了自由。

在美洲解放战争中，既有如西蒙·玻利瓦尔、安东尼奥·洛佩斯·德·桑塔·安纳等英雄，也有如詹姆斯·沃尔夫与刘易斯–约瑟夫·蒙特卡姆、庞蒂亚克酋长与杰弗里·阿默斯特、乔治·华盛顿与查尔斯·康沃利斯、拿破仑与杜桑·卢维杜尔等永载史册的传奇对手。他们均生于西姆科所在的世界大潮之中。他们的命运在美洲战地棋盘上一一呈现，最终由唯利是图的蚊子全部掌控。

第 11 章

疾病的考验：殖民战争与新世界秩序

杰弗里·阿默斯特将军喘着粗气，喃喃自语道："他们是恶魔。他们必须受到惩罚，我们不能一味讨好他们……我们必须将他们彻底摧毁。"虽然英国人取得了七年战争的胜利，将法国人赶出北美，但是英国部队指挥官并没有心情庆祝。阿默斯特当前需要与叛军作战，但是他不仅部队人手极度短缺，而且资金不足。阿默斯特勃然大怒。渥太华酋长庞蒂亚克与十几个部落组成泛印第安联盟。庞蒂亚克酋长与联盟的 3 500 名勇士让阿默斯特的名誉毁于一旦。庞蒂亚克预计，大量英国殖民者会如同洪水一般，在近期涌入这片空无一人的法属土地。因此，他抓住机会创建了一片统一的原住民土地。庞蒂亚克公开表示："英国人，虽然你们征服了法国，但是你们还没有征服我们！"他告诉他的人民："对待这些英国人，这群穿着红色军装的野狗，你们必须拿起手中的斧子，将他们击退，让他们从世界上彻底消失。"到 1763 年 6 月，阿默斯特仅在与叛军交锋一个月后，便陷入绝境。庞蒂亚克的勇士们已经攻下俄亥俄河谷与五大湖地区的 8 个英国要塞。宾夕法尼亚西部野外的皮特堡遭到围攻。要塞内部传来坏消息："要塞人满为患，拥挤不堪，我担心疾病暴发……我们中有人得了天花。"缺兵少粮的阿默斯特创造性地使用了一种新型武器，成功扭转了局势，让庞蒂亚克叛军大潮变成为自己所用的武器。

亨利·布凯上校是皮特堡救援队队长。阿默斯特对此表达了质疑："难道我们不能设法在印第安部落中传播天花吗？在此情况下，我们必须竭尽所能消灭他们。"布凯回应："我将通过他们可能会使用的毯子，让他们感染天花，同时我自己也会多加小心，避免染病。"阿默斯特代表官方，对该行动予以支持。他回复称："你使用毯子感染印第安人的尝试定会大获成功。使用其他摆脱这一可憎种族的方法同样也会取得良好效果。"显然，二人并未意识到，民兵指挥官西米恩·埃库耶与威廉·特伦特曾被关押于皮特堡。5年前，他们便对这一武器加以利用。两人的日记中记录了完全相同的内容："出于对他们的尊重，我们为他们每人发了两条毯子和一块手帕。这些东西都取自有天花病毒的医院。我希望这样能取得我们想要的效果。"虽然人们普遍认为，这些染有天花病毒的生物武器并未产生作用，但是其使用也揭露出在七年战争之后，阿默斯特的人力、物力及财力的严重不足。

1756年，虽然战争乌云依然笼罩着美洲，但是英国国务大臣菲利普·斯坦霍普警示国王："以我之见，鉴于当前国家债务繁重，我们所面对的最大危险源自我们的支出。"正如斯坦霍普所预料的那样，1763年，当战争让国家陷入一片混乱时，英国经济出现严重问题，没有资金维系军队运转。在刚刚确立的北美边境，英国无力继续旷日持久的印第安战争。国家债务与日俱增，庞蒂亚克初战告捷，导致英国捉襟见肘。

《1763年皇家宣言》的通过让庞蒂亚克的情绪得到安抚，通过禁止殖民地向阿巴拉契亚山脉以西扩张，创建了印第安领地，同时也在美洲殖民地播下冲突的种子，点燃了慢慢燃烧、发起反抗的导火索。英国倾家荡产，军队难以为继，随之发生了革命性历史事件。这一切由近一个世纪饱受蚊子折磨的美洲殖民地冲突所致，因七年战争而达到顶峰。

七年战争之前，出现了一系列由外部因素导致的欧洲国家冲突与重商主义竞争，在美洲引发军事战争。在一个世纪的时间里，法国与西班牙联手阻挡蒸蒸日上的英国霸权。加勒比地区少数殖民地因此易主，英国针对魁北克制订的计划遭到挫败。比如，1693 年，英国派遣一支 4 500 人的部队，占领马提尼克与加拿大，最终因黄热病而失败。损失 3 200 名人员后，骨瘦嶙峋的士兵于蚊子季节之初的 6 月在波士顿靠岸。一名观察者记录道："有一艘英国船只，船上是我们的好友，还有可怕的瘟疫。"黄热病疫情随之在美洲殖民地首次暴发，波士顿、查尔斯顿与费城有 10% 的人口因此丧命。

在疾病流行期间，美洲殖民地部队在加勒比海受到蚊子与烈火的考验。这些部署在北美以外的殖民部队让人们在未来形成了一种观点，即需要增强加勒比海地区美洲殖民地部队力量。最值得注意的是，1741 年，英国发动战争，目的在于占领哥伦比亚卡塔赫纳。这座港口城市是西班牙的一个贸易中心，是哥伦布大交换所有类型货物的卸货点，其中包括珍贵的金属、宝石、烟草、糖、可可、异国木材、咖啡及奎宁。西班牙在其帝国南部获得货物，运往美洲。1727 年，英国曾派出 4 750 人，企图攻占卡塔赫纳。在蚊子密布的海岸巡逻时，4 000 人因黄热病死亡，其占英国侵略部队总人数的比例达到令人瞠目的 84%。此后，英国未开一枪一炮，便终止了行动。然而，与 1741 年远征相比，之前的征程则相形见绌。在海军上将爱德华·"老格罗格"[①]·弗农的领导下，2.9 万人整装待发，准备向卡塔赫纳发起进攻，其中美洲殖民者有 3 500 名。人们对这些美洲殖民者的描述是："殖民地上的全部土匪强盗。"对于蚊子而言，这一规模庞大、尚未适应疾病的部队就是黄热病的盘中餐。

在登陆后三天时间里，近 3 500 名英国士兵惨遭蚊子屠戮。由于"部队中病患猛增，在这一危险环境中继续久留似乎会威胁他们的性命，让他们全军覆没……整个船队起航前往牙买加"，此次行动注定

---

① "格罗格"是烈酒的俗称，与弗农密切相关。最初，格罗格是勾兑蒸馏水与柑橘汁的朗姆酒，其作用是预防维生素 C 缺乏病。弗农很快便获得了受人欢迎的昵称："老格罗格"。

失败。仅过了一个月，弗农就决定弃船逃跑。他说："这样一来，战争中最让人疲惫的任务便会就此结束。这自然而然是有史以来最令人不快的一场战争……疾病大肆扩散，每时每刻都有人死去……所有人都以相似的方式死去；他们把这一瘟热叫作'胆汁热'。该病在 5 天时间内便能让人毙命。如果病人得以苟延残喘，那是因为他们患上了黑呕病，最终依然难逃一死。"弗农部队总计有 2.9 万人。其中 2.2 万人惨遭蚊子毒手，约占部队总人数的 76%，令人目瞪口呆。已适应疾病的西班牙防卫者大部分已在卡塔赫纳驻扎 5 年，他们在这场大屠杀中幸存下来。

劳伦斯·华盛顿是弗农部队中的幸存者之一，是乔治·华盛顿受人敬仰、同父异母的哥哥。劳伦斯回到弗吉尼亚后，便在其家族所拥有的广袤土地上划分出一块土地，建立种植园。为了纪念他的指挥官，他将种植园命名为弗农山。1752 年劳伦斯去世后，20 岁的乔治·华盛顿随即继承这片日益扩大的地产。在卡塔赫纳战争期间，劳伦斯的殖民地部队与其英国同志同病相怜。各家殖民地报纸均对这场灾难进行了报道，在美洲殖民地所有人心中留下一道令人苦不堪言的伤疤。七年战争期间，英国人设法召集军队，再一次进行加勒比海冒险。这一次冒险的目的是夺取哈瓦那。当时，殖民志愿者的响应并不强烈。卡塔赫纳的精神图像挂在殖民地立法机关的走廊里，颇为引人注目。

由于在加勒比海进行着彼此无关、断断续续、规模却相对较小的帝国战争，其中也包括英国在卡塔赫纳因蚊子而惨遭失败的噩梦，欧洲帝国与重商主义经济体不可避免地在全球冲突中狭路相逢。在欧洲、美洲、印度、菲律宾与西非进行的七年战争，是第一场世界性战争。英国、法国、西班牙部队为夺取印度、菲律宾及西非殖民地而战火不断。虽然蚊媒传染病在军中扩散，但是它们并未左右战争结果以帮助英国取得胜利。所有欧洲士兵都是从他们位于温带的祖国得到命令，直接被派往美洲的。他们初来乍到，刚刚踏上这片异国战场。在尚未适应当地环境与疾病的情况下，蚊子对其一视同仁，经常拜访这些为彼此竞争的帝国服务的士兵。通常情况下，蚊子仅仅在北美洲及多国争夺的加勒比海地区，通过多场战役，才能发挥出其操控军事与历史、控制人力数量及部队部署的能力。

在美洲，战争打响前，英国就会在以前的战争中选好部队的替补。英国队的替补包括美洲殖民地与咄咄逼人的易洛魁联盟。对手失败方法国队则迎来少数毫无兴趣的加拿大人与阿衮琴盟友加入。最终，1761 年，西班牙决定与法国结盟，加入战争。然而，英国替补更有深度，英国拥有人力充足与替补雄厚的优势。

虽然欧洲各国职业军人数量相对均衡，但是法国殖民者与美洲殖民者在数量上相比，就是小巫见大巫，其比例达到 1∶23。英国在战场上也拥有更为强大的原住民盟友。在 17 世纪后期的海狸战争中，易洛魁联盟相继发动数场军事战争，获得捕猎场地，保障与英国开展贸易，用皮草换取英国枪支，随后向传统敌人宣泄复仇之火。这些战争帮助他们获得了更多捕猎土地，进而获取更多皮草，换取更多枪支，扩大报复行动。此时，在这一旷日持久的传统战事中，早在一个世纪前就获得法国武器装备的阿衮琴族与休伦族已经占据上风，让易洛魁人相形见绌。现在，通过皮草获取英国武器后，易洛魁人在整个北美东部发起报复行动，其怒火蔓延至整个五大湖地区。海狸战争标志着马希坎部落、伊利部落、中立印第安联盟、烟草联盟、休伦联盟的终结。其他印第安部落，如萧尼、基卡普及渥太华，均逃之夭夭，躲避易洛魁人的凶残屠杀。虽然易洛魁人坚持执行自己的惩罚性计划，但是他们不仅在无意之中清理了土地，让未来英国/美洲殖民行动受益匪浅，也将大多数法国原住民盟友赶尽杀绝，一个不留。

七年战争是一场真正的全球性冲突。策略谋划、人力考虑、领土优先顺序等问题相互交织。军队部署乃重中之重。各国采取相应举措，组建部队派往目的地。对于法国而言，与保障魁北克渔业、木材与皮草的商业贡献相比，欧洲战争和对利润颇丰的加勒比海殖民地的防守更为重要。然而，法国对其加勒比海地区糖料与烟草殖民地的关心代价不菲。在最初 6 个月，黄热病与疟疾杀死了一半初来乍到、尚未适应的法国守卫者。蚊媒传染病在海地、瓜德罗普岛、马提尼克岛及其他小型岛屿的法属要塞肆虐。法国部队所剩无几。增援部队改变方向，从魁北克来到这些陷入包围的前哨站。结果，加勒比海地区的蚊子在加拿大大杀四方，导致加拿大人员短缺。军队补给品与所有加拿大购买的物资均因此搁置。这些不可或缺的战争必需品，例如士兵、武器及资金，均被转移至欧洲与加勒比海地区。由于受加勒比海蚊子影响，法国指挥官蒙特卡姆侯爵对加拿大防守的协调能力无法正常展现。

与此同时，天花疫情在魁北克扩散，夺去法国人、加拿大人及剩余遭抛弃的原住民盟友的生命。1757 年，每天有 3 000 人因病住院，25 人因病死亡。在一年时间内，1 700 名法国士兵离开人世。这场流行病让弥足珍贵的人力资源大量流失，让在加拿大已经人手不足的法国联盟雪上加霜。由于此次魁北克天花暴发，也因为蚊媒传染病在加勒比海地区将所有可用的法国增援力量通通吞噬，加拿大变得不堪一击。

英国人反而想要占据北侧，保护其价值连城、盈利颇丰的 13 个殖民地。因此，英国人向加拿大战场投入了大量兵力与资源。英国与殖民地指挥官及士兵请愿前往北美，因为他们害怕患上加勒比海地区的蚊媒传染病。与同意加勒比海巡游相比，普通士兵与水手因拒绝服从而遭九尾鞭抽打 1 000 下的故事更为常见。其他人则发动了兵变。军官们通过行贿，逃过一劫，或者重新接受分配，执行其他任务。海军护卫队在运送过程中"迷失方向"。蚊媒传染病导致的伤亡人数不容忽视，英国最高指挥部保持克制，未将精英部队派往热带地区。相反，部队受命被派往加勒比海执行任务成了一种惩罚。

当受到召唤组建军团，建设探险队时，各个美洲殖民地犹豫不决。征兵人员介绍加勒比海战役后，没有人应征入伍。在 1760 年最终征服加拿大之前，大多数殖民地部队，包括民兵上校乔治·华盛顿，均部署在北美，以加强英国在该战场的优势。在埃丽卡·查特斯关于七年战争期间疾病的作品中，她指出："在美洲召集部队而在其他地方服役，这种情况难得一见。上一次还是 1741 年前往卡塔赫纳的灾难性探险……卡塔赫纳的经历促进了'自觉美国精神'的发展。"鉴于在此次失败任务中大量人员因蚊媒传染病死亡，英国军官威廉·布莱克尼警告称，美洲殖民者"似乎对自身尤为重视，认为自己理应得到尊重，尤其因为在此情况下，他们能够为祖国提供援助。随着他们的实力与日俱增，如果他们对所获承诺与自身期待的反差大失所望，未来此类情况可能因此造成重重困难"。布莱克尼敏锐地意识到，美洲的自信心正在逐渐增加，革命的苗头在地平线上闪现。

在美洲，英国发起了两个地域上明显不同但战略上彼此契合的反法战役。两场战役分别于加拿大与加勒比海地区展开。到 1758 年，在阿默斯特将军的领导下，英国已经占据大西洋沿岸的法国领地阿卡迪亚。约 1.2 万名阿卡迪亚人成为俘虏，遭到驱逐。我们将选取一些令人震惊的灰色故事，讲述遭驱逐的阿卡迪亚人的经历，细说蚊媒传染病在远离圭亚那的恶魔岛上给他们判处的死刑。1759 年 1 月，英国发动战争，入侵法国加勒比海岛屿堡垒马提尼克，但最终失败。执行此次任务的特遣部队随后改变方向，前往瓜德罗普岛。1759 年 5 月，英国占领该岛。然而，蚊子让他们的胜利变得颇为艰辛。在拥有 6 800人的英国部队中，因蚊子叮咬患病而死亡的占 46%。到 1759 年年底，在留守的 1 000 人部队中，因黄热病与疟疾而死亡的达 800 人。英国对经济价值颇高的法国制糖岛屿构成了威胁，为法国敲响了警钟。此时，法国从中立国西班牙获取了巨额贷款，以维持对英战争。失去种植园殖民地这棵摇钱树后，法国对战争的投入将化为乌有，不仅仅在美洲，在主要欧洲战场上亦是如此。在防守加拿大的过程中，法国人损失惨重。法国援军未适应当地环境与疾病，持续不断落入蚊子点燃的热带熔炉，最终化为灰烬，加拿大因此失去保护。

1759 年 9 月，法国结束了对加拿大脆弱不堪的统治。英国指挥官詹姆斯·沃尔夫少将年轻有为，天赋过人，也骄傲自大，下定决心采取一切必要手段，夺下魁北克。高烧不退、身患疾病的沃尔夫在向上级杰弗里·阿默斯特将军做出的报告中表示："如果出现河流航行、敌人反抗、疾病暴发或部队遭到屠戮的问题，或其他问题，我们可能就无法夺取魁北克（即使拼尽全力战斗到最后一刻）。我提议炮击魁北克，让那里化为一片火海，将农作物、房屋与牲畜全部毁灭，最终尽其所能将加拿大人运往欧洲，在我身后留下饥荒遍地、一片荒芜的土地。这是绝佳的决定，也是基督教式的做法！但是，我们必须给这群流氓上一课，以更加绅士的做法进行战斗。"这种火药味十足、决不妥协的战术策略实乃画蛇添足。沃尔夫在魁北克市亚伯拉罕平原利用人数优势，通过围攻击败了蒙特卡姆伯爵，为英国殖民者涌入、建立一个现代加拿大铺平道路。虽然沃尔夫因保家卫国而在平原上遭到杀害（蒙特卡姆亦是如此），但是阿默斯特接受了挑战，在第二年迫使蒙特利尔投降。在加勒比海地区蚊子的支持下，加拿大现在正式归英国所有。

将加拿大征服后，英国将资源转移至加勒比海地区。1761年，西班牙正式加入战斗，以保护其价值连城的殖民地并对其精疲力竭的法国盟友予以军事及经济支持。英国现在对准其他目标，其中主要为西班牙事业在美洲的关键连接点哈瓦那。然而，英国首先对法属马提尼克岛发动二次进攻。1762年2月，法国投降后，英国继续夺下圣卢西亚岛、格林纳达岛、圣文森特岛。英国种植园主认为，在预计进行的和平谈判过程中，这些小型殖民地可以成为外交筹码。现在，这些战略家直接将目光转向哈瓦那这把"通往印度群岛的钥匙"。

大量英国部队在巴巴罗斯聚集，总计约有1.1万名士兵。阿默斯特也在等待殖民地派出的额外4 000名"乡下人"的到来。阿默斯特曾获得建议称"乡下人必不可少，能够胜任工作，可以缓解我们的工作压力，缩短工期。因为今年此时的季节对欧洲人身体健康不利"。因此，阿默斯特一直敦促，明确要求从美洲殖民地征召士兵。尽管如此，阿默斯特未能征召足够数量的士兵。在加勒比海地区，蚊媒传染病对征召入伍的士兵翘首以盼。由于存在感染蚊媒传染病的可能性，人们为之胆寒，惴惴不安，志愿军们因此望而却步。新罕布什尔州州长报告称，除非达到一定条件，否则无法征召足额士兵。他在报告中写道："我可以保证能够征到在魁北克哈利法克斯或蒙特利尔军团服役的士兵，但是人们普遍会有所顾虑，担心在西印度群岛服役会招致惨重后果。"纽约众议员也强调，志愿军们要求"只将自己部署在北美大陆。而且服役结束以后，他们将返回家乡省份"。最终，在阿默斯特将军的逼迫威胁下，1 900 名未经"调味"、主要来自北方殖民地的"乡下人"与 1 800 名英国正规军乘船前往古巴。

1762 年 6 月，英国舰队抵达哈瓦那，对这座拥有 5.5 万人的城市展开围攻。大约 1.1 万名守卫者意识到，其包围城池的关键取决于蚊媒传染病，因为"发热与寒战足以摧毁欧洲一个师"。古巴拥有漫长而惨痛的蚊子史。在非洲之外，哈瓦那岛是世界上最适合伊蚊与疟蚊繁殖的生态系统之一。自哥伦布抵达哈瓦那以来，疟疾便一直在此流行。自 1648 年首次出现以来，黄热病同样每年暴发。但是，当然，在有些年份，情况更为糟糕。在这座小岛上，有 12 次黄热病暴发远比历年更为严重，在最惨烈的一次疫情暴发中，死亡人数占总人口的比重达到 35%。

然而，1762 年 6 月至 7 月，在英国早期行动中，哈瓦那唯利是图的蚊子守卫者按兵不动。它们根本没有现身。雨季通常于 5 月初开始，而 6 月降水量会达到最大。但是，受厄尔尼诺影响，雨季未能如期而至，因此蚊子繁殖季也延期到来，疾病流行季也因而推迟。对于英国人而言，这一年春天异乎寻常地干燥，让相对健康的部队安全登陆滩头，抵达哈瓦那郊区。然而，英国若要取胜，需要与死神赛跑。一名参与围攻的士兵写道："7 月末，美洲援军抵达，让我们欢欣鼓舞，士气大振。"殖民地援军到来，饥肠辘辘的蚊子随之从冬眠中苏醒，立刻开始疯狂捕食。

然而，哈瓦那总督已经撤离。他知道，缺少通常由蚊媒传染病把守的防线，战争便就此结束。J. R. 麦克尼尔以精妙绝伦的方式对该事件予以详细描述，他坚持认为："时机决定成败，甚至降雨、蚊子、病毒活动的时间等因素都会举足轻重……如果他知道雨季推迟，在 8 月才姗姗来迟，使蚊子大量繁殖，生龙活虎，引发黄热病暴发，他也许会继续坚守阵地。但是，他无法未卜先知……1762 年 8 月 14 日，他选择谈判，然后交出城市。"哈瓦那投降两天后，身体健康、能够执行任务的英国士兵只占 39%。10 月初，一位高级军官报告称："患病士兵数量有增无减。自哈瓦那投降以来，我们已经掩埋的士兵尸体多达 3 000 具。令人遗憾的是，还有许多人正在住院接受治疗。"到 10 月中旬，蚊子依然毫不满足，因其而毙命的人数达到了荒谬的程度。在总计约 1.5 万人的部队中，仅有 880 人，即 6%，得以幸免或身体健康，能够坚守岗位。蚊子将整个部队的 2/3 吞噬殆尽，在不到 3 个月的时间里夺去 1 万人的生命。只有不到 700 名英国 / 殖民地士兵是在战争中牺牲的。虽然医生尽其所能地与这场传染病展开斗争，但是当时的医学知识并非真正的科学知识，更多仅仅是凭空猜测与封建迷信。

医学治疗稀奇古怪，有时甚至野蛮残暴，但是其反映出人们对蚊媒传染病或大多数相关疾病一无所知。大多数病患知道，等在前方的是徒有虚名的治疗，因此他们努力避免前往条件简陋的医院，不接受主治医师的诊疗。当上级命令他们前往医院就诊时，一位在哈瓦那遭受黄热病折磨的士兵回答道："我的确不是病人，如果我是病人，我宁愿立刻自我了断，也不想去有许多将死之人的医院。"这位士兵的刀依然没有出鞘，因为还没来得及，他便撒手人寰。一般性治疗包括吞咽动物脂肪、蛇毒、水银或昆虫粉末。古埃及的做法是将病人浸泡在新鲜人尿之中。这一做法在当时依然得到沿用。饮用自身尿液在当时也是普遍的做法。放血、痛打、水蛭及火罐疗法也是常用医疗方法。使用新鲜鸽子或花栗鼠脑子制成膏药或敷料是当时的流行疗法。虽然没有比此更为有效的治疗方法，但是大量使用酒精、咖啡、鸦片及大麻至少可以起到麻醉作用，缓解可怕症状造成的疼痛。奎宁虽然也得到使用，但是价格不菲。因此，奎宁一直储备不足，仅少量供应，无法起效，或仅供军官使用。奎宁与如今的可卡因及其他街头毒品一样，与其他药物混合使用，结果降低了原料活性与药效。

倘若黄热病未能夺去士兵的生命，相关治疗也往往会令其毙命。托马斯·杰斐逊开玩笑说："有时，按照流行理论进行治疗的病人不用服药也会康复。"大多数病患在面对疾病时，往往会选择放手一搏，而不是寻求治疗。由于对蚊媒传染病的医学研究不准确，计算不精准，七年战争期间，欧洲国家在美洲进行的战役遭疾病吞噬。疟疾、黄热病与登革热高发地区，包括加勒比海与美国南部，依然是蚊子泛滥的食人坑。

虽然英国现在控制古巴，但是其人力及资源负担沉重，针对西班牙领地展开进一步计划或向法属路易斯安那发动战争的设想均遭放弃。本杰明·富兰克林评论道："在围攻哈瓦那期间，疾病在我们英勇的老兵中肆虐，让哈瓦那成为人间地狱。当我们想到哈瓦那现在近乎沦为废墟，我们便发现，截至目前，在这场战争中，在哈瓦那取胜所需付出的代价最为高昂。"英国诗人、作家与词汇学家塞缪尔·约翰逊哀叹道："希望我的祖国不会再受诅咒，再也不会经历此类战争！"从军事与经济角度看，英国人与其敌人一样，精疲力竭。英国政治家艾萨克·巴雷表示："战争让街道看上去仿佛经历了葬礼，而不是为胜利而进行的欢庆活动。我们用尽资金，几乎弹尽粮绝。"在加勒比海各个殖民地，未适应气候与疾病的士兵及补充力量继续轮换。他们也持续因蚊媒传染病而死亡，死亡率超过 50%，甚至达到 60%。面对彼此交战的欧洲国家，蚊子掌握了主动权。虽然英国人取得胜利，接受了投降书，但是他们与对手一样，在战争结束后精疲力竭，无法发挥自身优势。在士兵遭到蚊子叮咬，国库空无一物的情况下，英国摆好架势，虚张声势，但仅徒有其表，毫无威胁。摆脱这一混乱局势的唯一方法为开展谈判，做出妥协。

最终，在哈瓦那、马提尼克、瓜德罗普岛及其他岛屿，遭受折磨的人数令人难以置信，因此丧命的人不计其数，但这一切均是徒劳。我认为，唯一的赢家是饕口馋舌的加勒比海蚊子。它们带着自己的椅子，来到包罗万象的"欧洲风味"自助餐宴会，狼吞虎咽，大快朵颐。1763年2月，英国与法国、西班牙签订《巴黎条约》，确定战利品归属。欧洲依然保留了其战前的范围。所有帝国的状态与战前别无二致，几乎没有战前领地因战争而易主。

英国谈判者真正考虑的问题是如何应对法国。谈判者们迅速意识到，英国手中没有筹码，无法获取加拿大及遭到攻占的法属加勒比海岛屿。英国实力不济，却在进行一场赌博，对此他们心知肚明。法国同样一清二楚。最终，英国就加勒比海地区达成协定，保留了对加拿大的控制权。与加勒比海及海外殖民地相比，保护北美殖民地北部地区更为重要。许许多多英国人在马提尼克岛与瓜德罗普岛成为蚊子的盘中美食。因此，英国将两座岛屿及面积不大的圣卢西亚归还给了法国。英国获得加勒比海南部与西属佛罗里达小安的列斯群岛的三座小岛。西班牙得以收回哈瓦那。西班牙也从法国获得路易斯安那领地。但是，在拿破仑统治法国时期，西班牙悄无声息地将领地归还给了法国，随后，美国于1803年将该领地买下。法国放弃所有在印度的殖民地权利，并交给英国，换取距纽芬兰南部约26千米的两座小岛的控制权，进而保留对大浅滩渔业的开发权。在北美，圣皮埃尔和密克隆群岛是法国硕果仅存的领地，总面积约为246平方千米。这些岛屿的领土与经济所有权均应归属加拿大。但是，这些岛屿现在正式继续成为法属海外自治领地。

然而，加拿大仅仅是名义上的英国殖民地。七年战争结束后，加拿大为数不多的殖民区域划分明显的人口尚未张开双臂，拥抱巨大的爱国主义热情，对法国也没有坚定不移的感情，因此保留了其庄园主土地制度、民法、语言、天主教信仰与文化。除宣誓效忠英国皇室之外，对于加拿大人或"魁北克人"而言，生活依然未受影响，继续保持现状。加拿大数量不多的人口仍主要为法国人。美国革命后，大量英国反独立者才涌入加拿大，成为其人口的主要组成部分。

然而，法国海员阿卡迪亚人面临着一个完全不同的战略境地。他们作战人数更多，拒绝宣誓效忠新主。在英国人看来，阿卡迪亚人实现和平的最快方式，便是发动起义。英国将不忠不义、令人讨厌的阿卡迪亚人视为威胁，因此在"大驱逐"期间，英国人强制阿卡迪亚人离开，加之享受圭亚那地狱生活的蚊子造成的影响，引发了最为奇怪、最为可耻的殖民主义故事。

一大批阿卡迪亚人在美洲东奔西跑，从查尔斯顿来到南大西洋不宜居住的马尔维纳斯群岛。最终，西班牙准许他们在路易斯安那定居。时至今日，他们依然生活在那里。随着时间的流逝，加之与世隔绝，这群阿卡迪亚人不断发展，孕育出当代的卡津文化。"卡津"（Cajun）一词由"阿卡迪亚"（Acadian）变化而来。然而，1763 年，一小群阿卡迪亚人奉命前往南美北部海岸的圭亚那，将一片刚刚建立的法国殖民地占为己有。这片殖民地便是众所周知的恶魔岛。

由于七年战争的领土问题，法国士气低落。在全球领地数量上，英国有所收获，西班牙保持不变，法国则损失殆尽。战后，法国意识到，其在北美地位下降的原因在于，自己缺少忠心耿耿的殖民地人口。美洲的英国殖民者在战争中人数优势巨大，西班牙的加勒比海守卫者亦是如此。失去加拿大后，法国在加勒比海地区的剩余人口主要为奴隶。可以合理推测，奴隶在政治上不具可靠性，同时可能因心怀恨意而发动叛乱。在此类殖民地，法国籍人士数量大多不足。在随后的殖民战争中，与七年战争时期一样，英国人攻占这些殖民地如探囊取物。法国需要当地身体强健、适应疾病的法国殖民者，采取措施保护殖民地。在其设想中，圭亚那将成为这场保卫战的堡垒，成为魁北克在热带地区的化身，甚至让加拿大阿卡迪亚人实现复兴。

虽然法国于 1664 年在圭亚那建立了一个小型前哨站，但是有报告称，殖民地"自开始以来，几乎毫无进展。上面只有一群好吃懒做、玩忽职守的殖民者。殖民地基本成为上帝对国王的诅咒"。七年战争即将结束之际，当地拥有法国人 575 名，自由及沦为奴隶的非洲人约 7 000 名。他们均生活在卡宴殖民地。闲适安逸的殖民地，咸水沼泽与海牛栖息的红树林密布，是蚊子的天堂。1763 年，法国的初步调查证明，对于当时的居民而言，"其主要活动就是享受生活。如果说有什么事情让他们焦虑不安，那就是天天无忧无虑，无须感到焦虑"。滑稽可笑的是，卡宴以外的殖民地只有一些耶稣会牧师及本土与非洲信徒。他们当时正位于约 56 千米外与世隔绝的库鲁，进行教会宣传。

由于前景一片大好，奴隶种植的糖与烟草产量丰富，黄金国资源丰富，1.25 万名殖民者启程前往库鲁。这些梦想家大多来自饱受战争摧残的法国与比利时地区，也包括少量阿卡迪亚人、加拿大人与爱尔兰人。其中一半人不足 20 岁。殖民者们通过精心设计，催促未婚男女嫁娶原住民，提高人口数量，尽快让殖民地运转起来。1763 年圣诞节，首批殖民者带着乌托邦式的天堂愿景，踏上库鲁的土地。他们将成为建立力量强大、抵抗疾病的法国殖民人口的先锋队，在未来推翻英国统治，为法国报仇雪恨，一洗七年战争之耻。

大量殖民者随第一批运抵的补给品涌入库鲁。虽然此次运输货物中并不包含印刷机，但是此批货物与运至达连湾的货物一样稀奇古怪。由于加拿大现在落入英国手中，法国政府看到了机会，通过毫无戒心的热带殖民者，将溜冰鞋、羊毛无边帽及其他加拿大过冬必不可少的衣物成箱运至库鲁。这是典型的殖民地错误。为了安置刚刚抵达的殖民者，存储他们的冰球装备，他们在一座离岸岛屿上安营扎寨。在此之前，人们已将这座岛屿命名为恶魔岛。库鲁的境况急转直下，变为地狱一般的失乐园。1764 年 6 月，蚊子掀起历史上最致命、地狱三头犬[①]一般凶猛的疫情，黄热病、登革热与疟疾肆虐，在一年时间内造成 11 000 名（90%）殖民者死亡，让这座岛屿成为名副其实的恶魔岛，古人关于岛屿邪神的传说也得到应验。

---

① 地狱三头犬，希腊神话中的一种恶魔，拥有三只犬首。——编者注

殖民地尽管经历了此次噩梦，但是依然未能让法国改变其对"国王的诅咒"，因为没有其他人想要或胆敢占领此地。库鲁以帝国主义孤儿的形象继续存在，最终在法国革命期间得到合理利用，临时成为流放地，关押政见不同人员及其他激进闹事者。1852年，一个全方位、多站点的流放地正式被投入使用。恶魔岛变成法国版本的阿尔卡特拉兹岛①，因遭受野蛮对待、饥饿及蚊媒传染病而死亡的人数比例最高达到75%。直到1953年，恶魔岛才停止运行。② 库鲁与许多前流放地现在成为欧洲航天局的航天中心与发射基地。也许所幸的是，英国的经济甚至处于更大的危险之中。

七年战争及蚊子已将英国的斗志消磨殆尽，让国库空空如也。在欧洲和平环境下，庞蒂亚克起义爆发。在此期间，杰弗里·阿默斯特将军对自己的军事局势进行了总结："军队人数大量减少……自军队从哈瓦那来到这里以来，有些军官及人员染上疾病，频繁复发。"哈瓦那蚊子游击队对事件的影响远不仅限于它们自己的热带餐厅。它们推动英国与其殖民地之间发生了改变世界的冲突，向着革命方向发展。弗雷德·安德森著有《战争熔炉》，对战争之旅进行的记叙达900页。安德森在书中指出："阿默斯特采取的措施对需要民兵的省份颇具吸引力，其中包括从哈瓦那军团征召残疾人，替代要塞士兵，解放其所

---

① 阿尔卡特拉兹岛为美国加利福尼亚州旧金山湾内岛屿，美国政府曾将其选为联邦监狱用地，该监狱关押过许多著名重刑犯。——译者注

② 阿尔弗雷德·德雷福斯是其最为著名的囚犯之一。在臭名昭著的德雷福斯事件发生期间，德雷福斯因向德国人传递军事秘密，于1895年因叛国而被定罪。另一位著名囚犯为亨利·查理尔。他于20世纪30年代因谋杀罪在恶魔岛服刑。其著作《巴比龙》于1969年出版。该书详细记叙了其在恶魔岛的经历，讲述了其遭遇的惨无人道、令人发指的对待。该书于1973年被改编成同名电影，红极一时。影片由史蒂夫·麦奎因与达斯丁·霍夫曼领衔主演。针对查理尔"回忆录"的历史分析近乎将其内容全盘推翻。现在，其作品充其量为小说，其内容根据他人经历与叙述得到高度润色，与《马可·波罗游记》颇为相似。

能找到的健康男性，协助救济皮特堡或底特律。这些措施仅是权宜之计，最多仅能帮助他们争取时间。阿默斯特对此心知肚明。"英国人无法承担因浪费时间所付出的代价。

加勒比海蚊子出手相助，将英国的资金与人力榨干。安德森将其称为"战争结束时由疾病造成的可怕损失"。根据政府记录，七年战争期间，在部署于加勒比海地区的18.5万人员中，"因疾病与逃亡而死亡"的有13.4万人，占总人数的72%。战争也让英国债务翻倍，从7 000万英镑增加至1.4亿英镑（相当于如今的20多万亿美元）。单单利息就占每年政府税收的一半。英国对叛乱的应对便是采用姑息战略。在使用染有天花病毒毯子这一令人毛骨悚然的任务失败之后，英国通过反动性的解决方法，息事宁人，满足庞蒂亚克及其好战党羽的要求。

1763年10月，随着庞蒂亚克联盟控制了战场局势，《1763年皇家宣言》生效，禁止在阿巴拉契亚山脉以西建立殖民地。这一中间地带位于宣言界限以西。从这片土地到密西西比河，再到西班牙控制的路易斯安那领地，均依法专门得以保留，"供印第安人使用"。殖民者对原住民的仇恨情绪根深蒂固，必然要将英国拖入中间地带永无休止、徒劳无功、代价高昂却无法承受的冲突与战争之中。与其他措施一样，设立宣言界限是一种节约成本的方法，使殖民者与原住民间产生一道鸿沟，旨在恢复西侧和平。只有美国人以区别于他国人的名称称呼七年战争（现在可能依然如此）。这个名称反映出，面对美国上天注定的西部扩张，原住民横加阻拦，美国人对此恨之入骨。19世纪中期，美国人将其重新命名为"天定命运"。由于该种美国殖民仇恨情绪的蔓延，加之财政负担沉重的《1763年皇家宣言》对其予以认可，庞蒂亚克心满意足，殖民者也得到了惩罚。

许多美洲殖民者对这一专横无情的背叛感到愤愤不平。生于乡下的人口的数量快速增长，他们将目光瞄准了西部。移民依然漂洋过海来到美洲。尽管如此，向西扩张的唯一方法却受到法律的严格禁止。七年战争期间，殖民地民兵或乡下人，在加勒比海与北美战场上与英国军人并肩作战。由于英国自以为是，狂妄自大，许多民兵战死沙场或因蚊子叮咬而毙命。虽然殖民者援助英国，助其取胜，但是英国并未将西侧的前法国土地作为战利品赠予殖民者。英国为了羞辱伤者，希望殖民者为《1763 年皇家宣言》界限规定的巡逻与保护支付费用。殖民地每年在安全方面的费用支出约为 22 万英镑。英国希望殖民者分担部分防御开支。从 1764 年《食糖法案》到十年后的"不可容忍法案"，英国通过收取一系列如今闻名遐迩的税费与关税，以此抵扣应缴费用。然而，在硬通货方面，税收本身并不是一个真正的问题。

在大英帝国，美洲殖民者支付的税费金额最低，与普通英国人相比，美洲殖民者所交税款是其十分之一。[1] 在革命之前十年，所补缴费用与关税总计使平均税费仅提高 2%。然而，在英国议会，在没有民主代表的情况下征税是一个问题。威廉·皮特是颇具影响力的下议院领袖，他意识到这一债务不断增加所带来的危险。皮特说："如此巨大数额的资金问题前所未有。我们发现，这一问题需要通过获取新的贷款加以解决，导致逐步累积了 8 000 万英镑的债务，那么谁将承担后果，谁将保护我们免遭殖民地江河日下、日渐衰落的命运？"英国人自己将承担一切后果，即失去极具经济价值的美洲殖民地。

对于许多殖民者而言，七年战争及随之而来的影响，包括庞蒂亚克与《1763 年皇家宣言》，是一个转折点，标志着美洲新时代的开端。殖民者与其政治组织一起，开始重新评估自己在大英帝国的位置，以及其与英国的关系。这些做法增加了人们对更为平等、更为和谐对英关系的希望。但是实际情况恰恰相反。正如安德森恰到好处的表述："华盛顿、富兰克林等人若没有成为美国领袖，那么在大英帝国框架内获得荣誉、财富与权力便成为其最高追求。他们被迫将全新的普世意义融入权利与自由的内在语言，才能面对此类领土问题……本将成

---

[1] 各个殖民地的税率有所不同。比如，英格兰的税率是马萨诸塞州的 5.4 倍，而英国的税率是宾夕法尼亚的 35.8 倍，令人大吃一惊。

为帝国主义者的美国人变成了革命分子。"英国在未经殖民地同意的情况下，不断增加对殖民地的政治和经济干预，决定了《1763年皇家宣言》通过后十年的美国思想。美国人对自己的地位与公民权利不抱幻想，因此最终公开发动起义，反抗英国政府对其殖民地的独裁统治。虽然双方均不希望兵戎相见，但革命依然爆发了。

用理查德·米德尔顿的话说："双方情同母子，其母子纽带出人意料地岌岌可危，变成了一个套索。"一代又一代人在乡下出生，不仅适应了美国，也适应了古巴、海地及许多其他殖民地的环境与疾病。对于这些人而言，他们的生命轨迹与其祖国再无瓜葛。其母子纽带与波士顿、太子港、费城或哈瓦那的家乡与土地紧密相连。许多人已经成为美国人、古巴人及海地人。也许他们自己甚至尚未对此有所察觉。适应环境与疾病后，此种民族主义便成为进行革命的有力工具。

詹姆斯·林德是英国皇家海军首席医师。在其1768年的开创性著作《论欧洲人所患热带疾病》中，林德向上级发出警示："最近在热带地区，大量人员死亡。这些例子应该引起欧洲所有商业国家注意……有害健康的殖民地需要源源不断的人力补给，当然也会让殖民地母国消耗大量人力。"至此，林德补充了一份关于革命的免责声明："商人、农民或士兵等本质上属于国家的公民将能发挥更大作用。其所做贡献大小将更多地有赖于殖民地，而非初来乍到、尚未适应的欧洲人。"①

美洲殖民地的革命之路始于七年战争之后。戴维·佩特里埃罗认为："总而言之，疾病帮助英国人征服并牢牢控制了北美。但是与此同时，英国在人力与财力上付出了惨痛代价，最终才取得胜利……仇恨情绪填补了英国的空虚。英国因疾病将美洲大陆收入囊中，也因疾病让美洲大陆落入他手。"七年战争期间，加勒比海蚊子出手相助，

---

① 林德是首位通过临床实验，有凭有据地展现柑橘预防、治愈维生素C缺乏病功效的人，其也是首位提出通过蒸馏海水获取饮用水的人。其所做研究极大地提升了英国海军的卫生条件与生活质量。

让英国在北美赢得霸权。然而，其生活在南、北卡罗来纳与弗吉尼亚州死水中的北方表亲让北美叛军的胜利板上钉钉。

七年战争爆发之前，殖民地局势尚未洗牌。1775 年，乔治·华盛顿与其殖民地民兵发动革命，并迅速席卷北美。J. R. 麦克尼尔于 2010 年发表著作《蚊子帝国：大加勒比海地区的生态与战争（1620—1914）》。其为该书撰写的详细摘要对随后发生的场景进行了描绘。麦克尼尔写道："在 18 世纪 70 年代之前，蚊子一直是美洲地缘政治秩序的基础。而 18 世纪 70 年代后，蚊子又将这一基础逐渐破坏，使美洲迎来独立国家的新时代。"麦克尼尔强化了这一论证。他强调："1776—1825 年，部分美洲人发动起义，大获成功，欧洲对美洲的统治因此结束……新生国家因英属北美洲、海地、西属美洲地区的革命而建立，欧洲帝国领土随之缩小，同时，大西洋美洲地缘政治与世界历史迎来了新时代。革命之所以取得成功，要部分归功于黄热病或疟疾。"适应了环境与疾病的美国、海地与南美革命者英勇无畏，为独立而战。然而，实际上，最终却是狂热不安的蚊子保证了他们能够打破枷锁，获得自由。

第 12 章

决定命运：咖啡、茶与美国革命

1775 年 4 月，美国革命在莱克星顿与康科德打响。一个月后，大陆军新任总司令乔治·华盛顿于大陆会议向美国政治领导人提出要求。华盛顿敦促他们尽其所能购买金鸡纳树皮及奎宁粉。由于陷入纷争的殖民地政府承受了巨大财政压力，几乎缺乏战争所需的一切物资，因此华盛顿的总拨款仅有 300 英镑。华盛顿将军在 17 岁时首次感染疟疾，一直以来饱受疟疾复发（再感染）折磨，因此经常使用奎宁。[①]

对于美国人而言，幸运的是，在整个战争期间，英国人也严重缺乏由西班牙供应的秘鲁奎宁。1778 年，在西班牙加入战争、支持美国革命前不久，西班牙彻底切断了奎宁供给。所有能够获取的储备均被发往印度与加勒比海地区，供驻扎在那里的英国部队使用。与此同时，英国于 1780 年占领了战略港口城市与蚊子避难所查尔斯顿。此后，英国发动最后的南方战役。面对缺少奎宁、尚未适应的英军，蚊子毫不留情，持续不断向其发起进攻，这决定了美利坚合众国的命运。

正如 J. R. 麦克尼尔绘声绘色描绘的那样："这一观点直白明了：在美国革命期间，英国南方战役最终导致其于 1781 年 10 月在约克城

---

① 有 8 位总统曾受疟疾之苦：华盛顿、林肯、门罗、杰克逊、格兰特、加菲尔德、西奥多·罗斯福及肯尼迪。

战败。其部分原因在于，与美国军队相比，英国军队更易受疟疾影响……因为英国的宏伟战略将很大一部分部队送入疟疾（与黄热病）地区，胜利的天平因此倾斜。"在 1780 年进入南方蚊子旋涡的英国军队中，70% 是从更为贫穷、饥荒遍地的苏格兰与英格兰北部郡县地区征召而来的。而英格兰北方郡县就位于皮普所在沼泽地的疟疾带之外。虽然有些军人已在殖民地服役一段时间，在英格兰北方感染区时便适应了疟疾，但是他们此前从未接触过美洲疟疾，因此依然需要适应。

另外，华盛顿将军与大陆会议握有优势，可以指挥适应当地气候与疟疾的殖民地部队。在七年战争及反抗自己国王的动荡混乱的几十年间，美国民兵对周围环境的适应能力与疾病抵抗能力得到提高。华盛顿自己意识到，尽管缺乏科学证明或医学支持，由于疟疾反复发作，"我受到了最佳保护，超越所有人的想象"。当时美国人对此一无所知。在《1763 年皇家宣言》通过后，美国人群情激奋、愤愤不平。12 年后，战争突然爆发，出乎所有人意料。在此情况下，适应环境与疟疾可能是美国人面对英国人时的唯一优势。在莱克星顿与康科德打响的第一枪并未得到刚刚组建的大陆会议的认可。殖民地政治家们不希望也不准备发动战争。殖民者代表的会议及大陆军队几乎手无寸铁，政治家们对此一清二楚。在此情况下，将华盛顿装备不足、衣衫褴褛的业余民兵说成弱者则完全是轻描淡写的说法。

1774 年秋，在战争爆发之前，为了对波士顿茶党与征收重税的"不可容忍法案"予以回应，首次大陆会议于费城召开。在 13 个殖民地中，有 12 个殖民地共派出 56 名代表，就美国团结统一问题进行商议。[①] 本质上，可用三个火枪手[②]的座右铭体现当时的局面："人人为

①　在 13 个殖民地中，佐治亚州最后一个成立。由于担心影响与英国的关系，佐治亚州并未派出代表参会。佐治亚州人民需要英国士兵支持，帮助他们镇压凶狠野蛮的切罗基与克里克反殖民扩张抵抗力量。

②　三个火枪手是大仲马小说《三个火枪手》中的人物，三个火枪手分别是阿多斯、波尔多斯和阿拉密斯。——编者注

我，我为人人，团结则胜，分裂则败。"或用北大西洋公约组织（北约）第五条款的表述："攻击一个盟友便是攻击所有盟友。"[①]这场首次召开的领导人会议的中心问题是，要迎难而上还是就此妥协。

到 1774 年，这一问题并非首次出现。因为"自由之子"[②]的成员已经对该问题进行了长期细致的探讨。该组织成员为激进人士，是一个内部松散的秘密组织。领导人为塞缪尔·亚当斯、约翰·汉考克、保罗·列维尔、本尼迪克特·阿诺德及帕特里克·亨利。1765 年《印花税法案》颁布之前，这群未来叛党在波士顿绿龙酒馆与咖啡馆阴暗潮湿的地下室碰面。这里也因此作为"革命大本营"享有历史盛誉。在我的想象中，绿龙酒吧与由 J. R. R. 托尔金创作的《指环王》中的跃马客栈颇为相似。在那里，阴险狡诈、见风使舵、披着斗篷的殖民者一边啜着苦茶或咖啡，一边面带讥笑地秘密策划，准备发动革命。

到 17 世纪后期，茶成为英国与殖民地的首选饮品。1767 年《汤森法案》对诸多商品征收关税，茶也在其中。在该法案及 6 年后的《茶税法》通过后，抵制饮茶成为美国人的一项爱国使命。1773 年 12 月，《茶税法》通过后不久，一支具有战略意义却充满怨恨情绪的"自由之子"队伍披着毯子，涂着烟灰颜料（并未像普遍描绘的那样，使用神话传说中的莫霍克[③]印第安标记），在茶话会期间，将 342 箱共计约 40 吨的茶叶倒入波士顿港。大陆会议于次年通过一项决议，"用自己的生命与财富，反对销售任何茶叶"，以此将这次火药味十足的行动合法化。脾气暴躁的约翰·亚当斯向智慧过人的妻子阿比盖尔大

---

① 这一概念的起源要追溯到公元前 600 年的《伊索寓言》。《马可福音》也对其有所提及："如果一个家庭四分五裂，房子也无法屹立不倒。"在 1858 年林肯与道格拉斯的辩论中，林肯对这一段话予以转述。世界各地文化均有十分类似的信条，从易洛魁联盟到蒙古，再到俄罗斯童话《红色小母鸡》，均有所体现。

② "自由之子"指在美国独立战争中的一个激进民主主义协会。——编者注

③ 莫霍克，易洛魁联盟中位于最东侧的北美原住民部族。——编者注

叫道："必须全面放弃饮茶。我必须戒掉喝茶，越早越好。"威尔蒂认为："美国人此时转而饮用咖啡成为一种爱国需要。美国人放弃饮茶后，他们用一种世界上奴隶殖民体系中的主要产品咖啡加以弥补。"

咖啡不仅价格低廉，而且可就近种植。咖啡也作为一种疟疾用药而大受欢迎。正如我们所见，在当时，所有殖民地均生产咖啡，在南部感染区尤为如此。合法医生、贩卖蛇油的商人等均将咖啡宣传为"抗疟疾"神药。咖啡因此迅速渗透进美国殖民地文化，其使用量大幅增加。在《发烧》一书中，疟疾研究员索尼娅·莎证实："长期以来，医生一直怀疑，喝咖啡具有抗疟功效。这似乎解释了为何与饮茶的英国殖民者相比，有饮用咖啡习惯的法国殖民者受疟疾影响更小。同时，这也有助于激励美国饮茶者转投咖啡阵营。"鉴于美国人当前消耗的咖啡量占世界总量的 25%，星巴克应举杯向蚊子致敬。在《生命线》一书中，亚历克斯·佩里表示："疟疾甚至可以帮助我们解释，1773 年的波士顿茶党国为何变成如今的拿铁国度。"

随着关于冲突还是妥协的辩论从绿龙酒馆转移至费城木匠厅，在咖啡刺激下展开的对话中，支持妥协一方最终取得胜利。任何与革命有关的鲁莽想法（并没有多少，也未得到严肃对待）均成为过眼云烟。主要观点及政治指导原则为通过谈判，在大英帝国框架内取得与英国人同等的权利，包括向伦敦议会派出经选举产生的殖民地官员的权利。1775 年 5 月，大陆会议召开时，一个月前在莱克星顿与康科德放出的火枪声已对冲突还是妥协这一问题予以解决。现在，根本问题在于确定此次武装起义的现实目标与战略目的。一位为人谦逊、生于英国的闹事者一事无成，从制作绳子到收取税款，再到传道授业，均以失败告终。但是，此人却对这一问题做出了解答。1774 年，在战争正式爆发前仅仅几个月，此人在本杰明·富兰克林的资助下移居费城。

1776 年 1 月，托马斯·潘恩出版了小册子《常识》。出版后第一年，《常识》售出 50 万份。时至今日，该书依然在市面出版发行，是有史以来美国作家创作的最畅销作品。潘恩"仅仅提供简单易懂的事实、朴实无华的论点，以及无处不在的常识"，对实现独立与创建民主共和国，为人类提供避难所，进行了令人心服口服的论证。其在短时间内展现的吸引力不仅引起法国注意，也促进殖民地对战争的支持，最终结束了第二次大陆会议的讨论。将雄狮激怒至如此地步，美国已经没有退路。

杰斐逊、富兰克林与约翰·亚当斯起草了一封致国王乔治三世的信，要求获得殖民地主权，并发表了一番具有开创意义的政治哲学陈述，即慷慨激昂、激荡人心的《独立宣言》。1777年，拥有临时宪法作用的《邦联条例》获得通过，殖民地正式联合，大陆会议也作为执政机构得以保留。剩下要做的就是取得战争胜利，当然，这需要与蚊子合作，让蚊子在战争中鼎力相助。

作为一个赢得战争胜利的战场武器，蚊子发挥的作用令人信服。蚊子让位于南方殖民地尚未适应的英国士兵陷入恐慌，进而造成巨大破坏，迫使英国投降。人们对这种表现大多视而不见，熟视无睹。革命战争惊天动地，震烁沼泽、山谷、河流与蚊子后院。对于这场革命而言，蚊子并非在战场之外冷眼旁观。也许，蚊子为美国人提供了足以改变结果的主场优势，为建立一个国家助一臂之力。在美国编年史中，"疟蚊将军"值得称赞、理应获得的地位同样遭到否定。

在内容详细的调查报告《南方低地奴隶、疾病与苦难》中，彼得·麦坎德利斯在"革命热"这一论述细致的章节中，仔细剖析了蚊子在美国赢得独立过程中发挥的作用。他认为："以现代视角对证据进行解读后，便不难得出结论：在南方战役中，最大赢家便是微生物与传播大量微生物的蚊子……对于战争结果，军队子弹对美国取胜的贡献不及蚊子叮咬。"蚊子将英国部队生吞活剥，并最终决定了革命的命运，与此同时，正如我们今天所知，也决定了世界的命运。

战争开始时，英国占据全面优势。虽然英国人依旧在七年战争后缺乏资金的困境中挣扎，但是其经济状况依然远胜于不幸的殖民地。英国海军可以随心所欲地攻击东部沿海任何地方，并同时封锁殖民地资源运输，让殖民地作战的努力变为徒劳，使其作战意志消磨殆尽。1775年，英军于邦克山战役中占领波士顿主要殖民地港口，于1776年占领纽约港口，拉紧了海军封锁的套索。英国军队身经百战，训练有素，有现代武器与军事装备，是世界上战绩最佳、战斗力最强的作战部队。英军雇用了3万名德国黑森佣兵，补充本已令人生畏的国家军队，其中包括断头谷中富有传奇色彩的无头骑士。《独立宣言》已经将无头骑士妖魔化。杰斐逊责难道："他完全不配成为一个文明国家的领袖。此时此刻，他正运送着大量外国雇佣兵，完成播撒死亡、制造荒芜、实施暴政的勾当。在最为野蛮残暴的时代，这些行动已经在残酷无情、信仰丧失、忠诚沦丧的环境中展开。"美国人则不具有任何此类优势。

在最终确认的大名单上，美国人缺乏训练有素的职业军队、现代武器、炮队、生产此类战争武器的工业或任何相关产业。同时，美国人没有长期资金支持，缺少盟友。最为重要的是，他们没有一支能够打破英国封锁的海军，帮助他们进口所有必不可少的战争物资。虽然美国人并未意识到大战一触即发，但是他们最终获得了属于自己、能打胜仗的部队。该部队的领导者便是"疟蚊将军"。然而，"疟蚊将军"并未立刻在战场上露面，发挥其影响力。从开始吸食英国人血液起，其获得的赞誉才实至名归。英国调整总体战略，于1780年向蚊子肆虐的南方殖民地转移。此后，蚊子最终在中央舞台上获得了适合自己的位置。在随后整整5年的时间里，战火纷飞，冲突不断。

战争开始时，由于存在严重军事短板，华盛顿所能采取的措施只有闻风而逃。如果华盛顿能够保全其大陆军的力量，避免与英军展开决定性激战，那么大革命尚能坚持到援兵到来的时候，援兵可能是更多的参战美国人，也可能是法国援军。结果，二者均及时抵达。1777年10月，在战争持续两年半后，美军利用法国提供的武器，在萨拉托加取得了首场决定性胜利。萨拉托加战场跨越纽约内流河哈得孙河。美军此役让英国海军霸权荡然无存，因此美军获得了至关重要的战略优势。在无法获得增援、处于近似以一敌三并遭到重重包围的劣势情况下，约翰·伯戈因将军自知已回天乏术，最终缴械投降。在霍雷肖·盖茨与愈战愈勇、英勇无畏的本尼迪克特·阿诺德的领导下，美军在仅仅损失 100 人的情况下，俘虏、击毙了英国士兵 7 500 人。此次力量展示足以让法国人相信，美军有机会与英军一较高下。

1778 年，法国正式加入美国的独立事业。西班牙于次年与两国结盟。一年后，荷兰也加入其中。倘若没有法国的及时干预，美军可能无法赢得战争胜利。法国海军打破了英国海军封锁。1.2 万名法国士兵与 3.2 万名水手参加了战争的最后数场战役。法国将军拉斐特伯爵年纪轻轻却才华横溢，掌握两种语言，是华盛顿的密友。拉斐特与其战友罗尚博伯爵协同指挥法美部队。在法国正式参战之前，拉斐特便以个人身份加入大陆军。1777 年，大陆会议授予 19 岁的拉斐特少将军衔。到 1780 年，蚊子的嗡嗡声与其法国同志们的方言共同在战场上回响。

然而，法国（西班牙及荷兰）决定参战，使得战火在欧洲、加勒比海地区及印度蔓延，将革命变成七年战争的翻版，影响力波及全球。由于英国陷入规模更大的战争，需要进行更为复杂的战略性考虑，法美联盟因此受益匪浅。现在，需要部队在其他地方冲锋陷阵。英国无法像美国一样轻而易举或在短时间内对战场上损失的兵力进行补充。英国部队虽然分布广泛，覆盖从伯恩茅斯至孟加拉，再到巴巴罗斯、巴哈马群岛、波士顿等地，但是部队力量单薄。在整个革命期间，英国部署在战场上的兵力不超过 6 万人。而英国在萨拉托加损失惨重，随后在南方殖民地与尼加拉瓜也因蚊子造成大量病亡。因此，英国受到更为严重的影响。

由于战争席卷全球，位于加勒比海地区的英国部队一如既往，因蚊媒传染病而四分五裂。蚊子分别于 1741 年及 1762 年在卡塔赫纳与古巴，以冷酷无情的方式，让殖民者得到刻骨铭心的惨痛教训。1780 年，在 22 岁的船长霍雷肖·内尔逊的领导下，一支英国船队扬帆起航，旨在推翻西班牙对"蚊子海岸"的统治，在尼加拉瓜一小部分土地上建立海军基地，让英国船只能够进入加勒比海与太平洋。内尔逊3 000人的队伍开启了看似光鲜亮丽、实则充满不幸的历程。在此期间，黄热病、疟疾与登革热如影随形。在经历了痛苦不堪的6个月并最终决定撤退后，仅剩的500名幸存者从丛林中步履蹒跚地撤出。在人力方面，这是整个革命战争期间付出人员代价最为惨重的一次军事行动。J. R.麦克尼尔强调："死于尼加拉瓜蚊子之口的英国士兵数量，超过大陆军在邦克山、长岛、怀特普莱恩斯、特伦顿、普林斯顿、布兰迪万、德国镇、蒙茅斯、金斯芒廷、考彭斯与吉尔福德法院战役中遭到击毙的英国士兵总和。然而，用政治术语来说，15个月后，围攻约克城的战斗损失更为惨重。"

但是，对于霍雷肖·内尔逊而言，蚊媒传染病不是什么新鲜事。1776年在印度服役期间，内尔逊首次感染疟疾。4年后，内尔逊在尼加拉瓜经历了蚊子引发的噩梦。虽然再次逃过一劫，但是他一直未能完全康复。此后，疟疾与其终生相伴，内尔逊遭受复发与再感染折磨的次数数不胜数。然而，内尔逊最终并未英年早逝，而是在1805年于拿破仑战争的特拉法尔加战役中，以少胜多，将法西舰队一举歼灭，其旗舰HMS^①"胜利号"也因此永载史册。内尔逊虽然在战斗中牺牲，但是其战术打破了常规，最终出乎意料地助其取胜，英国因此重新掌握并加强了对海洋的控制权。

1780年，在蚊子肆虐的南方，英国最后一场殖民地战役打响。内尔逊与其船员于尼加拉瓜野外落入蚊子横飞的陷阱，遭蚊子吞噬。毫不夸张地说，蚊子将他们撕成碎片。虽然历史聚光灯聚焦于美国北方殖民地发生的种种事件，但是在尼加拉瓜，英国遭遇了革命中最为惨重的损失。而此时，革命已经成为一场世界战争。内尔逊曾在尼加拉瓜遭遇惨败。在那段时间，其部队中有85%的人因感染登革热、黄热病及疟疾而死亡，让在冲突期间因其他原因死亡的人数相形见绌，英

---

① 皇家海军舰艇（Her/His Majesty's Service）的缩写。——译者注

国人力使用因而捉襟见肘。

大量英军在英国加勒比海任务中献出生命，其中就包括内尔逊于尼加拉瓜损失惨重的决定性战役。到 1780 年，当英军向南卡罗来纳州部署当时最大的 9 000 人部队时，为占领具有经济价值、种植经济作物的殖民地，在加勒比海冒险中因感染蚊媒传染病而牺牲的英国军人超过 1.2 万。前往西印度群岛的船队中，高达 25% 的船队运送人员在抵达目的地之前死去。英国无法迅速征召训练替补士兵，填补军队人数的损失。唯利是图的蚊子继续在加勒比海与美国最后的南方战役中接连不断地夺去未能适应当地疾病的英国士兵的生命。

到 1779 年，双方在美国殖民地互有胜负。因此，战争继续进行。英国控制了重要港口与关键城市。美国则在乡间活动。英国新任总司令亨利·克林顿无法引诱华盛顿出动，与其展开大战。由于在北方战役中难以取胜，加之华盛顿拒绝决一死战，克林顿备感沮丧，因此支持一项新的南方战略，以结束战争。出于财政方面的原因，该决策在英国越发不得人心。在七年战争开始之前及进行期间，英国已债台高筑，难以维系。与美国开战无益于火上浇油，抱薪救火。

通过最终一击制胜，叛乱得到镇压，英军进而从北方转移至南方，让英国的反对方哑口无言，这正合克林顿所愿。也有人认为，根据位于伦敦的美国流亡者或间谍提供的假情报，佐治亚州与南、北卡罗来纳州的稻米种植园奴隶殖民地藏匿了大量保皇派人士。由于英国殖民者抵达那里的时间相对较晚，在所有殖民地中，佐治亚州与南、北卡罗来纳州历史最短。这些保皇派人士一看到英国解放者，便会团结在英国国旗下，拿起武器，援助祖国。克林顿希望这能缓解英国兵力不足的问题。

1778 年，英国占领萨瓦纳。在萨瓦纳防守要塞中，因蚊媒传染病而死亡的人数占总人数的 30%。报告显示："疾病导致的局面超乎想象……我们在恶劣气候中持续不断地遭受疾病折磨，令我们痛苦难当。"萨瓦纳所受痛苦很快在查尔斯顿重现。而查尔斯顿是克林顿南方战略的关键。1776 年，克林顿中止了对夺取这一"南方之匙"的尝试。他认为："看到这一闷热有害的季节离我们越来越近，一种羞耻感油然而生，因为对于所有关于在南、北卡罗来纳展开军事行动的想法，我都必须予以放弃。"然而，1780 年 5 月，尽管在费城殖民地暴发了有记录以来的首次登革热，英国依然坚持不懈，并迅速攻占蚊子的堡垒——查尔斯顿。[①]

克林顿预计华盛顿将军会向纽约发动进攻，因此返回颇具价值的港口城市查尔斯顿，令其副指挥查尔斯·康沃利斯将军指挥南方部队的 9 000 名士兵。革命爆发之前，南方殖民地拥有令人绝望的疾病环境早已不是秘密。康沃利斯立刻意识到这一危险情况，并于 8 月向克林顿报告称："从 6 月底至 10 月中旬，海岸线约 160 千米范围内气候恶劣。在此期间，除非军队在一定时间段内没有任何任务，无法发挥作用，或在此地迷失方向，否则不宜在此驻扎。"康沃利斯机敏地将自己的部队转移至内陆，展示英国实力，以此增强保皇派的凝聚力，保障英国未来行动基地与前哨站的稳定，当然，也为了在蚊子活动高峰季节避开死亡圣所。查尔斯顿名声在外，作为蚊子巢穴，播撒苦难。康沃利斯对此心知肚明。

康沃利斯从查尔斯顿向内陆转移，与盖茨和格林将军领导的美国部队展开一系列战斗。其中大多数均以英军胜利告终。正如格林所言："我们战斗，我们战败，我们奋起，我们再战。"格林收到了一份情报，称英国部队"疾病盛行，骨瘦嶙峋"。与美国叛军作战是一方面，与贪得无厌的蚊子大军交战则是截然不同的另一方面。康沃利斯灰心丧气，反反复复重新部署部队，避免在南方战役中遭遇"有害疾病"，但经常徒劳无功。

康沃利斯在方方面面均遭"疟蚊将军"全面压制。因此，康沃利

---

① 本杰明·拉什医生是费城的一位主治医师。他记录下了一种名叫"断骨热"疾病的病症。现在"断骨病"是登革热的别称。

斯继续调动部队，此举并非为了逃避美国人，而是为了逃避蚊媒传染病。康沃利斯迂回穿越北卡罗来纳州与南卡罗来纳州，希望找到当地保皇派承诺的栖身之所，保持军队的健康。康沃利斯报告说："如果这样依然无法让我们避免生病，我会陷入绝望。"英国指挥官说："这些营地虽然表面看起来十分健康，但是实际情况恰恰相反。病来如山倒。"康沃利斯将病恹恹的部队安置于卡姆登，并在报告中指出："由于热病与寒战，40%的部队人员行动不便，不适合服役。"8月中旬，在将盖茨军队解散后，康沃利斯向克林顿请求道："我们疾病感染情况严重，需要切实警惕。"疟疾、黄热病及登革热一点点蚕食英国部队，也让英军士气低落，进而继续侵蚀康沃利斯的作战能力。托马斯·潘恩将革命描述为"审判人类灵魂的时代"。具体而言，就是蚊子吞噬并取走英国人的灵魂。

麦坎德利斯详尽透彻的研究显示："在英军信件中，在谈及与士兵疾病相关问题时，最常用的词语为'断断续续''发热与寒战''恶性热病''令人厌倦的发热''令人难受的发热'。所有这些用词均表明，他们患有疟疾，也可能患有黄热病与登革热。"士兵们也频繁提及"断骨热"，即登革热的别称。他们还提到黄热病的一些迹象。1778年，英军在报告中称："法国已将黄热病传播至战场。"由于该病致死率高，是间日疟的可能性不大，甚至也不可能是恶性疟这一种疾病所为。因为两种疾病均会复发。此处值得一提的是，在南方战役进行期间，美军同样饱受相同蚊媒传染病的折磨。在美军信件中，存在着与英军相同的描述。但是，有一点至关重要。由于美军已适应，甚至在一定程度上可以抵抗蚊媒传染病，美军的患病率及死亡率与未适应疾病的英国士兵大相径庭。美军因此得以保留战斗力，维持其作战效率。

到1780年秋季，康沃利斯已经与"疟疾"展开了一场恶战。在其发送的报告中，康沃利斯表示，他的部队因疟疾几乎"全军覆没"，"因疾病而毁灭的士兵不计其数，连续数月无法服役的士兵更是数不胜数"。1781年春，康沃利斯在吉尔福德法院以少胜多，以惨重代价战胜格林率领的美军。随后，康沃利斯将其规模日益减小的部队转移至北卡罗来纳海岸的威明顿市。尽管已适应环境的当地人予以劝阻，但是康沃利斯很快就意识到所有地方无不笼罩在蚊媒传染病的阴影之下。康沃利斯抱怨道："他们说再走约65千米或80千米，你就可以远离疾病侵扰，保持健康。在我们抵达卡姆登前，人们说了一模一样的话。不能因轻信他们的话而贸然尝试。"摆脱蚊媒传染病令人窒息的控制，向北进发，躲避沼泽，现在正是时候。

随着蚊子季节日益临近，康沃利斯意识到，手下人手不足，他无法让手下部队团结一心。与此同时，他无法按照预期，将大量保皇派人员招入麾下。因此，康沃利斯大失所望。许多南方人虽然可能持有支持英国的政治观点，对此秘而不宣，但是只要战争结果悬而未决，他们便拒绝公开支持任何一方。与近40%的殖民者一样，他们隔岸观火，保持中立，希望与双方撇清关系。在战争最为激烈的时期，支持革命的殖民者约占40%，支持他们英国国王的占20%。然而，在此情况下，"疟蚊将军"是一个坚定不移的革命派。

在南、北卡罗来纳遭遇失利，加之疟疾季节越来越近，康沃利斯向几个要塞增派人手，查尔斯顿也在其中。随后，康沃利斯率领大部队向北行进，前往詹姆斯敦，"保护部队免受致命疾病影响。去年秋天，此类疾病险些让部队全军覆没"。虽然康沃利斯对境况并不满意，但是他已做好准备，与其他英国部队联手，在他们认为的弗吉尼亚安全环境中熬过蚊子季节，于晚秋时节继续作战。然而，拉斐特则有另一番计划。

在弗吉尼亚，法国人足智多谋，总体上与康沃利斯玩着猫捉老鼠的游戏，收获颇丰。法国持续不断地骚扰英国部队，却不与之展开大规模交锋。拉斐特引诱英军展开小规模战斗后，英军无法休息，解决燃眉之急。在这场捉迷藏的战斗期间，与之前的阿默斯特一样，康沃利斯尝试展开生物战争。他并未使用毯子，取而代之的是奴隶。康沃利斯洗劫了托马斯·杰斐逊位于蒙蒂塞洛的住所，掳走30名奴隶，使其感染天花，将其用作生物武器。杰斐逊对这一计划表示称赞："如果正确执行，计划可谓完美无缺。但是在执行期间，他们葬送了自己，把自己送给天花与热病带来的死亡，使自己在劫难逃。"与阿默斯特一样，康沃利斯也未能达到预期目的，并未通过传播瘟疫让敌人损兵折将。英国两次使用生物武器的尝试均以失败告终。

尽管康沃利斯因担心士兵健康而极力反对，但是克林顿依旧令其在切萨皮克湾找到合适的地点安营扎寨。从那里，康沃利斯的部队可以迅速响应召唤，前往纽约。克林顿仍然不依不饶，认为法美在战略港口城市必有一战，并想让康沃利斯的士兵铤而走险，保障城市不失守。康沃利斯对其上级长官的判断反复提出疑问："不论阁下的想法是否具有实际意义，我都会坚守岗位，对该港口严防死守。"康沃利斯在向克林顿汇报时称："我们刚刚进入有害健康的沼泽，尚未深入，但是已经有许多人身染疾病。"然而，康沃利斯执行了命令。正如麦坎德利斯认为的那样，康沃利斯非常清楚，"克林顿的南方计划严重损害了其部队健康，可能也导致英军最终战败"。

1781 年 8 月 1 日，康沃利斯将部队驻扎在稻田及詹姆斯河与约克河之间的河口，河口位于一个无足轻重、名叫约克城的村庄。约克城人口不到 2 000，距离詹姆斯敦仅有约 24 千米。蚊子所需飞行的距离也仅仅如此。外来蚊子于詹姆斯敦创建美国，而这一任务将由蚊子更为致命、生于乡下的约克城后代完成。随着英国、美国与法国召集部队，垂涎欲滴、唯利是图的蚊子部队也在约克城周边一片绿色的沼泽地聚集成群。华盛顿的疟蚊盟友此时发动进攻可谓天时地利。疟蚊大举进攻后，向其英国来客释放疟疾风暴，历史进程也因此改变。

当法国于 9 月初抵达约克城，而非其预判的纽约时，克林顿将军大吃一惊。了解到法国这一决定后，华盛顿征询罗尚博的意见。此后，美国被迫"放弃所有有关向纽约发动进攻的想法"，并敦促其法美联合部队向南前往约克城。华盛顿的部队于 9 月下旬抵达，与拉斐特的狙击部队会合。该部队位于约克城周边的高地，部队人数超过 1.7 万。

麦克尼尔说："现在，不论海陆，康沃利斯均无力回天。其部队受困于海岸线，面对着最为巨大的患疟风险。与此同时，皇家海军无法冲破防线，将其解救。"华盛顿、罗尚博、拉斐特与"疟蚊将军"需要在蚊子季节结束、冬季开始前让英国缴械投降，为此，他们精心策划并迅速发起了一场海陆（空）围剿。

康沃利斯绝望无助。由于意识到自己处于不利局势，加上其手下部队在疟疾面前畏畏缩缩，康沃利斯再次尝试发起生物战争，将患有天花的奴隶放入法美途经的线路上。虽然在1796年爱德华·詹纳才让天花疫苗得以完善，但是，18世纪20年代以来，防疫注射一直是一项颇具风险的技术。1777年开始，华盛顿坚持认为，其士兵应该接受针对危险疾病的疫苗接种。虽然有些人在接种后会自然而然死亡，但是剩余部队得以获得天花免疫力。康沃利斯再次未能实现散播天花流行病的计划，让英国三次使用生物武器的尝试均以失败告终。

走投无路的康沃利斯向克林顿请求增援，希望其提供救助与奎宁。他说："此处无法防守……如果救援不能很快到来，你要为最坏情况做好准备……部队需要药物。"虽然法美部队加强围攻，但是蚊子依旧不知疲倦地向受困于约克城的英军发动进攻。由于康沃利斯在约克城难以突破蚊子的防守，陷入疟疾包围，克林顿命途多舛的南方战略也无法实施。戴维·佩特里埃罗评论道："英国在南方不仅遭爱国人士的枪炮驱赶，长着长嘴的蚊子也对其穷追不舍。"

9月28日，约克城围攻开始。康沃利斯率领8 700人浴血奋战。到10月19日正式投降，康沃利斯手下只有3 200人（37%）能够执行任务。英军战场死亡人数不超过200，受伤人数不超过400，其部队中有过半军人因重病缠身而无法作战。约克城的英国军队遭传播疟疾的蚊子生吞活剥。投降次日，康沃利斯向克林顿报告，其战败并非因为敌强我弱，而是因为疟疾："报告阁下，我已被迫放弃阵地，对此我深感屈辱……部队因疾病而元气大伤……我们的部队在敌人炮火下牺牲，疾病造成的死亡尤为严重……只有3 200多名士兵身体健康，可以坚守岗位。"黑森雇佣兵的指挥官与康沃利斯共同坚守约克城。在投降前两天，该指挥官报告称："英军几乎全军染上热病。部队人数日益减少……其中可以算作身体健康的不到1 000人。"从南方革命战地开始，蚊子不依不饶，对英军穷追不舍，并为美国赢得了为自由而进行的旷日持久、洒满鲜血的战斗。

J. R.麦克尼尔强调："约克城及那里的蚊子让英军希望破灭，决定了美国战争的结果。"在其著作中，麦克尼尔将最后一章命名为"具有革命精神的蚊子"，以此向身形微小的"疟蚊将军"致敬。"蚊子是美国的一位形象高大的国母。"在"疟蚊将军"的帮助下，美国获得胜利，不仅改变了历史走向，也让西方文明中心从英国转向美国。与此同时，该场胜利也震荡全球，产生了持续性影响。

比如，英属澳大利亚殖民地便是约克城与蚊子的副产品。在革命开始前几十年，美洲殖民地每年接收2 000名英国罪犯，共计约有6万名英国囚犯流放至殖民地。随着美国赢得独立，英国议会被迫考虑其他地点，作为其国内数量越发庞大的罪犯的流放地。刚刚建立的冈比亚殖民地是英国首先考虑的对象，但是可以肯定，将犯人流放至非洲，就无异于给他们判了死刑。在抵达冈比亚后一年，80%的英国犹太人因蚊媒传染病丧命。因此，流放地的两个作用无法发挥：惩罚并让祖国摆脱囚犯，同时利用遭到流放的英国子民镇守殖民地。倘若囚犯无法生存，这些殖民地最终又怎能繁荣发展？1788年1月，首批英国囚犯抵达备选目的地博塔尼湾，共计1 336人。英属澳大利亚由此诞生。

与澳大利亚的英联邦表亲一样，在蚊子一手操控下，美国革命最终板上钉钉，英属加拿大也应运而生。虽然美国革命后，加拿大依然是英国殖民地，但是革命结束后，美国保皇派涌入加拿大，改变了加拿大的人口结构，使主流文化从法国文化转向英国文化。到1800年，超过9万名保皇派逃离美国，踏上加拿大的土地，以坚守个人政治忠诚，免受迫害或寻求庇护，躲避1793—1805年吞噬沿海各州的黄热病疫情。蚊子帮助美国夺取主权 25 年后，英籍加拿大人的数量超越法籍，比例达到 10 : 1。

然而，1783 年 9 月英国签署《巴黎条约》后，唯一的安慰便是保住了加拿大。《巴黎条约》的签订不仅结束了美国独立战争，也结束了一场全球冲突。英属佛罗里达被移交给西班牙。法国得到塞内加尔与多巴哥岛。所有密西西比河以东的佛罗里达与五大湖至圣劳伦斯河间的英国土地均归他国所有，形成刚刚诞生、获国际承认的美利坚合众国的国界。随着《1763 年皇家宣言》界限现在彻底无效，美国土地面积翻了不止一番。在美国革命驱使下，一波反对欧洲统治的起义席卷美洲。这些殖民地暴乱与冲突的结果均由蚊子传播的黄热病与疟疾决定，与此同时，无数国家获得自由的命运也由此确定，无意之间扩大了美国西部土地面积。

虽然蚊子助力乔治·华盛顿与拉斐特伯爵实现美国独立，但是在其美国天定命运及领土吞并的杰出设计中，蚊子尚未完成点睛之笔。"疟蚊将军"及其同胞"伊蚊将军"是变幻无常的盟友。美国的诞生是以惨遭蚊子叮咬的英国人为代价而实现的。美国向西扩展，进入路易斯安那领地，刘易斯与克拉克随后进行探险，这均由蚊子向拿破仑部队发动冷酷无情的进攻所致。拿破仑部队当时尚未适应当地环境与疾病，在进行规模更大的法国大革命与拿破仑战争背景下，于海地镇压内部叛乱。

美国蚊子与华盛顿起义军联手作战，而海地为自由而战的蚊子则为奴隶反抗力量鼎力相助。杜桑·卢维杜尔领导了起义军反抗法国的严酷统治。在蚊子的帮助下，起义军实力大增。魅力四射的西蒙·玻利瓦尔曾推动遍及中南美的初期解放战争，反对西班牙独裁统治。在此期间，蚊子也对革命者予以支持。1819 年玻利瓦尔宣布："美洲从西班牙君主国分离，这一场景如同昔日的罗马帝国。庞大架构在古代世界中轰然倒塌，支离破碎。"映射了 1 500 年前罗马帝国毁灭后，蚊子也将强大无比的西班牙-美洲帝国分割成独立自治的小国。J. R. 麦克尼尔表示:"历代历史学家为这一革命时代提供了精妙绝伦的解释……这些事件彼此影响,产生连锁反应,夹杂着政治历史,充斥着英雄主义与戏剧性事件,为诸如乔治·华盛顿、杜桑·卢维杜尔、西蒙·玻利瓦尔等人提供了舞台。蚊子为取得革命胜利所发挥的作用并未进入其聚光灯下。"从美国革命开始,蚊子将自由与死亡洒遍所有摇摇欲坠、土崩瓦解的欧洲殖民地帝国,新的自由国度由此诞生。

第 13 章

蚊子盟友：殖民地战争与美洲的形成

1803 年春，美国总统托马斯·杰斐逊任命梅里韦瑟·刘易斯与威廉·克拉克领导远征队，探索刚刚获取的路易斯安那领地，并绘制地图。在此次穿越美国的旅程中，34 名足智多谋的开拓者必须轻装上阵。这是在美国西部不为人知、神秘诱人的野外成功生存的唯一方法。这些旅行者对必备物品精挑细选，在小心打包的同时，也确保随行携带 3 500 份奎宁树皮、约半斤鸦片、600 多颗由他们亲切称为"打雷药"的水银药丸、液态水银、阴茎注射器及其他必不可少的补给品。吞咽水银或将其注入尿道并未帮助他们治愈痢疾、淋病或梅毒，也无法使他们击退斯摩基熊。然而，他们留下的含水银排泄物及水银滴对现代研究人员大有裨益，使其能够详细准确地进行定位，发现萨卡加维亚①领导的探险队经过的确切路线。佩特里埃罗写道："尽管身患痢疾，染上性病，遭遇蛇咬，而且偶尔还会遭到熊的攻击，但是经过两年多的跋山涉水，探险队取得了成功，相对而言，他们安然无恙，平安归来。"

刘易斯与克拉克探险的主要目的与杰斐逊的要求一致，就是要找

---

① 萨卡加维亚，肖肖尼族印第安人，被誉为"鸟般的妇人"，美国历史上西部拓荒时期的传奇女性。——编者注

到"整片大陆最为直接、最为可用的水路交通，进而发展商业"。其中一个次要目标是与原住民建立贸易关系，调查动植物，鉴定其经济潜力。简而言之，此行的总体目的是弄清楚杰斐逊究竟从拿破仑手中买到了什么。拿破仑当时迫切需要资本注入，以资助和应对尚未结束的欧洲战争。

在蚊子作为中间人的情况下，美国购得路易斯安那领地。七年战争让法国在美洲蒙羞。为了在美洲重建法兰西帝国的统治，使其恢复往日辉煌，拿破仑在法国大革命后展开征服。大革命与拿破仑征服混乱不堪，令人不解。随之产生的国际事务催生了路易斯安那领地。在这场剧变之中，毫无经验的美洲国家经历了历史上最为严重的疾病暴发。海地的奴隶为反抗法国统治，发动暴力血腥的起义。法国殖民地难民纷纷逃离，使费城陷入黄热病的泥潭。正如我们将看到的，在美国独立战争之前，蚊子将14年间似乎毫无关联的4个事件彼此相连，具体为：1789年法国大革命爆发，1791年杜桑·卢维杜尔领导海地起义，1793年紧随其后的费城黄热病流行，以及1803年路易斯安那领地购买完成。

在此期间，从法国到美洲远端，蚊子用臭名昭著、颇具影响力的历史事件，编织了一张错综复杂的网。蚊子推动革命进程，迫使美国的天定命运向西推进，颠覆了美洲力量平衡，在殖民帝国中心兴风作浪。蚊子使哥伦布大交换的阴暗凶险一面得以凸显。尚未适应环境与疾病的帝国士兵企图在美洲殖民地镇压奴隶起义，遏制生于乡下的群体发动的独立运动。而蚊子则向其掀起黄热病与疟疾的惊涛骇浪，进而让欧洲殖民地创建国与殖民地管理国元气大伤，使其在无意之中成为自己帝国灭亡的生物建筑师。在此过程中，蚊子促成当时已并不新颖的小世界格局。在"疟蚊将军"的拥护下，革命的经济、政治及哲学基础均在美洲殖民地发展成形，唤醒了生活在悲惨世界中穷困潦倒的法国子民，促使他们摆脱由施以压迫、自高自大君主国家所构建的主从关系。

在其美国同胞所建自由雕像的激励下，法国人于1789年7月14日攻占巴士底狱，发动了属于自己的革命，以反抗国王路易十六与其妻子玛丽·安托瓦内特的暴政。虽然法国人民于1793年将法国君主送上断头台，但是革命已呈燎原之势，扩散至法国殖民地。1799年，30岁的天才将军拿破仑·波拿巴发动了一场冷血无情的政变，反对自己共和革命政府的领导人。拿破仑自己则成为一个专制程度更高政权的领袖，以极高效率为法国大革命画上句号。由于渴望绝对统治，拿破仑于1804年与他人串通，在一个以罗马帝国为基础的帝国体系中，成为法兰西国王。其对权力与战争的渴望导致拿破仑战争爆发，而该战争是有史以来规模最大的欧洲与国际冲突。拿破仑志在统治全球，恢复法兰西帝国在美洲的影响，包括其在美国的利益。而这最终均遭到海地蚊子的无情吞噬。

海地位于伊斯帕尼奥拉岛西部。1697年，在七年战争前进行的殖民战争期间，法国占领海地。1791年奴隶发动起义时，海地（法国人被赶出前，名为圣多明各）拥有8 000个种植园，世界上一半的咖啡生产于此。海地在糖、棉花、烟草、可可及用于时髦蓝紫织物染色的靛蓝染料出口方面也领先世界。这座面积不大的殖民小岛的产出占法国重商主义经济帝国总量的35%，颇为惊人。可以预见，海地也是非洲黑奴（与外来蚊子）的首要输送地。平均每年运抵海地的黑奴人数为3万。到1790年，海地拥有50万奴隶，占总人口的90%。其中三分之二生于非洲，在非洲完成了对疾病的适应。大多数生于非洲的奴隶抵达海地时，早已适应疟疾与黄热病。

1791年8月，超过10万名奴隶发动起义，反抗对自己进行残酷镇压、严酷无情的法国种植园主。一位曾身为奴隶的革命者对推动起义的恐怖处境进行了总结：

> 种植园主难道没有将奴隶大头朝下挂在空中，或将他们装入麻袋，淹死在水里吗？难道没有将他们钉死在架子上，将其活埋，

或用炮弹炸死吗？难道他们没有强迫奴隶吃下粪便吗？难道他们没有用鞭子将奴隶打得皮开肉绽后将奴隶弃置野外，使其沦为虫子的腹中之物吗？难道他们没有将奴隶抛至蚁穴，或将奴隶绑在桩子上送至沼泽地，任由蚊子生吞活剥吗？难道他们没有将奴隶扔进装满蔗糖糖浆、滚滚沸腾的坩埚吗？难道他们未曾将男男女女装到插有长钉的桶里，然后让他们滚下山坡坠入深渊吗？难道他们没有将痛苦不堪的黑人喂给吃人的疯狗，让疯狗饱食人肉，心满意足，再用刺刀与短剑结束血肉模糊的受害者的生命吗？

马克·吐温对此给予了评价，极具讽刺意味："世界上有许多滑稽可笑的事情。白人自认为自己并不像其他野蛮人那样残暴成性。他们的这种想法便是其中之一。"在咖啡的推动下，人们获得启蒙，追求美好生活、自由与幸福，促使美国与法国间爆发革命。其所追求的理想也引发海地独立战争，使海地奴隶发动起义，向法国奴隶主发起反抗。最初，暴力事件偶有出现，断断续续，不得人心。联盟并不固定，持续不断进行重组。在战场上，没有绝对的盟友。然而，各个派别均犯下暴行，不计其数。

在这场混乱疯狂、令人捉摸不透的海地起义加速发展的同时，欧洲战争不断扩大，促成一个联盟的建立，抗击拿破仑统治下的法国。其成员包括（含不同时期）俄罗斯、奥地利、普鲁士、葡萄牙、荷兰共和国、英国及其他小国或君主国。法国革命席卷全球，扩散至加勒比海地区。英国认为，海地奴隶起义是一种危险活动，因为这种行为鼓舞了自己加勒比海殖民地的奴隶。由于担心奴隶起义产生多米诺效应，英国于1793年出手干预。英国当时已与法国处于交战状态，既要镇压暴动，又要占领面积不大却利润颇丰的法国殖民地。

J. R. 麦克尼尔表示，尚未适应疾病的英国部队奉命前往海地，"以令人瞠目的速度纷纷死去，仿佛从下船那一刻起，他们便直接一脚踏入坟墓"。疾病缠身的英国人在海地坚持了5年，除了成为蚊子口下的冤魂，像畜生一样死去，他们一无所成。1796 年，一位英国军医写道："他们出现浑身无力、前额疼痛等症状，有时还会出现剧痛；另有下腹疼痛严重、关节和四肢疼痛、面部无神、眼睛充血等症状。有的出现呕吐，有时会吐出胆汁，有时则是令人作呕的黑色物质，与咖啡渣略为相似。"在部署于海地的 2.3 万名英国士兵中，1.5 万名，即 65%，因患黄热病与疟疾去世。一位英国幸存者后来回忆道："各式各样的死亡出现在我们之中，超乎我们的想象。有人因精神失常而死。最终，混乱无序造成人们腐化堕落，在最为严重时期，有成百上千人在自己的血液中溺毙，因为他们身上的每一个孔隙都涌出了血液。"1798 年，蚊子将曾经战无不胜，如今却痛苦难耐的英国部队赶出海地。

然而，海地仅仅是英国加勒比海战役中的一个行动执行目的地。英国也设法占领法国、西班牙与荷兰的其他领地，但均无功而返。每个探险队均遭到唯利是图的蚊子的顽强抵抗，最终以英军死伤惨重、尸体堆积如山而告终。1804 年，英国最终放弃殖民地，转而将部队集中在欧洲大陆，抗击拿破仑。在加勒比海地区，蚊子已经夺去了 6 万至 7 万名（约 72%）英国军人的生命。麦克尼尔说："英国人展开战斗，却征服了一片墓地。在这片英军墓地中，面积最大的当属圣多明各。"皇家海军中尉巴塞罗缪·詹姆斯表示，在经济效益与发展潜力面前，英国将未适应疾病的士兵源源不断地派入蚊子密布、令人窒息的恐怖空间，令其坚守阵地，但均徒劳无益。即便如此，与经济效益与发展潜力相比，这种损失依然相形见绌，英国人为此失去理智。1794 年，詹姆斯在马提尼克写道："我无法形容现在在西印度群岛大肆蔓延的可怕疾病。士兵突然死亡的场景让人心痛，实际上，也令人不敢面对。在人们眼中，送葬队伍已司空见惯。"

在加勒比海地区，哲学家兼诗人乔治·桑塔亚纳曾有一句原创格言，英国及其他欧洲帝国主义列强将其奉为金科玉律，经常错误地进行引用。这句格言是："不能铭记历史的人注定要重蹈覆辙。"比如，1793 年，在首波英国加勒比海战役期间，从瓜德罗普岛派出的第一批部队确认:"黄热病是一种可怕的疾病。虽然在我们首次踏上西印度群岛期间,它曾不动声色,但是现在,随着活力十足的牺牲者登上岛屿,黄热病也从沉睡中醒来。"在整个加勒比海地区,尤其是遭受战争蹂躏的海地,未适应当地环境与疾病的欧洲"饲料"源源不断自投罗网,进入蚊子的丛林熔炉。面对丰盛无比的自助餐,贪得无厌的热带蚊子大快朵颐。然而,这些地方性流行病很快便找到俯首帖耳的国际受众。流行病如同致命阴影一般从加勒比海地区向外扩散,无声无息地在美洲及全球蔓延。

海地革命及加勒比海地区的帝国冲突推动部队、难民与黄热病的活动,使其穿越大西洋国家。部队与难民从热带恐怖地带逃往欧洲,蚊媒传染病也一路相伴。黄热病席卷地中海沿岸国家,包括法国南部,最终出现在荷兰、匈牙利、奥地利及德国公国萨克森与普鲁士。1801—1804年,西班牙有10万人因恐怖的黄热病或黑呕病死亡,而此前黄热病暴发期间,因黄热病丧命的已达8万人。单单在巴塞罗那,黄热病在3个月时间里就夺去了2万人的生命,占该城市人口的20%。

欧洲帝国主义国家利用非洲种植园黑奴,积累了巨额财富。现在,在欧洲帝国主义列强创建的重商主义美洲帝国与蚊子所在的生态环境中,刮起一阵疾病与死亡的旋风,这股旋风跨过大西洋,直逼欧洲列强。也许这是命运颇具讽刺性的转折,甚至是你希望看到的因果报应,蚊子现在用自己的长嘴,一路杀回欧洲母国,让欧洲为哥伦布大交换期间全球生态系统的改变而付出代价。然而,欧洲列强的美洲殖民地绝不可能躲过令人毛骨悚然的黄热病。

1793—1805年,由于受到一千年来最为严重的一次厄尔尼诺效应影响,黄热病如同一枚毒镖,在整个西半球再度暴发。在进行恐怖表演的海地之外,哈瓦那、圭亚那、韦拉克鲁斯、新奥尔良、纽约及费城的疫情最为严重。在连续12年间,黄热病每年都首先在费城暴发。

《黑呕病》：令人生畏的"黑呕病"暴发，该病亦称"黄热病"。1819年，黄热病于西班牙巴塞罗那街头露出狰狞面目。（戴奥墨得亚／惠康图书馆）

　　1793年历史性疫情暴发之前，黄热病已在费城销声匿迹30年。因此，相对而言，费城人口对黄热病适应力不足，也易于感染。1793年7月，拥有"死亡之船"称号的汉基号在美国首都费城靠岸。船上载有约1 000名从海地逃亡的法国殖民地难民。几天之后，在当时名为地狱镇这一破败地区码头旁的一家妓院内，原本悄无声息的黄热病突然暴发，让费城5.5万人措手不及，饱受摧残。共计2万人逃离城市，其中包括尚且保住性命的大多数政治家与公务员。

黄热病迫使美国联邦政府（以及同位于费城的宾夕法尼亚州政府）关门停工。华盛顿总统竭尽全力于其住所弗农山庄执政，但是在匆匆逃离费城的过程中，华盛顿说："我没有携带任何公文（甚至已建立的规章制度文件也留在了费城）。结果，我在这里准备不足，对于需要参考不在手边的文件才能处理的事宜，我无法做出决定。"有人告诉华盛顿，他无权迁都，也无权在其他地方召集国会。因为"显而易见，这种做法违背宪法"。到10月末，随着蚊子在寒冷的冬季销声匿迹，按照第一夫人玛莎·华盛顿的描述，费城"饱受苦难，单靠留下的人无法让城市迅速恢复元气。几乎每家每户都失去了几位朋友。黑人似乎开始在城市人口中占比较高"。在约3个月的时间里，这场1793年黄热病疫情夺去了5 000人的生命，占首都总人口的近10%。如今，如果出现诸如变异西尼罗热暴发等情况，造成200万纽约市民丧命，才能达到与费城黄热病暴发相同的死亡率。当然，造成灾难性死亡的罪魁祸首是蚊子。

黄热病继续潜伏于城市之中。比如，在1798年黄热病暴发期间，在费城有3 500人因病死亡，而在纽约有2 500人死亡。灰心丧气的托马斯·杰斐逊私下表示："黄热病将遏制我们国家的发展。黄热病流行造成大型城市走向毁灭。"1790年《暂时住所法》支持迁都，建设国家中心，费城政府则努力游说，想要使费城成为美国的杰出代表性城市。1793年黄热病疫情暴发，美国关于首都最终地点的考虑也戛然而止，并加快了新都的建设。1800年，华盛顿特区投入使用。颇具讽刺意味的是，虽然华盛顿建于安那卡那斯提亚河与波托马克河交汇处，但实际上，华盛顿在成为所谓政治沼泽之前，是一片蚊子活动活跃的沼泽。然而，乔治·华盛顿未能看到这片以其名字命名的建筑奇迹，便与世长辞。

1799年12月，因黄热病离世的人员超过1 200人。在人们为之哀悼的同时，67岁的乔治·华盛顿也离开人世。那年秋天，华盛顿再次因疟疾复发而受到折磨，且出现了一系列并发症。① 到 12 月，由于健康状况日益恶化，华盛顿接受了各种各样的放血治疗。在不到 3 小时的时间里，其所有血液被放掉过半！第二天，华盛顿便撒手人寰。拿破仑下令，在全法国举行为期 10 天的哀悼，与此同时，也下令平息海地奴隶叛乱，对乔治·华盛顿与拿破仑法国同胞共同建立的美国构成直接威胁。

虽然英国未能取得成功，但是拿破仑下定决心，要为法国获取海地奴隶产出的财富。不知不觉中，拿破仑将未适应当地气候与疾病的士兵径直送入蚊子的死亡旋涡，落入智慧过人的战略家杜桑·卢维杜尔的起义军之手。杜桑·卢维杜尔有效利用黄热病与疟疾，使其成为自己的盟友。自革命早期以来，卢维杜尔一直与各类小集团交战。1798 年，英国人撤离后，卢维杜尔迅速利用出色的外交手段及军事才干，无可争议地成为革命领袖。其对手与盟友为表敬意，为他起了"黑拿破仑"的绰号。卢维杜尔查抄了咖啡种植园，利用黑市咖啡贸易，为革命提供资金支持。② 了解到卢维杜尔这一私自展开贸易的做法后，拿破仑勃然大怒，破口大骂："可恶的咖啡！该死的殖民地！"然而，正是因为这一殖民地对法国经济计划颇具价值，法国无法拱手相让。

拿破仑拥有一个崇高的愿景，希望在美洲让法国重现辉煌。海地至关重要，不仅因为海地所提供的资本，也因为海地是建立拿破仑心

---

① 疟疾在华盛顿家家户户十分普遍。1783 年 7 月，在《巴黎条约》获批、使国际社会承认美国独立前不久，玛莎·华盛顿染上疟疾，病情严重。乔治·华盛顿告诉侄子："华盛顿女士已经出现三次发烧、寒战交替发病的严重情况。但好消息是，昨天我们已经使用大量树皮，防止复发。她现在身体不适，无法给你写信。"

② 革命与毒品及其他货物的非法走私之间关系依然紧密，其中包括因阿富汗与塔利班 / 基地组织冲突而生产用于制作鸦片的罂粟、因南美革命而产出的可卡因，以及伊斯兰国（ISIS）、尼日利亚博科圣地与索马里青年党引发的石油走私。

中北美帝国的中心地区。由于拿破仑穷兵黩武，渴望权力，针对其对美洲的企图，谣言四起，从向英国加勒比海地区领地发动攻击，到向加拿大进军，甚至还有从刚刚获取的路易斯安那领地入侵美国，内容多种多样。

在美国革命期间，殖民地产品在密西西比河地区流通，并未受到西班牙税收或关税阻碍。为了为起义提供资金支持，西班牙允许大陆会议以免税方式在新奥尔良港存储并出口货物。1800 年，西班牙经济发展出现困难，在全球陷入困境。通过私下协定，西班牙将路易斯安那领地割让给法国。美国在新奥尔良港的运输与出口特权戛然而止。西班牙也几近移交佛罗里达。杰斐逊总统正确认清形势，认定美国进入墨西哥湾的线路将被切断，美国贸易将遭受巨大打击，让已入不敷出的共和国难以承受。当时，从新奥尔良出口至世界各地的美国货物占美国货物出口总量的约 35%。美国有意放出消息，称美国准备派兵 5 万人攻占新奥尔良。而实际上，美国军队士兵总数仅有 7 100 人。美洲各国不希望陷入与法国的战争之中。随着欧洲与加勒比海地区事件的发展，欧洲国家一直处于观望、紧张不安的状态。

1801 年 12 月，拿破仑最终在美洲发动其秘而不宣、野心勃勃的战役。在其妹夫查尔斯·勒克莱尔将军的指挥下，法国派出首批由 4 万名士兵组成的分遣队，惩罚不服管教、目中无人的海地奴隶。蚊子虽然与杜桑·卢维杜尔共同坚守阵地，但是它们自己却另有打算。卢维杜尔使用游击战术与焦土政策①，将法国引入一片由起义军制造的蚊子横生、无法取胜的死亡困境。在蚊子活动最为活跃的几个月，卢维杜尔在山间打一枪换一个地方。利用这种策略，卢维杜尔将法军困在蚊子活跃的沿海与雾气朦胧的低洼沼泽地带。

卢维杜尔的部队慢慢消耗着法国部队，与此同时，其蚊子盟友

---

① 焦土政策，一种军事战略，包括当敌人进入或撤出某处时破坏任何可能对敌人有用的东西。——编者注

却在发动凶猛袭击。在疾病季节之后，法国力量遭黄热病与疟疾削弱。卢维杜尔借此机会，发动猛烈反击。卢维杜尔向部下解释了简单有效却精妙绝伦的策略："不要忘记，雨季会将我们的敌人一网打尽。等待雨季的同时，我们手中的武器只有毁灭与烈火。在圣多明各，法国白人无法与我们抗衡。虽然他们最初可能表现出色，但是不用多久，他们将纷纷染病，像苍蝇一样死去。当法国人数量减少，所剩无几时，我们就发动反击，一击制胜。"卢维杜尔不仅意识到适应疾病的影响，以及敌我组成的差异，也对此加以利用，使之成为制胜战略。

卢维杜尔同意，令其唯利是图的蚊子盟友助其赢下战争。1802 年秋，勒克莱尔向拿破仑报告："倘若我所处形势急转直下，唯一的原因便是疾病将我的部队摧毁。如果你希望成为圣多明各的主人，你必须分秒必争，立刻为我提供 1.2 万名援兵。假如你无法派遣我所要求的部队，到我真正需要之时，法国将永远失去圣多明各……我的灵魂已经枯萎，没有任何令人欣喜的想法能让我忘却这些可怕场景。"写下这些黑暗想法与令人压抑的预感一个月后，勒克莱尔便因染上黄热病去世。另有二十多个部署在海地的法国将军也随他而去，跌入蚊子挖掘的坟墓。像许多其他脑中充斥宏大幻想、雄心勃勃的征服者一样，法国入侵者也在加勒比海地区的蚊子主人面前俯首称臣。

虽然拿破仑拥有历史上最为杰出的军事才华，但是其依然无法击败"伊蚊将军"与"疟蚊将军"。虽然法国部队在欧洲战场称王称霸，但是面对强大的蚊子，拿破仑于 1803 年 11 月在加勒比海地区认输投降，退避三舍。一位凯旋的革命者写道："迅速死去的法国士兵颇感幸福。其他人则因抽筋、头痛欲裂、口渴难耐而备受煎熬。他们口吐鲜血，也吐出一种名叫'黑汤'的东西。随后，他们面色发黄，浑身布满散发恶臭的黏液。最终，死神降临，帮助他们脱离苦海。"随着法国士兵遭到黄热病与疟疾血洗，拿破仑的海地战役在进行不到两年后被迫终止。海地掌握了自己的命运，开创了属于自己的未来，其奴隶取得了思想独立。这一切均由蚊子凭借一己之力成功实现。

奉命前往海地的法国士兵总数约为 6.5 万，其中因感染蚊媒传染病而死亡的有 5.5 万，死亡率达到令人震惊的 85%。两个月后，伊蚊与疟蚊两位将军便帮助海地正式取得独立。在作品《死亡之船》中，比利·G. 史密斯表示："海地的奴隶革命最终助其建立自由独立的国家，在此类起义中独树一帜。海地奴隶革命诞生于历史上最为残暴无情的奴隶政权，在黄热病的帮助下最终取得成功。这场革命是一项举世瞩目的成就。圣多明各奴隶让欧洲所能派出的最出色的部队铩羽而归。"然而，为了获取自由，海地也付出了惨重代价。大约有 15 万名海地人，包括大量未参与战争的平民，遭英法部队杀害。1802 年春，卢维杜尔在令人不解、疑点重重的情境下沦为俘虏，并于一年后因肺结核以类似烈士般的方式在法国监狱死去。毫无疑问，杜桑·卢维杜尔及其自由战士，如乔治·华盛顿及其美国公民，值得称赞。然而，史密斯补充说："正是发热的存在，让他们为自由而战。"因海地的蚊子，英国、法国及西班牙总共损失 18 万人，这一数字让人触目惊心。

在 300 年中，欧洲列强不断因蚊媒传染病遭遇重大损失。此后，他们最终失去了与加勒比海地区蚊子作战的意愿。面对永无休止、杀人如麻的蚊媒传染病，欧洲列强被迫重新考虑、重新确立其扩大帝国的野心与策略。通过其沾满鲜血的尖嘴，蚊子冷酷无情地书写着终章，为欧洲在美洲开创的帝国主义时代永远画上句号。然而，战败一方依然拥有可用的经济对策。他们誓要从商业上打击曾经的海地奴隶，让他们因反抗及劫掠帝国财富而遭受惩罚。

拥有奴隶的欧洲国家与美国对离经叛道的海地人予以狠狠惩罚，使其不敢再次发起与之类似的起义。海地遭遇为期数十年的全方位经济制裁，因此陷入经济混乱，海地人民进而坠入贫穷深渊。海地曾是加勒比海地区最为富裕的经济体，如今则是西半球最为贫穷落后的国家，在世界最贫穷国家排名中位列第 17。虽然黄热病在海地已销声匿迹，但是所有类型的蚊媒传染病均在海地肆虐，包括当地恶性疟（以及三日疟）、登革热、寨卡热、基孔肯雅病及其最近发展出的表亲马雅罗病毒病[①]。

英国人在两个多世纪里，不仅在海地，也在整个加勒比海地区遭遇令人毛骨悚然的经历。此后，英国再也没在加勒比海地区发动大规模战役。随后，英帝国将目光转向非洲、印度与中亚。更为重要的是，海地革命取得成功，推动了英国废奴主义运动的发展。英国国内舆论对帝国非洲奴隶制度口诛笔伐。这场强烈抗议迫使议会于1807年废除奴隶贸易。1833年，大英帝国全面废止奴隶制度。

在海地遭遇尴尬之后，法国放弃了对加勒比海地区蚊子徒劳无益的挣扎。随着建立新世界帝国的愿望被蚊媒传染病击得粉碎，拿破仑于1803年转向欧洲，处理混乱局面。没有海地（及其大量资源），新奥尔良便毫无用处。在强大英国皇家海军，甚至实力更弱却愤愤不平的美国面前，新奥尔良毫无还手之力。拿破仑也担心，没有路易斯安那的经济租约，用杰斐逊的话说，美国将"对英国舰队与英国以身相许"。海地的蚊子已经吸干了法国的经济血液。随着拿破仑越发需要经费与资源支持战争，坚持遭受重挫的北美战略将徒劳无益，拿破仑对此了然于心。海地奴隶在蚊子的帮助下取得成功，刺痛了法国的心，产生了意料之外的历史性影响，最终促成路易斯安那购地案，使刘易斯与克拉克及萨卡加维亚在全美家喻户晓。

海地蚊子将拿破仑在美洲重现法兰西帝国雄风的梦想扼杀在摇篮之中。此后，拿破仑实施大陆制度，向其商会发布命令："在以往的日子里，我们如果想要变得富有，就必须拥有殖民地，在印度、安的列斯群岛、中美洲、圣多明各自行建立殖民地。这些日子已经一去不复返。今天我们必须转变为制造国，必须自食其力。"被唯利是图的

---

① 基孔肯雅病是由伊蚊传染的急性传染病，症状包括头痛、发热、呕吐、关节疼痛等。马雅罗病毒病通过伊蚊叮咬传播，得病后主要症状为发热、头痛及出疹。——译者注

蚊子踢出加勒比海地区后，法国在工业与农业领域发起现代化创新。比如，法国植物学家利用欧洲甜菜萃取甜料，进而填补了加勒比海甘蔗留下的空缺。

对于拿破仑而言，失去海地之后，新奥尔良一无是处，其土地广袤、相对贫瘠的路易斯安那亦是如此。鉴于法国同时与西班牙及英国交战，将新奥尔良与 2 144 510 平方千米的路易斯安那领地一同卖给美国是唯一选择。杰斐逊允许其谈判代表花费最高 1 000 万美元买下新奥尔良。当拿破仑为所有法国领地提供 1 500 万美元（相当于如今的 3 亿美元）报价时，美国谈判代表们目瞪口呆，喜出望外，毫不犹豫地接受了报价。法国的广阔殖民地从南方墨西哥湾一直延伸至北部加拿大以南，从东部密西西比河延伸至西部落基山脉，其中包括美国当今的 15 个州及加拿大 2 个省的土地。由于海地蚊子制造的压力，1803 年路易斯安那购地案得以达成，使美国以每英亩（约 0.004 平方千米）不到 3 美分的价格让领土面积在一夜之间翻了一番。考虑到这片土地对塑造美国所产生的难以衡量的影响，其中包括将路易斯安那领地纳入美国，若在拉什莫尔山上刻上突出的蚊子面孔，使之位于心怀感恩的华盛顿与杰斐逊充满感激的目光之间，蚊子自然当之无愧。

1805 年，拿破仑的海军在特拉法尔加战役中完败海军上将内尔逊勋爵，使其海军化为乌有。在售出其北美资产后，拿破仑入侵俄罗斯。俄罗斯采取焦土政策，有条不紊地进行系统性撤退。1812 年，在入侵俄罗斯无果后，冬季与伤寒两位"将军"与俄罗斯联手，终结了拿破仑在欧洲的大陆战役。6 月，拿破仑大军的 68.5 万人向战场进发，到 12 月撤退时，身体健康、能够坚守岗位的仅剩 2.7 万人。拿破仑将 38 万人弃之不顾，任其自生自灭，其中包括战俘 10 万名，逃兵 8 万名。拿破仑注定失败的俄罗斯战役是战争转折点，最终导致其于 1815 年在滑铁卢战役中败给威灵顿率领的反法联军。然而，在这场战役以失败告终、自己遭到流放之前，拿破仑精心策划了 19 世纪唯一一场具有目的性的生物战争，并取得成功。[①]拿破仑选择蚊子作为其运载系统，向大量英国侵略部队发射疟疾导弹。

英军在葡萄牙与奥地利同法国作战并取得胜利，因此备受鼓舞，士气高涨。1809年，英军决定在欧洲北部对拿破仑发动突袭，开辟第二战场，解救其陷入重重包围的奥地利盟友。选定的地点为瓦尔赫伦岛。该岛位于荷兰与比利时的斯海尔德河河口，是一片低洼沼泽地。英国人认为，法国占领该岛，将其用作避难所。7月，强大的英国探险部队召集4万人，乘坐700艘船开启航程。这是英国有史以来组建的规模最大的探险队。英勇无畏的拿破仑意识到大战将至。因为对法国军队而言，发现英国如此规模的船队轻而易举。更为重要的是，拿破仑也发现，每年夏季至秋季，瓦尔赫伦岛地区经常疟疾肆虐，并反复发作。拿破仑告诉其指挥官："我们必须只使用热病抵御英国人进攻。热病不久便会将他们消耗殆尽。一个月后，英国人必将登上船队，逃之夭夭。"拿破仑借鉴了其海地敌人杜桑·卢维杜尔的一个战术，引入了欧洲历史上最为严重的疟疾疫情。

拿破仑毁坏堤坝，用咸水淹没整个地区，为蚊子繁衍与疟疾传播创造了完美条件。拿破仑避免像阿默斯特与康沃利斯一样，在策划生物战争上一无所获，以失败告终。他反其道而行之，其不懈努力最终使其大获成功。从此以后，"瓦尔赫伦岛"（Walcheren）一词便成为军事错误的近义词与俗语。到10月英国取消探险之时，英国已花费800万英镑，40%的英国部队已经因患疟疾而虚弱无力。人们将这场疟疾称为"瓦尔赫伦岛热"。该热病夺去了4 000人的生命，与此同时，还有1.3万人在临时医院内汗流浃背，期待熬过病痛。第二次世界大战期间，美军在1944年于意大利安济奥登陆，纳粹德国便效仿了拿破仑的这一做法。

---

① 颇具讽刺意味的是，在拿破仑最后一次遭到流放期间，其监狱所在的南大西洋圣赫勒拿岛由英国船只HMS"蚊子号"巡查把守。拿破仑于1821年在圣赫勒拿岛去世。

当英国与法国在蚊子疯狂报复面前低头时，西班牙人依然一意孤行，继续在美洲为岌岌可危、逐渐消失的帝国领地而战，让成千上万人因蚊媒传染病而白白送命。与英国、法国同华盛顿、拉斐特及卢维杜尔决一死战一样，西班牙人也面对一位智慧超群的革命领袖——西蒙·玻利瓦尔。与英法军队如出一辙，西班牙军队也遭遇唯利是图的蚊子怒火的炙烤。1811—1826 年，除古巴与波多黎各之外，所有西属美洲殖民地均取得独立。正如 J. R. 麦克尼尔所说："蚊子确保了西属美洲摆脱西班牙的控制。"

在拿破仑战争首波攻击进行期间，西班牙一直是法国盟友。西班牙海军也于特拉法尔加遭内尔逊彻底摧毁，被杀得片甲不留。西班牙海洋影响力因此每况愈下。1807 年，法国和西班牙成功占领葡萄牙后，拿破仑背叛盟友，于次年入侵西班牙。英国现在掌控公海，将西班牙殖民地贸易导向自己的帝国。此举令西班牙殖民地受益，因为这样就放松了对贸易的限制，一定程度上允许与自由市场经济体建立联系。当地革命委员会由从西属美洲涌现的西班牙或卡斯塔 / 混血 "混合种族" 组成。对于在西班牙重商主义系统之外操作获取经济利益的意义，自我驱动的自由战士领袖一清二楚。

1814 年，西班牙派出 1.4 万多名士兵。这是有史以来其在美洲部署的规模最大的部队。其目的在于恢复秩序，继续与委内瑞拉、哥伦比亚、厄瓜多尔及巴拿马（统称新格拉纳达）开展贸易。唯利是图的蚊子迅速展现其 "显而易见的偏好"，正如一位西班牙战士注意到的："蚊子偏爱欧洲人与新来者。"到 1819 年，随着哥伦比亚铺开红地毯，迎接国家独立的到来，幸存的西班牙部队仅不到四分之一。西班牙国防部部长得到消息，在四面楚歌的西班牙殖民地，"只要遭到蚊子叮咬一口，就有一个人因此失去生命……如此一来，我们会因此走向灭亡，部队将全军覆没"。其准确度令人震惊。虽然在经济上苦苦挣扎，仅剩少量海军，但西班牙无所畏惧。通过租用俄罗斯船只，西班牙又派遣 2 万名士兵击溃玻利瓦尔，保住其美洲帝国。

玻利瓦尔曾于 1815 年与 1816 年到访海地，与海地革命经验丰富的革命者探讨战术。与其前任卢维杜尔一样，玻利瓦尔将蚊媒传染病与其战术战略紧密结合。卢维杜尔证明，其所用战略决定了战争胜负，对玻利瓦尔而言亦是如此。西班牙是首个将非洲黑奴、蚊子及疟疾引入美洲的国家。在战斗中，西班牙部队遭蚊子生吞活剥，力量逐渐减弱，最终因自己曾经种下的黑暗种子而遭到摧毁，用疾病与死亡赎清其父辈犯下的罪恶。面对未经适应、从西班牙直接派出的士兵，蚊子丝毫没有手下留情，倾其所能发动攻击，使之感染疾病，将其赶尽杀绝。与拿破仑在海地的法国部队一样，西班牙士兵也饱尝哥伦布大交换环境破坏所释放的怒火，而这一情况由其自己一手造成。在所有西班牙派遣捍卫经济与帝国的部队士兵中，有 90%~95% 因黄热病与疟疾毙命。

与卢维杜尔一样，玻利瓦尔于 1830 年因肺结核去世。与卢维杜尔不同的是，玻利瓦尔见证了自己梦想成真。此时，在许多美洲独立国家，玻利瓦尔及其唯利是图的蚊子盟友不断侵蚀西班牙帝国。这一曾经光辉夺目、领土广阔的国家，现在手中仅剩古巴、波多黎各及菲律宾殖民地。1898 年，所有剩余殖民地最终都由于野蛮粗暴的蚊子及美国帝国主义的首次进攻而吞噬殆尽。

已适应疾病的奴隶加入殖民地起义，反抗欧洲殖民统治。起义在整个美洲轰轰烈烈地展开，将旧秩序砸得粉碎，迎来独立新时代。冷酷无情的蚊子在生于乡下、适应疾病同志们的支持下集中，向前欧洲主人喷射复仇的火焰。蚊子对在眼前徐徐展开的自由斗争坚定不移，对未适应疾病的英国、法国与西班牙士兵发起大举进攻，使其殒命沙场，迫使在美洲的欧洲帝国主义国家落荒而逃。蚊子割断了连接欧洲与美洲殖民地的经济与领土大动脉。结果，由哥伦布大交换所带来的生物却直击其欧洲创造者的心脏。欧洲帝国曾自己撒下疾病与死亡的种子，现在它们要收割其结出的果实。

从他国引入的蚊子与疾病曾对原住民展开大肆屠杀，让欧洲人大受裨益，推动欧洲领土扩大，利润颇丰、奴隶制度形成的重商主义殖民地则推动欧洲迷宫的建立。在这些革命开展期间，残忍无情的蚊子将欧洲未适应疾病的士兵推入黄热病与疟疾旋涡，使欧洲数项制度土崩瓦解。在非洲蚊子与奴隶的帮助下，欧洲统治美洲，但也因哥伦布大交换中的相同元素而灰飞烟灭。虽然美国是首个具有革命精神的蚊子的产物，但是蚊子在战场上对海地奴隶起义予以支持，让拿破仑被迫出卖法国在北美的土地。

在杰斐逊购买路易斯安那领地的过程中，蚊子扮演了房地产中介的角色。刘易斯与克拉克驶向太平洋，完成制图与经济使命。随着这一切的进行，年轻的美国离天定命运、连接各大洲万事万物的梦想更进一步。美利坚合众国向英属加拿大、墨西哥及西班牙宣战，以此继续向西扩展，与原住民及野牛展开斗争，并大开杀戒，使二者及其生活方式成为过眼云烟，进而巩固大陆土地，加强自身地位。蚊子这一机会主义者则四处游荡，在美国为了国家建设而发起的冲突中获取沾满鲜血的利益。

第 14 章

天定命运下的蚊子：棉花经济、美国侵占墨西哥土地的战争

　　羽翼未丰的美国危机四伏，动荡不安。在位于阿巴拉契亚山脉边缘的前《1763 年皇家宣言》边界以西，原住民对美国扩张发起激烈抵抗，反对美国人踏上其土地，抵抗充满敌意的殖民者咄咄逼人的侵略。1811 年 10 月，印第安人保留地长官威廉·亨利·哈里森警示总统詹姆斯·麦迪逊，称萧尼族酋长特库姆塞及其不断发展壮大、受英国支持的泛印第安联盟构成了严重威胁。哈里森[①]说："特库姆塞的追随者对其毕恭毕敬，唯命是从，令人感到震惊。因此，他能够发现一位偶然出现、不同寻常的天才，发动革命，推翻现有秩序。若不是因为邻近美国，他也许会成为一位帝国创始人，其帝国将能够与辉煌的墨西哥或秘鲁（玛雅、阿兹特克及印加文明）比肩。他不怕困难，势不可当……不论走到哪里，其给人留下的印象均能助其达成目标。现在，他即将为自己的事业画上点睛之笔。"在国会，"鹰派"强烈呼吁采取行动。美国则于 1812 年 6 月由麦迪逊签字，正式对英宣战，以坚持 1783 年《巴黎条约》所规定的主权，并控制加拿大五大湖地区的交通路线，促进贸易发展。

　　许多移民与定居者的经济扩张主义理念，在天赋人权这一文化意

---

① 哈里森于 1840 年当选总统，上任 32 天后去世，死因可能为伤寒。

识形态及媒体推动实施的策略之下，深入美国政治与军事政策之中，从而扩大了美国从大西洋至太平洋的影响力，强化了其民主治理。约翰·加斯特的油画《美国的进步》成为这一天定命运愿景的缩影。其描绘了一位哥伦比亚天使一般的人物，象征美国及"开拓者精神"。她披着一件丝滑柔顺的白色外衣，从东方缓缓飘来，向未经开发的西部荒野播撒文明，建造现代设施。

从1812年战争开始，这一美国天定命运的实现过程对他人毫无益处。无忧无虑、自由自在的哥伦比亚，一片宁静祥和。咄咄逼人、挑起战争的美国领土扩张活动与之形成鲜明反差。在天定命运及美国种植园棉花生产需求的大力驱使之下，美国展开一系列战争，向北方邻国英属加拿大发动进攻。而对内，美国则与原住民进行战斗。最后，美国也与位于其西南部的墨西哥发生战争，以占领其觊觎已久的加利福尼亚大西洋港口。蚊子则积极参加美国的侵略战争，帮助美国不断扩大领土。

美墨战争象征着蚊子吞噬外国入侵势力、决定战争结果的历史模式就此结束。在帝国主义冲突期间，美国军事计划人员与指挥官有意避开墨西哥蚊子。通过故意绕过蚊子烟雾缭绕的死亡沼泽陷阱，他们躲过了蚊子传播的致命疾病，占领了西部其他地区。1850年，加利福尼亚成为美国的一个州。70年前在革命热血中诞生的美国国旗在美国广袤土地上升起，插遍整片大陆，使美国的控制范围得以扩大。

美国取得独立后，战败的英国意识到，美国经济不断发展，英国自身利益因此受到威胁。英国与拿破仑领导的法兰西展开战争，利用这场战争，循序渐进地破坏了美国贸易。从1806年开始，英国不仅对美国出口商品施加禁令，令拿破仑为战争所做的努力付诸东流，而且封锁了大西洋中部航道，并登上美国商船，搜寻英国逃兵。到1807年，英国已经偷取或"强征"美国海员约6 000名，将其纳入英国海军进行服役。为了确保美国疲于应对国内事务，英国也从加拿大向美国输入武器与补给，为一个力量强大、不断发展的原住民联盟提供支持。该联盟领导人为大名鼎鼎的萧尼族勇士特库姆塞。英国的运输线路从加拿大南部延伸至美国南部。与在其之前的庞蒂亚克一样，特库姆塞心中拥有一个不断扩大泛原住民国土的愿景。

由于美国在军事或经济上缺乏优势，无法直接向英国岛屿堡垒发动进攻（自征服者威廉于1066年进行诺曼征服以来，再也没有发生过类似情况），加拿大成为距离最近、最具价值的投机目标。在1812年战争[①]，即美国第二次革命战争期间，美国向加拿大发动了数不胜数的进攻，但均被原住民联盟、英国正规军及加拿大民兵——击退，但是特库姆塞与英国指挥官艾萨克·布洛克爵士在战斗中牺牲了。

1813年，美国部队洗劫上加拿大首都约克（多伦多），并将其付之一炬。随后，美军撤出这座黑烟弥漫的城市。在报复行动中，身经百战的英国正规军在西班牙击败拿破仑后，从欧洲赶来，于1814年8月登陆华盛顿，随即点燃了白宫、国会大厦及其他行政建筑，使其化为焦土。第一夫人多莉·麦迪逊曾因意外，在1793年费城灾难性黄热病疫情中失去了第一任丈夫与年轻的儿子。在英国入侵期间，她挺身而出，英勇地将许多无价工艺品从熊熊燃烧的白宫中抢救出来。

在美国首都广袤的河流沼泽迷宫中，蚊群优哉游哉，享受生活。英军结束对华盛顿的进攻后，英国指挥官海军上将亚历山大·科克兰因为担心蚊群开启疟疾与黄热病季节，因而请求离队。戴维·佩特里埃罗报告称："科克兰原来想于8月末将整个部队撤离切萨皮克湾，避免黄热病与疟疾暴发。科克兰倾向于前往没有瘟疫的罗德岛港口。"虽然科克兰向上级解释称蚊子季节将能抵挡敌人后续更多的进攻，但是遭到否决。科克兰得到命令，不论有蚊子与否，都必须向巴尔的摩发动进攻。其最初目标为港口堡垒——麦克亨利堡，这在美国激起具有决定意义的文化冲击。在9月14日破晓的晨光之中，在英国海军对

---

① 美国独立后的第一次对外战争，于1812—1815年在美英之间展开。——译者注

麦克亨利堡进行 27 小时的狂轰滥炸之后，弗朗西斯·斯科特·基依然能够看见一面巨大的美国国旗在堡垒废墟上迎风飘扬。此时此刻，他随意写下了一首题为《保卫麦克亨利堡》的诗，作为名为《星条旗》①的音乐配词，该诗因此变得家喻户晓。

到 1814 年年末，战争已经陷入僵局，双方均希望尽快结束这场代价不菲的战争。由于遭遇战败，拿破仑被流放至厄尔巴岛，战争诱因就此消失。现在，海外市场向美国门户大开，英国也包括其中。美国水手不再遭到绑架。由于麦迪逊总统因患疟疾而卧床不起，1814 年圣诞夜，美国签署《根特条约》，结束了这场难分胜负的小规模战争。1812 年战争共计造成 3.5 万人死亡，包括原住民盟友与平民。其中因病而亡的占 80%，疟疾、伤寒与痢疾尤甚。战争结束后，没有领地因战争易主。结果，加拿大与美国成为终生友好邻邦，在各个方面相互支持。

1817 年，加拿大签订《拉什-巴戈特协定》，随后又签订《1818年条约》。此后，美加边境及航道（在其他友好条约中有所规定）解除武装。加拿大再也无法对美国构成所谓国家安全方面的威胁。两国依然是关系紧密的军事盟友，在自由公平的贸易方面也相互合作，互利互惠。如今，在这一互利关系中，从加拿大出口运往南方的 70% 的货物，均穿过世界最长的国际边界，跨越令人瞠目的约 8 890 千米（每天有 35 万人穿越两国国界）。与此同时，在加拿大进口货物中，从其南方邻国抵达目的地的占 65%。2017 年，美加两国的商业贸易总额约为 6 750 亿美元，美国贸易顺差为 80 亿美元。

具有讽刺意味的是，1812 年战争最大的一场战役发生在双方正式言和之后。正是在新奥尔良战役上，安德鲁·杰克逊将军率领由民兵、海盗、亡命徒、奴隶、西班牙人、刚刚解放的海地人及所有其能够通过威逼、推荐而服役的人组成的队伍，使其变成家喻户晓的人物。

---

① 美国国歌。——译者注

1815 年 1 月，随着言和的消息穿越大西洋，杰克逊及其 4 500 人组成的杂牌军阻挡住了一支三倍于其规模的英国部队。杰克逊小时候家境贫寒，生活在偏远落后地区。在美国革命期间，13 岁的杰克逊锒铛入狱。而如今，凭借自己的名望，杰克逊平步青云，当选美国总统。

对于其支持者而言，杰克逊是"普通平民"的捍卫者。作为一名战斗英雄、一位靠个人奋斗取得成功的人士，以及一群杂牌军中的战士，杰克逊名扬四海。对于其敌人而言，杰克逊神秘莫测，难以捉摸，喜怒无常。杰克逊未受过教育，会在酒吧大吵大嚷，与人争执，其情绪可能会像火山一样突然爆发。[1] 他在大街上会频繁用手杖攻击他人。因为在他看来，他们要么冒犯了自己或自己的妻子，要么没有表现出对自己的尊重。随后，在决斗已成为明日黄花的年代，他会突然之间向对方挑战，要求与对方决斗。结果，在其一生的大部分时间里，杰克逊体内永久留存着两颗在决斗中被射入的子弹，杰克逊自己也饱受反复感染疟疾的折磨。其批评者普遍将其称为"混蛋杰克"或"混蛋杰克逊"。杰克逊以真正的杰克逊精神，接受了这一名号。这位"混蛋"成了民主党的标志。杰斐逊对杰克逊的描述是"一位危险人物"。1828 年，杰克逊当选美国总统。杰克逊下令要求他人称自己为"杰克逊将军"而非"杰克逊总统"。杰克逊将军下达的首个死命令就是清除密西西比河以东至印第安人保留地（如今的俄克拉何马州）的所有原住民。美国需要他们的土地，建立依靠奴隶劳动维系的种植园，为走下坡路的美国经济注入活力。

在 19 世纪 20 年代，扩张主义与西部开发经济需要一次修整。其商业发展的中流砥柱为烟草，由约翰·沃尔夫与詹姆斯敦最先建立。但是，烟草再也无法带来过去规模的利润。烟草市场饱和，需求与供应持平，土耳其及其他外国市场在距离欧洲更近的地方大量产出更

---

[1] 杰克逊的宠物鹦鹉名叫波尔。人们被迫将该鹦鹉从杰克逊国葬中带走，才能不用忍受其持续不断的污言秽语。毫无疑问，这些都是从他前任主人那里学来的。

为廉价、质量更高的烟草。随着贪婪的美国人将目光立刻锁定西南部，一场彻彻底底、从烟草转向棉花的种植园革新将重振经济，推动经济发展。棉花作为一种羊毛的替代品，需求量居高不下，但是棉花仅能在美国南方种植。这片棉花乡村，从佛罗里达州北部、佐治亚州起，向西覆盖墨西哥湾岸区的北卡罗来纳州与南卡罗来纳州，以及密西西比河内三角洲，终点位于得克萨斯州东部。在这片乡村，坐落着人口众多的原住民部落，具体为切罗基族、克里克族、契卡索族、乔克托族及塞米诺族，被称为五大文明部落。在美国人眼中，这些原住民阻碍了美国以棉花为基础的资本主义扩张。杰克逊总统曾对自己能够成为一名充满激情的"印第安斗士"而颇感自豪。但是现在，杰克逊却对自己的观点闭口不谈，并于1830年通过了《印第安人迁移法案》，支持联邦政府的政策。

原住民的选择十分简单：要么自觉收拾东西，启程前往印第安人领地上提前安排好的地块；要么遭遇暴力对待，被迫迁徙至印第安人领地上提前安排好的地块。1835年，此次事件的煽动者杰克逊向切罗基人下达命令："你们只有一条路可走，那就是迁到西部去。这一问题将决定你们妻儿的命运、你们族人的命运及你们子子孙孙的命运。别再自欺欺人了。"杰克逊发起了罪恶深重却大获成功的战争，针对佛罗里达州、佐治亚州及亚拉巴马州的克里克人、切罗基人及塞米诺人展开种族清洗。在此期间，约15%的美国士兵因感染蚊媒传染病而死亡。

1816—1858年，塞米诺战争在佛罗里达条件艰苦的鳄鱼谷与蚊子肆虐的绿草湿地断断续续进行。在此期间，约4.8万名美国士兵与不到1 600名塞米诺与克里克勇士兵戎相见。此次冲突是美国历史上为期最长、消耗最大的"印第安战争"，不论是所花费资金方面还是人员伤亡方面，均史无前例。[1] 美国骑兵发动臭名昭著的惩罚性战役，

---

① 单单第二次塞米诺战争（1835—1842）就让美国纳税人花费惊人的4 000万美元。在当时，这是一笔巨额开支。

在美国内战挥之不去的阴影之下，打击杰罗尼莫及其阿帕切族，以及红云、坐牛及疯马领导的苏族。即便如此，这与塞米诺战争相比，依然相形见绌。

对于普通美国士兵而言，塞米诺战役一无所获，不得人心，是蚊子统治下悲惨痛苦、腐朽堕落的人间地狱。一位遭受疟疾折磨的士兵说："在大部分地区，植被茂密，阳光几乎无法照射地面。水体近乎全年静止不动。大多数地区的地表都覆盖着厚厚的一层黏液。如果触碰到黏液表面，恶臭肮脏的毒气便会徐徐升起，令人作呕。"美国军队已经如坐针毡，神经脆弱。当地疟疾与黄热病则进一步增加了其心理创伤，在因作战疲惫不堪后，疾病使其疲劳加剧。战役指挥官温菲尔德·斯科特将军说："与塞米诺人的战争是一场彻头彻尾的精神和肉体上的双重折磨。"塞米诺人有条不紊，成功利用创造性游击战争，不定期发动埋伏突袭，使不依不饶的蚊子与短吻鳄为自己所用，并通过疟疾、黄热病与痢疾的组合，创造出持续不断的恐怖环境。

随着奎宁储备所剩不多，医疗记录显示，士兵们因"脑热引发的精神错乱"、"深感头部不适"或"精神癫狂"、"狂躁疯癫"或"胡言乱语，精神失常"而相继死亡。循规蹈矩的医疗指挥官雅各布·莫特对此既感到困惑不解，又担心害怕。因为骄傲自大的政客宁愿牺牲美国士兵的生命，也要换取毫无价值、肮脏污秽的印第安沼泽地，或用他的话说："这是有史以来两国人民所争夺的最贫穷地区。该地区令人厌恶，无法居住，是印第安人、短吻鳄、蛇、青蛙与所有其他令人作呕的爬行动物的天堂。"当然，这里也是蚊子的天堂。士兵们的日记与信件及军队的医疗记录中均记录下一个灰色可怖、疯狂混乱、热病肆虐的冲突。随着脱离队伍的塞米诺幸存者受到限制，只能在其佛罗里达沼泽营地（美国当局认定其毫无价值）活动，加之离经叛道的奥西奥拉酋长因疟疾去世，杰克逊实现了其战略目标，清除了密西西比河以东的印第安人。

在美国历史最为黑暗的篇章中，被迫沿着"眼泪之路"前往印第安人保留地的原住民多达 10 万人。据估计，在迁徙战争与阴郁笼罩的旅程中，因饥饿、疾病、体温过低、凶杀与玩忽职守而死亡的达到 2.5 万人。然而，他们的故土现在则用于棉花、奴隶经营，也成为蚊媒传染病作恶的地方。

棉花生产和奴隶制度与美国南方密不可分。全球对美国棉花的需求的确无穷无尽。北美与英国纺织厂及其他外国市场会根据奴隶劳动生产情况，尽可能多地购买棉花。这也使对奴隶的需求迅速增加。1793 年，美国棉花产量约为 2 270 吨。30 年后，由于伊莱·惠特尼发明轧棉机，加上奴隶劳工不断增加，棉花产量提高至约 81 650 吨。在美国南北战争前夕，南方原棉产量占世界原棉总产量的 85%。"金子棉"创造的价值在美国经济中占比为 50%。南方经济中棉花经济占 80%，而北方生产的货物则占美国总量的 90%。美国的南方与北方由梅森–迪克森线一分为二。两个地区截然不同，只不过在名义上合为一个国家。

同样在 1793—1823 年这 30 年间，奴隶总数从 70 万增长至 170 万。在未来 40 年里，将有 250 万奴隶被运送并贩卖至美国南方。由于许多奴隶来自东部已不复存在的烟草种植园，"顺流贩卖"（sold down the river）一词便在当地口口相传。因为其实际意思是，奴隶沿着密西西比河遭到贩卖，并顺着河流被运送至南方腹地。对于这些生于美国乡间的奴隶而言，由于祖辈生于非洲，他们得以获得祖辈遗赠，拥有适应疾病的基因护盾，能抵抗疟疾与黄热病侵扰，这种保护也包括镰状细胞。1808 年国会禁止奴隶贸易后，因为不同种族共同生育后代或不同种族通婚，这种防护的功效相应减弱。这些被俘奴隶意识到，在南方棉花种植园，蚊媒传染病正翘首期盼，成为日益严重的威胁。1838 年，废奴主义者约翰·格林里夫·惠蒂埃创作了一首《永别》。而奴隶们则将其改编为一首工作歌："离开，离开，被卖至他处，我们就此离开……所到之处，抽打奴隶的皮鞭不停挥舞，吵闹恼人的虫子叮咬不止，狂热恐怖的热病四处传播，致命毒药随露水落下，毒辣灼人的阳光穿过火热潮湿的空气，炫目刺眼，让人晕眩。"

19 世纪上半叶，美国南部发生领土扩张，美国经济重心则从烟草转向棉花。二者为式微的奴隶制度注入了新活力。南方棉花生产促进北方以工业为推动力的经济实现复苏。人们刚刚通过南方棉花与北方制造的货品出口获取财富。这也要求贸易港口数量相应增加。

美国继续向太平洋其他地区扩张，并于 1846 年向墨西哥宣战，旨在控制西部地区美国三分之一的土地，主要为加利福尼亚州。蚊子曾推动革命，将西-美帝国分割成几个自治州。在此期间，墨西哥已于1821 年实现独立。美国则一直因港口而觊觎加利福尼亚州，希望通过加利福尼亚州进入亚洲市场。美国曾通过无数次努力，希望买下这片领地，但是均在墨西哥那里吃了闭门羹。1846 年 5 月，詹姆斯·K. 波尔克总统向墨西哥宣战，在公众反战呼声极高的情况下，通过炮舰外交，夺取加利福尼亚州及其他西部领地。美国部队的一支强大探险队整装待发，而墨西哥蚊子则大量聚集，等待美国人将鲜血送到嘴边。

一支由 7.5 万人组成的美国部队加入查普尔特佩克战役，与由安东尼奥·洛佩斯·德·桑塔·安纳将军领导的规模相当的墨西哥部队交战。安东尼奥·洛佩斯将军曾参加墨西哥独立战争，是一位经验丰富的老将。一支由扎卡里·泰勒将军领导的美国部队从北方进入，而美国海军则攻占了加利福尼亚州的关键港口，包括旧金山、圣地亚哥及洛杉矶。与此同时，塞米诺战役期间的美军指挥官温菲尔德·斯科特将军率领大部队在韦拉克鲁斯港口登陆，通过最短线路抵达墨西哥首都墨西哥城。

在军队服役 40 年后，斯科特成为美国历史上一位勤勉的策划者，也是一位充满渴望、功成名就的学生。他敏锐地意识到，在加勒比海地区、南美洲及中美洲，包括墨西哥，蚊媒传染病将让未适应疾病的英国、法国与西班牙士兵大规模死亡，进而导致战争失败。斯科特的对手，桑塔·安纳也察觉到其致命蚊子盟友可能对来犯美国人造成的破坏。正如其在墨西哥反西班牙革命期间的所作所为一样，桑塔·安纳打算压制沿海登陆的美国部队，拖延时间，等待蚊子铺开血红地毯，通过感染疾病向美国人表示欢迎。桑塔·安纳告知其高级军官："夏季很快便会出其不意地影响他们，因为届时许多疾病与流行病都将暴发。对于不适应疾病的人而言，这颇具杀伤力。因此，墨西哥部队无须开一枪一炮，美国部队每天便会损失成百上千人……不久，他们的军队将化为乌有。"

斯科特下定决心避免因如饥似渴的蚊子，遭遇耸人听闻的灾难性损失（及最终输掉战争的结果）。他态度坚决，认为需要迅速攻下韦拉克鲁斯，向内陆进军，尽可能登上海拔更高、更为干燥的地区，才能避开黄热病与疟疾。用斯科特的话说："与其他国家的防御相比，敌人控制的登陆地点更加令人畏惧：我在暗指呕吐病（黄热病）。"1847 年 3 月，在韦拉克鲁斯登陆后，一位年轻的下级军官尤里西斯·S.格兰特中尉向其长官表达了自己的担忧："我们必须尽快离开墨西哥的这片区域，否则我们都将染上黄热病。与墨西哥人相比，我对黄热病的恐惧要强十倍。"虽然蚊媒传染病真正的本质尚不为人知，但是斯科特完全理解当时流行的瘴气疾病理论，并规划了战术，防止士兵因感染疾病大量死亡。通过避开沿海沼泽洼地，斯科特也无意间绕过了蚊子及其传播的致命黄热病与疟疾。

斯科特大获全胜，并迅速攻下堡垒。到 4 月初，斯科特率领部队向墨西哥首都进军，以自己的计谋击败了桑塔·安纳与蚊子。蚊子并未像之前与西班牙交战时那样，将墨西哥从美国人手中拯救出来。由于斯科特一丝不苟地做好了准备，坚持避开蚊子臭气熏天的沿海狩猎场，使蚊子无法触及其内陆位置，这一次，蚊子在自己的地盘上吃了败仗。9 月，墨西哥城失守。墨西哥因此被迫于 1848 年 2 月正式签署投降协议。虽然该次战争在美国及海外均不得人心，但是墨西哥割让给美国的土地占其国土面积的 55%。天定命运之战将飞速发展，使在沿海生活的哥伦比亚文明转移至金门海峡及波光粼粼的太平洋海域。

斯科特将军机智过人，其计划详细周密，有意避开蚊媒传染病，帮助美国夺下加利福尼亚州、内华达州、犹他州、亚利桑那州、新墨西哥州、科罗拉多州大部分地区、怀俄明州小部分土地、堪萨斯州、俄克拉何马州及得克萨斯州的领地。J. R. 麦克尼尔对此进行总结道："对于这些领地的获取，斯科特居功至伟。美国应对其决定避免在夏季进入低洼地区……避开黄热病区而心存感激。"麦克尼尔说，斯科特取得胜利，"让美国在 1848 年巩固了其在美洲半球中的霸主地位"。然而，许多美国人认为，墨西哥遭到美国霸凌，因此将该次战争视为美国帝国主义侵略的懦弱行为。格兰特后来宣布："我认为，在美国向墨西哥发动的战争中，这场战争最为丧尽天良。当我还是一位年轻军官时，我便如此认为。但是，我当时缺少足够的勇气与道德感，没有因此选择辞去军队职务。"

美墨战争是许多美国南北战争将军的训练场。其中大多数都是点头之交，包括格兰特与李。北方联盟一边有：乔治·麦克莱伦、威廉·特库赛·谢尔曼、乔治·米德、安布罗斯·伯恩赛德及尤里西斯·格兰特。邦联一方有："石墙"杰克逊、詹姆斯·朗斯特里特、约瑟夫·E. 约翰斯顿、布拉克斯顿·布拉格、罗伯特·E. 李及未来邦联总统杰弗逊·戴维斯[①]。格兰特在美墨战争与南北战争间划清界限："我反对发动战争。时至今日，这依然是有史以来由强大一方向弱国发起的最有失公平的战争。这是证明一个共和国犯下与欧洲君主国相同罪行的例证，即以非公平正义的方式获取更多领土。得克萨斯州最初是墨西哥共和国的一个州……从最初发动战争，到最终取得成功，占领、分裂与吞并均为获得领土所实施的阴谋诡计。在这些土地上，可以建立奴隶国家，为美国联盟服务。"此处，格兰特对在这片广袤、刚刚被征服土地上实施奴隶制度进行了探讨。

美国已经牢牢占据了这片曾经属于墨西哥的领土。问题也随之产

---

① 1835 年，杰弗逊·戴维斯中尉迎娶其指挥官扎卡里·泰勒之女莎拉为妻。进入婚姻生活三个月后，在路易斯安那州看望家人期间，二人均染上疟疾与黄热病，莎拉没能挺过去。

生。应该将新获得的各州领土以自由州还是奴隶州纳入联盟？ 1850
年，加利福尼亚成为自由州，诸如北方人、废奴主义者等人因此得到
安抚。作为报答，《逃亡奴隶法案》作为《1850 年妥协案》的一部分
在国会获得通过，要求所有逃亡奴隶重新成为奴隶。为逃亡奴隶提供
帮助或庇护的人将受到罚款 3 万美元的处罚。赏金猎人获得批准，可
在自由州追踪并抓捕奴隶。总而言之，一日为奴，终身为奴。四处游
荡的"嗜血猎狗帮"不分青红皂白，不论对方自由与否，频繁绑架非
裔美国人，并使其"重获"奴隶身份。这就是 2013 年大放异彩的电
影《为奴十二年》的背景。该电影赢得当年奥斯卡最佳影片奖。现在，
逃难的奴隶与北方自由非裔美国人别无选择，只能逃往加拿大。

哈莉特·塔布曼[①] 的地下铁路活动颇为频繁，她将逃亡的奴隶及
北方的奴隶送往加拿大，诸如安大略省南部约西亚·恒森农场等地是
他们的终点站。哈丽叶特·比切·斯托 1852 年颇具影响力的畅销小说
《汤姆叔叔的小屋》便是以恒森为基础创作而成的。

斯托曾写信对《逃亡奴隶法案》予以回应。在信中，她以一篇纯
粹生动的散文，突出了奴隶制度的罪恶与暴行。斯托的作品产生了巨
大影响，赢取了人们对废奴主义运动的支持。《汤姆叔叔的小屋》就
奴隶制度的未来这一问题，在南方与北方之间划开一道深深的伤口。
1862 年，当斯托作为贵宾获得林肯总统接见时，林肯在欢迎期间，曾
试探性地说："原来你就是那个小女人，撰写了一本书，却引发了一
场大战。"

在南北战争前战火纷飞的数十年间，人们为种植棉花及其他农产
品，在南方与西部清理土地，最终也导致蚊子泛滥，促使疟疾与黄
热病进一步传播。疟疾是开荒生活中唯一不变的部分。流行病学家
马克·博伊德在其名为《疟疾学》的 1 700 页论文中指出："到 19 世

---

① 哈莉特·塔布曼，美国废奴主义者、女权主义者，曾帮助 300 名黑奴从地
下铁路逃脱。——编者注

纪50年代，疟疾已经在全美国大范围流行。东南各州为疾病高发区域，包括俄亥俄河谷、伊利诺伊河谷及从圣路易斯到墨西哥湾地区几乎所有密西西比河河谷。"随着墨西哥湾岸区港口城市人口密度的增加，密西西比河成为全球贸易中心，疟疾与黄热病随之在此流行。

在其1842年的作品《红魔假面舞会》中，讲述死亡主题故事的短篇小说作家埃德加·爱伦·坡描述了黄热病流行的场景："现在人们真的感到红死病降临了，它像小偷一样在夜间溜进来。寻欢作乐的人在他们寻欢作乐的滴血的舞厅里一个个地倒下……黑暗、腐败，还有红死病，以无法抗拒的权力统治了一切。"[①] 在美国南北战争爆发前30年间，新奥尔良、维克斯堡、孟菲斯、加尔维斯顿、彭萨科拉及莫比尔每年都会出现黄热病疫情。1853年的疫情尤为严重，在整个墨西哥湾岸区夺去了1.3万人的生命。仅在新奥尔良，因患黄热病死亡的就达到9 000人。历史学家马克·尚茨提醒我们："大规模死亡、坟墓遍地、难民流离失所的场景告诉我们，需要将其与内战战场进行对比。比如，与南方邦联1863年在葛底斯堡阵亡的人数相比，1853年新奥尔良夏季的死亡人数远远超过这一人数。"约西亚·诺特博士是昆虫传播黄热病理论的早期支持者。他说，在莫比尔，"墨西哥湾附近各州的许多村庄，这一令人胆寒的流行病造成的死亡人数超乎想象"。

在黄热病统治南方的30年间，新奥尔良一如既往地遭到重创，5万人因黄热病而死亡。在整个美国，黄热病从1693年首次在大西洋海岸出现，到1905年在新奥尔良谢幕，最终让新奥尔良摆脱死气沉沉、死亡弥漫的地窖的名声，总共夺去超过15万人的生命。[②] 这些蚊媒传染病及蚊子的死亡统治仅仅是一次带妆彩排，当徐徐逼近的战争与荒芜真正到来时，这个陷入紧张忧虑的国家将迅速遭到吞噬。

在天定命运战争期间，美国虽然日益成熟，却也缺乏安全感，因

---

① 此处译文引自孙法理版译文。——译者注
② 据估计，在相同时期，有50万至60万人感染黄热病，使得总体死亡率达到25%~30%。

此不断巩固国际边界及已征服土地，预防英属加拿大、原住民及墨西哥人侵犯。这成为一个文化、政治与经济的转换点。在惨绝人寰、具有历史意义的南北战争期间，遭蚊子折磨、冲突不断的美国将成长的痛苦内化，在自由北方与奴隶制南方之间引起社会经济方面的手足战争。在南北战争进行期间，蚊子继续一心一意疯狂觅食，并助联盟取得胜利，最终解决了"国家分裂"这一问题。蚊子是战场上技艺最为精湛的潜行者，它们是成千上万得到解放的幽灵，"让美国有机会得以延续"。蚊子确保林肯总统获得"自由的新生，保障一个民有、民治、民享的政府永世长存"。林肯对人民的定义包括非裔美国人。在美国内战期间，蚊子起到第三方军队的作用，主要任务是援助北方，保护联盟，并最终通过林肯 1863 年实施的《解放黑人奴隶宣言》，帮助废除了自己亲自协同创立的奴隶制度。

第 15 章

人性中的罪恶天使：美国南北战争

1864 年 11 月 21 日，憔悴绝望的林肯总统坐在桌子边，无精打采，凹陷的眼睛正盯着一张白纸。林肯虽然当时只有 54 岁，但是因为经历了三年半惨烈的南北战争，因此更显苍老。面对战争中的死难者，林肯感到郁闷沮丧，因此也经历了太多不眠之夜。正因如此，林肯面露疲倦，脸色苍白憔悴。虽然亲眼见证穷途末路的南方邦联最终垮台，但是即使知道战争即将结束，林肯也未能获得一丝安慰。1861 年 4 月 15 日，当林肯调动部队保护联邦时，死亡人数之高，让人惊骇不已，超乎所有人的想象。

如此众多的人"在生命最后一刻依然竭尽全力，付出一切"，林肯又该如何用言语描述他们的奉献呢？林肯抬起头，拿起笔，面前的那张纸开始焕发生机。这封信最终被送至波士顿的一位遗孀莉迪亚·比克斯比夫人手中。林肯在开头写道："1864 年 11 月 21 日，华盛顿，白宫。"接着，他写下信件正文：

亲爱的女士：

我已经阅读了陆军部文件中的一份说明。说明源自马萨诸塞州副将军。在说明中，将军报告：您有 5 个儿子，而他们均在战场上光荣牺牲。

我现在强烈感到，不论我使用何种言辞安慰您以让您摆脱丧子之痛，都必将显得脆弱无力，徒劳无果。他们为拯救共和国而献出生命，对此，共和国感激不尽，我希望这份感谢能为您带去些许慰藉。

我向上天祈祷，愿我们的天父能减轻您的丧亲之痛，只为您留下与所爱之人、失去之人有关的珍贵记忆，使您永远铭记您在自由神坛做出的巨大贡献，并为此感到神圣而骄傲。

您真诚而心怀敬意的

A. 林肯[①]

林肯出身卑微，于 1809 年生在一个奴隶州的沉泉农场。但是，国家无时无刻不处于战争之中，因而造就了林肯的品性，使林肯越发成熟。从 1812 年战争到美墨战争，林肯一生均生活在天定命运战争的阴霾之下。19 世纪 30 年代，总统安德鲁·杰克逊执行惨无人道的印第安人迁移政策。在此期间，杰克逊曾发动无数种族清洗式的军事运动，迫使原住民背井离乡，在别处安家落户。黑鹰战争便是其中之一。1832 年，黑鹰战争在伊利诺伊州展开。在此期间，林肯甚至出任民兵队长，在部队短暂服役，时间持续整整三周。林肯仅用一句话对自己唯一一次服役予以概括："我上阵杀敌，负伤流血，离开战场。我曾多次浴血奋战，抗击蚊子。虽然我从未因失血晕厥，但是我可以问心无愧地说，我经常饥饿难耐。"

按照士兵们的说法，与"巨蚊"[②]激烈战斗只是家常便饭，是美国内战期间军队日常生活的组成部分。士兵们经常与头脑简单、嗜血如命的蚊子战斗。这对于他们而言已是司空见惯，如同行军或携

---

① 后来人们发现，在比克斯比夫人的 5 个儿子中，两人在战争中幸存，两人在战场上阵亡，还有一位可能沦为战俘最后遭到杀害。

② 英文原文为 gallinipper，指各类昆虫或巨型蚊子。——译者注

带武器一样，也是士兵行为与演习的非正式内容。安德鲁·麦基尔韦恩·贝尔著有《蚊子战士：疟疾、黄热病与美国内战的进程》，该书内容详尽、令人印象深刻。在书中，贝尔指出："对于比利·洋基与约翰尼·雷布①而言，战争是一个关于令人作呕疾病与灼人高烧的故事，与一场长征及正面交锋别无二致……简而言之，假如19世纪60年代蚊媒传染病在南方并不活跃，战争的发展过程将截然不同。双方士兵经常对这些吸血恼人的昆虫满腹怨言。它们在士兵耳边嗡嗡作响，侵入士兵帐篷，为部队生活徒增痛苦。但是，士兵们万万没想到，在塑造那个时代的大型政治与军事事件过程中，蚊子也起到推动作用。"蚊子不仅对战争结果起决定性作用，而且美国人在战场上手足相残两年后，蚊子也深刻改变了林肯浴血奋战的战略目标。如此一来，蚊子将国家政治与文化面貌进行了永久性重构。

在战争最初几年，蚊子在能力出色的邦联指挥官的协助下，重创由畏首畏尾、笨手笨脚的将军领导的联邦部队，营造了摩擦与"全面战争"的氛围。林肯的最初目标是保护联邦及其四分五裂的经济体系，但经过调整，又增加了决定国家命运的战争目标——废除奴隶制度。假如蚊子没能使战争进展变得缓慢，假如邦联不负众望，迅速取得胜利，《解放黑人奴隶宣言》便永远不会载入史册。

经过一段颇具讽刺性的周折，蚊子不仅是非洲黑奴贸易开始的原因，而且在南北战争期间最终让废除奴隶制度板上钉钉，因蚊子而从奴隶枷锁中得到解放的非裔美国人共计约420万。贝尔说："蚊子在不经意间参军入伍，在塑造美国历史方面发挥巨大作用，而大部分人对此并未察觉。"贝尔对该观点做了进一步阐释，他指出："倘若要全面理解精彩绝伦、错综复杂的南北战争，任何学者都不应忽略这些昆虫所发挥的作用。"

---

① 1956年11月18日至1959年5月24日，弗兰克·贾克亚创作的周末连载漫画人物，二人分别代表北方联盟士兵与南方邦联士兵。——译者注

南北战争的起因同样错综复杂，并不仅仅因为南北方就奴隶制度问题意见相左。不可否认，奴隶制度是南北战争爆发的一个原因，但不能因此对其他原因置之不顾。许多经济、政治与文化因素也发挥了作用。由于分裂纷争愈演愈烈，1860年总统大选使得亚伯拉罕·林肯入主白宫，对南方信念造成最为沉重的打击。林肯反复向奴隶州保证，在已经实施奴隶制度地区，对奴隶制度予以保留。同时，林肯也坚定不移地反对奴隶制度向西部扩大，进入新州与新领地。同其父辈一样，穷困潦倒的白人农民需要获得机会，在"自由土地"上种植农作物，过上体面的生活。而在这些自由土地上，奴隶劳工曾埋头苦干，奴隶主却无须向其支付任何报酬。奴隶制度反映了简单的经济原理，让美国社会从奴隶到自由人均全面陷入贫困。为了推动北方产业发展，奴隶与棉花两种盈利方式的组合将继续存在。奴隶与其他农业市场合并的做法遭到禁止。南方各州不仅希望将奴隶制度详细扩展，而且最终他们对这位新当选的候任总统也彻底失去了信心。他们认为，一旦林肯宣誓就职，他将废除奴隶制度。1860年11月至1861年3月，即林肯大选获胜至正式就职期间，由34个"联合州"组成的联盟变得四分五裂。

　　林肯举行就职典礼之前，有7个州以和平方式退出联盟，并各自发布了退出直接原因公告。这7个州一起组建了一个政府，最初于亚拉巴马州蒙哥马利建都。1861年5月，几个州又将弗吉尼亚州里士满定为首都。各州共同通过一部宪法，选举杰弗逊·戴维斯任美利坚联盟国总统。林肯于3月4日宣誓就职后，接过的是一个处于内战边缘的国家。在发表就职演说期间，林肯对过往进行了反思："我心有不满的同胞们，内战这一重大问题的最终结果掌握在你们手中，而不是我的手中。"一个月后，战争降临，邦联部队向查尔斯顿港的萨姆特堡发起进攻，并迫使其投降。6月，又有4个联盟州以投票方式退出北方联邦，共计有11个州加入美利坚联盟国。林肯说："双方均反对战争。但是，一方宁愿发动战争，也不愿保住国家；另一方宁愿接受宣战，也不愿让国家化为乌有。大战将至。"1861 年 4 月 12 日，当叛军开始向萨姆特堡射击时，林肯坚定不移的目标就是保护国家主权与经济完整，其中也包括南方奴隶制度。

与革命期间的美国殖民地一样，美利坚联盟国唯一的选择就是取得战争胜利。然而，与殖民者不同，联盟国孤立无援。没有像拉斐特伯爵这样聪明绝顶的外国将军响应其号召，也没有实力上与法国舰队相提并论的援兵可以助其攻破联邦海军封锁。联盟国将赌注下在两个可能出现的事件上。第一个是林肯会妥协让步。但是，林肯立场坚定。第二个是英国将前来营救南方邦联，打破联邦封锁，或最坏的情况是，仅提供军事补给及其他资源。因为英国需要美国南方种植的棉花，为其获利不菲的纺织业提供原料。但是，英国无动于衷。

英国已于 1807 年禁止奴隶贸易，并于 1833 年禁止使用奴隶。英国人强烈反对奴隶制度，在《汤姆叔叔的小屋》于 1852 年成为全国畅销书后，反对声音更加高涨。英国也对黄热病强烈抵触。从英国政客到普通公民，英国人中存在一种对黄热病的恐慌情绪。他们担心，若从英国前往加勒比海地区小岛，抵达联盟国的船只最终会满载尸体返回英国。牛津大学医学史教授马克·哈里森说："虽然对于大多数公众而言，相关讨论细节不为人知，但是几年间，在欧洲大地上两次暴发黄热病让许多人惊恐万分。"英国媒体猜测，"气候及可怕的黄热病"可能足以让联盟国抵挡住"北方联邦能采取的所有行动"。英国不希望与联盟国的疟疾有丝毫瓜葛。具有讽刺意味的是，这一愿望未能实现。

在美国南北战争爆发前几十年里，南方各州一直饱受蚊媒传染病折磨。正因如此，与以往战争不同，这场战争的结果并未受到黄热病影响。因为，在此之前，曾患有黄热病的幸存者已经因生病而获得免疫力。此外，战争开始之际，联邦海军大将军温菲尔德·斯科特实施了"蟒蛇计划"，封锁邦联港口，遏制南方贸易。外来船只，尤其是来自加勒比海地区的船只，无法进入港口运送货物，也无法传播可怕的病毒，更无法运送携带病毒的水手与蚊子。

新奥尔良是迪克西①的贸易中心。战争爆发一年后，北方联邦于1862年4月攻陷新奥尔良。一个月后，北方联邦占领孟菲斯，有效控制密西西比河，切断绕过封锁的走私物资及邦联供给流入渠道。如此一来，联邦也在无意之间封锁河流，将黄热病拒之门外，拯救了部队，使其免受疾病与死亡噩梦的折磨。在历史上，这一噩梦曾将新奥尔良与密西西比河三角洲吞没。邦联的规划者对新奥尔良寄予厚望，希望其为联邦带来巨大困难。一家弗吉尼亚州的报刊预测，在新奥尔良这一至关重要的港口，"如果橘黄殿下（黄热病）每年都能按时到来，那么北方联邦需要消耗超出港口价值的力量才能占领港口，获得这一战利品"。一位联邦医生因此担惊受怕。在战争即将爆发之际，这位医生预测："在南方与北方，热带灾难黄热病定将对进入'棉花之州黄热病区'的北方部队展开疯狂屠杀。"

结果，在整个战争期间，黄热病却不见踪影，在新奥尔良尤为如此。只有一位居民在新奥尔良因黄热病死亡。联邦攻城部队保持严格的卫生习惯，采取隔离措施。根据报告，在南北战争期间，联邦部队中黄热病病例仅有1 335起，仅因此死亡436人。随着"蟒蛇计划"加强对南方的遏制，黄热病暴发的希望越发渺茫。然而，其兄弟疟疾则另当别论。虽然黄热病一直得到抑制，但是疟疾却大肆蔓延。

与黄热病一样，在南北战争之前，疟疾是一种长期流行的疾病。但是与黄热病不同，疟疾继续潜伏在战场上。1861—1865年，数百万人因感染疟疾元气大伤。一位自康涅狄格州散播疟疾的士兵说："蚊子是我遇见过的最令人生畏的敌人。"在战争期间，总共有320万士兵被调动，为疟疾肆虐创造了条件。大量未适应环境与疾病的北方联邦士兵穿过梅森-狄克森线，进入南方，打破了流行病传播壁垒。贝尔强调："美国各地的人员均聚集于此，在战场上交战，解决联邦制

---

① 迪克西，指美国南部各州及该地区的人民。——编者注

与奴隶制的问题。面对突然出现在周围的大量新猎物，南方蚊子兴奋不已。在双方分出胜负之前，这些小虫子在南北战争中发挥了至关重要却不为人重视的作用。"随着士兵与平民穿过三个感染区，蠢蠢欲动的蚊子展翅起飞，促使疟疾加快了前进的步伐。

没有英国的援助，人手短缺、物资不足的联盟国孤军作战，只能自食其力，同蚊子及联邦进行战斗。从人力、资源、基础设施、工业、粮食供给到各式各样的武器，以及同子弹与刺刀一样对胜利至关重要的奎宁所有量，林肯的战争机器在方方面面均有压倒性优势，拥有赢得战争的所有必要条件。虽然南方唯一的经济来源便是原棉与奴隶，但是在战争最初两年南方控制住了前线局势。

直到 1863 年 7 月，联邦在葛底斯堡与维克斯堡同时取得胜利前，战败方联盟国依然引领着战争走向。面对林肯过度自信的蓝衣洋基部队及其手忙脚乱的将军，约翰尼·雷布及蚊子占据了上风。对于占尽军事优势的北方而言，战争不应该持续如此之久，也不应该沦为一场消耗战。当南方邦联于萨姆特堡零星打出不痛不痒的几枪后，有人预测南方叛军将四散而逃，战争将迅速朝着对北方联邦有利的方向发展。南方各州叛军在首场布尔溪战役中遭受迎头痛击。

在 1861 年 7 月一个阳光明媚的日子里，威尔默·麦克莱恩坐在其位于弗吉尼亚州玛纳萨斯市住所的门廊上，听着隆隆炮声与冲锋士兵的喧闹声。其住所已被征用为邦联 P. G. T. 博雷加德①的总部。麦克莱恩能看见，成百上千名衣冠楚楚、打扮讲究的观战者正位于远方周围山顶上。他们躲在遮阳伞下，坐在椅子上，从柳条编成的野餐篮子里拿出点心，细细品尝。这些都是华盛顿特区眉飞色舞的精英与富人，其中包括许多参议员、国会议员及其家人。他们穿越 40 千米来到此地，亲眼观看这场残酷血腥、蔚为壮观的历史事件，不希望错过联邦

---

① 皮埃尔·古斯塔夫·图坦特·德·博雷加德，美国内战期间担任美利坚联盟国军队将军。——译者注

一击制胜、南方叛徒溃不成军的场景。随着嘈杂声日益高涨，一颗北方联邦炮弹落入麦克莱恩的厨房烟囱中，麦克莱恩抱头躲避，瑟瑟发抖。博雷加德也因此写道："这场炮战造成了一个有趣的影响，那就是让我和我手下吃不上晚饭。"正是蚊子选择了位于布尔溪附近的麦克莱恩前院，使其成为南北战争第一个至关重要的战场。但是，麦克莱恩的厨房遭到破坏，蚊子并不负有任何责任。

美国陆军指挥官温菲尔德·斯科特曾参加1812年塞米诺战争与美墨战争。其从军时间长达惊人的54年。通过亲身经历，斯科特十分清楚蚊媒传染病对尚未适应疾病的部队所带来的危险。在墨西哥，斯科特便比桑塔·安纳与蚊子棋高一着，并未准备让手下士兵在一场针对邦联领土的南方战役中牺牲在蚊子口下。南北战争爆发后，斯科特曾警示林肯总统及其军队部下乔治·麦克莱伦少将，称如果联邦不立刻向南方发动攻击，公众便会失去耐心。然而，通过设计，斯科特的"蟒蛇计划"需要一定时间才能将联盟国的力量消耗殆尽。斯科特也意识到，基于气候原因，公众得到了保护，不受当地蚊媒传染病影响，因此对于在南方的蚊子国度进行作战这一残酷事实，公众无法理解。斯科特认为："不论对后果是否有所顾虑，他们都将敦促部队立刻采取强有力的行动。这意味着，他们希望我们立刻下令……他们不愿我们等待森林恢复，将孟菲斯低洼地区的恶性发热病毒消灭干净后再发起行动。"

1861年6月，战时内阁在布尔溪战役前一个月召开会议，内阁成员需要就在弗吉尼亚州还是密西西比河河谷发动大规模进攻做出决定。弗吉尼亚州成为最终选择。因为内阁认定："如果进入一个有害健康的地区与对方作战，便无益于自杀。"北方联邦部队的医生也警示林肯："即使北方部队现在迎来一个与沼泽地区完全不同的气候，也无法穿过地势低洼的切萨皮克以南地区。"1861年7月21日，在弗吉尼亚州玛纳萨斯的麦克莱恩家附近由蚊子所选的场地，在布尔溪两岸，两支军队最终爆发冲突。

双方激烈交战，邦联将军托马斯·J.杰克逊顽强坚守，使其"石墙"杰克逊的大名永载史册。此后，陷入混乱的北方联邦部队与一群乱了阵脚、惊慌失措的观战者落荒而逃，冒雨撤回华盛顿。美国全国因此走向全面战争。在当时美国历史中规模最大、死伤最惨重的战役中，过于自信的联邦部队溃不成军。在后续厮杀惨烈、在美国集体意识中形成强烈共鸣的战役之中，如安蒂特姆战役、夏伊洛战役、钱斯勒斯维尔战役、斯波特瑟尔韦尼亚战役、奇克莫加战役、葛底斯堡战役等，这一特点及军事成就还将陆续重复出现。在布尔溪鲜血染透的战场上，四处散落着成千上万名美国人的尸体，有的血肉模糊，有的扭曲变形，有的已开始腐烂。短时间结束战争的幻想也因此化为泡影。这将成为一场旷日持久、惨烈恐怖的战争。而蚊子将尽其所能，将战争延续下去。

第一次布尔溪战役后，麦克莱伦在随后一年的时间里一直惊魂未定，进而使联盟国尽其所能建立战争经济秩序，调动军事资源，并坚守阵地。戴维斯与李均意识到，在里士满将爆发一场战斗，因此二人批准，将部队从南方腹地转移至里士满。因为二人知道，蚊子季节将阻止北方联邦在这片南方战场上展开行动，同时也能使南方邦联自己的部队免受疾病困扰。李写道："在这个季节，我认为敌人不可能深入内陆展开战斗。疾病将为你安排留守在那里的部队带去巨大的痛苦，与敌人造成的痛苦相比，可谓有过之而无不及。"戴维斯总统补充道："在这一地区，决定性行动一触即发。这里的气候已经限制了海岸行动。"戴维斯强调，这些增援部队均"来自因疾病而展开积极行动的地区"。李领导的南方邦联军队约有10万人。该部队在里士满周围挖掘地道，已经准备好迎接麦克莱伦领导的北方联邦半岛战役。在8年前，约克城内垂涎三尺、创造历史的蚊子的祖先曾对英国人展开猎杀。它们的后代现在正四处游荡，等待麦克莱伦的部队送上门。

麦克莱伦是一位刚愎自用的规划者，缺乏侵略性军事头脑，习惯高估敌人实力。他总是担心，在自己的领导下，部队将惨遭失败或蒙受巨大损失，影响并破坏其当选总统的计划。心生沮丧的林肯与尖酸刻薄的媒体对其行为公开表示了不满。在不断增加的压力之下，麦克莱伦最终低头，于1862年3月向里士满发动期盼已久的进攻。"小麦克"将12万名士兵调遣至半岛。半岛位于现在为人熟知的约克河与詹姆斯河之间，由小溪与沼泽隔开。这正是蚊子活动的理想之地。麦克莱伦数量占优势的部队登上半岛后，并没有抢占主动权。已酿成大错的麦克莱伦快速部署，伺机而动，通过这种他最喜欢的方式，让部队打发时间。

春季的化雪与4月的阵雨让河流与沼泽水位上涨。4月中旬，北方联邦占领约克城。此后，麦克莱伦神经紧张，南方邦联则畏首畏尾，反应迟钝。从而为北方联邦在上涨河流与沼泽地缓慢前进奠定了基础。一位北方联邦士兵证实："我遭到了弗吉尼亚蚊子大军的进攻……它们是我见过的最为庞大的蚊群，也是对血液渴望最为强烈的蚊群。"联邦医生阿尔弗雷德·卡斯尔曼说："一切都被浸泡在雨水之中。士兵们冷得发抖，闷闷不乐。但是我们正逐渐适应水陆生活。"在接下来的两个月，北方联邦部队仅仅前行了约48千米，穿过詹姆斯敦/约克城的蚊子殖民地。卡斯尔曼医生在总结疾病环境时说："疾病在部队中迅速传播，间歇性发热、腹泻及痢疾盛行。"到目前为止，疟疾与痢疾是战争中带来后果最为严重的疾病。

随着北方联邦部队向里士满徐徐前进，疟疾疫情越发严重，进而导致战场伤亡人数增加。到5月底，麦克莱伦已经兵临城下，但他自己却身患疟疾，神志不清，卧床不起。此时，26%的联邦军重病缠身，无法战斗。在因麦克莱伦患上疟疾无法指挥军队期间，相互隔离的联邦军分队在一个地区苦苦挣扎。南方邦联士兵将该地区称作"半岛致命沼泽"。北方联邦指挥结构因此瓦解。奎宁补给延期抵达，为弹药、炮弹及其他补给品加快送达创造了条件。疟疾与痢疾病例继续激增，疫情延续至6月及7月。

邦联士兵约翰·比尔明白，北方联邦身处险境。他向总部汇报道："麦克莱伦现已安营扎寨……暴露于疟疾与沼泽毒气之中。其手下部队因疲劳、饥饿、兴奋而越发无力，因遭遇失败而士气低迷。必将有数千名士兵因发热与疾病而倒下。"麦克莱伦元气大伤的部队无法攻破里士满的防线。6月底，李发动猛烈反击，迫使北方联邦部队径直撤至海岸。北方联邦患病士兵人数已占总人数的40%。联邦医生埃德温·比德维尔坦言："叛军土地上阴险狡诈的疟疾让北方士兵死伤惨重，其数量超过所有因与叛军交战而受伤人员的数量之和。"邦联部队所处位置地势更高，远离沼泽与蚊子。虽然疟疾也削弱了南方部队的实力，但是在战役期间，邦联部队中的患病率明显更低，在10%和15%之间波动。

麦克莱伦的部下，准将伊拉兹马斯·凯斯向林肯致信，力劝林肯总统暂缓增援，诱使敌人倾巢而出："在7月、8月与9月，将北方土生土长的部队派往南方无异于石沉大海。部队将有去无回，灰飞烟灭。"虽然麦克莱伦恳求联邦增援，填补里士满另一防守漏洞，但是他接到直接命令，让其从蚊子泛滥的半岛撤离。因为"在当前气候条件下，坚守当前位置、等待增援将让部队葬身于此。对于生活在詹姆斯河区域的白人而言，8月与9月两个月份近乎具有致命影响"。就在他们迫使约克城的康沃利斯投降后，弗吉尼亚州散播疟疾的蚊子推波助澜，导致麦克莱伦攻占里士满失败，陷入尴尬境地，从而让南北战争得以延续。贝尔重申："半岛战争期间，疟疾高感染率加快了驻波托马克部队撤退至华盛顿的速度。麦克莱伦失败的部分原因在于疾病。其失败也促使北方联邦的战争策略发生巨大改变。随后，这一变化将发挥作用，摧毁奴隶制度，创建自由的新生，改变战争目的，不仅仅限于保护旧共和国。"在蚊子的骚扰下，麦克莱伦未能在东部为林肯带来一场胜利。与此同时，其位于西部、遭蚊虫侵扰的指挥官们也未尝胜绩。

传播疟疾的蚊子在弗吉尼亚州将麦克莱伦的部队吞噬殆尽。与此同时，1862年5月至7月，北方联邦企图占领邦联密西西比据点维克斯堡，并发起首次进攻。而蚊子使其无功而返，西部战争因此延长。1862 年 5 月，北方联邦于密西西比北部的科林斯取得胜利。此后，在蚊子的影响下，北方联邦决定不向维克斯堡进军。科林斯位于孟菲斯正东约 145 千米处。联邦总司令亨利·哈勒克将博雷加德领导的邦联军赶出科林斯后，哈勒克对在黄热病与疟疾季节进入斯科特所说的"孟菲斯线"以南对博雷加德乘胜追击持谨慎态度。哈勒克向在华盛顿的政治领导报告时称："如果我们跟随敌人进入密西西比沼泽，我们的军队必将因患病而陷入瘫痪。"其部队规模已经因疟疾与痢疾的联合攻击而不断缩小。在因患疟疾卧床不起期间，名不见经传的威廉·特库赛·谢尔曼少将警示上级领导保持警惕，因为在其 1 万名士兵中，仅有一半身体健康，可以执行任务。在撤至南方并继续作战前，博雷加德报告称，其部下约有 15% 身染疟疾，痛苦不堪。哈勒克司令则按兵不动，因为担心蚊媒传染病，所以拒绝追敌。

海军上将戴维·法拉格特反而率领部队进入维克斯堡蚊子布下的疟疾陷阱。1862 年 4 月占领新奥尔良后，法拉格特奉命沿密西西比河北上。维克斯堡作为一个通信、补给及交通中心，对于邦联具有举足轻重的意义，因此邦联不愿使其落入联邦之手。杰弗逊·戴维斯说："维克斯堡是保持南方两部分团结一致的钉子。"

5 月，法拉格特奉命尝试攻占维克斯堡，或"西部的直布罗陀海峡"，但他自己却漠不关心，最终放弃。因为维克斯堡是南方邦联在密西西比的最后一个据点，林肯与其军事战略家对法拉格特敷衍了事的做法感到沮丧，并竭尽全力控制整条密西西比河，完全切断了南方邦联的生命线。6 月下旬，法拉格特奉命率领由 3 000 名士兵组成的船队，继续对维克斯堡发动进攻。贝尔表示："等待他们的是 1 万名南方邦联士兵及不计其数的疟蚊。最终结果证明，二者均是致命障碍。"维克斯堡这座要塞位于一座半岛的高地，半岛位于密西西比河东岸的一个马蹄形河口，四周环绕着大片零零散散的野外沼泽与死水水道。除了正前方的河流，没有其他可通往位于高地城市的通路。由于地理条件限制，法拉格特的海军无法发挥自身优势，部队无法登陆上岸。为了解决这一问题，法拉格特企图挖掘河道，贯穿半岛海峡，绕过防守严密的悬崖。但是其所做的一切均因蚊子而变得无济于事。

托马斯·威廉斯准将从维克斯堡报告称："北方联邦部队受到疟疾的严重影响，他们已经一无是处。"当法拉格特最终于 7 月底放弃行动时，其率领的士兵中有 75% 受到蚊媒传染病影响，不是因病死亡就是住院。有人认为："现在唯一需要完成的任务就是避开当前气候，推迟维克斯堡的进一步行动，等到发热季节结束。"邦联指挥官埃德蒙·柯比·史密斯对此表示赞同。史密斯向上级布拉克斯顿·布拉格建议："我认为，敌人将不会在今夏向密西西比州或亚拉巴马州地区发动进攻。乡下的特点、气候……是他们不可逾越的障碍。"随着麦克莱伦同时因遭蚊子追击而从里士满撤退，南方邦联各州正逐渐取得独立战争的胜利。

财政部部长萨蒙·P. 蔡斯早期便支持将非裔美国人征召入伍。仔细思考了 1862 年联邦在弗吉尼亚州与维克斯堡的羞辱战斗后，蔡斯大声喊出了其他大多数联邦政客与军事战略家考虑已久的问题："敌人能够将国家一半的人口揽至麾下，并将另一半的人口用作劳力。除了维持武装力量的基本生活，他们几乎没有开支。我们不能在部队孤立无援、补给相距遥远的不利条件下继续与这样的敌人进行战斗。"虽然 1864 年在将"我们信仰上帝"刻在美国货币这一事宜上，蔡斯起到推动作用，但是在南北战争期间，上帝站在了军队规模最大、奎宁供给量最足的阵营一边。尤里西斯·S. 格兰特将军兑现了非裔美国人获得自由的新生的承诺。因此，蚊子改变了环境，促进了《解放黑人奴隶宣言》诞生，在道德与人力因素的共同作用下，破坏了美国已确立的种族、文化习俗与法律协定。

1862 年的春夏，北方联邦未尝胜绩，彻底打乱了先前制定的策略。林肯及其顾问同意再前进一步，将南方邦联部队彻底消灭，实施饥饿政策，通过彻底根除奴隶制度，使其经济崩溃，迫使整个南方邦联投降。林肯说："剥夺他人自由的人不配拥有自由。"贝尔认为："北方联邦的损失与1862年蚊子导致的军事错误让林肯政府坚信，只有征服南方，废除行将瓦解的奴隶制度，才能恢复联邦，带来和平。"查尔斯·曼恩认为："疟疾让北方联邦的胜利迟到了数个月甚至数年。从长远看，这可能值得庆幸。最初，北方称，其目标就是保护国家，而非解放奴隶……战争持续时间越长，政府考虑实施种族措施的意愿就越强烈。"鉴于蚊子在延长让人身心俱疲的冲突中的作用，曼恩认为："《解放黑人奴隶宣言》的公布一定程度上要归功于疟疾。"1862年9月，联邦在惨烈的安蒂特姆战役中取得首次胜利。随后，林肯起草了其最为著名、名垂青史的行政命令，让战争与国家方向发生永久性改变。[1]

1863年1月1日，《解放黑人奴隶宣言》以法律手段，在联盟国一定区域（至少在文件记录上）解放了约350万非裔美国奴隶，尤其是那些仍处于叛军控制之下的州。[2]同时，政府也正式批准，在参加林肯所称"与奴隶制度存在相关性"战争时允许征召非裔美国人入伍参战。虽然林肯解放邦联奴隶的初衷颇为高尚，但是其也与军事实用主义有关。正如蔡斯认为的，获得自由、适应环境的奴隶将为联邦增添人力，与此同时，也让联盟国蒙受劳动力损失。

虽然一般情况下，《解放黑人奴隶宣言》中该部分内容遭到忽略，但是该法令的对应制定目的则是采取军事措施，减少邦联劳工数量，迫使邦联将前线作战的士兵调派至田间与工厂工作。贝尔认为："总

---

① 取得第二次布尔溪战役胜利后，李入侵北方，于1862年9月17日与联邦部队在马里兰州夏普斯堡附近的安蒂特姆河交锋。虽然战役难分胜负，但是由于李的部队从北方撤退至弗吉尼亚州，形势发生变化，北方联邦取得胜利。战役一天的伤亡人数就有近2.3万，其中3 700人阵亡（另有4 000人后来因伤势过重死亡）。安蒂特姆战役那天依然是美国历史上最为惨烈的战斗日。

② 《解放黑人奴隶宣言》仅适用于邦联控制领地内的奴隶，并不包括之前由北方占领的特拉华州、马里兰州、肯塔基州、密苏里州、田纳西州等非邦联奴隶州。

统决定解放奴隶，允许其参军打仗，消灭曾经的奴隶主。该决定与总统之前的政策存在巨大差异。然而，1862 年军事局势的扭转让林肯相信，解放黑奴、征召黑人入伍是必要的军事措施。两项政策在加强北方实力的同时，也让南方主要劳动力遭受损失。"林肯与医疗部顾问持相同观点，即非裔美国军人拥有针对蚊媒传染病牢不可破的基因防御力，对于在南方腹地激烈战场上展开行动，其具有难以衡量的价值，从而可以"于疾病肆虐季节在密西西比州攻城略地"。根据卫生部部长威廉·A.哈蒙德的说法，非洲人"比欧洲人更不易受到疟疾相关疾病的影响，这是已经证实的事实"。在最终于联邦服役的约 20 万名非裔美国人中，曾为南方奴隶的占三分之二。在获得自由后，他们应征入伍，参加决定奴隶命运、尚未结束的战争，在前线与战场上奋勇杀敌，确保他们的奴隶同胞也能获得自由。

战争的主要目标是保障联邦经济完整，而现在，在意外获得的军事便利条件下，又新增了消灭奴隶制度的目标。杰出军事历史学家约翰·基根认为："《解放黑人奴隶宣言》让战争精神层面的氛围发生翻天覆地的变化。此后，奴隶制度便成为战争的主题。"然而，如果没有北方联邦的胜利，《解放黑人奴隶宣言》只不过是一只纸老虎。超过 400 万人的自由悬而未决。他们牢牢抓住北方联邦取得胜利、联盟国无条件投降的希望。在奎宁与盟友"疟蚊将军"的帮助下，尤里西斯·S.格兰特取得胜利，将林肯《解放黑人奴隶宣言》振奋人心的话语变成现实，并通过法律加以落实。

与在 1864 年总统大选中遭林肯击败的麦克莱伦不同，格兰特不会使用政治手段，也不会自吹自擂。对于在战场上孤注一掷，格兰特毫不畏惧。他性格内向，不露声色，时常感到不自在，而且性情古怪。但他是一位意志坚定的军队领袖，不惜以牺牲生命为代价，换取战斗胜利。因此，格兰特也获得"屠夫"这一绰号。1863 年 5 月至 7 月，格兰特在维克斯堡战役中，以英勇无畏的精神，凭借过人智慧，展现出其军事才华，并取得成功。在随后几年里，格兰特对自己的表现与战斗记录进行详细回顾，并做出评价。格兰特以自己典型的自我贬低方式，坚称除维克斯堡战役之外，在其他所有自己参与过的南北战争的战役中，自己的表现均可以改进提高。在蚊子季节，格兰特率领北方联邦船队通过了维克斯堡炮火的考验，使部队在维克斯堡南部登陆。媒体则对其最初行动进行恶意中伤。由于蚊媒传染病，纸上谈兵的新闻记者总结道："从现在到 10 月 1 日，由 7.5 万人组成的军队还没有机会与敌人碰面，便会全军覆没。这是此举产生的唯一结果。"李将军也认为，在闷热难受、蚊子活跃的夏季，北方联邦向维克斯堡进发的可能性不大。

但是格兰特既不担心事后诸葛亮，也不在意李对于战事的合理判断。与其之前栽了跟头的联邦将军不同，尤里西斯·S.格兰特凯旋了。在对参谋的回复中，格兰特说："我希望能够戏弄叛军，在令他们出乎意料的地点登陆。"格兰特穿过维克斯堡周围的神秘沼泽，布置补给路线，调遣部队，将这一想法变成了现实。由于储货船无法经密西西比河穿过维克斯堡的密集炮火，格兰特的士兵被迫在船上生活。这是一个精妙绝伦的军事策略。在围城期间，格兰特占领了几个小型港口及该州首府杰克逊[①]。

联邦派遣 3 万至 4 万名士兵，支援格兰特的主力部队，其中包括 9 个近期集结的美国有色人部队，其主要由解放的奴隶组成。哈得孙港口位于巴吞鲁日以北约 32 千米、维克斯堡遭到围攻的河流堡垒以南约 240 千米。该批部队将哈得孙港口包围。作为征召非裔美国人入伍政策的坚定支持者，格兰特提醒林肯："对于黑人参军这一问题，我已经给予最大支持。随着黑奴的解放，联盟国遭遇了迄今为止最严重的打击。"格兰特穿过绵延 24 千米的联邦封锁线，牢牢控制住了邦联的防御工事。同时，由于对守城者发起的两次正面进攻均徒劳无果，

---

① 杰克逊市是密西西比州的首府，以美国第七任总统安德鲁·杰克逊的名字命名。——编者注

且代价不菲，格兰特感到惴惴不安。因此，5 月 25 日，就在蚊子季节刚刚开始之际，格兰特便开始围城。

然而，格兰特知道，自己拥有精疲力竭、遭到围攻的维克斯堡守城者所不具有的优势。虽然格兰特已经证明，自己可以将口粮与补给仓库留在身后，但是他绝不会意气用事，在没有奎宁储备的情况下进入密西西比沼泽的泥潭。北方联邦弹药库中最为重要的军需品便是充沛的抗疟药物。贝尔强调："此类药物给予了北方联邦部队巨大优势。"谈到自己的书时，贝尔说："有人郑重其事地表示，'奎宁如何拯救北方'可能更适合作为本书副标题……另外，联盟国在战争大部分的时间里深受奎宁供应短缺问题困扰。这意味着，叛军中的疟疾疫情经常难以控制。南方平民也因此受到牵连。"

在战争中，北方联邦共向士兵分发了 19 吨精炼奎宁，10 吨粗制金鸡纳树皮，用于预防疟疾。贝尔说："然而，对于联盟国而言，北方联邦海军的有效封锁则意味着，在战争的大部分时间里，南方医生饱受奎宁短缺之苦。由于疟疾在南方十分流行，在里士满的奎宁补给数量极少的情况下，邦联部队能够保持健康，战斗到最后，实在令人震惊。"无比珍贵的奎宁自然不会流入战地部队手中。邦联政客，包括杰弗逊·戴维斯，为自己与家人储备了足量奎宁。讽刺的是，海军封锁虽然遏制住了黄热病，但是却让疟疾大规模扩散。

在整个战争进行期间，联盟国的奎宁价格大幅上涨，证明随着时间的推移，北方联邦封锁的效果越发显著。其也表明，走私商人知道，在奎宁供给日益减少的情况下，对于持续遭受地方疟疾折磨的南方人而言，奎宁至关重要，供不应求。在战争开始之年，奎宁的价格约为每盎司 4 美元，到 1863 年，价格增长至每盎司 23 美元。1864 年年末，在由穿越封锁线人员供货的黑市上，在加勒比海地区以外运营的走私者最初的投资回报率为 2 500%，令人目瞪口呆。

随着违禁品奎宁的交易利润不断增长，人们尽其所能，以走私方式将奎宁运入联盟国，其中所用方法包括如今许多"毒骡"与毒品贩

ADVANTAGE OF "FAMINE PRICES."

SICK BOY. "I know one thing—I wish I was in Dixie."
NURSE. "And why do you wish you was in Dixie, you wicked boy?"
SICK BOY. "Because I read that quinine is worth one hundred and fifty dollars an ounce there; and if it was that here you wouldn't pitch it into me so!"

"'货物短缺'的好处"：1863年《哈珀周刊》刊登了一幅卡通漫画，嘲笑了联盟国奎宁短缺、价格飞涨的处境。"生病的男孩儿说：'我知道一件事情——我希望我现在在迪克西。'护士问：'你这顽皮的孩子，为什么希望身在迪克西？'生病的男孩儿说：'因为我读到，在那里，奎宁每盎司价格是150美元。如果在这里也是相同的情况，你就不会让我吃奎宁了！'"（美国国会图书馆）

子使用的创造性方法。走私者将奎宁缝入女性的裙撑与裙子里。这些女性则伪装成赶路的修女或援助工人，进入联盟国。奎宁还被塞入玩具娃娃、家具及家具饰品之中。为了通过北方联邦的海关与检查站，金鸡纳粉被小心包裹，放入牲畜的直肠与肠胃中。在维克斯堡的大门处，格兰特手下的哨兵逮捕了三位妇女。她们将违禁品奎宁藏于行李底部夹层中，企图将其带入维克斯堡。这一可救人性命的药物随后遭到没收，发放给北方联邦士兵。与遭疟疾重创的邦联士兵不同，联邦士兵已拥有大量奎宁可供自己使用。

在维克斯堡，格兰特的医护人员拥有足量奎宁，不仅可以满足治疗患疟病人的需要，也能够保障每日发放，确保士兵健康。格兰特不吝赞美之词："医院安排与医务人员出勤情况完美无缺，死亡人数远低于预期。我曾大胆断言，在所有进入这片区域的部队中，我们部队的准备工作无人可及。"北方联邦拥有的奎宁十分充裕，甚至可以供"面如土色、两眼凹陷"的邦联俘虏及"憔悴不堪、身心俱疲"的当地平民使用。在战争期间，由于奎宁依然无法彻底抵御蚊子的骚扰（具体取决于药物的用量、质量及活性奎宁成分浓度），在格兰特的部队中，感染疟疾人员的比重依然达到了15%。同时，许多病患拒绝服用味道苦涩的奎宁。

遭到围攻的邦联部队与平民就没那么幸运了。他们受困于维克斯堡，城内补给不断减少，而奎宁已消耗殆尽，因此只能面对一个毫无希望、蚊子肆虐的现实。英国战地记者写道："污泥遍地的沼泽地中充斥着污物，让人打不起精神，它们比刺刀或子弹更为致命。"他最后总结说："在没有奎宁的条件下，没人能够抵挡此种气候带来的影响。"格兰特的战略设计让人眼花缭乱。叛军士兵与倒霉的居民受到战略设计与嗜血蚊子的欺骗，不幸落入"疟疾肆虐、猪肉变质、蔬菜耗尽、烈日当头、毒水横流"的境地。在联邦炮火的狂轰滥炸之下，镇守维克斯堡的邦联部队同时遭到传播疟疾蚊子的包围。一名邦联医生在致其妻子的信件中描述道："它们是体形最大、最为饥饿、最为凶猛的蚊子。希望你永远不会遇见蚊子！"这批蚊子在一年前发挥了维克斯堡守护天使的作用，将北方联邦部队击退，而现在却变成维克斯堡的死亡精灵。位于维克斯堡城内的邦联医生 W. J. 沃瑟姆写道："虽然敌人的炮火令我们心烦意乱，但是我们还要对付另一个敌人。蚊子比敌人的炮火更让人恼火。我们部队的小伙子们将其称为'巨蚊'。"

围城 6 周后，维克斯堡城内情况与詹姆斯敦的"饥饿时期"颇为相似。一位年轻的邦联士兵给身在家乡的父母写信，恳求父母提供生活必需品，因为异乎寻常的"巨蚊"直奔"喉咙"，疯狂叮咬，夺走了其"靴子、帽子及共计 5 000 美元的大钞"。食不果腹的平民与士兵饥不择食，狗、老鼠、皮靴及皮带均成为他们的充饥食物。战争结束后，人们还发现了有关 3 000 名平民食用人肉的报道。为了避免持续不断遭到炮火袭击，士兵与平民在黄土山丘挖掘了超过 500 个防炮洞，躲在那里避难。北方联邦士兵对其冷嘲热讽，将那里称为"土拨鼠村"。在最初的 3.3 万名邦联士兵中，有 50% 感染疟疾或因疟疾死亡。人们因此将邦联部队称为"稻草人军队"。有人对邦联部队的描述是："这支部队精疲力竭、士气低落。他们展现了人类在即将达到忍耐度极限时的悲惨场景。士兵们面色苍白、双目凹陷、衣衫褴褛、步履蹒跚。"听到这一描述，北方联邦士兵也心生怜悯。

7 月 3 日，北方联邦军在葛底斯堡将李率领的邦联军彻底击溃。7 月 4 日，格兰特接受维克斯堡的无条件投降。人们在压抑氛围中举行了庆祝美国独立的庆典。听到格兰特取得胜利的消息后，林肯宣布："河流之父①再次得以一路奔流，直通大海。"正如格兰特预料的："维克斯堡投降后，联盟国垮台便已成定局。"随着联邦控制了重要港口城市，联盟国也一分为二，密西西比河以西的牲畜、马匹、玉米及其他农作物等生命线无法触及位于弗吉尼亚州北部李领导下的部队，因此该部队无以为继。与此同时，南方资源已经枯竭，而联邦蜿蜒曲折的封锁线促使其加强了对该地区的控制。更为重要的是，当疟疾让身着灰色制服的南方士兵饱受摧残时，这条警戒线也让联盟国无法获得其迫切需要的奎宁。奴隶们"因此永获自由"只是时间问题。"维克斯堡的胜利者"这一名字在权力的走廊里久久回响。虽然大多数政治家，包括林肯，与格兰特未曾谋面，但是在知识分子的社交圈与华盛

---

① 河流之父指密西西比河。——译者注

顿充斥着阿谀奉承的鸡尾酒会谈话中，格兰特迅速成为人们谈论的对象，变成一位响当当的人物。

格兰特在战场上锐不可当，无可匹敌。同时，格兰特并没有政治抱负，不懂官场手段，他个人对解放非裔美国人、将非裔美国人征召入伍持支持态度。因此，格兰特大受欢迎，没过多久便受到了总统的喜爱。长期以来，一群笨手笨脚、反应迟钝、损人利己、政治上图谋不轨的将军让林肯饱受折磨，林肯对此只能容忍。在取得第一次布尔溪战役胜利后，林肯便一直迫切需要获得自己的罗伯特·E.李，取代自己的高级军官。罗恩·切尔诺是一位备受赞誉的作家。在其2017年的代表性自传作品《格兰特》一书中，罗恩·切尔诺表示："林肯听说，格兰特称倘若没有《解放黑人奴隶宣言》，自己就无法攻下维克斯堡。格兰特对战争宏观政治目标的赞同使其在华盛顿魅力大增。"切尔诺认为，在维克斯堡淋漓尽致展现其军事才能后，格兰特这位谦逊低调、不显山不露水的41岁士兵成为"林肯阵营中一位冉冉升起的明星。因为格兰特正迅速成为林肯总统眼中十全十美的将军：一位常打胜仗、支持解放和调配南方奴隶这一新增战争目标"的将军。

格兰特个人不仅反对奴隶制度，而且全力支持《解放黑人奴隶宣言》的道德与军事原则。攻陷维克斯堡后不久，他在致林肯的信中写道："通过征召黑人奴隶入伍，我们又获得了一支强大盟军，他们将成为出色的战士。将他们从敌人阵营中解放，削弱了敌人的实力，增强了我们的力量。因此，毫无疑问，我对推行这一政策全力支持。"格兰特获得的军事战略评价及其个人观点与林肯的和谐一致。两位领袖迅速建立永久性纽带，组建值得信赖的联盟，改变了战争走向与国家命运。

1864年3月，林肯将格兰特升为陆军中将。这一军衔曾由乔治·华盛顿一人独享。在举行官方典礼期间，格兰特的副官贺拉斯·波特说："比其他人高出约20厘米的总统低头看着现场来宾，面露悦色。"作为联邦部队的司令，格兰特现在只对总统负责。而总统对其新任军队领导颇为满意。林肯郑重其事地说："与我军中其他人相比，格兰特最令我满意。格兰特现在是我的人。从今往后，他将为我而战。"格兰特喜欢抽雪茄，嗜酒成性，口齿不伶俐，沉默寡言，身材矮小，经常衣着不整。而林肯身材高大，身形瘦长，烟酒不沾，发音清晰，能言善辩，经常侃侃而谈，与格兰特形成鲜明对比。格兰特对其总司令的话做了总结："一位伟人，一位杰出伟人。我和他相处的时间越长，越难以忘记这一特点。他是我所认识的最为伟大的人。这一点无可厚非。"[①] 由于二人相互尊重、相互欣赏、忠于彼此且坚定不移，志同道合的林肯与格兰特确立了军事伙伴关系，建立了真挚的友谊。两人都曾遭到污蔑，被有些人称作"来自西部草原的土包子"。但是现在，两人将联手赢得战争，铸造美国的未来。

格兰特在维克斯堡的战役是战后两年整个战况的缩影。规模更为庞大、更为健康的北方联邦部队与数量更少、疾病缠身的邦联部队展开战斗。在历史上，奎宁首次在决定战争结果方面发挥了推动作用。数量庞大、健康状况更好的部队促使北方联邦赢得胜利。按照约翰·基根的表述："因为资源更为丰富，财力更为雄厚，联邦最终取得胜利。"在南北战争最后两年，对于联盟国而言，人力短缺问题颇为严重。为了能真正理解疟疾与奎宁在击败联盟国时发挥的作用，我们首先需要进行数据分析。

北方联邦部队从 2 200 万人口中征召约 220 万名士兵参战。南方邦联则从 450 万总人口中征召 100 万士兵参战，另外还有 420 万名奴隶。到 1864 年年末，在双方 18~60 岁的男性群体中，联盟国曾经或正在服役的男性占 90%。而相比之下，在北方联邦，这一数据仅为 44%。但是到 1865 年，士兵擅离职守成为邦联指挥官面临的严重问题。在任何时间段，为了恢复健康，在未经授权的情况下自行休假的士兵多达

---

① 格兰特身高约 1.7 米，体重不到 62 千克。而林肯身高约 1.93 米，体重约 82 千克。

10 万名。随着战争临近结束，士兵擅离职守的问题不断增加，邦联将征兵对象范围改为 14~60 岁男性。但是这一影响范围颇大的措施未能弥补邦联的军事短板，也未能扭转其连年遭到屠戮的命运，无法抵消军队供给日益减少的影响，无法阻止血流成河的惨状发生，无法减少丢盔弃甲的逃兵。到 1865 年 2 月，16% 的邦联士兵不知去向。心灰意冷的李将军向杰弗逊·戴维斯汇报实情说："成百上千人趁着夜色落荒而逃。"还有许多人感染疟疾，病情严重。与此同时，奎宁供给严重不足。补给充裕的北方联邦部队与传播疟疾的蚊子盟友让联盟国耗尽力气，无力反抗，更无心恋战。

值得注意的是，在太平洋战争与越南战争期间，美国部队意识到，身患疾病的士兵与受伤士兵一样，对战争毫无用处，其所带来的负担是阵亡士兵的两倍。面对一位患病士兵，需要将其撤下前线，再找人顶替，与此同时，患病士兵还将继续消耗资源。而阵亡士兵不会消耗补给，也不会因医疗看护而消耗人力。在感染蚊媒传染病的情况下，患病者还会将疾病传染给其他士兵，进而延续感染周期。这也许十分残酷，但是从实用主义角度看，患病士兵是沉重的负担，是军队面对的一个巨大不利条件。杜克大学医学院教授兼医生玛格丽特·汉弗莱斯强调："在战争过程中，联盟国因奎宁短缺头痛不已。因此导致军队人数与联邦存在巨大差距……随后，联邦封锁导致南方邦联奎宁极度短缺，让北方联邦的劣势进一步减小。"与北方联邦不同，联盟国无法填补战斗伤亡人数的空缺。疟疾反复暴发让已经日益减少的邦联战场的力量进一步流失。汉弗莱斯继续说："毫无疑问，联盟国奎宁供给不足，无法满足治疗疟疾的需要。"

到 1864 年，"蟒蛇计划"在遏制南方贸易方面的有效率达到 95%。那年春天，格兰特忠心不二、值得信赖的朋友及下属威廉·特库赛·谢尔曼将军开始实施焦土策略"向海洋进军"，从田纳西州穿过佐治亚州，最终穿过南、北卡罗来纳州，切出一道宽度约 320 千米的毁灭带。北方联邦士兵将庄稼与农场付之一炬，将牲畜占为己有，对铁路、灌溉设施、水坝及桥梁大肆破坏。谢尔曼颇具争议的战术无意之间扩大了蚊子及疟疾在南方的活动范围。饥饿、疾病及贫困与邦联士兵及平民如影随形。在谢尔曼将军、蚊子及封锁船只的作用下，南方迅速陷入粮食短缺、疾病肆虐的境地，因此被迫投降。

"抵达彼得斯堡前——定量分配威士忌与奎宁"，1965 年 3 月：这份提供给《哈珀周刊》的版画展示了联邦的"奎宁队伍"。奎宁是储备充足的联邦的制胜武器。对于联盟国而言，面对持续不断的疟疾，奎宁供给不足导致其人力短缺。（美国国家医学图书馆）

　　与此同时，本计划提供给邦联部队的奎宁、粮食、武器及其他重要补给品均遭到没收，成为其联邦敌人的囊中之物。基根解释说："在战争期间，对联邦士兵定量发放的补给品不断增加，相比之下，南方邦联的则在不断减少。"因此，基根认为："联邦士兵是有史以来补给最为充足的士兵。"在战争期间，林肯总统注意到拿破仑曾经提出的建议："兵马未动，粮草先行。"更为重要的是，正如我们所见，联邦的奎宁补给充裕。虽然双方拥有能救人性命的金鸡纳粉，但是除此之外，南北战争期间的医学知识及医疗实践也处于初级水平，长期未有发展。

　　虽然氯仿与乙醚麻醉是南北战争时期的医学突破，但是截肢是当时外科的首选做法，因此在战地医院中，残肢断臂堆积如山。当时人们依然使用古老的疾病治疗方法。革命时代的治疗方法，例如水银、放血、拔罐及其他迷信疗法依然十分普遍。在过去，士兵们一般选择避免入院治疗，因为在他们眼中，医院是停尸房，而非治病救人的场所。因为士兵进进出出，住院出院，医院也成为交叉感染的重要中转站。因疾病而痛苦不堪的士兵通常只能强忍病痛，在不接受治疗的情况下继续服役。比如，在第二次布尔溪战役中，联邦骑兵约翰·基斯遭一名叛军袭击，手臂受伤严重。此后，基斯重返阵中。基斯告诉医生，他已经连续两个月遭疟疾折磨。基斯并未因战场受伤而丧命。接受截肢手术后，他依然顽强挺了过来。然而，他没能顶住疟疾的猛攻。

由于战争结束遥遥无期，原本稀缺的奎宁补给现在也完全被切断，价格普遍让人难以承受，南方人只能使用各种各样毫无用处的树皮或其他奎宁替代品进行治疗。邦联卫生部部长命令医生，使用"能在每个医院与站点周围找到的"当地治疗药物。1863 年，南方邦联出版了一本厚重的指南，名为《南方田野与森林中的资源》，供医生与战场指挥官阅读。该指南分门别类地列出了毫无用处的奎宁顺势治疗替代品及其他药物。在整个南部地区，人们均在使用各类药物与粮食的人造替代物，甚至咖啡也由人造物替代。

后来，一位联邦炮队军官写道："在所分配的物资中，咖啡是最为宝贵的物品之一。如果说咖啡帮助北方人赢得战争有些言过其实，那么至少，咖啡缓解了北方人在参战期间的痛苦。"实际上，1862 年，纸袋才得以问世。对于北方联邦部队而言，纸袋重量轻、价格低、使用方便，是携带咖啡的最佳选择。当叛军与北方士兵做好准备进行沟通交流时，咖啡位列邦联交换物品清单的首位。1864 年 7 月，在谢尔曼将军"向海洋进军"开始之时，亚特兰大的联邦中士戴·埃尔莫尔写道："小伙子们已经相聚多次，用咖啡换取烟草。"在南方邦联的咖啡替代品中，所用最多的是橡果、菊苣、棉花籽及蒲公英根。到 1865 年，不论是咖啡还是其他食品，具有创造性的替代物已无法填饱平民的肚子，使其从疾病中康复，李四分五裂的部队就更不用说了。但是，李的部队正与格兰特生龙活虎的联邦部队在弗吉尼亚杀得难解难分。4月2日，在里士满周围长期奋战9个月后，李弃城而逃，任其自生自灭。

HARD TIMES IN OLE VARGINNY, AN' WORSE A CUMIN'!
Scene.—Rebel Pickets in Western Virginia.
FIRST PICKET. "Awful Cold, ain't it?"
SECOND PICKET. "Co-o-ld! yes, an' I'm just gitting another Shake of that Ager, and no uinine in the 'Federacy!"
FIRST PICKET. "Worser still! Got them Blue Devils after me, an' nary drop o' Whis-
(With much feeling.)
SECOND PICKET. "I wish I was Ho-o-me."
[Then part, singing mournfully Dixie without the Variations.]

1862年1月，《哈珀周刊》刊登的"老弗吉尼亚的艰难时光，'更为黯淡的未来'场景——弗吉尼亚西部的叛军纠察队"：两位联盟国士兵抱怨道："因疟疾又发了寒战，更糟的是，邦联没有奎宁！蓝魔鬼[①]对我穷追不舍，而我却连一滴威士忌也没有！"由于联邦海军形成封锁，"蟒蛇计划"死死遏制住了南方贸易。当地疟疾肆虐、奎宁严重短缺的问题贯穿战争始终，严重影响邦联士兵与平民。（美国国会图书馆）

---

① 北方联邦士兵身穿蓝色军服，因此南方邦联士兵将其称为"蓝魔鬼"。——译者注

1865年4月9日，在经历1万场大大小小的战役后，南北战争结束。对于在第一次布尔溪战役中厨房遭毁的威尔默·麦克莱恩而言，战争结束地点令他意想不到。布尔溪战役后，麦克莱恩举家搬迁，逃离战火，在弗吉尼亚州一个名叫阿波马托克斯法院的不知名路边小社区重新安家。虽然这里似乎一片安静祥和，但是战争最终找上门来。尽管听上去不可思议，但是麦克莱恩将其宽敞舒适、联邦风格房子的客厅提供给了格兰特与李两位将军，用于确定投降条件。南北战争就此结束。

　　林肯实现了保卫联邦、结束奴隶制罪恶的两个战争目标。但是，在战争中阵亡的美国人达75万名，包括约5万名（主要是南方）因战争而死亡的平民。若要弄清这场战争造成的伤亡规模，可与今日战争进行换算。南北战争的死亡人数占比相当于如今的700余万人。在南北战争中死亡的美国人数量超过所有其他美国战争中美国人阵亡数量的总和。在死亡的36万名联邦士兵中，因疾病死去的占65%。根据联邦医院的记录，疟疾病例超过130万，其中死亡人数为1万。但是，实际死亡人数可能更高。在南方某些战场，尤其是南、北卡罗来纳州，每年疟疾患病率达到了惊人的235%（包括同一个人的多次感染和复发）。

　　虽然随着里士满沦陷，邦联记录也化为乌有，但是联盟国首席外科医生颇有远见卓识。他推测，在29万名阵亡士兵中，因染病去世的占75%。关于疟疾对邦联部队的影响，我们仅能凭空猜测。研究南北战争的历史学家的共识是，在邦联部队，疟疾患病率及病死率大约比联邦部队高10%~15%。由于人力方面的因素，传播疟疾的蚊子在消耗南方军事力量方面起到推波助澜的作用，促成北方胜利，捍卫了联邦统一，让奴隶制度从此瓦解。由于蚊子对《解放黑人奴隶宣言》予以支持，获得自由的南方奴隶转变身份，成为士兵，尽心尽力，捍卫自由承诺。

　　南北战争期间，在北方联邦部队中服役的非裔美国人超过20万名，据报告，疟疾病例达 15.2 万例。在与有色人部队沿密西西比河从巴吞鲁日前往维克斯堡时，联邦医生约翰·菲什报告称："我原以为，由于曾受疟疾影响，黑人不会感染相关疾病。但是，我并没有预料到，大量黑人染上了间日热。"在为自由而战的过程中，非裔美国人牺牲了约 4 万名，其中死于疾病的占 75%。有关蚊媒传染病对黑人群体影响的普遍说法已经不再可信。一位来自孟菲斯的联邦医生说："尽管黑人理应对南方气候病免疫，但是我依然不断看到，在他们中间出现了一模一样的发热与痢疾病例。此类疾病在部队中蔓延，严重程度与发病频率显然也与之前相当。我认为，他们抵御南方气候影响的能力被严重高估。但是毫无疑问，有证据能证明对这一问题的普遍观点是有道理的。"在南北战争中，非裔美国人参军参战，从而暴露了这些基于诸如达菲阴性或镰状细胞等遗传免疫力所做决定的错误。

对于这些永远失去基因缓冲、生于乡下的非裔美国人而言，高疟疾患病率让"种族科学"失去了战前时期的有力支撑，推翻了几代人为免除奴隶制度罪恶起支持作用的伪科学学说法。一位联邦医生直言不讳地说，显而易见，"在我们教科书中反复强调"与非洲人对蚊媒传染病抗性相关的学术教条毫无事实依据。不仅 420 万非裔美国人不再是种植园主的财产，而且蚊媒传染病对不同种族影响的谜团也得以解开。

在南北战争期间，非裔美国人组成部队，参军作战，也让流行的军事种族理论不攻自破。1862 年 9 月，安蒂特姆战役中的阵亡人数创下历史纪录。此后，林肯发布了一份《解放黑人奴隶宣言》的初始大纲或准备命令。就在同一个月，虽然未正式宣布，但是第一个由非裔美国人组成的作战单位——路易斯安那州本土第一卫队被正式纳入美国陆军。《解放黑人奴隶宣言》让奴隶获得自由，而官方也正式批准建立由这群自由奴隶组成的非裔美国人分队。此后，在战争期间服役的美国有色独立部队总计有 175 个。然而，在所有部队中，非裔美国军官仅不到 100 名，没有一人的军衔高于上尉。直到 1864 年 6 月，与白人士兵相比，有色士兵收入更低。虽然法律规定军队接收非裔美国人，但是直到第二次世界大战后，哈里·杜鲁门才于1948年下达行政命令，批准废除美军内部的种族隔离。相比联邦保障、控制非裔美国人服役，联盟国则不希望奴隶参军入伍。

在杰弗逊·戴维斯于1861年2月当选联盟国总统之前，豪厄尔·科布少将曾任联盟国临时国会主席。其对邦联处境及围绕奴隶转至士兵的种族等级制度做了总结。科布称："奴隶无法成为士兵，士兵也无法成为奴隶。奴隶成为士兵之日，就是革命走向结束之时。"在3月底，由于大势已去，人员告急，邦联国会转变态度，请求奴隶主同意，使其25%的奴隶应征入伍。仓促之中，邦联仅筹建了两个由奴隶士兵组成的连队，在里士满周围象征性地开展活动。随后李便缴械投降，联盟国及奴隶制度土崩瓦解。

然而，在另一方阵营中，非裔美国士兵表现出色，勇不可当，为联邦而战。他们在维克斯堡附近的哈得孙港与敌人交火。格兰特对其赞不绝口："参战的非裔美国士兵无不英勇作战。"有色人部队也于纳什维尔与邦联士兵交火，并在彼得斯堡围攻期间与邦联部队在克雷特战役中爆发冲突。1865年4月3日凌晨，他们成为首批进入邦联都城里士满的部队，那里已遭到遗弃，死气沉沉。1863年7月，马萨诸塞州第54有色人部队向查尔斯顿港瓦格纳堡的岛屿堡垒发动进攻。虽然无功而返，但是一战成名。1989年，此次进攻场景在获得多个奥斯卡奖的电影《光荣战役》中得到展现（演员包括年轻的丹泽尔·华盛顿），由此成为流行文化的一部分。

弗雷德里克·道格拉斯曾是一名奴隶，随后成为著名的废奴主义者及作家，其儿子在有色人部队作战。在《解放黑人奴隶宣言》发布后不久，道格拉斯公开表示："这场正在进行的战争明目张胆地支持对有色人种的永久奴役。有色人种得到战争召唤，为遏制这场战争助一臂之力。从逻辑上看，这种做法也合情合理。"非裔美国人不仅在道格拉斯的号召下团结一致，英勇作战，"世界上没人有权否认，他已经争取到成为美国公民的权利"，而且以勇猛无畏的表现，将道格拉斯对生活及自由的伟大愿景变为现实。23 名非裔美国士兵在南北战争期间获得荣誉勋章。尽管荣誉加身，但是与其他联邦及邦联美国士兵相比，非裔美国人的战争可谓与众不同，独一无二。

非裔美国人在一个种族隔离、充满怀疑的军队中为自由而战。他们的敌人冷酷无情，以杀人为乐。非裔美国人的一举一动仿佛都处在显微镜的严密检查下。而检查人是一个吹毛求疵、喜欢盘根问底、对他人评头论足的国家。对于非裔美国人而言，战争不得有失，只许成功，不许失败。对于邦联士兵而言，在本来只属于白人的战争中与前奴隶作战让他们心生厌恶，同时他们也感到害怕。邦联士兵对伤者及俘虏展开残酷的报复。非裔美国士兵遭到邦联士兵的疯狂虐待。在许多情况下，邦联士兵唯独对非裔美国士兵进行折磨，并将其处死。

最为残忍的暴行与屠杀发生于 1864 年 4 月，地点位于田纳西州皮洛堡。邦联中士阿基利斯·V. 克拉克目睹了当时的场景。克拉克写道："屠杀景象骇人可怖，无法用言语描述。遭受蒙骗的可怜黑人会跑向我们的人，跪倒在我们面前，高举双手，大声叫喊，请求我们网开一面。但是我们的人会命令他们站起身来，然后将他们击毙。白人也会遭遇类似情况，但结果要略好于黑人。最后，他们的堡垒变成一个屠宰场。那里血流成河，尸体堆积成山。我与其他几名士兵设法阻止屠杀。有一次，几近成功。但是，福瑞斯特将军下令像杀狗一样将他们射杀。随后，屠杀继续。最终，我们的人对人血感到恶心，便停止了射击。"非裔美国士兵及其白人军官沦为俘虏或投降之后，内森·贝德福德·福瑞斯特在其称作"皮洛堡要塞大屠杀"中，对他们进行了冷酷无情的折磨，并最终将他们杀死。1867 年，福瑞斯特当选为 3K 党首任大魔法师。[①] 大屠杀进行三天后，福瑞斯特报告称："被屠杀者的

---

① 3K 党，英文全称 Ku Klux Klan，美国白人至上组织，主要迫害目标为非裔美国人。——译者注

血染红的河水，绵延近200码[1]。希望这一切能向北方人证明，在黑人士兵面前，南方人战无不胜。"约80%的非裔美国士兵与40%的白人军官遭到处决。仅有58名非裔美国士兵沦为阶下囚。但此种待遇远比遭到处决糟糕。因为遭到关押本身往往就意味着长期持续、令人痛苦不已的刑罚。

被关押在邦联战俘集中营是一场令人毛骨悚然的噩梦。战俘往往食不果腹、绝望无助、惨遭折磨、疾病缠身，生活在肮脏不堪的环境之中。成千上万骨瘦如柴、身心憔悴的北方战俘在战俘集中营中死去。在1865年5月获得释放之前，1.3万名北方士兵在不到一年内，在臭名昭著的佐治亚州安德森威尔战俘集中营中因病死亡，死因包括维生素C缺乏病、疟疾、痢疾、伤寒、流感及钩虫病。在安德森威尔，惨遭折磨的战俘的人数与日俱增，生活条件每况愈下，惨状超乎想象，无以言表。[2]战俘营与南北战争主题别无二致——大肆屠杀、蚊子肆虐、疾病蔓延、血流成河、横尸遍地。

南北战争亦是如此。与许多在此前及此后爆发的战争一样，南北战争遭到蚊媒传染病与致命瘟疫吞噬。然而，与大多数战争截然不同，这场史无前例的屠杀产生了一个积极而又颇具人情味的影响，让国家备受启发。由蚊子"署名"、林肯发布的《解放黑人奴隶宣言》"致力于实现一个理念，即人人生而平等，此后，所有奴隶应永获自由"。1865年12月6日《美国宪法第十三修正案》获得批准，并被纳入美国宪法，美国从此永久废除奴隶制度。

75万名美国人为了自由献出了生命，这一代价令人震惊。林肯是一位善于表达的作家，也是一位能够激荡人心的总统。林肯对南北战争的逝者温柔相待，表示慰问，其中包括波士顿的比克斯比夫人的儿子。林肯说："最终，真正重要的不在于生命的长度，而在于你生命

---

[1] 1码约为0.91米。——编者注
[2] 1865年11月，安德森威尔指挥官亨利·沃兹上尉因战争罪行遭到处决。

的精彩程度。"南北战争的逝者当然没有白白牺牲。尽管战争带来的恐惧令人不寒而栗，造成的屠杀让无数人殒命，但是格兰特将军总结道："如果没有战争，我们现在无法享受更加美好的生活。"他认为战争是一次"对国家罪孽的惩罚，这种惩罚迟早有一天会以某种形式降临，也可能是血光之灾"。林肯对此表示赞同。

在发生令人难以置信的南北大屠杀之后，美国理所应当地在很长一段时间里不会出现大量人员死亡。然而，这一饱经战火的国家没有时间舔舐伤口。蚊子对悲痛时期不屑一顾，从争端及全面战争中牟取一己私利。遗憾的是，虽然战场上的杀戮就此结束，但是对于李与格兰特在威尔默·麦克莱恩走廊上展现的和平姿态，蚊子并不买账。虽然数以百万的士兵陆陆续续回到家乡，但是战争的景象刻骨铭心，蚊媒传染病已经深深植根其体内。在数十年的重建过程中，充斥着政治动荡、种族问题与混乱不安。蚊子在格兰特劣迹斑斑、丑闻频发的总统任期内，释放出美国历史上最为惨烈的流行病，让已陷入哀痛、在战争后疲惫不堪的美国人民的处境雪上加霜。

第 16 章

揭露蚊子的恶行：疾病与帝国主义

肯塔基州医生、黄热病权威专家卢克·布莱克本医生虽然年事已高，无法应征入伍，但是作为一名南方邦联的狂热追随者，他下定决心为南方事业尽一分力量。布莱克本医生制订了丧心病狂的计划，企图让如《圣经》故事中瘟疫一般的黄热病在哥伦比亚特区暴发，进而杀死林肯总统。百慕大曾是破坏联邦封锁之人的避风港。布莱克本医生得知 1864 年 4 月那里曾暴发一场严重的黑呕病后，便立刻前往该岛。登岛后，布莱克本医生便从黄热病患者身上取得受病毒污染的衣物与寝具，塞满了好几个旅行箱，并随后将其装运至一艘蒸汽船上，以此向毫无察觉的人群传播这一可怕疾病，通过高烧高热散布死亡。8 月，在布莱克本医生的命令下，其同谋戈弗雷·海姆斯将装满"污染"物品的旅行箱卖给一个贸易商店，而商店距离白宫仅几个街区。货物送达商店后，戈弗雷·海姆斯便会收到 6 万美元的高额佣金。布莱克本告诉其报信人："遭到感染的衣物将让方圆近 60 码内所有人毙命。"这一生化蚊虫武器的故事异乎寻常，令人震惊。但故事出现了出人意料的转折，随后的发展离奇古怪。这与马克·吐温"真相比小说更加离奇"的观点不谋而合。

1865 年 4 月，在位于阿波马托克斯法院的威尔默·麦克莱恩的客厅，李与格兰特将军正开诚布公地讨论投降条款，而与此同时，布莱克本正在百慕大谋划使用与之前完全相同的递送系统，掀起第二次黄热病疫情。这一次，他将任务交给了另一名代理人爱德华·斯旺，令其把几箱受污染的衣物与亚麻制品送至纽约市，"消灭那里的平民百姓"。然而，布莱克本还为纽约市准备了额外惊喜。一旦黄热病在惊慌失措的人群中扩散，布莱克本将释放另一波恐怖浪潮。他已经制订计划，向纽约供水系统投毒。这些"可恶的北方佬"将陷入混乱，死亡会将他们吞噬殆尽。

4月12日，就在林肯总统遭到刺杀前两天，气急败坏、仍未收到报酬的戈弗雷·海姆斯若无其事地走进美国驻多伦多领事馆。他十分冷静，有条有理地告诉相关人员自己参与布莱克本恐怖阴谋的细节。当消息传到百慕大，当局迅速搜查了斯旺入住的酒店，发现了旅行箱及内部沾满黑色呕吐物的物品。斯旺遭到逮捕，因违反当地卫生条例获罪。布莱克本虽然在阴谋暴露后也遭到逮捕，但是最终被无罪释放。

英国人别出心裁，对庞蒂亚克叛军使用天花毯，康沃利斯则在美国革命期间使用奴隶传播天花。布莱克本穷凶极恶却富有独创性的计划与二者颇为相似。尽管他竭尽了全力，但是最终同样以失败告终。布莱克本医生，这位美国首屈一指的黄热病权威，在实施阴谋时遭到挫败，也揭示了当时人们对蚊媒传染病医疗知识的欠缺。我们的顶尖杀手依然默默无闻，其所具有的致命破坏力依然不为人知。

只有疟蚊才可以传播可置人于死地的黄热病病毒。受到污染的衣物或床单则毫无作用。战争结束数十年后，疟蚊便是以这种方式引起黄热病暴发的。在南北战争后的重建时期，蚊子创造了美国历史上最为严重的疫情。在孟菲斯，正是著名的卢克·布莱克本医生为大量感染疾病、奄奄一息的患者提供治疗，其本人也因此获得"黑呕病医生"的绰号。孟菲斯位于蜿蜒曲折的密西西比河的悬崖峭壁之上，是一座死气沉沉、被阴郁笼罩的城市。棉花港口曾经熙熙攘攘，连接4条主线的铁路枢纽热闹非凡。但是南北战争却让这里失去了生气。到1878年春，在孟菲斯定居的各个民族的人共有4.5万，其中包括刚刚解放的奴隶、佃农、刚刚来到美国的德国移民、邦联支持者、棉花种植园主及北方运输与商业大亨。这些鱼龙混杂的人在数量上近乎亚特兰大或纳什维尔的两倍。梅森-迪克森线以南的面积仅次于新奥尔良。孟菲斯特色鲜明，坐落于南北方文化交会处，起到西部边界看门人的作用。这座城市是阴郁情绪、污秽之物与可怕疾病的集中地，也因此臭名远扬。在南北战争的余波之下，杀人如麻、残忍嗜血的蚊子将这里吞没。

然而，在美国南方，孟菲斯并非唯一一座沉浸在由蚊子所创的三角洲忧郁蓝调中的城市。贪婪的蚊子阴险狡诈，锲而不舍，原联盟国因其四分五裂。19世纪70年代，黄热病疫情在美国南方迅速蔓延，造成极大破坏。在此期间，卢克·布莱克本医生如病毒一样，在各个城市间奔波，治疗备受折磨的病患，同时拒不接受任何费用。而孟菲斯便是这些城市中的一个。

1867年，战后首次大规模疫情暴发。蚊子沿海湾各州展开疯狂攻击，因其死亡的人数达6 000。布莱克本从未因其在生物战中的所作所为被定罪。当时，他身在疫情中心新奥尔良，面对着感染风险。尽管布莱克本竭尽了全力，但是由于医学与科学技术落后，黄热病在"大快活"①夺去3 200人的生命。6年后，黄热病又夺走了5 000人的生命，其中孟菲斯就有3 500人。而布莱克本就曾在孟菲斯行医。随后，在另一场黄热病疫情期间，布莱克本向东前行，于1877年将其"流动医学巡回演出"转至佛罗里达。那场疫情导致约2 200人死亡。一年后，由于蚊子在密西西比河河谷兴风作浪，许多人因其毙命。因此，布莱克本重返孟菲斯。

到1878年8月末，卢克·布莱克本精疲力竭。他不仅治疗了成千上万名在孟菲斯热浪中无精打采、苦苦挣扎的黄热病患者，而且在肯塔基州州长竞选中成为民主党候选人。对南方邦联至死不渝的布莱克

---

① "大快活"（Big Easy）为新奥尔良的别称。——译者注

本短暂休息，参观了孟菲斯的历史景点，包括杰弗逊·戴维斯位于法院街的故居。在此期间，孟菲斯笼罩在诡异恐怖的沉静之中。联邦大街空无一人，连鬼影都没有；比尔街死气沉沉，静谧无声。主街上只有在风中飘摇的垃圾，以及几位匆匆忙忙、惶恐不安的市民。近 2.5 万名当地居民，即超过一半的市民，已经落荒而逃。在留在城中的约 2 万名居民中，最终感染黄热病的达 1.7 万人。蚊子已将孟菲斯重重包围。

7 月下旬，出现第一例黄热病病例。一位船上的水手从古巴出发，经新奥尔良抵达孟菲斯，引发黄热病暴发。莫利·考德威尔·克罗斯比是《美洲瘟疫：黄热病大流行中不为人知的故事》一书的作者。该书构思精巧，内容惊心动魄，描绘了 1878 年让美国南部焦躁不安的黄热病疫情。在该书中，莫利·考德威尔·克罗斯比说："1878 年，许多此类船只均来自古巴。当时古巴十年独立战争即将结束。自 3 月以来，黄热病在古巴便愈演愈烈。成百上千名难民乘船抵达新奥尔良……新奥尔良港海面挤满了小船，'黄杰克'就在甲板上方飞来飞去。"不出一个月，在千疮百孔的孟菲斯，头晕目眩、迷惑不解的剩余居民便淹没于夏季疯狂忙碌的黄热病之中。孟菲斯变成了横尸遍地、恐惧弥漫的墓穴，因此陷入瘫痪。9 月，孟菲斯平均每日死亡人数为 200。蚊子将孟菲斯的生命力吸食得一干二净，将其变成一座墓穴之都，一座死尸之城。虽然对于古巴为反对西班牙统治而进行的暴动，美国以唯利是图的商业眼光予以密切关注，但是黄热病疫情的传播并未在孟菲斯得到遏制，进而蔓延至密西西比州、密苏里州及俄亥俄河流域。

此时，布莱克本已前往路易斯维尔，照看其病入膏肓、奄奄一息的"黄杰克"患者。1878 年黄热病在惶恐不安的南方迅速传播，直到 10 月的凛冽寒风与首次霜冻将不为人知的蚊子杀手消灭，这场为期 5 个多月的苦难才结束。布莱克本继续参加其政治活动，并以 20% 的绝对优势，在选举中击败了其共和党对手。1879—1883 年，布莱克本担任肯塔基州州长，并继续行医，直至 1887 年去世。其墓碑上仅仅刻有"心地善良，乐善好施"这一简洁的赞美性墓志铭。为向"黑呕病医生"表达敬意，1972年，肯塔基州莱克星顿附近建造了一所最低安全级别的监狱——布莱克本监狱，并于当年投入使用，以此纪念布莱克本医生。布莱克本曾企图开展生物恐怖活动（包括间接危及林肯生命），但从未被绳之以法。联想到这一实际情况，人们纪念布莱克本的做法更具讽刺意味。

1878年疾病流行期间，12万人感染，黄热病夺去2万人的生命。其中维克斯堡1 100人，新奥尔良4 100人，孟菲斯5 500人，占留在城中人口的28%，最初人口的12%。想象一下，如果在未来几个月中，在大都市孟菲斯因黄热病或其他疾病而死亡的人数达到16.5万，当前社会文化氛围将陷入何种混乱，造成怎样的破坏。1878年疫情是美国历史上由黄热病引发的最为严重的悲剧。不过谢天谢地，其也是美国历史上最后一次大规模疾病暴发。病毒在南方各州呈周期性传播。1905年，新奥尔良最后一次出现规模较小的疫情。该疫情由古巴输入，造成500人死亡。

19世纪70年代，饱经战火、蚊子肆虐的美国不断暴发流行病。其原因在于美国、中南美洲及加勒比海地区贸易均迅速发展，市场不断扩大。比如，1878年，病毒通过西班牙殖民地古巴，经新奥尔良传入孟菲斯，导致病毒性疾病暴发。帝国主义美国垂涎欲滴，持续观望这些为数不多、治理松散的西班牙殖民地。它们是曾经称霸世界的帝国的残余属地。美国的根本目的在于，促使其主要产业与其重商主义经济系统进入公海。当美国于1898年4月向西班牙宣战时，"为何在可以入侵时选择交易？"成为美国战术说明的一部分。在这场全球性帝国建设的大型博弈中，古巴是美国的首个目标。

在美国殖民古巴的行动首次展开时，蚊子阻挡了美国获取大量财富的去路。财富是一个强大有力的动因。美西战争期间，在沃尔特·里德医生的指挥下，几位意志坚定、坚决果断的蚊子战士为美国首次真正的帝国主义渗透保驾护航。虽然美国第五部队的士兵将瞄准

盒子中的"黄杰克":一幅1873年《莱斯利周刊》刊登的卡通漫画。画中描绘了在形象如《指环王》中咕噜一样的黄热病恶魔控制下的佛罗里达州。恶魔从标有"贸易"(TRADE)二字的箱子中逃脱。而象征着美利坚合众国的哥伦比亚做出求救手势。在这三个人物的背后,惊慌失措的美国人四散逃命。随着南北战争后贸易复苏,贸易活力日益增强,尤其是加勒比海地区的贸易,黄热病也开始于19世纪70年代在整个美国疯狂作恶,犯下一系列杀人罪行。(美国国会图书馆)

器对准未适应疾病的西班牙防卫者，但是里德的美国陆军黄热病委员会却将微型准星直接对准了古巴蚊子。

可以预见，随着南北战争后美国基础设施与贸易飞速发展，蚊媒传染病也会飞快传播。不仅是蚊子传播的蚊媒传染病，包括因古巴输入，严重程度与感染范围均大幅上升的1878年疫情，在此期间也影响了美国贸易商与投资者的收益。美西战争爆发之前，与蚊子相关的人员死亡率及经济损失均达到峰值。

比如，1878年蚊子大屠杀让美国经济损失2亿美元。国会直接宣布："在世界上，没有其他任何一个大国像美国一样，因黄热病遭受如此重大的灾难。"蚊子如同破碎球①一般游荡，横扫整个南方，将经济堤坝砸得粉碎，使美国金融与商业反弹乏力。国会做出响应，于次年成立国家卫生部，改善人们日益恶化的健康状况，解决经济问题。然而，由于包括黄热病在内的蚊媒传染病实际患病原因依然不为人知，国家因此束手无策。虽然蚊子就藏身于光天化日之下，但是科学家与研究人员依然在黑暗中摸索，通缉寻找世界上头号连环杀手。刚刚成立的国家卫生部无法找到蚊媒传染病的病原，因此无从得知其实正是美国人视如珍宝、觊觎已久的商业活动，导致蚊子在战后兴风作浪。黄热病对南方的影响主要集中于飞速发展的美洲（及全球）贸易，包括铁路网在内日益扩大、蜿蜒曲折的交通基础设施，以及最后一次美国移民潮。

南北战争促进了休耕田地的使用，同时，随着曾经的奴隶变为佃农，在战争时期陷入停滞的棉花种植园得以重新运作。在南北战争期间为北方联邦提供补给的军工设施得到改造，生产可供出口的货物。全球交通运输量增加，南方港口再次被纳入全球交通体系。对于蚊子及其传播的黄热病、疟疾、登革热等疾病而言，南方再次开张营业。战后移民流入，同时也将移民特有疾病输入美国，增加了美国的痛苦。

---

① 破碎球为起重机前悬挂的钢制或铁制重型球体，作用为拆除建筑。——译者注

比如，地方性疟疾曾销声匿迹数十年，现在再次穿过新英格兰，重新进入美国。

南北战争让蚊子重整旗鼓。与此同时，在随后到来的和平时期，疟疾继续大肆破坏，黄热病也再度活跃起来。莫利·考德威尔·克罗斯比说："美国的进步是病毒扩散的另一原因。自南北战争以来，爱尔兰人、德国人、东欧人等大量移民迁入南方。他们对发热蔓延起到煽风点火的作用，是病毒获取不具免疫性新鲜血液的来源。交通的发展为这些移民进入美国铺平了道路。铁路四通八达，首次连接美国东西南北的各个角落。"到1878年南方饱受疟疾折磨期间，在美国投入运营的铁路超过12.87万千米。在19世纪和20世纪之交，美国全国铁路线总长近41.85万千米，仅在短短15年后，就达到近66万千米。铁路与其他基础设施实现大规模发展，目的在于将美国的经济投资组合推向国际市场。

铁路也让渴望土地的殖民者更方便穿过西部边界。在美国自家后院，美国继续按照天定命运论，向西部进行经济开发，征服原住民。"铁马"（指铁路）将越来越多"开垦草地"的囚犯、寻找财富的矿工及大平原和落基山脉的美国骑兵保镖运至目的地。而在大平原与落基山脉，美国骑兵与骄傲、目中无人的原住民正面接触。原住民愿意奋力抗争，保卫故土。骑兵与雇佣兵，如威廉·"野牛比尔"·科迪，杀死了原住民赖以生存的野牛，同时屠杀原住民，将剩余饥肠辘辘、无处可去的原住民强行转移到荒凉的保留地。

疟疾与农场主一起，沿着四轮马车与铁路线路，缓缓向西前行，在新的边疆繁衍生息，蓬勃发展，并经常出现在自传体小说《草原小屋》之中。该小说作者为劳拉·英格尔斯·怀尔德。小说描述了其于19世纪70年代在堪萨斯州独立城的童年时光。比如，1876年6月，在小巨角河战役中，坐牛与疯马酋长带领苏族、夏延族及阿拉巴霍族将乔治·阿姆斯特朗·卡斯特中校率领的第七骑兵队赶入特定路线，导致约10%的骑兵队成员感染疟疾，饱受疟疾病痛折磨。虽然从某种意义上说，此次遭遇也许是"卡斯特的最后一战"，但是其也是美国原住民自治的最后一战。尽管苏族赢得战役胜利,但是由于 1890 年在伤膝河遭到屠杀,他们输掉了整场战争,从而决定了全美原住民的命运。这一美国内部的经济扩张以牺牲原住民为代价,极大地增加了美国对海外港口与资源的需要,以满足国内工业与对外出口的发展要求。

商业与贸易迅速发展,与此同时,美国殖民地数量也不断增加。这一美国扩张时代宣告了美国彻底告别詹姆斯·门罗总统于 1823 年开始实施的孤立主义政策。① 美国殖民主义引发了一系列影响广泛的连锁事件,其影响通过两场世界战争得以延续。在 1812 年战争与 1914 年第一次世界大战爆发的一个世纪里,美国极大地扩大了其领土范围,控制了佛罗里达、落基山脉以西、阿拉斯加、古巴、波多黎各、夏威夷、关岛、东萨摩亚、菲律宾、巴拿马运河等地区。

随着美国的经济范围跨越加勒比海地区、太平洋沿岸及以外地区,欧洲在非洲与东印度群岛采取了最后一次错误的帝国主义行动。自 1815 年拿破仑战败到 1914 年第一次世界大战爆发,欧洲国家普遍在舔舐伤口,恢复元气,因而对他国热情友好,同时以和平方式分割世界其他无人占领的地区。随着西半球受到美洲的影响越来越大,欧洲帝国主义国家在奎宁的帮助下,将重心从美洲转向非洲。在"黑暗大陆"(指非洲)上,同时出现了大量涉及重商主义垄断与军事风险的博弈,对印度、中亚、高加索地区及远东造成了深远的周期性影响。

正是通过全球帝国主义国家最后的混乱争斗,最终揭露了蚊子的恶行。血丝虫病、疟疾、黄热病及其他夺人性命疾病的传播者暗箭伤人,杀人如麻。经过漫长的历史发展,其身份终于被公之于众。英国在印度及中国香港建立殖民地,法国将阿尔及利亚设为前哨站。与大多数科学发明和技术创新一样,人们之所以发现蚊子为传染源,与这些地区的资本主义发展及美国入侵古巴有直接关系。

---

① 门罗主义由门罗总统国务卿约翰·昆西·亚当斯提出,旨在确保美国垄断西半球贸易,在美洲进一步反对欧洲殖民主义。

从 19 世纪 70 年代起，美国企业家与资本涌入古巴，这座小岛逐渐由美国企业全部买下，加速破坏了其与西班牙的经济关系。早在 1820 年，托马斯·杰斐逊便认为，古巴将成为"最引人关注、美国州制下无法出现的附属地"，并提出美国"应一有机会便拿下古巴"。事实上，西班牙曾拒绝了波尔克、皮尔斯、布坎南、格兰特与麦金莱 5 位美国总统提出购买古巴的报价。美国也曾实施类似的殖民计划，成功将独立的夏威夷群岛变为殖民地。由于古巴与夏威夷在当时均不是美国领土，愤愤不平的美国种植园主需要为在美国港口运出的"外国货物"支付关税。尽管需要缴纳进口关税，但是到 1877 年，美国从古巴进口的货物占古巴出口总额的 83%（黄热病则是一种无须征税的"古巴进口物品"），这一比重令人惊愕。

在南北战争结束后的几十年里，美国工业经济蓬勃发展。到 1900 年，美国制造业全球领先，占美国总出口近一半。虽然美国的自然资源极为丰富，同时，加拿大能够为其南方邻国提供大多数的短缺资源，但是两国橡胶、丝绸均十分匮乏，缺少大规模制糖业及其他热带商品。日益壮大的船队促使美国贸易快速扩大，也对装煤站点及海军保护提出更多要求。美国资本主义发展需要重商主义殖民地支持。山姆大叔 ① 充满贪欲的目光在动荡不安、刚愎自用的西班牙殖民地古巴游走。自 1868 年以来，为反抗帝国主义统治，古巴起义连年不断。

杜桑·卢维杜尔在蚊子的支持下，在海地发动奴隶起义，并大获成功。古巴成为起义成功的直接受益者。1804 年，海地获得自由，但也付出了经济代价，或者说，遭受惩罚。其种植园遭到毁坏，海地也成为全球经济"贱民"，登上黑名单。古巴则填补了这一经济真空，并快速取代海地，成为世界最大产糖国（占全球供给总量的一半），与此同时，也逐渐成为全球烟草与咖啡出口大国。随着投资涌入古巴，

---

① 美国政府绰号。Uncle Sam 的首字母（山姆大叔）与 United States（美国）的首字母均为 US。——译者注

拥有壮观海滨大道景观的哈瓦那快速发展成为一个民族大熔炉，变成多国精英的乐园，一个与闪亮迷人的纽约相媲美的都市麦加。虽然在整个 19 世纪，古巴爆发了无数针对西班牙残余统治的起义，但是由于缺乏凝聚力及外部力量支持，起义均遭到西班牙及在古巴出生的西班牙政治傀儡的残酷镇压。

然而，从 1868 年起，持续时间更长的起义经常在古巴出现。在此期间，占古巴人口约 40% 的大量奴隶获得自由。西班牙派入由未适应疾病士兵组成的强大部队，作为回应。与许多其他加勒比海岛屿不同，古巴是其西班牙殖民者及其子孙后代的一个健康海外聚居地。在古巴的 170 万人口中，此类人占比最高。1865—1895 年，定居古巴的西班牙移民超过 50 万。新进居民、寻求财富的旅居者及西班牙士兵在来到古巴的外来人口中占比极高，保障了臭名昭著、可置人于死地的古巴蚊子拥有足够的新鲜血液储备。在 19 世纪的最后几十年里，每年进行大肆破坏的黄热病疫情都会席卷整个岛屿，死亡人数达到 6 万。

1886 年废除奴隶制后，家财万贯的西班牙裔古巴精英的利润直线下降。拿破仑领导的法国军队在海地铩羽而归后，创建了甜菜产业。而全球甜菜产业的崛起，也对古巴制糖业的营收产生了冲击。西班牙在经济上陷入挣扎，因此对古巴实施税收政策。其政策与英国在革命前对美洲殖民地实施的政策如出一辙。古巴是西班牙的最后一个殖民贸易堡垒。而西班牙通过增加税收，不给西班牙裔古巴人选举及基本合法权利，从经济上压榨古巴。西班牙对古巴人民实行专横统治，在未经殖民地许可或政治代表表决的情况下，征收重税。美国人自然而然明白，古巴人为何起义，反对西班牙统治。美国人可以利用古巴的困境，推进自己的帝国主义进程。随着国内与海外支持的不断增加，古巴"自由之子"开始逐渐聚集力量，壮大队伍。其中许多人均在西蒙·玻利瓦尔为自由斗争事迹的影响下长大。1895 年，起义在古巴全面爆发。

在起义进程中，在瓦莱里亚诺·"屠夫"·魏勒尔的领导下，约有 23 万名西班牙士兵对起义进行了残酷无情的镇压。他们将乡村农民聚集在一起进行"再集中",将其关在草草建造、拥挤不堪的营地。西班牙士兵将他们的粮食与牲畜全部没收或销毁,然后将村庄付之一炬。到1896年,迁入集中营的古巴人超过其总人口的三分之一,其中死于疾病的有15万人,占小岛人数的近10%。在死亡的4.5万名西班牙士兵中,死于疾病的超过90%,主要为黄热病与疟疾。到1898年1月,在剩余约11万名西班牙士兵中,因感染蚊媒传染病而失去作战能力的占60%。随着难以驯服的古巴蚊子继续吞噬一无所获的西班牙部队,西班牙国内反对战争的声音日益高涨。西班牙反对派领袖谴责道:"国家派出了20万名士兵,有许多士兵血洒战场,只有在我们士兵所驻守的海岛领土上,我们才是海岛的主人。"面对直接从西班牙派至古巴、未适应疾病的增援部队,蚊子在他们登陆后几周时间内,将他们杀得片甲不留。因蚊媒传染病而住院的西班牙人数达90万——有人曾因重复感染或复发而多次入院。

革命设计师们明白,黄热病、疟疾与登革热都是令人生畏的盟友。他们对"6月、7月与8月"大加赞美,认为这些月份是最为杰出的"将军",同时也对9月与10月表示赞许。对于已经适应疾病的古巴人而言,在其死亡的4 000名军人中,因疟疾、黄热病、登革热等疾病死亡的仅有30%。按照J. R. 麦克尼尔的说法,革命领袖"促使西班牙人实施不得人心的政策,请求国外支持,尤其是美国。最为重要的是,除非西班牙巡逻队陷入不堪一击的境地,否则,古巴便会利用自身部队的机动性,避免与西班牙部队正面交锋。因此,像在此之前的华盛顿、杜桑及玻利瓦尔一样,他们保住了反抗力量的生命力,由于时间与'气候'对自己有利,最终取得了战争胜利"。

以纽约媒体著名人物约瑟夫·普利策与威廉·兰多夫·赫斯特为首的美国媒体利用魏勒尔将军的暴行,通过宣传(以及销售报纸)博取人们对古巴向西班牙发动战争的支持,促使美国民意向支持干预战争的方向倾斜。威廉·麦金莱总统指责西班牙政府发动"灭绝式战争"。更为重要的是,对古巴垂涎三尺的美国企业家也请求解决冲突。战争让美国企业家个人财富的损失不断增加，效益日益下降，同时也使得种植园产量减少，运输船只遭到掠夺，当地港口靠岸船只因此减少，进而导致美国经济损失与日俱增。

西班牙人对美国为调停所做的努力嗤之以鼻。此后，美国将其海军的"缅因号"巡洋舰派往哈瓦那港，保护美国海上运输、海外财产、相关利益及经济资产。1898年2月，由于不明原因，"缅因号"巡洋舰上发生了一场爆炸，最终导致266名水手死亡。[①] 据说，爆炸由一颗西班牙水雷所致。美国公众对此怒不可遏，因这一轰动性报道情绪激动，陷入疯狂。他们高喊"铭记'缅因号'！让西班牙见鬼去吧！"的口号，要求政府采取行动。到1898年4月，美国海军开始封锁古巴。国会向西班牙及其殖民地宣战。6月下旬，当第一批美国人于蚊子季节乘船抵达古巴时，在西班牙20万人组成的部队中，身体健康、能够参战的仅有25%。西班牙首席医生报告称："场面可怕，让人不忍目睹。那些农民从西班牙被运抵古巴，保卫西班牙的领土。他们愚昧无知，疾病缠身。每天有成百上千的农民死去。"然而，美国人也惨遭古巴颇具传奇色彩的蚊子的叮咬。

在数名上级军官因黄热病丧命或无法指挥之后，年轻英俊、充满渴望的西奥多·罗斯福出人意料地成为其部队的指挥官。在蚊子的影响下，罗斯福在战场上意外获得晋升，因此成为全国焦点。戴维·佩特里埃罗写道："随后在圣胡安山进行的战役促使这位年轻的海军部长助理成为美国总统。正因为疾病破坏了之前建立的指挥结构，才导致这种局面最终出现。"实际上，当陆军上校罗斯福及其义勇骑兵分遣队登上圣胡安山时，上前迎接他们的是约翰·"黑杰克"·潘兴中尉及一群非裔美国"野牛战士"。这群人在之前已经登上山顶，布置好防御。然而，罗斯福在记者面前自吹自擂，夸大了其战场实力，登上全国报刊的头版头条。

---

① 沉船的真实原因是锅炉意外爆炸。多年后，这一原因才被公之于众。

在古巴进行的战争仅仅持续了几个月，因此也被人们称为"精彩小战争"。美国速战速决，总共动用2.3万名士兵。而美国仅在战争中牺牲379人，便取得了胜利。然而，另有4 700人死于蚊媒传染病。当部队向华盛顿报告如此惊人的伤亡数量时，政治家与投资者们迅速意识到，若要开发古巴的经济潜力，将古巴财富纳入更为庞大的美国重商主义市场，蚊子是最大的障碍。吸食生命的蚊媒传染病创造了一个可怕环境，而战场上的士兵对此却一无所知。在制定策略时，战略家也未对这一环境予以考虑。受蚊子影响，在古巴长期进行军事活动无益于自我了断。将西班牙赶出古巴固然重要，但是通过军事占领与蚊子展开斗争则截然不同。然而，不用多久，支援便会赶来。

在美西战争期间，美国最初的几次帝国主义航行与流行病学关系密切，并永久性地改变了全球秩序。在与蚊子的战争中，科技创新为我们提供了新式武器。蚊子再也无法像以前那样来无影去无踪。3 000多年来，每当解释蚊媒传染病的原因时，古代瘴气理论是被使用得最为普遍的说法。而现在，这一理论遭到淘汰，已经无人问津。蚊子是血丝虫病、疟疾、黄热病等多种传染病病毒的携带者。与大多数历史事件一样，发现这一事实的过程与全球帝国主义、重商主义及古巴、巴拿马及其他地区的资本主义有着直接联系。

到19世纪80年代，现代细菌理论逐渐取代了瘴气理论及希波克拉底医学的体液学说。从19世纪50年代起，路易·巴斯德（法国）、罗伯特·科赫（德国）及约瑟夫·李斯特（英国）开始对细菌理论展开研究，进行假设，并成功加以论证。[①] 在细菌理论的科学保护伞下，早期蚊媒传染病研究人员开展了研究。随着包括显微镜在内的科学与医疗设备不断发展进步，科学家因此能够对疾病展开更为全面深入的研究。蚊子及其所携带的病原体再也无法因为科学技术落后、医学知

---

① 用于描述消灭液体与食品中病原体及李斯特牌消毒杀菌产品的术语"巴氏灭菌法"来源于此。

识匮乏而藏身于暗处。当然，在历史上，总共有110万亿人口在地球生活，而蚊子实际上从未企图偷偷摸摸或避人耳目。毕竟，它们永远都在我们面前飞来飞去。

在细菌或微生物疾病理论出现后数十年里，许多蚊子猎手最终将蚊子逼入绝境，并向世界宣告，最终，我们曾经无坚不摧的终极敌人已为其数十万年针对人类所犯罪行而受到责罚。由于在全球追踪蚊子的赏金猎人数不胜数，逮捕蚊子是国际社会共同努力的结果。

在蚊子悄无声息地散播痛苦与死亡数百万年后，人类通过接二连三的科学发现，揭开了其面纱。首先，1877年，在中国香港期间，英国医生帕特里克·曼森曾主动表示，蚊子是血丝虫病（或象皮病）的病毒携带者。曼森在人类历史上首次确定了疾病传播与一种昆虫的关系。虽然缺少相关科学证据，但是曼森随后提出假设，认为蚊子就是传播疟疾的罪魁祸首。

阿方斯·拉弗兰是一位驻派阿尔及利亚殖民地的法国军医。三年后，即1880年，阿方斯·拉弗兰医生使用其简陋的显微镜进行观察时发现了异样。在一名因"沼泽热"而入院的病人的血样中，存在小球状异物。通过进一步研究，阿方斯·拉弗兰医生确定，这些外来物拥有4种形态，其与疟原虫生命周期中的4种独特形态完全吻合。到1884年，他提出理论，认为蚊子是这种生物杀手的传播者。无独有偶，1882年，拥有夺人眼球的名字的美国医生艾伯特·弗里曼·阿弗里卡纳斯·金（也是南北战争老兵，曾担任北方联邦与南方邦联医生）表示，疟疾由蚊子传播，并大胆提出："有的蚊子可能并不传播疟疾……但是没有蚊子就不会有疟疾。"当金提出，应使用180多米高的蚊帐笼罩华盛顿特区时，其无懈可击的观点却遭到嘲笑与否定。[①] 曼森、金及拉弗兰的发现是疟疾学研究领域的开端，进而促使罗纳德·罗

①　1865年4月14日，林肯于福特剧院遭约翰·威尔克斯·布斯刺杀。当时，金也在现场观看歌剧。金是首批对生命垂危的总统进行治疗的医生之一。随后他们帮忙将林肯送到街道对面的彼得森公寓。林肯于次日上午去世。

斯、乔瓦尼·格拉西及我们的细菌理论学家罗伯特·科赫获得重大发现。历史学家詹姆斯·韦伯将其称为"1897 年三大发现"。

罗纳德·罗斯出生于印度，是一位遭人唾弃、服务于英国军队的医生。罗斯身上疑点重重，不太可能成为揭露罪大恶极人类杀手之人。为了让父亲满意，他勉为其难，进入医学院学习。但是罗斯大多数时间不务正业，不是撰写戏剧与小说，就是做白日梦。罗斯考试成绩很糟糕，1881 年毕业时，其获得的证书仅允许其在英属印度行医。罗斯随之在印度度过 13 年，完成了一个又一个任务。1894 年，在为期不长的伦敦之旅中，罗斯与曼森相见。后者将这位平凡无奇的医生纳入门下，使其加入自己的疟疾研究，并亲自予以指导。由于地方性疟疾在印度肆虐，曼森要求罗斯回到岗位，寻找支持罗斯自己关于疟疾与蚊子理论的确凿证据。曼森告诉其年轻的学生兼侍从："如果你在此项研究中取得成功，你将平步青云，进入任何一家你想要进入的机构。请把这次行动看作一个圣杯，把自己视为加拉哈德爵士[①]。"回到印度后，罗斯立刻开始在医院展开搜索，跟踪疟疾患者。

在接下来的三年里，罗斯全身心投入，不断用显微镜观察被切割的蚊子。其研究记录和其对显微镜观察情况的描述表明，在大多数情况下，他对自己的观察或寻找的目标全然不知。他痛恨自然科学，对蚊子真正的活动一窍不通。比如，在其最初的蚊子实验中，其对象为未携带且无法携带疟疾病毒的品种。他抱怨称，因为蚊子不愿叮咬，这些蚊子试验对象"像笨驴一样难以控制"。这与因栗子无法落地而对其严加责骂别无二致。与此同时，意大利动物学家乔瓦尼·格拉西也坚持不懈地对蚊子进行研究，希望揭开在整个意大利制造痛苦、散播死亡的疟原虫的面纱。

1897 年，罗斯与格拉西最终迎来了获得重大发现的时刻。罗斯发

---

① 亚瑟王伟大的圆桌骑士之一，凭借一己之力找到圣杯。而找到圣杯是圆桌骑士最大的心愿。——译者注

现，蚊子是禽类疟疾病毒的携带者。但由于证据不足，无法做试验证明。罗斯认为，人类所患疟疾的病毒携带者一定也是蚊子。格拉西则最终证明疟蚊是人类所患疟疾的传播者，先于罗斯得出结论。这些近乎同时获得的发现使得两人之间爆发了具有专业性的争论，开始相互诽谤，其激烈程度堪比 20 世纪早期的托马斯·爱迪生与尼古拉·特斯拉。[①] 令格拉西怒火中烧、愤愤不平的是，罗斯在这场公共关系运动中大获全胜，并赢得 1902 年诺贝尔奖，拉弗兰随后于 1907 年同样获此殊荣。

1897 年三大发现中最后一个发现属于罗伯特·科赫。科赫于 1905 年获得诺贝尔奖。这位杰出细菌学家发现了德属东非殖民地疟疾肆虐的原因，并通过科学方法，证明自首次治愈美丽动人的秘鲁钦琼伯爵夫人以来，在 250 年里，奎宁备受欢迎，一直用于清除人体血液中感染的疟原虫。韦伯总结道："这三项划时代的发现给了瘴气理论当头一棒，使其难以站稳脚跟。1897 年后的几年里，瘴气理论彻底无人问津。"

自人类诞生以来，蚊媒传染病为人类带来无穷无尽、无与伦比的痛苦，导致数十亿人死亡。通过三大发现，疟疾的真面目大白于天下。自我们来到世上，我们的无名死敌与我们寸步不离。最终，我们终于揭开了其神秘的面纱。由于科学界集体的努力，蚊子与疟疾病痛之间的致命纽带最终被揭露。随着这一危害人类的原因被公之于众，简单的治疗方法或疫苗必将迅速问世。或者在另一种情况下，人类可以将这种害虫导致的顽疾、这一世界毁灭者彻底消灭。毕竟，疟疾只不过由微不足道、一文不值的蚊子引起，不是吗？

弄清这一点后，蚊子成为研究人员争相研究的对象。如果蚊子是

---

① 1915 年，特斯拉与爱迪生共同获得诺贝尔奖。当两人毅然决然拒绝与对方分享奖项时，两人最终均未能成为获奖者。委员会将奖项颁发给了父子组合威廉·亨利·布拉格与威廉·劳伦斯·布拉格，以表彰他们在放射学中取得的成就，而特斯拉也是放射学领域的先锋。

血丝虫病与疟疾的唯一传播介质，蚊子通过其长嘴还会传播什么其他致命毒物呢？虽然当时人们依然没有发现蚊子可夺人性命的黄热病病毒武器，但是这一问题同样不会永远不为人知。自 1898 年 4 月因黄热病在古巴引发混乱、西班牙人陷入麻烦以来，为利用古巴资本主义机遇带来的东风，美国人需要彻底地拔去黑呕病的恐怖獠牙。

美国指挥官威廉·沙夫特将军在古巴亲眼见证了黄热病对其部队造成的破坏，由此公开表示"抗击蚊子比防御敌人的导弹难上千倍"。由于西班牙在仅仅作战 4 个月后便于 1898 年 8 月投降，军事指挥官意识到持续占领古巴所带来的固有风险。黄热病与疟疾开始在美国部队中传播。在致总统麦金莱的信中，沙夫特报告称，其部队是一支"处于康复之中的军队"，因身体健康问题无法执行任务的比重为 75%。

第二封信为著名的"联名声明书"，许多将军（及罗斯福上校）均在信上签了字。在信中，将军们直言不讳，直接提前警告国会："如果我们一直留在古巴，意味着我们将遭遇一场令人发指的灾难。因为这里的医生们估计，如果在疾病季节让部队留守在这里，超过半数士兵将会死亡。"这封急件的结尾直截了当地警告称："必须立刻将这支军队撤离，否则士兵们将尸骨无存。作为一支军队，我们现在可以对其进行调度，保障其安然无恙。阻止这一调动的负责人将对成千上万名士兵毫无必要的伤亡负责。"虽然在面对古巴的西班牙防卫者时，美国部队速战速决，但是面对蚊子传播的杀伤力极强的疟疾与黄热病的共同攻击，美国部队也匆匆撤离了战场。8 月中旬，美国部队开始进行撤离。J. R. 麦克尼尔说："1902 年之前，古巴成为美国属国。1902 年之后，古巴从名义上获得自由……这多亏了黄热病与疟疾。古巴人将其英雄视为偶像，使其扬名立万。美国人对自己的英雄也颇为崇拜，选举西奥多·罗斯福当选总统，并随后将其头像刻于拉什莫尔山。蚊子是位于遥远古巴的西班牙军队最致命的敌人，却没有人为其竖立纪念碑。"蚊子也帮助古巴免遭美国全面吞并的命运，进而导致两国关系在近一个世纪的时间里剑拔弩张，惨痛事件层出不穷。

随着蚊媒传染病对美军占领造成影响，在美国政府控制的傀儡政府的统治下，古巴于 1902 年正式独立。在这一象征性的独立背后隐藏着复杂的秘密条款。古巴被禁止与其他国家建立联盟，美国最先保留让古巴拒绝所有贸易、经济投资及基础设施合同的权利，并保留就古巴选择、获取关塔那摩湾永久性财产进行军事干预的权利。在刚刚建立、由美国支持的政权的统治下，古巴成为一个独裁专制的香蕉共和国①，以牺牲贫困潦倒的古巴人民的利益为代价，变为一个自我放任、贪图享乐的美国经济游乐场。

1959 年，菲德尔·卡斯特罗与欧内斯托·"切"·格瓦拉领导社会主义革命派，结束了美国支持的富尔亨西奥·巴蒂斯塔总统的独裁统治，推翻了其腐败政权，并迅速让古巴以共产主义卫星国的身份与苏联结盟。约翰·F. 肯尼迪总统于 1961 年利用中情局训练的反革命分子，发动猪湾事件，结果却变成一场灾难。肯尼迪总统主动为这场失败承担全部责任，并公开表示："胜利者的朋友成百上千，失败者却形单影只。"美国此次任务失败，驱使古巴进一步加强了与苏联的联系，并导致了 1962 年 10 月的近乎灭顶之灾的古巴导弹危机。虽然双方最终保持冷静，通过理性对话，使爆发核大战的可能性逐步降低，但是由于整个地球徘徊在毁灭边缘，全世界在 13 天时间里屏住呼吸，惶恐不安。历经 55 年，在奥巴马总统执政时期，美国与古巴的关系才开始正常化。

然而，美西战争的影响并不仅限于古巴，还穿越太平洋，扩大至西属菲律宾殖民地。1898 年 5 月 1 日，美国海军在菲律宾的马尼拉湾击败西班牙。与此同时，美国部队在波多黎各、关岛及夏威夷登陆。在美国扩大其太平洋沿岸地区影响力的同时，迅速发展工业的军事大国日本紧张观望。麦金莱总统向世界保证，尽管美国拥有帝国主义的

---

① 香蕉共和国指经济上依赖单一出口商品的独裁或由军阀控制的国家。——译者注

外表，但是"美国只会出于人道主义原因，而非占领领土的目的，将美国国旗插在外国土地上"。随着美国于 1898 年 8 月 13 日占领菲律宾首都马尼拉，影响全球的美西战争正式结束。

"狠狠地打！"：麦金莱总统："菲律宾的蚊子似乎比古巴的蚊子更为凶恶。"美西战争期间，美国对古巴与菲律宾的入侵凸显了外国帝国主义侵略热带地区所面临的危险。这幅 1899 年 2 月刊登于《评判》杂志①的漫画对麦金莱总统予以嘲讽，将古巴与菲律宾起义者比喻为顽固不化、颇为致命的蚊子。然而，1898 年美国入侵古巴也促使美国陆军黄热病委员会在沃尔特·里德的领导下揭开疟蚊的真面目，发现其为黄热病的致病原因。（美国国会图书馆）

---

① 英文名 *Judge*，为 1881—1947 年美国出版发行的讽刺漫画周刊。——译者注

西班牙于菲律宾投降后，麦金莱总统宣布："我们只能接管菲律宾，教育菲律宾人，振奋其精神，开化其文明，使其成为基督徒。在上帝的恩宠下，尽我们所能，帮助菲律宾人。"事实恰恰相反，美国占领军发动了自己残暴野蛮的清洗行动，对菲律宾公民进行"再集中"，与魏勒尔将军在古巴的反起义策略如出一辙。一位美国将军命令部下将所有年龄在 10 岁以上的菲律宾男性处死。该将军后来在军事法庭被审判。然而，媒体公然编造麦金莱总统的观点称："美国官方任务是以仁慈手段将菲律宾人同化。"

在这段为人所忘却的美菲战争期间，1896 年曾与西班牙殖民者作战的菲律宾革命者发动游击战，抗击美国部队。战斗一直持续到 1902 年。他们希望从所有外国霸权中独立。菲律宾总督及未来的美国总统威廉·塔夫脱认为，需要经过一个世纪的浴血奋战，菲律宾人才能学会欣赏"盎格鲁-撒克逊式的自由"。最终，关于美国暴行的报道不再遭到限制或无须接受审核。发行范围颇广的《国家》周刊对战争进行了报道，称战争并不那么"光彩夺目"，也并非一场"小型"战争，而是堕落为"一场以抢劫掠夺、野蛮凶残为特点的征服战争"。在美国于西半球以外部署的首批部队中，美国在菲律宾投入了超过 12.6 万人[1]。在死亡的约 4 500 人中，75% 死于疟疾、登革热等疾病。根据最为准确的估计，在残酷的三年战争期间，由于交战、屠杀、饥饿与疾病，菲律宾死亡总人数为 30 万。随后菲律宾依然处于美国（或日本）的某种形式的管辖之下，在 1946 年完全独立后才最终摆脱美国的管控。[2]

美西战争不仅让称霸全球的美帝国成型，而且也揭示了蚊子就是黄热病病毒携带者这一事实。1898 年，美国部队入侵古巴，参与战

---

[1] 我并没有算上杰斐逊总统在短暂、时断时续、抗击北非奥斯曼海盗期间于 1801 年部署的水兵（1815 年在麦迪逊的领导下再次部署）。

[2] 在经历 1942 年日本入侵、美国撤军、日本严酷控制及美国再入侵并于 1944 年第二次世界大战期间重返菲律宾后，菲律宾才实现这一来之不易的自治。

争的军人、医生及政客对黄热病构成的威胁心知肚明。古巴作为一个蚊媒传染病泛滥的地下墓穴而获得恶名，实乃名副其实。由于一年前，人们便已解开蚊子与疟疾的秘密，许多顶尖研究人员也指出，蚊子是黄热病传播的罪魁祸首。1881年，在法国与美国接受教育的古巴医生卡洛斯·芬利确认，伊蚊为黄热病病毒携带者。但是当时芬利表示，其实验结果具有不确定性。在人类以科学方法证实蚊子有罪之前，蚊子依然是清白之身。

美国的战争设计师饶有兴趣，同时焦虑不安地对古巴大量传回国内的医学报告进行了详细解读。与以往情况一样，古巴蚊子可以决定美国针对古巴岛屿所做设计的成败。黄热病是比西班牙人更为致命的敌人。与黄热病进行斗争的任务落在了沃尔特·里德医生的肩上。

1869年，17岁的里德获得医学学位。1875年，里德应征入伍，加入美国陆军医疗队，主要为跨过西部边界安抚、屠杀、迁移原住民的部队服务。里德既医治美国士兵，也照看原住民，其中就包括著名的阿帕切族首领杰罗尼莫。1893年，身为细菌学及临床显微镜学教授的里德加入刚刚成立的陆军医学院。在那里，里德可以根据自己的选择，全身心开展研究。美西战争爆发之际，里德奉命前往古巴，针对伤寒疫情展开调查。最终，里德得出结论，感染伤寒乃患者与排泄物、遭到苍蝇污染的食品和饮品发生接触所致。然而，在古巴期间，里德对黄热病的兴趣越发浓厚。而黄热病以令人担忧的速度困扰着美国部队。1900年6月，里德受命成立美国陆军黄热病委员会，并担任委员长。里德对卡洛斯·芬利的经历十分着迷，芬利的工作为里德自身的研究奠定了基础。

虽然由里德本人、另一名美国人、一名加拿大人及一名古巴人共同组成的四人团队得到了军队上级的全力支持，但是媒体却对里德关于蚊子传播黄热病的理论进行了抹黑。比如，在《华盛顿邮报》的一篇文章中，作者嘲笑道："所有已经刊登出版、关于黄热病滑稽可笑、毫无意义的胡言乱语足以建造一支船队。其中最不着边际的当属蚊子假设所产生的理论与观点。"1900年10月，在对人类进行试验后，许多测试对象去世，其中包括里德团队的一名队员。此后，里德宣布，其通过科学方法，完全确定了雌性伊蚊就是引发黄热病的原因。同时，里德也确认了人类与蚊子感染之间的周期性时间框架。[①] 伦纳德·伍德将军是一名医生，同时是美国驻古巴总督。他认为："芬利医生的学说得到证明是自詹纳发现天花疫苗以来最为伟大的医学进步。"因为将杀人凶手伊蚊"逮捕归案"，沃尔特·里德名声大振（许多机构以其名字命名，以表纪念）。1902 年，里德因阑尾破裂引发的并发症而英年早逝。然而，在此之前，里德公开赞扬了其团队，以及其英雄与导师卡洛斯·芬利。[②]

里德宣布发现黄热病的感染原因后，哈瓦那首席军队卫生官员威廉·戈加斯积极行动，通过系统缜密的灭蚊计划，将岛上的黄热病病毒清除干净。戈加斯年轻时曾于得克萨斯州感染黄热病，但幸存了下来。戈加斯既与"里德委员会"毫无瓜葛，也不是一位科研人员，而是一名军医，以满腔热情执行消灭哈瓦那黄热病的命令。戈加斯首先制作了内容详尽的城市及周边环境地图。随后，他部署 300 余人，组建 6 个团队，全天候向哈瓦那的蚊子开战，执行精心设计的作战计划。这些"卫生小队"向蚊子过分讲究的繁殖模式开刀。他们抽干池塘与沼泽，减少死水与露天水桶数量，安装蚊帐，清除指定植被，使用硫黄与具有杀虫作用的菊花除虫粉熏蒸，在所有无法触及或可疑地点喷洒添加除虫菊的煤油，并在全城实施其他大规模的卫生措施，限制伊蚊的活动范围。多亏戈加斯的坚定决心，自 1648 年以来，哈瓦那的黄热病病毒于 1902 年首次被彻底清除。1905 年美国最后一次黄热病疫情于新奥尔良暴发。此后，"清扫大军"重新占领古巴。到 1908 年，古巴全国彻底摆脱黄热病。但是，疟疾与登革热继续在古巴潜伏。

然而，直到 1927 年，真正的黄热病病毒才被分离出来。在慈善组

---

① 虽然里德向检测对象支付费用，但是他们均意识到其面临的风险，并在医学史上首次签署同意书，开创了同意书频繁合法使用的先河。

② 芬利虽然曾 7 次获得诺贝尔奖提名，但是从未获诺贝尔奖。

织洛克菲勒基金会的资助下，科学家于1937年成功研制出疫苗。这要感谢非裔美国人马克斯·泰勒尔。1951年，泰勒尔因其成就获得诺贝尔奖。当有人问及他将如何使用奖金时，他回答道："买一箱威士忌，观看道奇队① 比赛。"黄热病的威胁已经解除，对地缘政治事件再无重大影响。作为一名令人胆寒、技艺高超的杀手及人类历史上十分活跃、颇具影响的代理，黄热病迎来职业生涯的谢幕。然而，事实证明，疟疾是一个不知疲倦的生还者，是一名顽固不化的敌人。

美国军队从古巴撤离、成功完成针对古巴蚊子的"十字军东征"后，卡洛斯·芬利医生取代戈加斯，成为古巴首席卫生官员。戈加斯独一无二的才能与消灭疾病的技术另有他用。戈加斯受命针对历史上以顽固不化而闻名的巴拿马致命蚊子，施展灭蚊魔法。巴拿马蚊子曾经击败并赶走了西班牙人、英格兰人、苏格兰人及法国人，历史上未尝败绩，随即又向自信满满的美国发起挑战。在顽固的美国总统泰迪·罗斯福②的领导下，美国为了运河区霸权与蚊子交战。这位活力四射的年轻总统宣布："我们如果要掌握属于我们自己的海上与商业霸权，就必须不受界限限制，加强我们的力量。我们必须建造地峡运河，必须充分利用优势，让我们在决定东西方海洋命运时拥有话语权。"为了确保为菲律宾、关岛、萨摩亚、夏威夷、一系列小型环岛与岛屿等新获得殖民地提供足够资金，也为了促进其刚刚建立的全球性帝国的融合，美国需要修建一条长约77千米的运河，贯穿巴拿马。这条捷径将大西洋与太平洋相连，使人们无须再冒着风险、耗费时间、花费大量资金从南美合恩角绕路。泰迪坚持认为，在西班牙人、英格兰人、苏格兰人及法国人吃了败仗的地方，美国人将取得成功，建成穿越地峡的经济超级高速公路。他向工程师下达的命令要求颇高，只有

---

① 洛杉矶道奇队，美国职业棒球大联盟球队，成立于1883年。——译者注
② 泰迪·罗斯福即西奥多·罗斯福。一份公开发行的卡通漫画描绘了罗斯福狩猎活动期间放生一只小熊的场景，因此西奥多·罗斯福被人们称为"泰迪·罗斯福"。泰迪熊也因此出名。——译者注

简单一句："让泥土飞扬！"

虽然其想法并不具有创新性，但是这一工程与蚊子防治却是创新的。1534 年，西班牙人于达连湾尝试穿越巴拿马，但遭到蚊子阻拦。西班牙随后企图建立殖民地，同样因疾病肆虐而被迫放弃。在蚊子嘴下牺牲 4 万多人后，西班牙人用艰苦卓绝的努力仅仅换来一条泥泞不堪、穿越丛林的狭窄小道，仅能供驴子通行。除此之外，还有两个毫无生气、高烧肆虐的村庄。1688 年，蚊子大败英国。1698 年，苏格兰人向威廉·帕特森写信，描述了达连湾的恐怖场景。信件内容的高潮当属苏格兰失去了国家独立性。

费迪南德·德·莱塞普斯是一位自吹自擂的法国工程师，于 1869 年完成苏伊士运河的建设。1882 年，莱塞普斯设法在巴拿马运河复制其成功做法。他向政府官员行贿，并诱惑投资者对其项目予以支持。法国人的努力最终在泥巴与蚊群中付诸东流。法国后印象派艺术家保罗·高更于 1887 年到访巴拿马，随后感染疟疾，并在与疟疾的斗争中取胜。高更回忆说，骨瘦如柴的工人一边砍伐植被，一边在森林中前进，同时"遭到蚊子吞噬"。流行杂志《哈珀周刊》的大标题写着："M. 德·莱塞普斯是运河挖掘人还是坟墓挖掘人？"近 85% 的劳动力遭受蚊媒传染病折磨。死亡的超过 2.3 万人（总人数的 25%），主要死因为黄热病。1889 年，已经完工近 40% 的项目因缺乏资金及种种丑闻遭到放弃。巴拿马蚊子将 80 多万名投资者的 3 亿美元资金全部侵吞。许多政客与承包商因同流合污及贪污腐败被定罪，其中包括古斯塔夫·埃菲尔。1889 年，在为庆祝攻占巴士底狱百年纪念的巴黎世博会上，埃菲尔刚刚向世人展示其设计的埃菲尔铁塔。

为了获得进入运河区的权利，美国利用炮舰外交，同时对当地革命者予以军事支持，使得巴拿马从哥伦比亚独立。1903 年，美国承认巴拿马共和国的主权。两周后，美国永久性获得约 16 千米宽的运河区地带。美国人于 1904 年接受挑战，用刚刚发现的蚊子传播致命疾病这一新知识武装头脑。在向未完工的法国沟渠进发时，戈加斯收到一名当地人警告："一个白人如果前往那里，那他肯定愚昧无知。如果留在那里，那他必定愚蠢至极。"戈加斯还沉浸在其在古巴成功铲除疾病的喜悦中。他率领4 100名工人开始有条不紊地将黄热病从运河区彻底根除。

戈加斯及其卫生小队使用了与摧毁古巴伊蚊完全相同的系统，同时使用了新的试错灭蚊技术。根据索尼娅·莎的说法，卫生"闪电战"耗尽了"所有美国提供的硫黄、除虫菊及煤油"。在运河两旁，设有21个奎宁防治站，每天向大多数工人发放少量奎宁，用于预防疟疾。到1906年，施工进行到第二年，黄热病彻底消失，疟疾患病率下降了90%。虽然戈加斯哀叹道："在巴拿马地峡上，我们并未像在古巴一样摆脱疟疾。"他明白，自己的工作至关重要。1905年，运河地区死亡率比美国的高三倍。而1914年运河竣工后，其死亡率仅为美国的一半。根据官方数据，1904—1914年，5 609名工人（工人总数为6万）因疾病或受伤去世。1914年8月4日第一次世界大战爆发仅数天后，运河开放通航。

由于曼森、罗斯、格拉西、里德、戈加斯及其他人的发现，世界各国成立国家卫生部门、热带医学院、诸如洛克菲勒基金会等支持自主科学研究的捐助机构、军事卫生部门、军队护理部队、卫生委员会、公共废弃物处理设施及成文卫生法律。在巴拿马运河建造期间，保罗·萨特对蚊子防治的影响进行了探究。萨特报告说："正是美国向热带拉丁美洲及亚太地区进行商业与军事扩张，使得联邦昆虫学技术与公共卫生运动最为紧密地联系在一起。的确，这些帝国主义运动有助于加强联邦公共卫生能力，重构疾病防控体系……在20世纪早期，将其作为联邦问题加以对待。"在构建国家卫生体系方面，许多国家与美国进行了合作，不仅将该问题视为关乎民生的头等大事（甚至可能是一项合法权利），而且也认为此举具有军事必要性。蚊子是世界各国刺杀名单上的头号目标。

"让泥土飞扬！"：在威廉·戈加斯医生的领导下，美国人在巴拿马地区采用创新有效的蚊子防治方法，使美国人在遭蚊子追杀的西班牙人、英格兰人、苏格兰人及法国人的失败之地成功建成巴拿马运河。1904年，在西奥多·罗斯福总统的领导下，美国人开始为建造运河而努力。1914年，运河建成通航。图片中，一位卫生小队的队员于1906年在蚊子繁殖地区喷洒除虫油。（美国国会图书馆）

  巴拿马运河的建成保障了美国获得经济统治能力与海上霸权。[①]

---

① 1977年之前，运河均处于美国控制之下。到1977年巴拿马逐渐开始以与美国共同运营的方式管理运河。1999年，美国将运河运营管理权全部移交给巴拿马。

J. R. 麦克尼尔说："对疟疾与黄热病的有效控制改变了美洲及世界的力量平衡。"世界权力的天平开始向工业、经济与军事日益向前发展的美国这一超级大国倾斜。虽然泰迪·罗斯福开放了新的美国经济边界，但是其政策推动了美国冲入世界政治的博弈之中。泰迪·罗斯福个人也参与了这场全球博弈，并因成功调停日俄战争，获得 1906 年的诺贝尔和平奖。

1905 年，日本在与俄罗斯的战争中取得决定性胜利，全球观察家深受震撼，标志着世界历史转折点的出现。这是自 700 年前成吉思汗精心打造蒙古战争机器以来，亚洲国家首次面对欧洲大国而取得重大军事胜利。日本似乎是突然之间登上世界舞台的。曾经闭关自守、谨言慎行的日本努力实现工业化与现代化，加入了全球商业大潮。美国现在是太平洋大国。由于在美西战争中取胜，成功修建巴拿马运河，美国获得殖民地作为自己的战利品，因而其活动范围再也不仅限于大西洋海域。日本对美国在太平洋沿岸地区的经济入侵深恶痛绝。由于需要石油、橡胶、锡及其他资源，岛国日本效仿美国在 19 世纪和 20 世纪之交期间的所作所为，旨在打造自己的"大东亚帝国共荣圈"。两个相互竞争的太平洋国家暂时未爆发冲突。

除了从美西战争中获得殖民地战利品，美国以该冲突为借口，吞并了夏威夷。1893 年，一支由美国种植园主、企业家及投资者组成的队伍在美国海军陆战队的帮助下，推翻原夏威夷政府，软禁利留卡拉尼女王，两年后迫使其宣布退位。这些美国共谋者的目标十分简单。与古巴一样，在夏威夷成为美国管辖区后，其针对在美国港口卸糖料所征收的外国关税将不再适用。吞并行为的支持者认为，从战略角度看，夏威夷是举足轻重的经济军事要塞，是促进、保护美国在亚洲的利益的先决条件。尽管大多数夏威夷原住民对此表示反对，但是在 1898 年美西战争爆发后不久，美国国会通过投票，正式吞并夏威夷属地。次年，美国在珍珠港建立永久性海军基地。

第 17 章

与科学的斗争：蚊子推动的创新

1941 年 12 月，日本偷袭珍珠港，1 600 余万名美国人最终承担起战争的责任，加入抗击轴心国与致命蚊子的战争之中。那一充满耻辱的日子驱使美国进入全面战争的旋涡，发起一系列改变历史走向的事件，对全球霸权的电路板及导体重新布局焊接，也改变了蚊子在这一全新复合式世界秩序中的位置。蚊子深深陷入这些历史性全球事件之中，无法脱身，身处险境。在历史上规模最大的战争中血流成河的战场上，子弹决定了我们的生死。与这生死挣扎一样，对于蚊子而言，那个时代同样令其感到不安，使其自身难保。

在第二次世界大战爆发之际，战区疟疾控制办公室，即美国疾病控制与预防中心（CDC，简称"美国疾控中心"）在战争时期的前身，发布消息称："美国疟疾病例数量达到历史最低水平。"随着战争拉开大幕，一个截然不同的故事也徐徐展现在世人面前。为在各个战线取得胜利，与蚊子及敌人进行战斗乃重中之重。第二次世界大战是科学、医学、技术及军事装备发展的分水岭，其中也包括我们针对蚊子所用的武器装备的强化及现代化。在第二次世界大战及紧随其后的冷战"和平"期间，人类研制出诸如疟涤平[①]、氯喹等效果显著的合成抗

---

① 疟涤平也叫米帕林及奎纳克林。——译者注

疟药物，同时也能够大规模生产成本低廉的灭蚊化学药品滴滴涕[1]，进而使蚊子及其传播的疾病进行死亡盘旋[2]，开始在全球范围内进行全面撤退。在与蚊子进行的永无止境的战争历史上，人类首次占据上风。

在罗斯、格拉西、芬利、里德等人发现了蚊媒传染病的相关知识后，在世界大战期间，尤其是"二战"期间，各国政府及军队能更为有效地进行蚊子防治，遏制疾病传染并展开救治。一直以来，人类对蚊子颇为关注，并发现蚊子就是疟疾、黄热病及其他削弱人类力量的致命疾病的传播者。人类最终学会了如何以科学手段预防蚊子的叮咬。

然而，我们针对创新型灭蚊武器的研发与效果的试验并非一蹴而就。日本人在珍珠港唤醒了美国这个沉睡巨人之后，灭蚊武器研发试验进程便接入了超高速推进轨道。美国在军事与工业领域领先世界，对蚊媒传染病研究高度重视，认为灭蚊是同盟国取得战争胜利的一个举足轻重的部分。奎宁被束之高阁，取而代之的是诸如疟涤平、氯喹等技术含量更高的合成抗疟药物。1939 年问世的廉价化学药品滴滴涕具有杀虫作用。结果证明，该药品拯救了许多人的生命。

与此同时，人类也应用这些科学进步制造灾难。人类将蚊子作为一种生物制剂，纳入军备之中。针对蚊子与蚊媒传染病，轴心国与同盟国均开展了令人毛骨悚然的实验与医学及武器研究。我们现在可以利用蚊子具有破坏性的力量及对死亡的支配，消灭我们的人类敌人。纳粹预先培育了传播疟疾的蚊子，将其作为武器，部署在环绕安济奥的蓬蒂内沼泽地，对朝罗马进发的同盟国部队发动攻击。

虽然蚊子因人类的科学发展、合成药物及万能杀虫剂滴滴涕而陷入困境，但是这绝不意味着它就此缴械投降，不再吸食血液、大规模传播疾病、展开大屠杀。尽管其秘密已大白于天下，但是在 1914 年第一次世界大战爆发与 1945 年第二次世界大战各战败国无条件投降期间，

[1] 滴滴涕（DDT），双对氯苯基三氯乙烷（dichloro-diphenyl-trichloroethane）。
[2] 死亡盘旋指飞机呈螺旋式下降趋势，并最终坠机。——译者注

蚊子继续在世界各地让数百万士兵与平民失去行为能力，甚至命丧黄泉。然而，在第二次世界大战期间，参与绝密"疟疾计划"的美国研究人员与灭蚊战士最终利用滴滴涕的化学式，破解了蚊子的神秘密码。

与第二次世界大战不同，蚊子虽然一直是一位意志坚定、斗志昂扬的战士，但是其被迫从第一次世界大战的主战场与关键战役中退出。在西部战线，蚊子一直不声不响。对于蚊子而言，天寒地冻的欧洲战场位置过于偏北，使其无法加入徒劳无益的屠杀，难以贡献自己的一分力。然而，在位于非洲、巴尔干半岛及中东地区其他规模更小的"穿插"战役中，蚊子却频繁地在身材更为健硕的士兵聚集地进行客串表演。尽管如此，蚊子的作用一般仅限于致人死亡，并未对战争或战争结果造成更加引人担忧的影响。①

1914—1919 年第一次世界大战期间，参与战争人员超过 6 500 万人，死亡约 1 000 万人，另有 2 500 万人受伤。②据估计，感染蚊媒传染病的士兵达 1 500 万，其中包括我当时尚为青少年、在疟疾方面天

---

① 比如，在马其顿/萨洛尼卡战线，英法与保加利亚的战斗因疟疾而最终失败。1915 年 10 月，收到进攻命令的法国指挥官回复说："将军难打无兵之仗。"法国部队总人数为 12 万，其中约 50% 感染了疟疾。在由 16 万人组成的英国部队中，有 16.3 万个因感染疟疾而入院治疗的病例（人均超过一次）。一位战地记者对英国士兵的描述是"无精打采、缺少活力、情绪低落、面色萎黄之人。对于他们而言，自己的生命是一种负担，也在物质上成为军队的累赘"。最终，保加利亚人于 1918 年 9 月投降。届时，联军已在萨洛尼卡战线就疟疾消耗了 200 万个服务日。在埃德蒙·艾伦比将军的率领下，英国从埃及北部出发，沿地中海东部进入法国勒旺，穿越巴勒斯坦与叙利亚。途中，英国人也遭到疟疾侵扰，但是并没有其预期的那么猛烈。一定程度上，这多亏艾伦比强烈坚持使用奎宁、蚊帐，并且不离开高地。在 250 万于北非、中东、加里波利及俄罗斯高加索南部服役的大英帝国部队中，仅报告了 11 万个疟疾病例。而疟疾以更大的热情，对补给不足、饥肠辘辘的奥斯曼-土耳其防御部队大肆屠杀，造成46 万人感染。

② 平民死亡人数并不准确，尚有争论，但总体而言在 700 万和 1 000 万之间。

赋过人的曾祖父威廉·瓦恩加德。谢天谢地的是，与其他9.5万名士兵不同，他最后逃过一劫。考虑到参战与死亡人员的绝对人数，这些数据可谓小巫见大巫。在战争相关的死亡人数中，因蚊媒传染病致死的人数占比甚至不到1%。与蚊媒传染病血债累累的过去相比，相距甚远。由于一直在荒无人烟的岛屿与世隔绝，孤独寂寞的蚊子并未改变这场波及全球人类文明的大战的结果。对于蚊子而言，这场冲突实在遥不可及。在西方战线，决定了此次冲突结果的是在污浊不堪的战壕中进行的消耗战。战壕如同一道蜿蜒曲折、散发怒气的伤疤，从瑞士阿尔卑斯山绵延近725千米，直达比利时北海海岸。在1917年俄国革命与随后的苏俄内战爆发之前，战壕还延伸至东部战线，但是范围相对较小。

然而，在后凡尔赛时代徒有其表的和平之中，疾病变得比战争时期更为致命。由于战壕狭窄拥挤、肮脏不堪，加之遣返中心为家乡遍布世界各地的士兵提供庇护，最终导致在1918—1919年，神出鬼没的流感疫情造成5亿多人感染，在全球范围内致使7 500万至1亿人死亡，比帮助病毒扩散的世界大战还要高出5倍。[1] 流感并非归乡心切的老兵们所传播的唯一疾病。但是，在我们的集体记忆中，流感让所有其他疾病相形见绌。澳大利亚、英国、加拿大、中国、法国、德国、意大利、俄罗斯、美国及许许多多其他国家均亲眼见证了疟疾所带来的巨大破坏。在两次世界大战之间的几十年间，蚊子弥补了自己浪费的时间，释放了疾病洪灾。尽管我们已经意识到蚊子就是疟疾、黄热病、血丝虫病及登革热传播的原因，但是实践证明，我们依然难以阻止其与死神的交易，甚至在丰饶富足的西方国家，人们也同样对其无能为力。

比如，经统计，20世纪20年代的十年间，全球年平均疟疾感

---

[1] 对于这场"西班牙流感"零号病人的行踪，学者们依然争论不休。虽然西班牙肯定不是流感发源地，但有理论指出，该病起源于波士顿、堪萨斯、法国、奥地利或中国。目前看来，起源于波士顿的可能性最大。

染达到令人震惊的8亿次，每年造成350万至400万人死亡。在美国，20世纪20年代，感染疟疾人数为120万。在接下来的十年，感染人数下降至60万，其中死亡5万。登革热也在美国南部疯狂肆虐，于1922年在得克萨斯州感染60万人，单单加尔维斯顿就有3万人感染。一位临时观察员说出了一句名言，称抗击蚊媒传染病的尝试如同"一个只有一只胳膊的人（设法）用一把勺子舀光五大湖所有的水"，毫无意义。在19世纪和20世纪之交，蚊媒传染病平均每年对美国造成的损失为1亿美元，而到了20世纪30年代，这一损失增长至5亿美元。1932年[①]，中国长江暴发洪灾之时，疟疾在受灾地区的感染率达到60%，造成超过30万人死亡。据当时估计，在那之后的5年里，疟疾共夺去4 000万至5 000万中国人的生命。在刚刚经历革命与内战后完成建国的苏联，蚊子同样泛滥成灾。

1917年十月革命让俄国退出第一次世界大战，撤离了遭到侵蚀的东部战线。随后爆发的苏俄内战使沙皇罗曼诺夫帝国民不聊生，土地荒芜，卫生服务系统瘫痪。一场包括洪灾、饥荒与瘟疫在内的悲惨的马尔萨斯生态灾难接踵而至。在1923年内战结束前，因自然灾害而失去生命的俄国人高达1 200万。虽然列宁、托洛茨基与斯大林领导的红军最终大获全胜，全面建立社会主义苏联，成为西方民主在政治、军事及经济方面的对手（在全球范围内与西方相抗衡），但是伴随这一历史性事件一同到来的，还有疾病与贫困浪潮。

在列宁不断巩固权力的同时，间日疟与恶性疟充分利用大饥荒与伤寒大暴发，随后席卷整个苏联，其影响范围最北可至冰冻港阿尔汉格尔港。该港口位于北极圈以南约200千米处，与阿拉斯加州费尔班克斯处于同一纬度。这场于1922—1923年暴发的北极流行病表明，在温度、贸易、民间冲突、合适蚊种、携带病毒的温血人类共同组成的完美风暴中，疟疾所带来的痛苦不受边界与领土范围限制。据

---

① 我国那次长江洪灾发生在1931年，此处为原书错误。——编者注

估计，这场异乎寻常、让人手忙脚乱的极地疟疾风暴共导致 3 万人感染，9 000 人死亡。按照历史学家詹姆斯·韦伯的说法："1922—1923年，欧洲暴发了现代史上最为严重的疟疾疫情。"在受灾最严重的伏尔加河流域、俄罗斯南部、斯坦、高加索等地区，区域感染率攀升至50%~100%。据估计，单单在 1923 年，整个苏联就出现 1 800 万个疟疾病例，因病死亡达 60 万人。1920—1922 年，由跳蚤传播的伤寒疫情达到最为严重的程度，造成 3 000 万俄国人感染，300 万人死亡。疫情随后于 1923 年逐渐好转。同年，德国在氰化物的基础上，研发出齐克隆 B 杀虫剂。[①]1934 年，疟疾再次在苏联暴发，在此期间染病的

"消灭蚊子幼虫"：在这幅 1942 年苏联灭蚊海报最下方，介绍了向蚊子与沼泽发起的战争。苏联 / 俄国拥有漫长的疟疾史。十月革命及接踵而至的苏俄内战之后，疟疾于 1922—1923 年暴发。此次疫情是欧洲记录中最为惨烈的一次。疟疾造成的影响最北波及阿尔汉格尔港。据估计，仅在 1923 年，苏联就出现 1 800 万起疟疾病例，其中有 60 万人死亡。(美国国家医学图书馆)

---

① 齐克隆 B 最初是作为一种杀虫剂被发明和推广的，它因在大屠杀期间被纳粹当作化学剂用于大规模屠杀犹太人和其他囚犯而臭名昭著。

有近 1 000 万人。由于在两次世界大战间隔时期，蚊媒传染病感染人数激增，探索性医学研究与蚊媒传染病根除计划开展速度加快。虽然第一次世界大战中的绞肉机一般的冲突及剧烈余波逐渐终止，但是我们在战壕中对蚊子的复仇之战仍在继续。

在与蚊媒传染病及蚊子进行的科学斗争期间，人类于 1917 年取得了一项奇怪的重大突破。在研究神经梅毒治疗方法的同时，奥地利精神病医生朱利叶斯·瓦格纳-尧雷格突然有了一个不成熟的想法，将非致命但足以使身体衰弱的疟疾菌株注入病人体内，治疗造成精神失常的晚期梅毒。结果，该方法取得了奇效。疟疾引起的发热让病人体温达到 41.7 摄氏度，进而将热敏性病毒消灭干净。病人原本在劫难逃，必将在梅毒引起的痛苦中死去，但是感染疟疾却让病人重获新生。我认为，在死亡与疟疾之间，疟疾是更能让人接受的选择。现在，蚊子既是杀手，又是救星。但是尧雷格认为："疟疾疗法依然是疟疾。"其治疗方法越发出名。到 1922 年，许多国家的医生会向梅毒患者开具疟疾疗法处方，美国也是其中之一。1927 年，尧雷格因其疯狂却又极具创造力的疗法获得诺贝尔奖。同年，人们需要在美国诊所门口排队，才能像使用某种快速修复药丸一样"服用"疟疾。令人欣慰的是，由于一年后，亚历山大·弗莱明发现了改变世界的抗生素青霉素，人们对尧雷格的疟疾解药需求逐渐消失。现在，梅毒（及其他细菌感染）患者可以在不受疟疾折磨的情况下恢复健康。1940 年，青霉素实现全球量产。

然而，整体来看，在两次世界大战间隔时期，人类取得了侵略性较低的进步，进而帮助对抗我们最致命的敌人。金鸡纳树种植园从南美洲、墨西哥及荷属印度尼西亚扩展至世界其他地区。低矮、松散的金鸡纳树丛最终在英属印度、斯里兰卡，以及美国在菲律宾、波多黎各、维尔京群岛及夏威夷的属地生根发芽。在整个美国及其他蚊子泛滥的国家与殖民地，人们建立了蚊子防治理事会。1924 年，联合国软弱无权的前身国际联盟在其大型国际卫生组织下成立抗疟委员会。1913 年，美国标准石油公司大亨约翰·D. 洛克菲勒成立洛克菲勒基金会。该基金会开创了一个革命性的慈善模式，随后出现的许多慈善组织对其予以效仿，其中包括堪称典范的比尔及梅琳达·盖茨基金会。到1950年，在"增进全世界人类福祉"宗旨的指引下，洛克菲勒基金会出资1亿美元，用于蚊子防治、疟疾及黄热病研究，同时也对其他与健康相关的努力提供支持。

然而，在两次世界大战间隔时期，贝尼托·墨索里尼在著名的蓬蒂内沼泽地进行了最大胆、最成功的灭蚊计划。这位意大利独裁者将灭蚊视为其任务的重中之重，将蓬蒂内沼泽地的水全部抽干。对于国家法西斯党，灭蚊是一种政治手段，可以笼络人心、在无人区促进农业发展、培养"伟大的乡村勇士"并实现墨索里尼倡导的"第二次意大利文艺复兴"，造福世界。其完整的再利用计划真正始于1929年，当时意大利疟疾地区的农民预期寿命仅为22.5岁。对蓬蒂内沼泽地的初步人口普查显示，沼泽地内没有永久性居住地，仅有"1 637名遭受高烧折磨的酒鬼"，生活在破败不堪的茅草屋里。报告也警告称，在沼泽地度过一天后，80%的人会感染疟疾。

计划共分三个阶段。在第一个阶段，墨索里尼抽干沼泽内的积水，或建造水坝，对其加以控制。法西斯党将其行动称为"沼泽之战"。此次行动需要强征劳动力。1933年，劳动人数达到峰值，共计12.5万。其中大多数人是被称作"劣等种族"的意大利人。超过2 000人成为疟疾医学实验的对象。在第二阶段，法西斯党建造由石砌房屋组成的宅地与公共设施，土地被分配给遭到强制安置的移居人口。在第三个阶段，法西斯党针对蚊子采取措施，例如安装纱窗、改善卫生条件、提升卫生服务。为了抗击疟疾，法西斯党从储备丰富、位于战略位置的仓库向人们发放奎宁。

从1930年起，遭到疟疾折磨的工人清理了指定的小型植物，种植了100余万棵松树。刚刚建成的河道与堤坝纵横交错，总长度达到令人震惊的16 576千米。工人们沿着这些堤坝与河道建造起液压泵站。在流入安济奥附近伊特鲁里亚海的墨索里尼运河沿岸也建有液压泵站。

墨索里尼利用这场为期十年的行动，展开宣传运动。墨索里尼经常上身赤裸，或手拿铲子，或手扶小麦脱粒机，或骑着自己的红色摩托，在病恹恹（却面带微笑）的工人或正在野餐的爱人间摆好造型，拍摄照片或新闻影片。1932—1939年，意大利共建成5座有特色的模范小镇，其中包括拉蒂纳、阿普利亚及波梅齐亚。与此同时，意大利也为这些小镇打造了18个卫星乡村。撇开墨索里尼的广告不提，他的开垦和根除计划——第一个阶段的计划——取得了巨大的成功。1932—1939年，以前的沼泽地区及整个意大利的疟疾发病率下降了99.8%。然而，在1944年的几周内，纳粹通过一场惨无人道的生物战，让多年以来的抗疟成绩毁于一旦。

虽然在两次世界大战间隔时期，针对蚊子的研究在如火如荼地展开，但是只有通过类似于曼哈顿计划的美国秘密"二战"项目，使用最新合成抗疟药物及滴滴涕灭蚊服务，才能真正遏制蚊子。虽然滴滴涕最早由德国和奥地利化学家于1874年合成，但是直到1939年，瑞士科学家保罗·赫尔曼·穆勒才发现滴滴涕具有杀虫特性。其也因"发现滴滴涕能够高效毒杀多种节肢动物"获得1948年诺贝尔奖。

虽然穆勒最初的工作领域为有机植物染料与染色剂，但是穆勒热爱户外活动，热爱自然世界的动植物（及品尝水果）。这使其开始进行植物保护化学药品实验，其中包括消毒剂实验。通过观察研究昆虫，穆勒意识到，与人类及其他动物相比，这些生物会以不同方式吸收化学药品。1935年，瑞士因虫灾导致粮食歉收；俄罗斯暴发严重伤寒疫情，并在整个东欧大范围扩散。因此，穆勒决定采取行动。他下定决心拯救生命、保卫农田，并保护其珍爱的果树，因此开始其"合成理想接触性杀虫剂"的使命。"这种杀虫剂起效迅速，药性强，杀虫效果无可匹敌，同时对植物与温血动物几乎或完全无害。"经过4年对349种无用化学品的实验后，穆勒一无所获，然而，第350个化学品滴滴涕便是其所寻找的特效药剂。

对家蝇与破坏力极强的科罗拉多薯虫的试验取得成功后，穆勒迅速在其他一系列害虫身上进行测试，测试结果显示，滴滴涕能够杀死跳蚤、虱子、扁虱、白蛉、蚊子及其他昆虫，杀虫效果让人拍案叫绝，杀虫效率令人瞠目结舌。这些昆虫能够传播斑疹伤寒、锥体虫病、鼠疫、利什曼病[①]、疟疾、黄热病及许多其他虫媒疾病。滴滴涕的杀虫机制是，通过迅速破坏蛋白质、钠离子通道等离子体及神经递质，干扰其目标的神经系统，从而导致作用目标发生抽搐、痉挛并最终死亡。1939年9月，纳粹与苏联根据《苏德互不侵犯条约》瓜分波兰，引发第二次世界大战，此时保罗·穆勒正在盖吉公司（现制药巨头诺华公司）位于瑞士巴塞尔的实验室，激活了滴滴涕的化学时代。

尽管滴滴涕由德国人发明，但是希特勒的私人医生认为滴滴涕毫无用处，危及帝国健康。在该名医生的建议下，希特勒禁止德国部队使用滴滴涕。直到1944年，德国才开始审慎使用滴滴涕。相比之下，到1942年，美国已经开始为战争大规模生产滴滴涕，并随后启动了规模庞大的疟疾计划，与曼哈顿计划的机密、安全、规模等级完全相同。原子武器与滴滴涕容器均成为同盟国武器库中的全新装备。

美国陆军部于1942年5月创建陆军疟疾学军校，训练名为"蚊子部队"或"傻子士兵"的专业干部，其官方名称为"疟疾研究部队"，属于新的军队热带医学师。这些首批非传统性抗蚊战士挥舞着喷洒滴滴涕的魔杖，于1943年早期进入同盟国展开行动的战争地带，希望将蚊子一网打尽。滴滴涕虽然能够直接锁定目标蚊子，但是并不会向疟疾本身发动攻击。在战争开始之际，只有奎宁能够独享此项殊荣。日本牢牢控制了全球金鸡纳树种植与奎宁供应，这也是创建疟疾计划的另一驱动因素。

1942年早期，日本迅速扩张，穿过太平洋，覆盖范围包括荷属东印度群岛地区，控制了全球90%的金鸡纳树皮生产份额。控制奎宁、

---

① 利什曼病由利什曼原虫引发，人与牲畜均可感染，引发皮肤、黏膜溃烂，伴有高烧等症状。——译者注

石油、橡胶及锡金属是日本军事计划的关键组成部分。德国也从大批量运输中受益匪浅。对于同盟国而言，奎宁短缺造成了一个重大问题，是一项严重的军事挫折。由于印度、南美及美国海外领地的金鸡纳树皮供应量有限且严重不足，人工替代品便在战争中起到举足轻重的作用。在疟疾计划的保护与支持下，美国化学家争相行动，开始寻找合成性金鸡纳树皮–奎宁物质。

科研人员对超过 1.4 万种化合物进行检测，其中包括甲氟喹及阿托喹酮的衍生物。但直到 1957 年疟疾首先展现氯喹抗药性，这些药物才得到使用。利奥·斯莱特对疟疾生物医药开发进行了研究。在其作品《战争与疾病》中，斯莱特指出："1942 年与 1943 年，抗疟计划拥有三个主要科学（及临床）任务：合成新型化合物、透彻研究疟涤平和开发氯喹……完成疟涤平药物研发、取代奎宁后，将对一种新发现的有希望的药物——氯喹——进行研发……但是战争结束后，人们才开始对其进行临床测试。"1943 年，疟涤平产量达到 18 亿片，并于 1944 年增长至 25 亿片。虽然所有同盟国士兵均接种了黄热病疫苗，但是战地指挥官无法保证这些士兵能够获取仅具有一定功效的疟涤平药片。

考虑到实际使用情况和道听途说的副作用，许多士兵并未使用它。疟涤平味苦，会引发皮肤与眼睛变黄、尿液颜色不正常等问题，并引发头痛与肌肉疼痛。在少数病例中，疟涤平还会导致呕吐、痢疾及神经错乱。[①] 然而，疟涤平不会引起阳痿及不孕不育，而这一说法在当时的美军中十分流行。德国与日本迅速利用这一点大肆宣传，打击盟军士气，削弱其战斗力及人力，希望通过减少疟涤平的使用，让盟军士兵轻而易举感染疟疾，就如同交换雪茄、口香糖、好时"军粮"巧克力[②]，可以钉在墙上的丽塔·海华丝、贝蒂·格拉布尔及简·拉塞尔的

---

① 近期，科研人员将注意力转移至现代军事人员与由甲氟喹引发的永久性精神错乱。2004 年，正是该种药物将我带入充满幻象的梦境。

② 战争期间，好时巧克力公司共生产 30 亿块"军粮"或"热带"巧克力。到 1945 年，其生产工厂每周发放巧克力 2 400 万块。

海报一样简单。

当时，蚊帐是军队必备装备，一位士兵对蚊帐的实际价值进行了总结。士兵回忆说："我们既没有时间，也没有力气在蚊帐及防蚊头套与手套上花功夫。"有些士兵刻意放弃采取任何预防疟疾的措施，其目的就是被调离前线。指挥官将这一现象称为"疟疾逃兵"。证明这一行为是军事犯罪并发起诉讼极为困难。谨小慎微、时时警惕的军官最多只能在点名期间少量发放疟涤平，让士兵当场排尿，留下可见证据，证明其遵守了命令。然而，按照一名士兵的说法，通常情况下，对于太平洋战场上来自各个国家的士兵而言，"疟疾，不可避免，如同平时一样，仅仅是战争的一部分"。即便在使用滴滴涕及疟涤平的情况下，蚊媒传染病的相关数据也高得吓人。我们只能凭空猜测，如果没有两样救人性命的科学突破，与疟疾相关的数据会是什么样子。

"这些人没有服用疟涤平"：第二次世界大战期间，巴布亚新几内亚莫尔斯比港第 363 美国驻地医院外，竖立着一块标牌，警示联军部队服用抗疟药物疟涤平。由于疟涤平导致皮肤与眼睛变黄、尿液颜色不正常，并引发头痛与肌肉疼痛、呕吐及痢疾，许多士兵并未按照规定每天服用疟涤平。在少数病例中，服用疟涤平会导致临时或永久性精神错乱，其副作用与当代甲氟喹类似。（国家卫生与医学博物馆）

战争期间，美国部队报告了约 72.5 万例蚊媒传染病病例，其中包括疟疾病例约 57.5 万例、登革热病例 12.2 万例、血丝虫病病例 1.4 万例。蚊媒传染病总计造成约 330 万天病假的损失。据估计，在驻扎于太平洋战场的美国士兵中，有 60% 至少感染过一次疟疾。著名战时患病者包括海军中尉约翰·F. 肯尼迪[①]、战地记者厄尼·派尔及二等兵查尔斯·库尔。1943 年 8 月，在盟军于西西里作战期间，暴跳如雷的乔治·S. 巴顿将军扇了两名士兵耳光，控告他们以"战场疲劳"或"炮弹休克"为由逃避责任。这一事件举世闻名，而库尔就是其中一名士兵。实际上，当时库尔正遭受疟疾折磨，并随后确诊。虽然轴心国在蚊媒传染病方面的记录前后不一，但是根据最为准确的估计，即便轴心国疟疾感染率并不高于同盟国，也和同盟国不相上下。

盟军士兵，尤其是太平洋战场上的士兵，被蚊媒传染病淹没，为此美国远东军将军道格拉斯·麦克阿瑟坐立难安，他咆哮道："如果我在率领我的师面对敌人时必须指望另外两个师才能取得胜利，而且其中一个师因疟疾全员住院，另一个师正从折磨人的疾病中慢慢恢复，那么这场战争注定旷日持久。"在整个太平洋进行越岛作战期间，美国对小型火山环礁进行地毯式轰炸，为蚊子创造了更多繁殖地，蚊子数量因而呈爆炸式增长。1942 年，在代号为"瘟疫行动"的瓜达尔卡纳尔岛战役期间，疟疾将美国海军陆战队第一师开膛破肚。美军报告的疟疾病例达 6 万例。1943 年 2 月，日军撤退后，日军显然也被疟疾热潮淹没。在巴布亚新几内亚，感染疟疾的澳大利亚与新西兰士兵占其部队总数的近 80%，与此同时，在美国于 1944 年夏天进攻塞班岛时，驻扎在塞班岛的日本部队被疟疾折磨得痛苦不堪。在巴丹半岛[②]，疟疾

---

① 约翰·F. 肯尼迪为第 35 届美国总统，1963 年 11 月 22 日于达拉斯遭枪击身亡。——译者注

② 巴丹半岛为菲律宾吕宋岛西部的半岛，位于马尼拉湾与苏比克湾之间。——译者注

站在日本一边，使美国守卫部队及其菲律宾盟友化为皑皑白骨。在前往破烂不堪的战俘营的路上，成千上万的战俘慢慢走向死亡。而在战俘营内，有更多战俘遭受与之相同的命运。①

"瘟疫行动"：1942 年 9 月，瓜达尔卡纳尔岛战役期间，一位美国海军陆战队第一师成员因患疟疾而被抬离战场。1942 年 8 月至 1943 年 2 月瓜达尔卡纳尔岛战役期间，美军报告疟疾病例超过 6 万例。（美国国会图书馆）

在麦克阿瑟的关注与支持下，疟疾学家保罗·拉塞尔医生率领队伍于 1943 年开始在太平洋及意大利进行地毯式滴滴涕喷洒行动。第

---

① 此现象为史上令人震惊的巴丹死亡行军事件。美菲联军投降后，约有共 78 000 人成为日军俘虏，随后战俘被送往 100 千米外的战俘营。美菲战俘主要靠步行前往。战俘只在初期获得少量食品，此后只能忍饥挨饿。在途中寻找食物与饮水的战俘均遭到日军处决。抵达目的地时，因饥饿、口渴及遭日军杀害的战俘达 15 000 人。进入战俘营后，另有约 26 000 人因被折磨、过劳或饥饿等死去。——译者注

一次会议时，麦克阿瑟便起身小声对保罗·拉塞尔说："医生，疟疾给我们带来了大问题。"此时，拉塞尔刚刚离开美国三天。当时他并未意识到，是麦克阿瑟亲自向乔治·马歇尔将军发电报召他来到战场的。但是，麦克阿瑟仅简单明了地提出要求："找到拉塞尔博士，把他送到我这儿来。"早些时候，在新几内亚，一位久经沙场的步兵指挥官曾与拉塞尔接触。这位指挥官怒气冲冲地说："如果你想玩弄蚊子，滚回华盛顿，别来烦我。我正忙着打日本人呢。"另一位路过的军官插话说："我们来这里是为了杀日本人。让蚊子见鬼去吧。"当拉塞尔告知麦克阿瑟这段对话后，麦克阿瑟便派这名插话军官为拉塞尔打包物品。

1943 年 3 月，美国疟疾研究部队于麦克阿瑟执行任务的区域，喷洒滴滴涕，在蚊子繁殖地消毒，向美国兵发放大量疟涤平与宣传单。士兵们开玩笑说，他们哪怕在土里洒了一滴水或吐了一口口水，一个"傻子士兵"便会凭空出现将其吸干，或者喷洒药剂将其覆盖。在整个太平洋地区，"蚊子猎人"在蚊子繁殖地喷洒了近 4 500 万升煤油。1989 年，埃克森公司的瓦尔迪兹号于阿拉斯加造成了臭名昭著的泄漏事件。而美军的煤油消耗量几乎与该事件的原油泄漏量相等。到 1944 年年底，在 900 个战争地区的 2 070 个营地中，活跃着超过 4 000 名"蚊子杀手"。滴滴涕似乎势不可当。1943 年，美国滴滴涕产量约为 69 吨，到 1945 年，已增长至约 1.63 万吨。我们终于找到了打击蚊子、赢得战争的弹药。在滴滴涕打击蚊子的同时，"疟疾计划"也发挥了对部队的教育作用。一股蚊子驱使的宣传浪潮穿过大西洋，补充、加强了拉塞尔团队的力量。当时，他们正全身心投入用滴滴涕淹没蚊子的使命之中。

1943 年，华特·迪士尼拍摄预防疟疾影片《长翅膀的祸根》，由《白雪公主》中的 7 个小矮人担当配角。该影片在部队迅速风靡。情色蚊子手册《这是安：她迫切渴望与你见面》也于同年发行，获得一致好评，成为备受美军青睐的睡前读物。这本充斥着情色内容的小册

疟疾计划：1945 年，一位部队人员向一名美军士兵身上喷洒滴滴涕。在第二次世界大战期间，滴滴涕是灭蚊战争中不可或缺的武器。该战争由美国热带医疗部队及疟疾部队发起，也就是"蚊子部队"或"傻子士兵"。实践证明，滴滴涕是可以救人性命的化学灭蚊药剂。（美国疾控中心公共卫生图像库）

子的编写者正是苏斯博士[1]。在其笔下，猥琐下流的蚊子被拟人化，成为一个有形可见且性感撩人的女妖怪、狐狸精及当地村妓。她会勾引并吃掉充满渴望、未受保护的部队军人。手册中写道："安八面玲珑。

---

[1] 苏斯博士是西奥多·苏斯·盖泽尔的笔名。其本人为儿童教育家、文学家、政治卡通画家、插画家、诗人、剧作家、电影制作人，创作了许多广受欢迎的儿童读物，销量超过 6 亿册。——译者注

她的全名是疟蚊①，她的工作是散播疟疾……她努力工作。安对自己的工作了如指掌……她在夜间四处游走，在黄昏至日出时段颇为活跃（真是一个交际花啊）。她有一种渴望。安不喜欢威士忌，不喜欢杜松子酒，不喜欢啤酒，也不喜欢朗姆可乐……她喜欢饮血……不久，安就按捺不住，想要再尝尝血的味道。因此，她立即出发，寻找不懂如何保护自己的傻小子。"

战争期间，西奥多·苏斯·盖泽尔队长，即我们心爱的苏斯博士，为战争动画部门创制了数不胜数关于安所带来危险的海报、宣传册与教学影片。②虽然安难以与丽塔、贝蒂或简等当年的女明星相提并论，但是在苏斯的战时作品中，这位广受欢迎的蚊子模特兼演员出镜率颇高。盖泽尔创作的军事教学动画片《二等兵混乱》③以三只蚊子为主题，风格露骨，而安则在剧集中担任女主角。这部由华纳兄弟出品的流行动画系列片融入兔八哥音乐，由耳熟能详的梅尔·布兰科配音。梅尔·布兰科也是兔八哥、达菲鸭及猪小弟的配音演员。

在整个战争期间，美国为特勤部门制作发行了成百上千的动画片、宣传册及海报，宣传蚊子与疟疾带来的危险。为了吸引缺少女性陪伴的大兵们的注意，许多角色与苏斯博士所创作的角色一样，具有极高的暗示性。在新几内亚的一张广告牌上，展示了一位上身裸露、性感迷人、身材丰腴的女性，下方标有几个字：谨记，服用疟涤平！在整个太平洋、意大利及中东地区，士兵们均可以看到类似的广告牌。上面画着一位赤身裸体的女性，而下方则配有对应信息。其他蚊子卡通

---

① 疟蚊英文名称为 Anopheles Mosquito，前两个字母发音与 Ann（安）相近，字母组合接近。——译者注

② 盖泽尔也创作了形如苏斯的角色，并绘制插图，宣传在滴滴涕基础上研制的飞立脱（FLIT）杀虫剂。插图配有朗朗上口、广受欢迎的标语："快，亨利！用飞立脱。"盖泽尔也为埃索与标准石油公司绘制卡通海报。

③ 英文名 *Private Snafu*。Snafu 为美军中行话 "情况正常：一片混乱"（Situation Normal: All Fucked Up）首字母缩写。——译者注

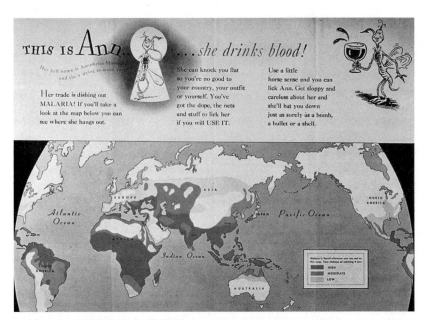

"这是安……她喜欢饮血！她的全名是疟蚊，迫切渴望与你见面！"：1943 年，我们心爱的苏斯博士——西奥多·苏斯·盖泽尔为特勤部队战争动画部门创制了诸多疟疾 / 蚊子海报与宣传册。这幅是其中之一。这些海报与宣传册警示军人们注意蚊子带来的危险，同时也对保护及防御性措施进行宣传。画面中的地图标出了疟疾的地理分布范围。安是一只令人热血沸腾、猥琐下流的蚊子，频繁出现在战时印刷品及银幕动画之中。（美国国家医学图书馆）

形象还包括戴着圆形眼镜、眼睛歪斜、长着龅牙的日本人。美军进行大规模抗疟宣传，同时，拉塞尔的滴滴涕"蚊子部队"也努力消灭疾病，降低疾病对执行任务的士兵的消耗。麦克阿瑟将军对此大加赞赏。拉塞尔回忆道："麦克阿瑟对击败日本人丝毫不担心，但是他却对届时无法战胜疟蚊心存忌惮。"

与其美国同僚一样，英国陆军元帅威廉·斯利姆爵士在缅甸指挥英军抗击日军期间也饱受痛苦："每有一个人因伤撤离战场，就有 120 人因病被迫撤离。"斯利姆并不知道，在惨烈的缅甸战役期间，疟疾实际让其部队占据了优势。由于当时正值雨季，作战地点位于条件艰苦的丛林地带，丛林中疾病肆虐，一旦染病，士兵便无法作战。在缅

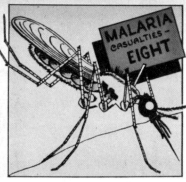

"你的组织准备好与两个敌人作战了吗？"：第二次世界大战期间，一幅极具种族主义色彩的太平洋战场海报，凸显了蚊子致命杀伤力及其对作战效率与战斗力的影响。战争期间，美国部队报告的蚊媒传染病病例数量大约有72.5万。（美国国家档案馆）

甸，日本人的疟疾患病率达到惊人的90%，而英国人的仅为80%。饱受战争摧残的中国（及日本侵略者）继续遭受折磨，战争期间，平均每年感染疟疾人次约为3 000万。

在北非与意大利战役中，蚊子时常变换阵营。从摩洛哥到突尼斯及利比亚，再到埃及，在茫茫古代沙漠上，德国与意大利部队的疟疾患病率是盟军士兵的两倍，直到西西里，双方患病率才回到同一水平。由于德国占据高地防守位置，在意大利本土战役期间，疟疾（以及由虱子传播的伤寒）对盟军打击更为巨大，在萨勒诺/那不勒斯、安济奥与亚诺河及波河北部尤为严重。然而，总体而言，由于喷洒滴滴涕的灭蚊队伍为负重前行的盟军保驾护航，意大利半岛上军人与平民的疟疾与伤寒患病率均持续下降。陆军上校查尔斯·惠勒说："使用诸如滴滴涕等灭虱粉是伤寒防治计划成功实施的根本原因。"控制蚊媒传染病所使用的正是同样的滴滴涕"粉"。

对于所有在太平洋战场与意大利作战的国家而言，疟疾向其证明自己是"大破坏者"。简而言之，在战略层面上，蚊媒传染病是一个会投机取巧的敌人，对所有交战国一视同仁，毫不手软。蚊媒传染病并未支持盟军，使战争的天平向欧洲或太平洋倾斜。为帮助同盟国取得战争胜利，苏联牺牲了2 500万人。轴心国的阿喀琉斯之踵石油、钢铁及其他稀缺资源严重短缺，这也为同盟国赢得战争起到促进作用。美国的军工输出无可匹敌，其中包括石油、滴滴涕、核武器等先进技术，进而推动同盟国取得一场又一场战役的胜利。

"生命中的一天"：1941年，两名英国士兵在蚊帐的保护下，于埃及茫茫古代沙漠向家人写信。（美国国会图书馆）

在拉塞尔的滴滴涕战斗部队及苏斯博士挑逗性的卡通宣传与疟蚊交锋之时，纳粹却将疟蚊全副武装，使之成为职业杀手，进行间谍活动。1944年，纳粹在安济奥利用蚊媒传染病发动生物战，抵御盟军进攻，打击刚刚宣布与纳粹断绝关系的意大利人。1943年9月，意大利退出轴心国，倒向同盟。希特勒暴跳如雷。这一叛变行为进一步强化了希特勒在战前对劣等意大利种族血统的怀疑。在希特勒看来，意大利叛徒必须受到惩罚。希特勒将意大利防御及叛乱镇压工作留给了国防军，并实施"向平民开战"的政策。

1943年西西里失守后，德国成功守住蓬蒂内沼泽地南部的古斯塔夫防线，迫使盟军在安济奥登陆，对德军两翼进行夹击。然而此时，蚊子与疟疾有条不紊地返回沼泽地，并随后进入意大利。1943年10月，陆军元帅阿尔贝特·凯塞林，也许是希特勒本人，下令在蓬蒂内沼泽地有目的性地释放蚊子，传播疾病。这是生物战争教科书一般的实例。凯塞林令其部队"竭尽所能，以最为严格的标准完成任务"。他说："对于自行选择以超越一般界限、用严酷方式执行任务的军官，我都予以支持。"希特勒对此表示赞同："必须以满腔怒火发动战役。"

德军首先从平民手中征收所有奎宁与蚊帐，并存入仓库，将私人房屋的窗户与纱窗全部破坏。此外，从巴尔干战线返回的意大利老兵带回了对奎宁具有抗药性的恶性疟病原虫菌株。随后，德军让排水泵反向运转，并将堤坝开闸放水，用咸水将90%的沼泽地全部注满，同时埋下地雷，设置防御性障碍物。在恢复项目进行期间，德军也小心翼翼地砍伐了之前种植的松树。德国疟疾学家向德军领导层建议，将沼泽地重新注满咸水能够促进致命蚊种羽斑按蚊的繁殖。这种蚊子在咸水环境中能够迅速发展壮大（因为其能传播恶性疟，所以成为德军之选）。

此次灌水不仅是为了阻挡盟军士兵而采取的生物战做法，也是为了向叛变的意大利平民复仇。在战争结束后，意大利平民将依然为此遭受折磨。耶鲁大学历史学家弗兰克·斯诺登对意大利疟疾所做的研究无人能及。在研究中，他表示："在实现这两项野心的过程中，德军进行了20世纪欧洲唯一一次为人所知的生物战争……德军计划引发的紧急医疗事件持续了三个疾病流行季，许多人因此受到巨大影响。"1944年，我妻子的祖父、典型的普通美国大兵沃特·"雷克斯"·拉尼中士，正是在安济奥墨索里尼运河沿岸遭受了疟疾的折磨。直到我于 73 年后的 2017 年春季告诉他时，他才知道自己是纳粹预谋生物战的受害者。

雷克斯生于科罗拉多州西部一个小型农业社区，1940 年应征入伍，进入美国第 45 步兵师"雷鸟"师服役。1943 年春，他于北非浴血奋战，于同年 7 月参加攻打西西里的战役。在为期 5 周的战争期间，美军、加拿大军及英军出现 2.2 万起疟疾病例，与意大利和德国防卫军患病率大致相同。9 月，雷克斯于萨勒诺登陆意大利，并于 1944 年 1 月跟随盟军攻打至蒙特卡西诺大门及德国古斯塔夫防线。同样于 1 月，雷克斯参加安济奥两栖登陆，抵达古斯塔夫防线后方。

1 月至 6 月，雷克斯与第 45 步兵师一直受困于墨索里尼运河沿岸。雷克斯回忆道："我们沿着河水泛滥的运河不断挖土，将运河填埋起来，但直到 6 月我们接到命令离开战线，准备于 1944 年 8 月向法国南部发动进攻时，我们几乎一直在原地踏步。"为了表明部队与致命蚊子进行了长期斗争，雷克斯及所在部队为在安济奥登陆后战斗过的地方起了英文名。随后，他向我叙述了这些地名，其中包括："死亡战场""死亡之妇""死亡之马""人肉战场"，还有以地狱中帮死人越过冥河的摆渡人命名的"冥府渡神"。雷克斯躺在懒人椅里，像平常一样喝着饭后威士忌，向我讲述当年的情形："在安济奥，冷酷无情的蚊子无处不在。在开战前，我们在路易斯安那州皮特金受训，并针对蚊子展开演习。但是我认为，这些蚊子比我们所接触的蚊子更为凶猛难缠。德军炮击持续不断，而相比之下，这群蚊子的攻击则有过之而无不及。灭蚊部队抵达战场后，为我们进行消毒，做了一切需要使用滴滴涕的相关工作。你之前谈到，德军实施了沼泽蚊子的战略。我猜，在当时，我想要保命恐怕为时已晚。"雷克斯记得，沿墨索里尼运河竖立着一块手写标牌，上面使用了经典美国大兵战地幽默表达："那句话说明了蓬蒂内沼泽地造成的影响：'蓬蒂内沼泽地发热公司：疟疾待售。'"他抬头看看我，歪着嘴向我微笑，冷峻而不失幽默地告诉我："我当时一定是为自己买了几杯疟疾。"在安济奥持续 4 个月的行动中，尽管美军使用滴滴涕超过 1 890 升，但是依然有 4.5 万名美国士兵，包括雷克斯·拉尼中士，因疟疾及其他疾病而接受治疗。马克·哈里森著有《医学与胜利》。在这部复杂的研究著作中，哈里森指出，正如人们所料，这场生物战争"让德军自食其果，损人不利己，导致德军疟疾感染率居高不下"。

"简安然无恙——她不在安济奥"：1944 年 5 月，一位英国士兵在意大利安济奥战场欣赏一块疟疾警示牌。为了吸引缺少女性陪伴的美国大兵的注意，许多类似警示牌极具暗示性。在太平洋、意大利及中东，均可以看到与之相似的广告牌，上面画有裸体女性，并配有相关信息，以此迎接部队士兵的到来。（帝国战争博物馆）

安济奥疟疾季节过后，现为军士长的雷克斯强忍病痛，于 1944 年 8 月参加盟军在法国南部的登陆行动。随后，在 1944—1945 年混乱无度的冬季，雷克斯又经历了突出部战役[1]。1945年3月中旬，其所在的第45步兵师突破齐格菲防线，跨过莱茵河，进入德国。4月28日，雷克斯收到"下达给作战部队的莫名其妙、十分古怪的命令"。通知上写道："明天开展行动的区域为臭名昭著的达豪集中营[2]。成功占领达豪后，他们不得进行任何破坏。国际委员会将在战斗结束后调查现场状况。一旦一个营占领达豪，就要对达豪进行严密警戒，任何人不得进出。"4月29日，在希特勒自杀前夜，雷克斯与其战友解放了位于慕尼黑外的达豪集中营，与元首即将土崩瓦解的第三帝国的恐惧进行面对面接触。当我让雷克斯详细讲述其所见所闻时，他庄严地闭上了湿润的眼睛，颤抖着双手，放下了威士忌。他心有余悸地低声说："那是黑暗的一天。我希望我能将这一天的记忆永久抹去。"因此，我便没有进一步追问。

达豪是纳粹热带医学项目中心。纳粹曾利用犹太囚犯进行人体实验，开展疟疾研究。根据雷克斯所在的第157团部队的历史记录，有"'病人'经历了无法形容的非人道实验。其他人则感染了疾病，以便德军对各类治疗方法的疗效进行检测……席林教授让囚犯感染诸如疟疾等各类疾病"。在达豪，一只实验性蚊子让雷克斯在战时第二次感染疟疾。雷克斯在回忆时哀叹道："第二次疟疾病情远比第一次糟糕。虽然我想与我的部队共同行动，但是医生告诉我，我必须回家。虽然德军无法夺去我的性命，但是这场疟疾定能让我无法站立。我觉得我必死无疑。"经过511天的战斗，雷克斯的战争就此结束。雷克斯住院11天，其间曾因疟疾病发而精神错乱。直至完全康复后，雷克斯才出

---

[1] 突出部战役为德军在第二次世界大战期间向西部战场发动的最后一场大型进攻战役，旨在阻止盟军使用比利时安特卫普港，进而将盟军战线一分为二。使德军包围4支联军部队，将其彻底击败，迫使西方盟国走上谈判桌，达成对协约国有利的和平条约。——译者注

[2] 达豪集中营为纳粹德国建立的第一个集中营，地点位于慕尼黑西北16千米的达豪小镇。——译者注

"我认为我必死无疑"：1944 年 5 月，位于意大利安济奥的雷克斯·拉尼中士。随后不久，由于德军为减缓盟军前进的脚步，于此前在蓬蒂内沼泽地释放了生物武器蚊子，雷克斯因遭蚊子叮咬感染疟疾。1945 年 4 月解放达豪集中营后，由于遭纳粹热带医学中心实验性疟蚊的叮咬，雷克斯再度感染疟疾。（拉尼家族）

院回家。2018 年，在度过 97 岁生日后不久，雷克斯·拉尼军士长于科罗拉多州西部的家中安详去世。部队为其举行了军葬。

　　纳粹医生克劳斯·席林是纳粹达豪热带医学计划的总医师。在其对志愿试验对象进行令人不寒而栗的疟疾研究时，美国疟疾计划的医生正在自己身上进行临床试验。^①对于美国军事战略家与行动计划者们而言，在战争的这一时段，疟疾是一个令人头疼的问题，使得他们无法顾及一般的道德规范与科学计划的要求。从 1943 年后期开始，美国热带医疗部队授权使用美国囚犯与梅毒病人，作为疟疾计划人体试验志愿者（以使其换取减刑、获取梅毒治疗的益处）。与纳粹德国在达豪对犹太囚犯进行试验的流程相比，美国的试验如出一辙。在内容详尽的作品《疟疾计划》中，凯伦·马斯特森表示："克劳斯·席林于 1942 年抵达其每日工作的地方。其所肩负的使命与美军疟疾计划的使命别无二致，即找到治愈疟疾的方法。"唯一的区别在于，席林强行在非志愿对象身上进行残酷试验。遭到逮捕后，席林的战争罪行受到美国法庭审判。^②

　　席林接到党卫队领袖海因里希·希姆莱的命令，进行疟疾实验研究。在难以形容的罪恶与残忍无情的罪行面前，席林的辩护显得软弱无力，未能使其逃脱法律的严惩。美国战时研究人员曾在亚特兰大联邦监狱与芝加哥附近臭名昭著的斯泰茨维尔监狱，利用囚犯或精神病院病人进行人体试验。在席林受审时，其法律顾问要求法庭解释，与美国研究人员所进行的试验相比，席林所做工作与之有何区别。席林的辩护团队也提到澳大利亚对志愿者进行的疟疾实验，这些志愿者包括负伤士兵及犹太难民。这一诡辩也未能获得成功。虽然席林于 1946 年因反人类罪被处以绞刑，但是直到 20 世纪 60 年代，美国依然对囚犯或病人进行疟疾实验。然而，这场多国共同进行的研究同时也帮助

① 1897 年，罗斯、格拉西与科赫成功获得"三大发现"后，疟疾学处于起步阶段，国际疟疾学界规模不大。比如，1905—1936 年，席林成为罗伯特·科赫研究所首位热带医学部队领导。该研究所于 1891 年由细菌理论学家建立，起到智囊团及疾病预防研究工作站的作用。1936 年退役后，席林接受墨索里尼领导下的意大利提供的职位，在精神病院与普通医院住院病人身上开展疟疾实验。

② 在席林所用的约 1 000 个测试对象中，超过 400 人因蚊媒传染病或遭注射致命剂量的实验性合成抗疟药物而死亡。

达到了一个更为阴暗的目的——研制生物武器。

1941 年，美国-英国-加拿大联盟（ABC-I，简称"美英加联盟"）以"为广泛防御而合作"为使命，建立了战时资源与战略共同协调体系。到 1943 年，美英加联盟的生物武器研究人员于美国陆军生物战争实验室所在地——马里兰州的德特里克堡，协同合作，开展研究。这支国际团队使用无数种毒素，实施多种多样的计划（有些以人体为对象，包括诸如基督复临安息日会等因宗教信仰而不愿服兵役的群体），所用毒素包括疑似瘟疫、天花、炭疽、肉毒病、黄热病等疾病的病毒，此外也包括两种新型病毒，委内瑞拉马脑炎病毒及日本脑炎病毒。在《战争病菌》一书中，唐纳德·艾弗里对美英加生物武器进行了介绍。他在书中表示："人们采取了许多创新性举措，将许多病毒武器化，其中黄热病的前景最为人看好。"研究人员绞尽脑汁，希望建立黄热病的传播系统，其中包括两个可能的备选项。一个是用黄热病病毒感染数百万只蚊子，随后将蚊群释放至日本。另一个是使德国战俘感染黄热病等疾病，通过空投方式，将其送回德国，引发疫情。

在生物武器研究的黑暗世界中，美英加团队并非形单影只。位于中国的日本生物战研究中心，即 731 部队，将成千上万的中国、韩国及盟军战俘用作其试验对象。731 部队使用多种药剂进行试验，其中包括黄热病、瘟疫、霍乱、天花、肉毒病、炭疽、各类性病等。日军进行人体试验，并在城市频繁进行空中试验。最为著名的当属释放传播霍乱的苍蝇，散布瘟疫。这场试验导致高达 58 万名中国平民死亡。2002 年，日本最终承认，自己引发了这场人为生物感染。试验的最终目的是利用定时气球携带瘟疫炸弹，在顺风作用下，将炸弹投向指定目标，由此向加利福尼亚州发动生物进攻。在"夜樱花"计划实施、形成生物威胁之前，日本便因遭受核打击而投降。

纳粹德国避雷针生物武器计划主要在毛特豪森、萨克森豪森、奥斯威辛、布痕瓦尔德及达豪死亡集中营内实施。德军在犹太及苏联囚犯身上开展人体试验。德国研究人员与日本 731 部队的同僚进行信息与试验结果共享。同时，德国研究人员也拥有关于黄热病传播的想法，其内容与美英加联军的相似。1944 年，纳粹德国预先繁育传播疟疾的蚊子，并将其释放于蓬蒂内沼泽地。如果不考虑日军对中国村庄的生物试验，战争期间，德军释放蚊子便是唯一一起为人所知、对生物武器具有目的性的部署。到 1948 年，滴滴涕与得到修复的墨索里尼战前基础设施限制住了蚊子造成的破坏。安济奥与蓬蒂内沼泽地，或整个意大利，成了一个绝佳的榜样，通过数据反映了滴滴涕在消灭蚊子方面的神奇功效。

安济奥战役后，该地区仅剩一片茫茫沼泽。近乎所有墨索里尼建造的设施都遭到破坏。城市变为一片废墟，草原荒无人烟，蚊子在沼泽地自由自在。疟疾对意大利人带来巨大冲击，大量意大利人因病死亡。在沼泽地区，因疟疾致死的概率呈指数型增长。1939 年，因疟疾而死亡的有 33 人，而到 1944 年，这一数字为 5.5 万。到战争结束时，意大利全国疟疾患病率已经翻了两番，到 1945 年，达到 50 万人。但是，沼泽地的命运再次发生改变。在几年内，随着滴滴涕如雨水般洒在意大利土地上，沼泽地调水与灭蚊设施得到恢复。滴滴涕效果显著。报告称，意大利人兴高采烈，"甚至在婚礼上不再向新娘身上撒米粒，而是喷洒滴滴涕"[①]。1948 年，在滴滴涕及新型抗疟药物氯喹的帮助下，意大利将疟疾彻底消灭。当时，疟疾已经对奎宁产生抗药性，因此人们使用氯喹取代奎宁。

第二次世界大战催生了技术恐怖与科学进步。其与战争一起，打开了一个勇敢新世界。戴维·金克拉是《滴滴涕与美国世纪：全球健康、环境整治与改变世界的杀虫剂》一书作者。该书简述了杀虫剂的发展史。在书中，戴维认为："在众多体现现代世界特征的战后技术中，滴滴涕只是其中一种。"在现代世界中，人类首次从蚊媒传染病

---

① 在西式婚礼上，新人走出教堂后，宾客会向新人撒米，寓意生活富足，儿孙满堂。——译者注

的桎梏中解放出来。人类可以利用这些创新，包括原子能与滴滴涕，推动世界发展，将蚊子掩埋于历史之中，造福全人类。

到 1945 年，美国农民可以在市场上购买到滴滴涕。而国际援助组织及世界各国将滴滴涕与廉价有效的氯喹结合使用，从而根除蚊媒传染病。1946 年，美国战争时期的陆军疟疾学校及战区疟疾防治办公室规模扩大，使用"传染病中心"（如今的美国疾控中心）为新名称，继续向蚊子发动闪电战。亚特兰大位于南方疟疾感染区中心，是美国公共卫生服务部队新分支总部所在地，具有重要战略意义。美国疾控中心每年的预算约为 100 万美元，在其最初的 370 名员工中（在一张蚊子形状的流程图上系统性地体现了其分工），60% 从事蚊子与疟疾根除方面的工作。到 1949 年，该机构启动多项计划，旨在反对生物战争。1951 年，执行计划的部门被合并为流行病情报局，成为疾控中心的分支机构。在成立的最初几年里，疾控中心的蚊子防治小组下定决心，将疟疾的致命传播媒介彻底铲除，因此他们在 650 万个美国家庭内喷洒了滴滴涕。

疾控中心成立两年后，刚刚成立、满怀憧憬的联合国于 1948 年成立了世界卫生组织（WHO，简称"世卫组织"）。延续战时灭蚊成效成为其工作的重中之重。1955 年，在美国提供的资金支持下，世卫组织启动全球疟疾根除计划。在装备了滴滴涕与氯喹的情况下，灭蚊战争成为下一场世界大战。在发展中国家广大区域成功实施计划后，人们为根除疟疾付出巨大努力，不久便将许多拉美与亚洲国家的疟疾患病率削减了 90%，甚至更多。甚至在非洲，人们已经看见了消灭这一古老顽疾的希望。到 1970 年，我们在与蚊子这一可怕敌人的战争中，似乎扭转了局势，取得全球性胜利。

1947—1970 年，滴滴涕销售额最高超过 20 亿美元，而主要基于美国的滴滴涕生产增长超过 900%。比如，1963 年，15 家美国公司，包括陶氏化学、杜邦、默克、孟山都（现为拜尔旗下公司）、汽巴（现诺华公司）、庞沃特 / 潘索特、蒙特罗斯及维尔斯科共生产滴滴涕 8.2 万吨，价值 10.4 亿美元。我们的地球已经遭到约 180 万吨（40亿磅）滴滴涕的冲洗，仅在美国就有 60 万吨（13.2 亿磅）。

1945 年，昆虫导致美国遭受价值 3.6 亿美元（相当于今天 40 亿美元）的作物损失。1945—1980 年，全球农业每年在粮食作物上使用4 万吨滴滴涕，保护作物免遭虫害，以此增加产量，保障大丰收。在印度，广泛使用滴滴涕不仅将蚊子一扫而光，让地方性疟疾无处可逃，而且在 20 世纪 50 年代让农业产量与工业产量平均每年增长超过 10 亿美元。放眼全球，在非洲、印度与亚洲某些地区，粮食产量增长，消费者在诸如小麦、大米、土豆、卷心菜、玉米等主食上的开销下降了60%。滴滴涕大获成功，被人们称为"救命化学品"。这一化合物是蚊子的氪石 [①]，为全世界数百万人创造了未来。

在哪里大量使用滴滴涕，哪里的疟疾发病率便会急剧下降。比如，在南美，1942—1946 年，疟疾病例数量减少了 35%。到 1948年，整个意大利未发生一起疟疾致死事件。1951 年，美国宣布在本国彻底消灭疟疾。在印度，同年的疟疾病例数量为 7 500 万例，而十年后便下降至仅剩 5 万例。在斯里兰卡，平均每年疟疾发病率约为 300万例。1946 年，斯里兰卡开始喷洒滴滴涕。到 1964 年，仅有 29 名斯里兰卡人感染疟疾。到 1975 年，疟疾在欧洲彻底消失。放眼全球，1930—1970 年，蚊媒传染病减少了 90%，令人为之惊叹（世界人口近乎翻了一番）。

我们不仅击败了集权主义政权，也最终以实际行动战胜了我们最致命的敌人——蚊子。保罗·拉塞尔医生在《人类征服疟疾》一书中对战时蚊子征服者做出了评价："这是一个滴滴涕与疟疾学的时代。"1955 年，拉塞尔首次宣布："人类可能第一次把彻底消灭疟疾变成现实。"灭蚊化学剂滴滴涕、合成抗疟药物及黄热病疫苗似乎已势

---

① 氪石是 DC 漫画人物超人的克星。此处用以说明滴滴涕是蚊子的克星。——译者注

"DDT is good for me-e-e!"

The great expectations held for DDT have been realized. During 1946, exhaustive scientific tests have shown that, when properly used, DDT kills a host of destructive insect pests, and is a benefactor of all humanity.

Pennsalt produces DDT and its products in all standard forms and is now one of the country's largest producers of this amazing insecticide. Today, everyone can enjoy added comfort, health and safety through the insect-killing powers of Pennsalt DDT products ... and DDT is only one of Pennsalt's many chemical products which benefit industry, farm and home.

GOOD FOR STEERS—Beef grows meatier nowadays ... for it's a scientific fact that—compared to untreated cattle—beef-steers gain up to 50 pounds extra when protected from horn flies and many other pests with DDT insecticides.

Knox Out FOR THE HOME—helps to make healthier, more comfortable homes ... protects your family from dangerous insect pests. Use Knox-Out DDT Powders and Sprays as directed ... then watch the bugs "bite the dust"!

Knox Out FOR DAIRIES—Up to 20% more milk ... more butter ... more cheese ... tests prove greater milk production when dairy cows are protected from the annoyance of many insects with DDT insecticides like Knox-Out Stock and Barn Spray.

GOOD FOR FRUITS—Bigger apples, juicier fruits that are free from unsightly worms ... all benefits resulting from DDT dusts and sprays.

PENN SALT
CHEMICALS
97 Years' Service to Industry • Farm • Home

GOOD FOR ROW CROPS—25 more barrels of potatoes per acre ... actual DDT tests have shown crop increases like this! DDT dusts and sprays help truck farmers pass these gains along to you.

Knox Out FOR INDUSTRY—Food processing plants, laundries, dry cleaning plants, hotels ... dozens of industries gain effective bug control, more pleasant work conditions with Pennsalt DDT products.

PENNSYLVANIA SALT MANUFACTURING COMPANY
WIDENER BUILDING, PHILADELPHIA 7, PA.

"滴滴涕对我有益！"：1947 年《时代周刊》上刊登的潘索特滴滴涕产品广告。到 1945 年，美国农民可以在市场上购买到滴滴涕。而国际援助组织及世界各国将滴滴涕与廉价有效的氯喹结合使用，从而根除蚊媒传染病。在战争结束后的数年里，滴滴涕似乎成为我们对抗最致命捕食者的制胜武器。（科学历史研究院）

不可当。我们已扭转战局，蚊子及其疾病大军全面溃败。在人类历史及我们与最顽固不化敌人的浴血奋战中，我们将第一次取得全面胜利。但是事实证明，这场战争远未结束。对于蚊子及其疟原虫而言，在它们与滴滴涕、氯喹及我们其他灭蚊武器的生存斗争中，其顽强抵抗并非全然徒劳。

第 18 章

环保运动：蚊子复兴

2012 年，全世界的环保人士欢庆蕾切尔·卡逊开创性作品《寂静的春天》发表 50 周年。在卡逊创作的故事中，反派自然是"死亡灵药"滴滴涕。在《美国害虫：殖民时代到滴滴涕失败的昆虫战争》一书中，詹姆斯·麦克威廉斯表示："在美国出版的图书中，几乎没有哪一部拥有《寂静的春天》所具有的影响力。蕾切尔·卡逊强力抨击了滴滴涕与相关杀虫化合物，其影响之大，可与托马斯·潘恩的《常识》和哈丽叶特·比切·斯托的《汤姆叔叔的小屋》相提并论……激起了现代环保运动。"麦克威廉斯称："《寂静的春天》与《常识》及《汤姆叔叔的小屋》颇为相似，触动了潜藏在美国人灵魂深处的一种情感，一种根深蒂固、热情纯粹的信念。"《寂静的春天》发行后，美国蚊子防治协会前任主席朱迪·汉森回忆道："突然之间，成为一名环保主义者成了一种时尚。"该书以令人震惊的销量，连续 31 周蝉联《纽约时报》畅销书榜单第一名。1964 年，在该书出版发行仅 18 个月后，卡逊于当年春天因癌症不幸去世，享年 56 岁。但是，她知道，她是一位英雄，对世界产生了巨大影响。

在 20 世纪 60 年代轰轰烈烈的十年抗议中，卡逊通过其环保世界观，于 1962 年种下了环境革命的种子，橙剂落叶剂^①在越南的使用让植物叶子脱落，琼尼·米歇尔 1970 年流行一时的歌曲《黄色大出租车》让种子得到浇灌。学术发现与实地调查研究证实了卡逊宿命论式的哲学，加拿大民歌歌手恳求农民不再使用滴滴涕，以保护鸟类、蜜蜂及滴滴涕先驱化学家保罗·穆勒心爱的苹果及果树。从两方面反思以往滴滴涕使用的优缺点后，米歇尔受益良多。她谴责农民用杀虫剂铺设通往天堂的道路，此乃正确之举。环境恶化，蚊子抗药性增强，其背后原因并不仅仅是对滴滴涕以灭蚊剂形式相对有限的使用，而是在农业领域进行范围广泛、地毯式的应用。卡逊曾预言，在镀金的天堂之城里，滴滴涕喷枪无处可寻，城里建有引人入胜的有机玫瑰丛林。

而在农业领域，人们以地毯式喷洒方式使用滴滴涕，其对环境产生的毒害及破坏性已众所周知，无可争议。尽管如此，并非所有近代评论员都对卡逊的预言予以支持。2004 年，美国国家科学院医学研究所报告指出："值得注意的是，在室内限量使用的情况下，滴滴涕进入全球食物链的可能性才会达到最低。"虽然当前依然有人对卡逊的科学证据和方法提出疑问，并坚持认为，为了遏制蚊媒传染病应恢复使用滴滴涕，但是世界上蚊子泛滥最为严重地区的实际情况是，滴滴涕再也没有任何效果。因蕾切尔在推动停用滴滴涕中发挥的作用，有人对其口诛笔伐。环保人士与此类人对彼此均深恶痛绝。蚊媒传染病随后便会东山再起。两个事件循环往复，永不停息。但实际上，蕾切尔的确无辜。

如果对任何人或任何事严加指责就能平复情绪，心安神宁，那么我们可以直接指责蚊子的进化生存本能。在人蚊大战各个战场的最后一战中，蚊子经受住了杀虫剂屠杀所造成的初步震荡。强大的蚊子借用时间，获得了生物力量，在基因层面向滴滴涕发动反击战，并大

---

① 橙剂落叶剂是一种高效落叶剂，因盛装容器为橙色而得名。越南战争期间，美军用低空慢速飞行的飞机将橙剂喷洒在越南的森林、丛林和其他植被上，使树木等植物叶子脱落。——译者注

获全胜，最终在与科学的对抗中技高一筹，成功抵挡住了科学的进攻。在混乱动荡的 20 世纪 60 年代，蚊子与疟疾在愈演愈烈的反主流文化游行与社会革命的战斗口号中，通过抵制由滴滴涕与抗疟药物构建的既有秩序，引领了属于自己的反抗运动。

1972 年，即《寂静的春天》风靡、美国在国内禁止农业使用滴滴涕十年后，这一问题依然未受重视。作为对抗蚊子的前线防御，滴滴涕的丧钟已经敲响。滴滴涕在人类历史舞台上逗留太久，不再受人欢迎。蚊子已从滴滴涕的药性下挺了过来，对其不再有丝毫畏惧。面对灭绝，蚊子与其疾病发起反击战，在 20 世纪 60 年代自我调整，完成进化。在遭到滴滴涕洗礼期间，疟原虫将多种抗疟药物变成自己的食物，而氯喹仅是开胃小菜。蚊子则构筑起强大奢华的免疫防线。

1956 年，人们首次发现，蚊子对滴滴涕产生了抗药性（可能早在 1947 年便已发现）。美国于 1972 年全面禁止使用滴滴涕。实际上，与某些影响深远的政治原因或卡逊所撰写的原因相比，此举与滴滴涕对该类蚊子药性失效的关系更为密切。卡逊在《寂静的春天》中写道："实情是，人类无法轻而易举地塑造自然，昆虫总会找到绕过针对自己发动的化学攻击的方法。虽然这一实情鲜有人提及，但是人人可见。"对滴滴涕产生抗性需要 2 年至 20 年不等，具体取决于蚊子种类。蚊子在平均 7 年时间内就可以对滴滴涕产生免疫。到 20 世纪 60 年代，对滴滴涕免疫的蚊子遍布世界，为疟原虫提供栖身之所，并能抵抗我们所使用的最有效药物。

滴滴涕最初取得了轰动性成功，但也带来了意料之外的后果。在其强有力的统治期间，针对抗疟药及其他杀虫剂的研究停滞不前。毕竟，"如果还没有出现问题，就没有必要进行修复"。20 世纪 50 年代至 70 年代，针对替代性药剂的研发在原地踏步。蚊子对滴滴涕普遍产生抗药性后，全世界找不到合适工具，无法继续与我们重新组建、卷土重来的敌人作战。在其设计精美的作品《热带疾病的形成》一书中，兰德尔·帕卡德指出："1950—1972 年，各类美国机构在疟疾防治活动上的支出约为12亿美元，这笔支出几乎全部用于滴滴涕的使用。世界卫生大会宣布于1969年终止了疟疾根除计划，导致各国对疟疾防治活动兴趣降低。"帕卡德说，结果，"各国对疟疾防治兴趣降低，加之各国普遍认识到，要证明防治能够带来经济利益颇具困难，因此，20世纪70年代至80年代，针对这一问题的研究的数量也同步下降"。在这几十年间，虽然鸟类与蜜蜂数量得到恢复，但是全世界因蚊子与蚊媒传染病激增导致的死亡人数同样随之增加。根据弗里德里希·尼采1888年的权力意志格言，蚊子相对快速地获得了对滴滴涕的免疫力，"在生命的战争学校之外：杀不死我的，终将使我更强大"。蚊子在其牢不可破的免疫斗篷之下，从冬眠中重生，比以往更为强大，对捕食更加充满渴望。

1968年，斯里兰卡停止喷洒滴滴涕，结果证明，此举操之过急。随后，疟疾立刻在该岛肆虐，导致10万人感染。次年，感染人数达到50万。到1969年，即世界卫生组织终止其耗费16亿美元（相当于2018年的约110亿美元）的疟疾根除计划之年，印度报告疟疾病例150万例。1975年，印度记录在案的疟疾病例超过650万例。20世纪70年代早期，南美与中美地区、中东地区及中亚地区的蚊媒传染病患病率达到使用滴滴涕之前的水平。非洲一如既往遭到蚊媒传染病吞噬。甚至欧洲也于1995年经历了一场疟疾暴发，报告病例达9万例。当时，欧洲诊所与医院接收疟疾患者人数是20世纪70年代的8倍。中亚与中东地区的疟疾患病率增长了10倍。

随着具有滴滴涕抗性的蚊子迅速繁殖，其活动范围也不断扩大。由于滴滴涕具有毒性，会引发癌症，大量媒体、学者及政府监察部门对滴滴涕予以密切关注。蚊子及蚊媒传染病在生物学上战胜了我们最为精密的杀蚊灭菌武器，因而东山再起，力求统治世界。其实，它们从未正式从自然进化游戏或达尔文适者生存的永恒斗争中退出。南希·丽思·斯特潘是哥伦比亚大学历史学教授。在其综合性作品《战疫》一书中，她解释说："1969年，世界卫生组织正式在大多数国家放弃实现消灭蚊子的目标，转而提出建议，让工作重点回归到疟疾防治。在许多情况下，这一应对政策导致许多抗疟努力付诸东流。疟疾死灰复燃，经常以流行病形式暴发。"麦克阿瑟将军的战时蚊子小队先驱保罗·拉塞尔医生认为，世界卫生组织计划失败，"拥有抗药性的智人菌株"乃罪魁祸首。拉塞尔医生明确提出，腐败官员和散布谣言、愚昧无知的环境学家以及浪费资源的资本主义改革者难辞其咎。

虽然有充分证据证明滴滴涕已经失效，且 1972 年，滴滴涕在美国国内遭禁，但是直到 1981 年 1 月，全球杀虫剂最大生产国美国才停止出口杀虫剂。在距离离任还有 5 天的时候，美国总统吉米·卡特发布一道行政命令，禁止从美国出口被美国环保局定为国内禁用的物品。美国环保局于 1970 年成立，是蕾切尔·卡逊绿色革命的产物。卡特宣布："此举旨在向其他国家强调，它们可以信赖贴有'美国制造'标签的产品。"在美国的带头下，遏制滴滴涕的多米诺效应使得杀虫剂彻底失去其短暂的统治地位。2007 年，中国停止生产滴滴涕。这种奇迹解药曾经叱咤风云，如今却遭人抛弃。中国停产滴滴涕后，印度与朝鲜成为世界上仅有的两个滴滴涕生产国（每年产量约 3 000 吨）。滴滴涕曾经是无可匹敌的蚊子杀手与庄严高贵的救星，如今却一无是处。不幸的是，我们战线上的抗疟药物也同样失去了功效。

在蚊子正不断强化其抵抗滴滴涕装甲的同时，疟疾也不断进化，抵抗一代又一代抗疟新药。索尼娅·莎总结道："尽管自古以来我们便对疟疾有所了解，但是该病的某些特性依然让我们的武器无法发挥功效。"奎宁、氯喹、甲氟喹及其他药物均已成为明日黄花，在意志坚定、顽固不化的疟原虫原始生存本能面前败下阵来。1910 年，人们确认发现疟原虫对奎宁具有抗性，但是肯定在很早以前，疟原虫便产生了抗性。1957 年，在人们使用氯喹 12 年后，在石油钻探工人、背包客、地质学家及从老挝、泰国与柬埔寨回国的援助工人的血液里，美国医生发现了抗氯喹的疟原虫。随后对当地人口的检测结果证明，疟疾学家最大的恐惧变成了现实。

仅仅过了十年，生命力顽强的疟原虫便重整旗鼓，直面顶级抗疟药物氯喹。利奥·斯莱特说，到20世纪60年代，"全世界大规模使用氯喹，疟原虫也在不断适应调整"。这一次，在东南亚与南美大部分地区，药物毫无作用。与此同时，在印度与非洲大量用药地区，对氯喹产生抗性的蚊子大量繁殖，发展壮大。到20世纪80年代，氯喹在世界各地均无法产生作用。在没有合适替代药物或新一代治疗方法的情况下，在2005年前，非洲援助组织一直在管理廉价氯喹库存，该批氯喹占抗疟药物总量的95%。

　　寄生虫成功破坏了我们的前线防御药物，其速度与这些药物的生产速度旗鼓相当。1975年对甲氟喹进行商业发布后，仅用了一年时间，人类便确认蚊子对甲氟喹产生了抗性。十年后，世界各地均出现了关于对甲氟喹产生抗性的疟疾病例的报道。在近年于疟疾区进行联合部队作战部署期间，在索马里、卢旺达、海地、苏丹、利比亚、阿富汗、伊拉克等地区，甲氟喹的副作用如同第二次世界大战所用疟涤平的幽灵一般，出现在世人面前。2012年，在美国参议院委员会听证会期间，研究人员列举出"严重中毒综合征"常见甚至永久性的副作用，如"栩栩如生的噩梦、深度焦虑、侵略性行为、幻想型偏执、精神涣散、精神错乱及严重失忆"。这些综合征对作战士兵自然毫无益处。在专家证词中，该综合征与创伤后应激障碍（PTSD）及创伤后脑损伤一起，属于"第三种公认现代战争标志性损伤"。随着士兵与老兵公开说明其症状，表达不满，这种甲氟喹中毒问题逐渐受到越来越多的媒体关注。虽然其群体数量相对较小，但是美国部队及其他盟国士兵均在近期行动中感染疟疾与登革热。

　　当前能够获得的最佳治疗方法，尤其是针对致命恶性疟菌株的治疗方法，名叫青蒿素联合疗法（ACTs）。本质上说，该治疗方法是各类抗疟药物的混合，而青蒿素是药物核心（想想一块表面包裹着各种各样糖果涂层、中间为口香糖球的大块硬糖）。然而，青蒿素联合疗法价格相对较高，约是其他疗效相对较低抗疟疗法的20倍，其中包括伯氨喹。青蒿素联合疗法通过针对不同疟原虫蛋白质与通路的药物，对疟原虫狂轰滥炸，进而发挥药效，本质上说，就是抑制疟原虫在多个战线同时反击的能力。因此，在为生存而战的时候，疟疾难以延续其令人印象深刻的生命周期，包括在肝脏内秘密潜伏。青蒿素成分的作用不仅限于一种蛋白质或一种通路，而是通过破坏、针对各个场所与进程，最后完成致命一击。

青蒿素取自一种亚洲常见的当地植物——苦艾。中国人在千年前便对青蒿素的医药属性有所了解，但也是在千年之后才记起其特性。你也许还记得，在本书第2章，在中国拥有2 200年历史的医书中，有一本不起眼的书，名为《五十二病方》。该书含有对治愈发热直接明了的描述，即服用小型灌木黄花蒿的苦叶可治愈发热。面对青蒿素，我们回到原点。矛盾的是，在我们不断发展的医药宝箱中，青蒿素既是最为古老也是最新发现的抗疟药物。

1972年，中国的国家领导人毛泽东领导实施的523项目重新发现了青蒿素的抗疟属性。该项目是在越南民主共和国的请求下，由中国人民解放军实施的高度机密疟疾研究项目。当时越南民主共和国在沼泽地与美军进行混战，饱受疾病困扰。在这段旷日持久的冲突中，疟疾成为所有参战军人挥之不去的负担。随着服用毫无效果的氯喹药片的外国军队侵入越南领地，其社会发生剧变，加上越南、老挝、柬埔寨及中国南方省份大量未适应疾病的人口涌入越南，疟疾在这片热带的"远东珍珠"[①]天堂迅速流行。在对523项目的分析中，索尼娅·莎报告称："越南雨林迅速成为世界首屈一指的抗药性疟疾孵化地。"

中国医师及523项目成员周义清回忆道，自己"接到命令，在越南对热带疾病进行实地研究。中国对越南民主共和国予以支持，为其提供医疗援助。我与我的同志们遵从命令，沿着北部湾前行，穿过丛林里的胡志明小道。因为美国对越南进行狂轰滥炸，那是为越南民主

---

① 远东珍珠指越南。——译者注

共和国持续提供补给的唯一一条道路。沿途，密集的炸弹与我们一路相伴。在越南，我亲眼见证了疯狂蔓延的疟疾让士兵战斗力减半，有时，感染疟疾的士兵占比高达90%。当时有一种说法：'我们不怕美帝国主义者，但害怕疟疾。'但是，实际上，双方均因疟疾死伤惨重"。

在蚊子最为活跃的季节，大批越南民主共和国军队沿胡志明小道向南，进入老挝与柬埔寨丛林。周义清证明，报告的疟疾患病率达到90%。相比之下，美军病情更为乐观。1965—1973年，越南境内因疟疾住院人数约为6.8万，生病时间共计120万天。而实际感染率，包括没有寻求救治的人员，可能远高于此。[①] 我们反复看到，人类冲突是我们在与蚊子战争中实现创新发明的催化剂。青蒿素以疟疾杀手的身份从古书书页中复活也不例外。

1968年，在越南共和国胡志明市和隆与蚊子敌人作战：澳大利亚第一公民事务部队在一个越南村庄使用便携式杀虫喷雾机喷洒杀虫剂，以此降低澳大利亚士兵与越南平民极高的疟疾感染率。喷药队伍在工作之前，移动广播车会向村民播放解释性消息。（澳大利亚战争纪念馆）

---

① 相比之下，在朝鲜战争期间，美军在1950—1953年共出现3.5万例疟疾病例。

1967 年，越南民主共和国国父、领导人胡志明向中国总理周恩来寻求帮助。中国已经为其越南民主共和国盟友提供军事装备与资金支持。但是，此次请求与越南民主共和国或美国人毫无关系。胡志明请求中国伸出援手，彻底击败一个更加致命、破坏力更强的敌人。疟疾正慢慢蚕食胡志明领导的越南民主共和国正规军及越共游击队的战斗力，阻碍其开展革命运动。周恩来向毛泽东建议，启动疟疾项目，"确保盟友（越南民主共和国）部队做好战斗准备"。毛泽东并不需要他人劝说。因为其深知，在 20 世纪 60 年代，2 000 万中国人感染了疟疾。毛泽东同意了胡志明的请求，在回复时说："解决你们的问题，就是解决我们的问题。"

1967 年 5 月 23 日，代号为 523 的项目正式启动，约 500 名科学家开始实施军事疟疾计划。在接受 2015 年诺贝尔奖并致辞时，屠呦呦首先说："今天我将讲述的故事是关于 40 年前在资源相对匮乏的条件下，中国科学家在对传统中药的研究期间，在寻找抗疟药物过程中所展现出的勤奋努力、无私奉献的精神。"科学家们在完全保密、全面封闭的条件下工作。他们分为两个研究小组：其中一个研究合成药物；另一个翻阅传统医书，检测基于植物的有机药物。

在 4 年时间里，屠呦呦与其同事对超过 200 余种植物的 2 000 多种"处方"进行测试，但无一成功。1971 年，他们在一本古老典籍中发现可以治愈发热的植物——青蒿。屠呦呦对植物进行了筛选，做了充分准备，提炼出该植物中具有热敏活性的医用化合物青蒿素。1972 年 3 月，屠呦呦报告称，一种古老药物是目前所发现最具应用前景的新型抗疟药物。或者说，这一药物被重新发现。历史学家詹姆斯·韦伯说："到 20 世纪 70 年代晚期，中国报告称，自己在抗疟工作上取得了巨大进步。感染率下降近 97%。"至少在中国，疟疾终于遇到了对手。到 1990 年，中国报告的疟疾病例仅有 9 万例，而十年前，这一数字为 200 余万，患病人数大幅减少。

中国最初对其强效抗疟药物严加保密。523 项目的参与人员发誓严守秘密。美国在西贡仓促作战后，美军在越南的直接行动也宣告结束。[①] 随后，1979 年，"青蒿素协调研究小组"在《中华医学期刊》（中国以外地区）发表了一篇英文学术文章，首次公开说明了青蒿素的功效。可以挽救生命的青蒿素被人们发现 7 年后，其成分终于公之于众，大白于天下。然而，在中国及东南亚以外地区，国际科学界最初对中国古老传说及顺势疗法的镇痛药视而不见，不感兴趣。1981 年，523 项目正式结束时，青蒿素与屠呦呦的发现未能产生全球性影响，药企投资人也未对其给予关注，更没有趋之若鹜。沃尔特·里德陆军研究所生物医学基地是世界唯一一个在中国以外进行青蒿素生产与研究的地方。该研究所位于马里兰州德特里克堡附近，于 1953 年投入使用。

屠呦呦于 1977 年在中国国内匿名发表了其研究成果。1981 年，她又于世界卫生组织疟疾专家会议上，报告了其在青蒿素研究方面的飞跃式成就。由于世卫组织要求必须将生产中心设于美国，否则拒绝对该药予以批准，因此青蒿素大规模生产再度被推迟。毕竟，美国为世卫组织提供了大量运营预算经费与资金支持。冷战的紧张局势也决定，如此价值连城的商品应在"友邦"国家生产，在冲突升级的时代尤应如此。中国对此要求直接予以回绝。此时，抗疟药物的吸引力与利润已逐渐下降。人们对疟疾分析的需求减少，相关资金投入随之下降，转而投向一个迫在眉睫、令人抓狂的紧急情况，以寻找到利润丰厚的解药，应对一个新的全球威胁——艾滋病。

对于在被流行文化包围、MTV（音乐电视网）的时代中过着富足生活的西方人而言，这一令人毛骨悚然的新威胁显然比蚊媒传染病更靠近自己的家园。1991 年 11 月 7 日，美国男子篮球职业联赛（NBA）超级明星魔术师约翰逊通过电视转播，宣布自己艾滋病检测结果呈阳性，令媒体瞠目结舌。17 天后，皇后乐队艺术大师、主唱佛莱迪·摩

---

① 1975 年 4 月 30 日，越南民主共和国军队攻占越南共和国首都西贡。此前，美国外交官等人员集体撤离西贡。——译者注

"坚决消灭疟疾"：20世纪50年代至70年代，在滴滴涕与523项目重新发现的秘密抗疟药青蒿素的帮助下，中国发起一场轰轰烈烈、大获成功的灭蚊灭疟运动。在这张20世纪70年代抗疟宣传海报中，6幅图片对疟疾及其预防方法进行了详细说明。（美国国家医学图书馆）

克瑞因艾滋病相关的肺炎去世。至此，抗疟药物无利可图。神秘复杂的 HIV 病毒及其对应疾病艾滋病成为公共讨论的焦点，推动文化恐惧，独占医学研究预算。若具有找到解药的前景，则意味着人们将为药物支付费用，带来巨大收益。

1994 年，制药巨头终于获得生产青蒿素的相关权利。届时，西方政府开始漫长的试验，并于 1999 年开始对青蒿素联合疗法进行测试。十年后，药物获得美国食品药品监督管理局批准。青蒿素联合疗法迅速成为抗疟之选，并帮助 523 项目的开拓者屠呦呦于 2015 年赢得其姗姗来迟的诺贝尔奖，以对"其发现新型抗疟药物"予以表彰。屠呦呦与威廉·坎贝尔及大村智共享此项殊荣。坎贝尔与大村智二人研制出伊佛霉素，根除包括导致蚊媒丝虫及犬心丝虫在内的寄生虫感染。

当前，青蒿素联合疗法价格不菲，目标客户主要为富裕的休闲度假人士与背包客。定价高昂不仅是为了收回研发成本，也因为无须多久蚊子与蚊媒传染病便会对青蒿素联合疗法产生抗性，使青蒿素联合疗法价格大跌。制药公司需要在疟原虫进化适应、青蒿素像其他抗疟药物一样寿终正寝之前，尽早盈利。2004 年，美国医学研究所曾预先警告称："如今，虽然青蒿素药物效果好，药性强，但是具有基因抗性的菌株出现并扩散只是时间问题。"4 年后，这一警告变成了现实。

由于青蒿素在东南亚使用历史更为悠久，2008 年，柬埔寨首次确认疟疾对这一新药产生抗药性。这并不令人惊讶。到 2014 年，对青蒿素具有抗药性的疟疾菌株已经传播至越南、老挝、泰国、缅甸等国。正如索尼娅·莎所报告的那样，疟疾能带来不菲利润，全世界数不胜数的制药公司"通过销售与其他药物共同起效的青蒿素，在巨大利益中分得一杯羹……在青蒿素未得到其他药物加强的情况下，将疟原虫直接暴露于青蒿素之下，疟原虫便能产生抵抗力"。换言之，在未将青蒿素包裹于其他抗疟药物中使用的情况下（回想一下我们之前所说的多层大块硬糖），疟原虫可以予以还击并适应药性。随着这些廉价药物在整个非洲与亚洲出售，疟原虫已对药物产生抗药性。保罗·拉塞尔提出的"具有抗药性的智人菌株"与不受滴滴涕影响的蚊子密切相关。其观点遭到口诛笔伐。我们可以将拉塞尔的观点稍做修改，以"贪婪的智人菌株"描述青蒿素的溃败。拉塞尔直截了当地指出，在我们与蚊子展开永无休止的战争期间，我们最大的敌人是我们自己。

根据这一描述，我们作为"患有癌症的智人病株"，通过灾难性的大众文化行为，成为蚊子与疟疾产生抗药性的罪魁祸首。我们愚昧无知，毫无节制地使用仅能消灭细菌、无法杀死流感或胃肠型感冒的抗生素，导致百毒不侵的致命细菌"超级细菌"出现。由于这一可怕的习惯，甚至无知之举，数百万条生命陷于危险之中，我无法对这一事实加以粉饰。世界卫生组织反复恳求全人类："这一严峻威胁不再是对未来的预测，此时此刻，它就存在于世界各个地区。不论老幼，不论国籍，它可能影响每一个人。当细菌发生改变，抗生素在需要得到治疗的感染人群身上不再起效时，细菌便产生了抗生素抗药性。该种抗药性成了公共卫生的一项重大威胁。"

但是一旦出现流鼻涕的症状，人们仍然不知羞耻地赶到医院，要求医生为其非细菌性日常小病开具抗生素。不幸的是，许多对此问题心知肚明的医生依然对这些荒诞无奇的要求予以满足，为病人开具处方。美国疾控中心数据显示："在美国，每年至少有 200 万人感染对抗生素具有抗药性的病菌，此类感染每年至少直接导致 2.3 万人死亡。"每年因此产生的开支达 16 亿美元。对抗生素厚颜无耻的滥用、新兴的超级病菌及随之产生的死亡人数并没有限制美国：这一趋势引发全球对我们公共群体免疫的关切。据世界卫生组织预计，如果这一严峻形势继续发展下去，到 2050 年，超级细菌每年将在全球造成 1 000 万人死亡。

与我们的超级细菌一样，在 20 世纪最后几十年里，蚊子也迎来新生。蚊子再度焕发活力，其携带的寄生虫与病毒散发出进化创造力。在这一过程中，蚊子携带了几种新的由动物传到人体的病毒，其中包括西尼罗病毒与寨卡病毒，使人类陷入更大痛苦，造成更多人死亡。过去十年，人畜共患病的患病率增加了两倍，占所有人类疾病的75%。卫生研究的目的在于，发现潜在"溢出"细菌，避免其传染给人类。乌苏图病毒源自鸟类，是一种依靠蚊子传播的病毒。该病毒便是此种徐徐向人类逼近的病毒。虽然目前仅有三人确诊感染，具体时间地点为1981年与2004年的非洲，以及2009年的意大利，但是该病毒能够从鸟类身上越过蚊子这道障碍，直接感染人类。埃博拉病毒则是近年来另一可跨越物种、感染人类的病毒，但是病毒携带者是果蝠及其他灵长类动物，而非蚊子。有记录的首批病例出现于1976年的苏丹与刚果。与1995年好莱坞卖座的大片《极度恐慌》剧情颇为相似的是，导致近年埃博拉暴发的"零号病人"是一位来自几内亚的两岁男孩儿。该男孩儿于2013年12月在与一只果蝠玩耍时感染埃博拉。[1]

1969年，世卫组织终止疟疾根除计划，失败主义态度在世界蔓延。对于世界而言，将蚊子重获新生置之脑后或对其视而不见，比花费数十亿美元进行无法收回成本的研究与灭蚊工作更为轻松。毕竟，90%的疟疾病例出现在非洲，而那里的大多数病患无力负担抗疟药物所需费用。兰德尔·帕卡德在其对疟疾历史的详尽研究中表示："研制新一代抗疟药物的成本越来越高，促使各国增加防控成本、提高维系防治计划的开支，造成更为沉重的负担。青蒿素联合疗法的开发使得药物治疗成本大幅增加。"在我们的现代物质世界，当资本与医药咨询成本效益相关利润率挂钩时，我们便成为残酷无情资本的仆从。

苏珊·穆勒医生是马里兰大学媒体与国际事务专业教授。她也认为，媒体对这场她称作"同情疲劳"的冷漠环境负有责任。新型流行疾病，如非典（SARS）、禽流感（H_5N_1）、猪流感（H_1N_1），以及尤为令人惧怕的埃博拉，会对蚊媒传染病销声匿迹数十年的发达国家构成潜在威胁。艾滋病也提醒发达国家，流行性疾病并非仅仅尘封在历

---

① 在影片《极度恐慌》中，埃博拉病毒源自一只猴子。病毒通过猴子传染至人类，造成大规模感染与大量人员死亡。——译者注

"乌干达杀虫剂抗药性检测"：2013 年，昆虫学家戴维·赫尔博士于乌干达北部教授儿童如何识别蚊子幼虫。（美国公共卫生服务部队协调员 BK. 卡佩拉医学博士 / 美国疾控中心公共卫生图像库）

史之中，也不仅仅出现在遥远的大陆。年轻一代的美国人、加拿大人、欧洲人及其他富足西方人并不像老一代人一样生活在一个疟疾肆虐的世界，年轻一代对蚊媒传染病毫不畏惧。毕竟，无知者无畏。

媒体能够制造轰动效应。好莱坞则源源不断拍摄出令人厌恶的程式化"病毒僵尸"与"恐惧文化"影视作品，此处我仅列举一部分，如《极度恐慌》《12 只猴子》《我是传奇》《传染病》《惊变 28 天》《僵尸世界大战》《行尸走肉》《人间大浩劫》《末日之旅》。在二者的共同影响下，我们屏幕前的一代的确对埃博拉、非典、流感病毒及某些具有未来主义色彩的食人病毒深感恐惧。穆勒认为："当然，埃博拉之所以成为超级明星，与其当下疯狂肆虐的现状有很大关系。埃博拉的恐怖乃世界公认。媒体与好莱坞以极具震撼力的方式将其呈现在世人面前，使其他疾病看起来只是小巫见大巫。因此，与更为平凡的疾病有关的故事鲜能登上屏幕。人们对其视而不见，相关报道也相对不足。新价值的标准发生了改变。"比如，《纽约时报》记者霍华德·弗伦奇写道："每年麻疹暴发夺去成千上万人的生命，疟疾导致数百万人死亡。外部世界已经将非洲与艾滋病感染联系在一起，并找到了疾病肆虐大洲更为可怕的代言：埃博拉。对其而言，麻疹与疟疾暴发并不属于重大事件。"如果你在度假或背包旅行中（或像我们在开篇章节所说的，在露营期间）感染蚊媒传染病，那就是你咎由自取或纯属倒霉。凯伦·马斯特森认为，疟疾"可能是有史以来被人们研究次数最多的疾病，但是疟疾依然存在于世"。

　　滴滴涕失宠之后，过了近 40 年，蚊子才再次成为头号公敌、世界头号通缉犯，遭到人类追捕。大多数免受蚊媒传染病束缚的西方世界持有"眼不见，心不烦"的态度。在过去的 20 年里，久经沙场的疟疾与登革热老兵，以及刚刚加入阵营的西尼罗病毒与寨卡病毒新兵，帮助蚊子重新发动更为致命的进攻，迫使西方世界改变态度。1999 年，蚊子毫无征兆地向纽约市发动袭击，使得一个超级大国惊慌失措，恐惧深入其内心。在比尔·盖茨与梅琳达·盖茨的指挥下，美国立即对蚊子发起了旷日持久、越发猛烈的反击。

第 19 章

灭绝之门：基因编辑能否消灭蚊子？

1999 年 8 月 23 日，位于纽约市卫生部的传染病控制局意外接到一通来自德博拉·阿斯尼斯医生的奇怪电话。阿斯尼斯医生是皇后区法拉盛医院医疗中心的一位传染病专家。她颇感困惑，要求传染病控制局立刻予以答复，以便自己能挽救他人性命。4 名入院病人已呈现出无法解释而又极为罕见的症状，高烧不退、神志不清、肌肉无力，最终四肢瘫痪，病情迅速恶化。由于时间紧迫，阿斯尼斯需要弄清楚究竟是什么引发了这一令人惊恐的疾病。

9 月 3 日，初步检测表明，该疾病是一种脑炎或大脑肿胀。脑炎的致病原因多种多样，包括病毒、细菌、真菌、寄生虫，偶尔也会由低钠血症（大脑中水、溶质或电解质失衡）引发。病人的血液与组织样本迅速接受扫描，与所有已知引发脑部炎症与类似症状的病毒交叉进行对比。结果显示，针对蚊媒传染病圣路易斯脑炎的检测结果呈阳性。该病通过普通库蚊，由鸟类传染给人类。

虽然第二天纽约全城及周围地区开始集中喷洒药物，杀灭蚊子与蚊子幼虫，但是临床表现显示，其实际工作有所疏漏。此时，位于亚特兰大的疾控中心介入其中。在对其数据库迅速扫描后，形势与前后关系变得更加扑朔迷离。自第二次世界大战结束及美国疾控中心于 1946 年创立以来，在全美仅报告有 5 000 例圣路易斯脑炎病例。而纽约市从未报出任何病例。疾控中心并不确信，圣路易斯脑炎就是罪魁祸首。一定有什么其他疾病或病毒被遗漏了。

在中情局与位于德特里克堡的生物武器研究基地，生物武器专家也对纽约发生的事件予以密切关注。除此之外，大批想要一探究竟的记者争先恐后，希望最先获得独家新闻，进行独家报道。媒体已经获得小道消息，但是仍然没有得到明确答复。媒体利用此次机会，大肆宣传其编造的理论。从全球知名新闻报刊到毫无价值的街边小报及《纽约客》的长篇报道均表示，这是由萨达姆·侯赛因通过蚊媒传染病发动的一场生物恐怖袭击。这些媒体报道称，1985 年，疾控中心将较新且罕见的蚊媒传染病病毒样本送至一位伊拉克研究员手中。1980—1988 年，伊拉克与邻国伊朗进行了一场惨烈战争。为此，伊拉克获得美国价值数十亿美元的经济、技术、军事训练、武器等方面的援助，其中就包括化学武器。虽然手中毫无证据，但是记者依然对传播致命蚊媒传染病病毒这种说法予以报道。

随着故事自行发酵，由于萨达姆·侯赛因前任替身梅哈伊勒·拉马丹背叛伊拉克，秘密遭到泄露。拉马丹声称，萨达姆已将这一美国赠予的非同寻常的礼物变成武器。拉马丹公开表示："1997 年我们最后一次见面时，萨达姆把我叫到他的书房。我从未见过他如此高兴。他打开书桌右侧第一个抽屉，拿出了一份硕大的皮面档案，朗读里面的部分内容。"萨达姆骄傲地说，他已成功制造出"西尼罗病毒 SV_{1417} 毒株，该毒株能够毁灭城市环境中 97% 的生命"。

这些媒体对萨达姆发起莫名其妙的指控，认为其研制出了具有破坏性的新式西尼罗超级病毒。而这一指控也迅速出现在世界各地媒体的新闻故事中。警察局及纽约和疾控中心各个卫生部门的电话响个不停。布朗克斯动物园报告称，动物园内的火烈鸟一反常态，出现死亡，其他动物园的鸟类也相继死去，死因不明。许多不明身份的致电者称，自己在城市公园、街道与休闲运动场地上看到遍地的鸟类尸体，其中以乌鸦为主。虽然圣路易斯脑炎病毒由蚊子经鸟类传染给人类（并不像疟疾、黄热病及大多数蚊媒传染病一样，由从人类身上感染病毒病菌的蚊子传染给人类），但是鸟类自身对该病毒具有免疫性。该病毒并不会对我们长着羽毛的朋友造成伤害。当地一些马匹表现出古怪反常行为，染上怪病。相关人员也开始对此进行解释。此种流行病并非圣路易斯脑炎或某种蚊媒马脑炎，也不是某种常见类型的禽病，而是一种截然不同，至少在美国，前所未见的疾病。这场感染鸟类、马匹及人类的流行病实际上是通过蚊子传播的西尼罗病毒导致的。然而，萨达姆·侯赛因并未在纽约释放由媒体编造、子虚乌有的超级病毒。各项证据均表明，萨达姆清白无辜。

据估计，1999 年疾病暴发期间，西尼罗病毒感染者达 1 万人，其中住院 62 人，死亡 7 人。在马匹中也发现西尼罗病毒感染病例 20 例。鸟类死亡比例最高。据估计，纽约市及周边地区三分之二的乌鸦因感染病毒死亡。西尼罗病毒也导致至少其他 20 种鸟类死亡，包括冠蓝鸦、鹰、鸽子及知更鸟。

由于动物遭到传染病冲击，假如这是一场生物恐怖袭击，那么此次袭击就是一场彻头彻尾的失败。在恐怖主义、大规模杀伤性武器与偏执妄想远胜实际威胁与假想威胁的时代，在潜在生物武器的罪犯清单上，蚊子依然榜上有名。一位不愿透露姓名的联邦调查局高级科学顾问承认："如果我要计划实施一场生物恐怖事件，我会谨小慎微，精益求精，使其看上去像一场自然而然暴发的疫情。"海军部部长理查德·丹齐格补充说，虽然"难以证明"生物恐怖主义，但是"要证明不是生物恐怖主义也同样颇为困难"。

西尼罗病毒渗透纽约市两年后，基地组织于 9 月 11 日发动了恐怖袭击，让美国及其惊慌失措的人民拉响红色警报。如果这些恐怖分子能够暗中获得资金支持，针对世界贸易中心与五角大楼组织并发动袭击，那么他们还能做什么呢？"9·11"事件发生后数周，含有炭疽病菌的"炸弹客"①式信件被送至几家主流媒体办公室与两位美国参议员手中，导致5人死亡，17人感染。此时，这种恐惧达到顶点。包括德特里克堡各个生物武器机构在内的美国秘密机构开始在其黑暗世界中，对每一种情况进行风险评估，其中就包括生物恐怖袭击威胁。天花、瘟疫、埃博拉、炭疽及肉毒病在清单上位列前几名。这些机构也曾严肃考虑黄热病及经过基因改造的疟疾菌株。

V. A. 麦克阿里斯特于2001年出版的生物技术科幻惊悚小说《蚊子战争》中的故事内容与上述假设完全吻合。在小说中，恐怖分子于美国独立日，冷酷无情地在华盛顿特区国家广场释放了经基因改造的致命蚊子。这难以称得上是一个创新性想法。早在历史上许多生物策略得到使用之前，便已经出现此类具有欺骗性的手段与阴险的战略设计，其中包括拿破仑的瓦尔赫伦岛热、卢克·布莱克本医生的可怕黄热病任务，以及纳粹在安济奥刻意于蓬蒂内沼泽地释放出传播疟疾的蚊子。希腊作家埃尼亚斯·塔克提库斯是世界上首批战术学者之一。在其公元前4世纪著作《在围攻中幸存》一书中，他对"将咬人的昆虫释放"进敌人工兵挖掘的通道这一做法予以认可。2010年，一个由70名顶尖蚊子专家组成的团队于佛罗里达州召开会议，探讨"通过蚊子防治，阻止生物恐怖分子引入感染病原体的蚊子"。会上，专家们提出了一个简单的问题："一名感染黄热病病毒的生物恐怖分子如果通过他／她的血液，感染了500只埃及伊蚊，并于一周后将这些伊蚊释放于新奥尔良法国区或迈阿密南海滩，那么会造成什么后果？"考虑到黄热病在过去留下的斑斑劣迹，在当代未接种疫苗、未适应疾病人口缺少群体免疫力的情况下，情况将迅速恶化。

1999年，西尼罗病毒突然之间横扫美国，让我们从对蚊媒传染病漠不关心的昏睡状态中醒来。我们早已忘却，我们最危险、挥之不去

---

① "炸弹客"为联邦调查局对泰德·卡辛斯基的昵称。1975—1995年，卡辛斯基在美国发动了一系列炸弹袭击，将炸弹邮寄给学者、企业高管及其他群体，共造成3人死亡，23人受伤。——译者注

的敌人究竟是谁。伊拉克并没有像布什-切尼政府声称的那样，秘密藏有移动生物武器实验室。然而，早在数百万年前，世界各地便出现了正当合理的大规模杀伤性武器。这些武器嗡嗡作响，繁衍生息。这种大规模杀伤性武器使萨达姆武器库中的所有武器相形见绌，而我们对于这种武器也更为熟悉，这就是历史悠久、受人尊重的敌人蚊子及其疾病武器。

西尼罗病毒与登革热关系密切。1937 年，西尼罗病毒首次在乌干达出现，并偶尔在非洲与印度暴发。从 20 世纪 60 年代起，北非、欧洲、高加索、东南亚及澳大利亚都曾报告小规模西尼罗热疫情。到 20 世纪 90 年代后期，西尼罗病毒在其感染地理范围与感染严重程度上均不断增加。然而，在 1999 年之前，由于西尼罗病毒极少暴发，仅有一些与世隔绝的地方报告有少量病例。在主流媒体中，鲜能看到有关西尼罗病毒的报道。更为重要的是，西尼罗病毒并未在美国出现，只出现在美国以外。

1999 年夏，当西尼罗病毒让纽约因恐惧陷入瘫痪时，这一情况便发生了改变。这种毒株可能源于以色列（而不是某种流动的伊拉克蚊子工厂）。专家认为，该病毒跟随迁徙的鸟类、蚊子或入境游客进入美国。纽约暴发疫情是西尼罗病毒在西半球发动的首次进攻。美国疾控中心科学家迅速意识到，西尼罗病毒在美国扎根了。当该病于次年夏天再次暴发时，疾控中心承认："我们现在束手无策，无法控制病毒。我们必须与之共处，并竭尽所能予以应对。"自 1999 年起，美国共确诊约 5.1 万例西尼罗热病例，共导致 2 300 人死亡。2012 年，西尼罗热创造了其在美国因病死亡人数的纪录。疾控中心提供的信息显示："疾控中心共接到来自 48 个州（不包括阿拉斯加与夏威夷）的西尼罗热病例报告，病例总数为 5 674 例，其中死亡 286 人。"疫情最严重、感染率最高的一年当属 2003 年。当年报告病例有 9 862 例，死亡264 人。相比之下，2018 年，除新罕布什尔与夏威夷外，全美各州西尼罗热确诊病例共计 2 544 例，死亡 137 例。

纽约1999年夏季恐慌后，西尼罗病毒在全美、加拿大南部、中美洲与南美洲大面积扩散。而在欧洲、非洲、亚洲及太平洋地区，疫情也日益严重。自从于大苹果①首次亮相，西尼罗病毒在十年内便发展成为全球性疾病。与圣路易斯脑炎一样，西尼罗病毒的传播方式十分复杂，首先从鸟类传染至蚊子，再由蚊子传染给人类。在遭到感染的人群（数千万人）中，80%~90%将永远无所察觉，也不会显现任何症状。其余被感染者通常会连续几天显示轻微禽流感症状。最为不幸的0.5%的被感染者将出现所有症状，导致大脑肿胀、陷入瘫痪、昏迷不醒，并最终死亡。

随着西尼罗病毒的威胁日益凸显，尤其在美国，蚊子无处不在，成为媒体的宠儿。但是，这个魔鬼自然不会显现任何症状。一段吸引眼球的微软云广告不仅对比尔·盖茨的软件产品进行了宣传，也展现了其对让世界摆脱蚊媒传染病的渴望。该广告在电视屏幕上产生了巨大影响，推动了将我们最致命的"敌人变为盟友"工作的开展。探索频道于2017年发布影片《蚊子》，凸显被其称为"现代人类历史上最具影响力的死亡代言人"的作用。就在美国与其他受感染地区努力了解西尼罗病毒的同时，另一拥有更为时髦名字的蚊媒传染病将蚊子推到全球聚光灯之下。

在2016年里约热内卢奥运会筹备宣传期间，寨卡病毒震惊世界。该病毒与西尼罗病毒及登革热一样，最早于1947年从猴子身上发现。5年后，发生首例人类感染。1964—2007年，当寨卡病毒出现在与世隔绝的太平洋雅浦岛时，全球其他地方确诊病例只有14例，所有病例均位于非洲与东南亚。到2013年，病毒缓缓向东扩散，从雅浦岛经太平洋岛屿，于2015年传播至巴西，引发世界关注。这场2015—2016年的疫情波及西半球所有国家。

在疫情中心巴西，约有150万人感染。报告小头畸形（婴儿天

---

① 大苹果为纽约别称。——译者注

生头小，以及其他胎儿脑部畸形与损伤）病例超过 3 500 例。致病原因为母婴"垂直传染"。随后，公布出来的传染方式更令人焦虑不安。伊蚊是常见病毒携带者。然而，与所有其他蚊媒传染病不同，寨卡病毒可通过性行为，在同性与异性之间传播（9 个国家有相关记录），也可通过母婴传播。导致多种神经与生理并发症的小头畸形病例就是最好的证明。与西尼罗病毒相比，寨卡病毒所引发疾病的病症特点几乎与之完全一致。80%~90% 的被感染者不会出现任何症状。而患病者会出现与西尼罗热、登革热或基孔肯雅病相似的轻微症状。与西尼罗病毒类似，不到 1% 的被感染者病情严重。寨卡病毒也是神经性疾病格林-巴利综合征的元凶，该病可导致瘫痪，造成病人死亡。

与西尼罗病毒一样，寨卡病毒在全球疯狂肆虐。自 1960 年以来，其表兄弟登革热与基孔肯雅病的感染率增长了 30 倍，每年对全球经济造成损失超过 100 亿美元。2002 年，里约热内卢市报告登革热病例近 30 万例，但这场登革热疫情未能得到完全遏制。2008 年，其登革热病例又增加 10 万例。当前，据估计，全球每年感染登革热人数为 4 亿。索尼娅·莎认为："预计登革热将成为佛罗里达州的地方病。得克萨斯州也出现了登革热病例，该病可能将进一步向北扩散，数百万人将受到影响。"除了不断扩大的登革热与西尼罗热疫情，得克萨斯州于 2016 年还发现美国国内首例基孔肯雅病病例。

蚊子在第二次世界大战后经历濒死体验。此后，蚊子如凤凰一般，从滴滴涕的灰烬中重生，再次成为影响全球的一股势力。在 20 世纪 60 年代寂静的春天，消灭蚊子的火炬便已熄灭。近年，以比尔及梅琳达·盖茨基金会为代表的多国志愿联盟重拾火炬，将其再次点燃。

20 世纪 90 年代，一系列国际会议推动遏制疟疾伙伴关系于 1998 年启动，促使在十年后由多个组织组成的共同体全球疟疾行动计划应运而生。经济学家兼哥伦比亚大学教授杰弗里·萨克斯领导了一项经济信息运动，对全球灭蚊运动予以支持。萨克斯领导的运动强调了由蚊媒传染病引发的经济不平等与沉重负担。萨克斯估计，2001 年，单单疟疾就会对非洲造成 120 亿美元的产出损失。2000 年，比尔·盖茨与梅琳达·盖茨创建的基金会正式投入运作，将疟疾列为需要根除的世界性问题，与联合国和世卫组织千年发展目标不谋而合。

2002 年，抗击艾滋病、结核病和疟疾全球基金会成立。比尔及梅琳达·盖茨基金会保障了其大部分的资金供应。成立该基金会的目标是提供可获取的大规模资金，帮助实现与蚊子相关的千年目标。1998 年，全球疟疾防治全部开支总计约合 1 亿美元。2002—2014 年，全球基金会批准的疟疾专款有近 100 亿美元。然而，比尔及梅琳达·盖茨基金会估计，从现在到根除疟疾目标年 2040 年，还需要 900 亿~1 200 亿美元的资金。2025 年，资金投入将达到 60 亿美元峰值。在此间，灭蚊所带来的直接经济产值预计约为 2 万亿美元。

虽然 100 亿美元似乎是一笔难以承受的巨款，但是这笔资金仅占其资金总量的 21%。在所有资金安排中，用于艾滋病资金支出占 59%，结核病占 19%。在过去十年，每年因艾滋病死亡的人数不及疟疾的一半。然而，这一疾病"三巨头"不约而同地彼此合作，或多或少展开了协同作战。结核病依然是艾滋病病人死亡的首要原因，占死亡总数的 35%。不幸的是，非洲遭受此类疾病的重复冲击，其新感染疟疾患者人数占全球同类患者总人数的 85%，新感染艾滋病患者人数占总人数的 50%。疟疾提高了艾滋病病毒的复制速度，与此同时，艾滋病通过削弱免疫系统，令患者更容易感染疟疾。这是一种双重打击。1980 年以来，研究人员预计，在非洲有超过 100 万疟疾感染与艾滋病有关。而疟疾通过直接提高艾滋病病毒繁殖速度，促成的艾滋病感染超过 1 万起。请记住，之前所提的达菲阴性虽然能够帮助人们形成针对间日疟的免疫力，但也将感染艾滋病的风险增加了 40%。对于那些受影响最为严重的患者而言，不幸的是，疟疾（及其基因卫士）、艾滋病与结核病狼狈为奸、同流合污，一起兴风作浪。

在过去几十年，比尔及梅琳达·盖茨基金会与其他慈善组织在全球蚊子战争中发挥了引领作用。南希·丽思·斯特潘写道："比尔及梅琳达·盖茨基金会是慈善资本主义力量与影响力特色最鲜明的例证。1999年，比尔·盖茨利用其公司微软的股票，成立比尔及梅琳达·盖茨基金会。时至今日，该基金会已使用310亿美元。这些费用均来自盖茨的个人财产。此外，沃伦·巴菲特运营的对冲基金伯克希尔·哈撒韦公司也为基金会提供了370亿美元的股票（2006年数据），用于慈善事业。比尔及梅琳达·盖茨基金会每年在卫生领域的支出已经从2001年的15亿美元，增长至2009年的77亿美元。你可以这样理解，比尔及梅琳达·盖茨基金会是全球化时代的洛克菲勒基金会。"盖茨夫妇与巴菲特的影响力进一步扩大。亚历克斯·佩里在其著作《生命线》中，详细介绍了近年来人类为消灭蚊子所做的努力。在书中，亚历克斯指出："2010年8月4日，盖茨夫妇与巴菲特说服全世界最富有的40个人，使其公开表态，捐出至少一半资产，创下新高，其中包括甲骨文公司创始人拉里·埃里森、花旗银行创始人桑迪·威尔、《星球大战》系列电影导演乔治·卢卡斯、媒体大亨巴里·迪勒，以及易贝创始人皮埃尔·奥米迪亚。"在此，我们应为盖茨夫妇及其支持者献上热烈的掌声。

比尔及梅琳达·盖茨基金会是全球卫生研究第三大支持者，仅次于美国与英国政府。其也是世界卫生组织与抗击艾滋病、结核病和疟疾全球基金会的最大单一私人捐款方。与某些政府及企业不同，比尔及梅琳达·盖茨基金会没有腐败，也不存在不可告人的利益。其单纯致力于通过其他卫生计划协调合作，根除疟疾及其他蚊媒传染病。比尔及梅琳达·盖茨基金会对其事务进行透明化管理。除了实现其良好意愿，比尔及梅琳达·盖茨基金会不提出任何附带条件，全心全意进行慈善活动。

2007年，在第一夫人劳拉·布什于白宫举行"疟疾关注日"活动后，甚至真人秀电视节目也开始参与疟疾混战。2007年4月，以疟疾为焦点、时长两小时的《美国偶像》"偶像回馈"节目对外直播。节目群星闪耀，无比奢华，数十名拥有最强吸金能力的演员与音乐家客串出演。加拿大女歌手席琳·迪翁与埃尔维斯·普雷斯利在全息影像技术的帮助下联袂献唱，成为节目的压轴表演。这场电视晚会吸引了 2 640 万美国观众，在社交媒体上获得强烈反响，为疟疾研究筹得 7 500 万美元。2008 年 4 月，由好莱坞举办的第二次"偶像回馈"又筹集到了 6 400 万美元。针对疟疾与蚊子的战争的确走向了全球。

新希望：2015 年，两位海地女学生于东北省等待进行血丝虫病检测。（阿莱娜·凯瑟琳·奈普斯博士 / 美国疾控中心公共卫生图像库）

　　盖茨夫妇、萨克斯与《美国偶像》制片人西蒙·福勒（其父亲在第二次世界大战期间于缅甸感染疟疾）为造福他人不断努力，自然值得称赞，但是规模更大的全球蚊子战争仍然在资本主义与大型公司利益的保护伞下进行。虽然在过去十年，为灭蚊灭疟伸出援手的行动及相关媒体曝光的数量大幅增加，但是相关计划总是充斥着管理问题、贪污腐败及其他阻碍。医药公司在抗疟药物与疟疾的研发上花费数十亿美元，需要收回成本的确无可厚非，但相关费用也让最需要治疗的人难以承受。兰德尔·帕卡德说："疟疾与贫穷相互加强。"比如，如今，85% 的疟疾病例出现于撒哈拉以南非洲。在那里，55% 的人口每日支出不到 1 美元。东南亚出现的疟疾病例占全球的 8%，地中海东部地区占 5%，西太平洋地区占 1%，美洲约占 0.5%。此类蚊媒传染病引发的大量问题主要存在于贫穷国家。

在非洲与亚洲受影响最严重的国家，贫困人口无法负担药品费用。直到最近，其处境也未能刺激相关商业医学研发，以治疗"他们的"疾病。艾滋病相关研究所获得的药物研发资金在全球药物资金中占比最高。与艾滋病不同，疟疾与其他"遭到忽视"的疾病在发达国家并不常见。因此，在研发方面并未受到关注。在私人研发资源中，约有 10% 用于造成全球负担的 90% 的疾病，此类疾病也包括疟疾。1975—1999 年，在全世界进行研发测试的成千上万种药物中，仅有 4 种为抗疟药。然而，由于制药巨头近年已响应号召，通过长期利用多媒体开展灭蚊运动，在比尔及梅琳达·盖茨基金会及其他捐助机构的资金支持下，加入灭蚊战争。因此，希望尚存。

为研制出全球首个疟疾疫苗，比尔及梅琳达·盖茨基金会与其他慈善组织已为无数研究项目提供资金。时至今日，仅就抗击疟疾一项研究，比尔及梅琳达·盖茨基金会就已提供 20 亿美元的捐款。此外，抗击艾滋病、结核病和疟疾全球基金会追加投资了 20 亿美元。2002—2013 年，仅在抗击疟疾方面，就花费了 80 亿美元。获得比尔及梅琳达·盖茨基金会分配资源的项目不计其数，包括疟疾疫苗开发计划及约翰斯·霍普金斯大学疟疾研究所。到 2004 年，来自数个国家各类大学与研究院的独立团队协同合作，争先恐后争夺神奇疟疾血清研发比赛的胜利。

最先冲过成功研制疟疾疫苗终点线的，是总部位于伦敦的制药巨头葛兰素史克。经过 28 年的研发，耗费比尔及梅琳达·盖茨基金会与其他支持方提供的 5.65 亿美元后，其疟疾疫苗 RTS,S 或 Mosquirix 最终于 2018 年夏天在加纳、肯尼亚及马拉维进行第三轮与最后一轮临床人体试验。然而，根据最初实验结果，RTS，S 未必能取得成功。首次注射疫苗及一系列加强针 4 年后，RTS，S 有效率为 39%，7 年后，其有效率大幅下降至 4.4%。RTS，S 研发人员克劳斯·弗鲁博士解释说："大多数疫苗的问题在于效果持续时间短。通过进一步研发，疫苗能够为人们提供终身疟疾预防。"其他试验性疫苗也在第一阶段临床人体试验时达到极限，包括 ExpreS²ion 生物技术公司与哥本哈根大学合作研发的妊娠合并疟疾疫苗（PAMVAC），以及桑纳利亚生物技术公司研制的减毒全 Pf 子孢子菌疫苗（PfSPZ）。2018 年夏，葛兰素史克发布了新型单剂量根治药物他非诺喹（tafenoquine 亦称 Krintafel）。该药物通过攻击潜藏在肝脏的休眠疟原虫，能够抑制间日疟复发。虽然这一持续不断的探索振奋人心，但是我们与改变形态的疟原虫的战争远未结束，或者说，在疫苗研发领域，战争才刚刚开始。

随着人类在蚊子研究与药物方面取得探索性进步，颇具潜力的疟疾疫苗前景更加光明。人们很容易认为，人类已经进入一个新时代。现在，仿佛世界上所有的问题都可以通过尖端科技或最新技术发展加以解决。每天，学术界出类拔萃的天才们都会取得不可思议的突破。一切触手可及，似乎一切皆有可能。随着我们不断为取得发现而积极努力，我们正在探索一个奇怪而又新颖的世界，在我们的星球及以外地区寻找新生命体，勇敢无畏地向未知的太空前沿驶去。我们会谈论移居其他星球，仿佛将其实现只不过是时间问题。

亚历山大大帝、雷夫·埃里克森、成吉思汗、哥伦布、麦哲伦、罗利、德雷克等历史英雄、传奇人物及殖民时期充满探索精神的殖民者的愿景激动人心，其视野令人欢欣鼓舞，但是却不尽相同。他们也遇到了亚历山大眼中无边无际"世界尽头"的界限。在具有探索精神的古代，与我们所处时代一样，人类进步的轨迹似乎无穷无尽，望不到头。面对如果我们"能看得更远，那是因为我们站在了巨人的肩膀上"这一理念，甚至伟大而自命不凡的天才艾萨克·牛顿爵士也备受吸引。关于这一点，弗里德里希·尼采对自己的理解深信不疑，称只有"在毫无生气的时代间隔中呼唤兄弟的巨人"才有可能实现进步。我们已不断前进，徐徐靠近目前看来仿佛无穷无尽的边界，并继续取得突破。现在，如果人们拥有与"我的梦想是摩擦神灯，见到灯神"①之类的愿望，并探讨生命不朽，没有人会认为这是无稽之谈。在我们的现代理性与世界观中，我们不再探讨"是否"而是"何时"能够实现生命不朽。

但是，在这个混乱无序、令人眩晕的技术世界，谦虚低调的蚊子提醒我们，在许多方面，我们与露西及原始人祖先或我们非洲的智人祖先并不存在巨大差异。他们同样为了生存，被迫卷入一场与蚊子的战争，让我们与对我们来说最致命的历史猎手之间爆发旷日持久的冲突。的确，现代世界发展速度越快，这场冲突就与诸如班图薯农等人类祖先与致命蚊子之间早期的意外遭遇越发相似。人类迁出或被迫离开非洲后，包括蚊媒传染病在内的致命病原体也紧随其后。随着时间的推移，我们的交通方式与疾病传播方式已从单一的步行，扩展至负重动物、船只、马车、飞机、火车与汽车。在取得此类技术进步的情况下，我们仅仅加快了我们自己最先迈出的蹒跚脚步，提高了疾病大范围传播的速度。虽然微生物传播的媒介可能发生改变，但是传染病的传播途径一如既往。唯一发生改变的是旅行时间大幅缩短，而疾病传播不再需要成年累月，更不会因早期人类为躲避瘟疫而形成的迁徙定居模式而耗费数千年。现在只需数小时，疾病便可传播至千家万户。

古生物病理学家埃瑟尼·巴恩斯说："致命病毒如同战争、饥荒与贪婪，脱离了其不为人知、与世隔绝的环境，以巨大数量与人类发生接触。迁移与乘机旅行让人们与前所未遇的微生物发生接触。"比如，2005 年，乘飞机旅行的乘客人数为 21 亿。5 年后，航空旅客的人数增加至 27 亿，到 2015 年扩大至 36 亿。2018 年，全球机场总计接收发送乘客数量为 43 亿。到 2019 年，该数字增长至 46 亿。正如之前西尼罗病毒与寨卡病毒展现的那样，包括非典、猪流感、禽流感、埃

① 出自古代阿拉伯民间故事集《一千零一夜》中的《阿拉丁神灯》。在故事中，只要摩擦神奇油灯，灯内的精灵便会出现，满足擦灯人的三个愿望。该故事已以电影、动画等多种形式翻拍。——译者注

博拉、蚊媒传染病等均可选择不用分文，便可通过机场安检，进行环球旅行，跟随人数不断增加的乘客，抵达越来越多的目的地，进行循环往复、永无休止、费用全免的世界之旅。不论是在人类最早离开非洲的迁移中搭便车还是搭乘货运火车，或是在哥伦布大交换期间搭乘前往美洲的奴隶运输船，或是乘坐波音747或空客A380，情况都未发生巨大变化。疾病依然是人类行李的一部分。

1798年，托马斯·马尔萨斯认定存在因生态导致的人类人口限制。从那以后（也许早在公元81—96年，帕特莫斯岛①的约翰创作《启示录》，并描绘了大决战中的白马之后），偏执疯狂的毁灭日宣传者与自封的圣人便一直预言，马尔萨斯所说的疟疾与饥荒终将到来。尽管如此，我们也只看到技术将这些人口增长的限制一一消除。但是，这次似乎有所不同。马尔萨斯提出自己理论的时候，地球上约有10亿人（是2 000年前长期保持不变人口的两倍）。2019年，全球人口数量已超过1970年的两倍，达到77亿。如果到2055年你依然在世，那么全世界每1 000万至1 100万人中，就有一个可能感染超级细菌。随着人口的增长，我们的资源也随之不断减少。

由于蚊子毫无疑问是最强的人类杀手，因此有许多人按照马尔萨斯的思路，反对消灭蚊媒传染病。人类与蚊子均为全球生态与生物圈的一部分，共存于一个自然形成、充满生机的平衡系统。消灭顶级人类捕食者会破坏原力②，这无异于进行俄罗斯轮盘赌的危险游戏。从马尔萨斯式的世界观来看，考虑到资源限制与可持续性，人口增长会迅速反弹，可能因此导致难以想象的痛苦、饥饿、疾病、灾难性死亡等问题。这就是马尔萨斯式人口制衡的方式。

在另一种情况下，我们所有人如果希望获得公正，那么很难不去理解反对观点中颇具紧迫感的逻辑，即毫无条件、彻彻底底地将蚊子

---

① 帕特莫斯岛是希腊爱琴海佐泽卡尼索斯群岛中最北、最小的岛屿。——译者注

② 此处作者引用电影《星球大战》中的说法。——译者注

与蚊媒传染病从地球上铲除。当前，全世界108个国家的40亿人正处于蚊媒传染病造成的风险之中。[①] 正如我们祖先所证，我们与蚊子的战斗向来生死攸关。此时此刻，蚊子这一疾病携带者以前所未有的速度在全球兴风作浪。即使在人类活动超过地球生态承载力的情况下，看上去仿佛在历史影响下，我们与蚊子的战争也即将进入危急时刻。

蕾切尔·卡逊曾写道，我们对待动植物的态度极为狭隘，"如果我们以某种理由认为，动植物不应存在于世，或认为这一问题无关紧要，那么我们便会毫不犹豫地使其灭亡"。但是，她当时无法预测CRISPR基因编辑技术的横空出世。该技术极大提高了"毫不犹豫"一词所体现的速度，甚至改变了"使其灭亡"这一短语的定义。通过在实验室进行努力，我们现在可以对自然选择与生物设计予以干预，让任何不合我们心意或我们漠不关心的物种亡族灭种。

2012年，生物化学家珍妮弗·杜德娜博士领导加利福尼亚大学伯克利分校的一个团队率先发现了它。从那以后，名为CRISPR的革命性基因替代创新技术震惊世界，改变了我们之前对地球与人类关系的认识。在读者众多的杂志封面报道上，充斥着以CRISPR与蚊子相关的标题。2013年，CRISPR得到首次成功使用。CRISPR是一种程序，能够分离出一段源自基因的DNA序列，并按照预期要求，使用另一段DNA序列对原序列予以替换，以快速、廉价、准确的方法，永久性改变一个基因组。你可以将其理解为对基因进行"复制粘贴"的过程。

2016年，比尔及梅琳达·盖茨基金会为CRISPR蚊子研究共计投入7 500万美元。这是有史以来最大的一笔基因技术资助投入。基金会表示："我们对蚊子防治进行投资，包括非传统性生物基因方法及新化学干预方法，旨在消除传播疾病的蚊子的行动能力。"这些基因

---

① 如果全球变暖的趋势与预测千真万确，那么到2050年，将另有6亿人处于蚊媒传染病的风险之中。

举措包括使用 CRISPR 机理铲除蚊媒传染病，尤其是疟疾。2018 年春，《外交事务》[①] 刊登了一篇题为《基因编辑造福人类：CRISPR 如何改变全球发展》的文章。在该文章中，比尔·盖茨对使用 CRISPR 技术所带来的切实益处进行了总结，同时也概述了其（与妻子梅琳达的）基金会资助的具体研究领域：

> 但是，归根结底，要完成消灭顽疾与疾病的事业，科学发现与技术创新是根本要求，其中就包括 CRISPR 与其他定向基因编辑技术。在未来十年，基因编辑将帮助人类在全球卫生与发展领域战胜最巨大、最顽固的挑战。有些疾病每年会导致数百万人死亡或致残，尤其是贫困人口。而此项技术将让科学家更加轻而易举地发现诊疗方法、治疗手段及其他抗击疾病的工具。该技术也推进了研究，使发展中国家的数百万农民能够种植庄稼，饲养产量更高、营养更丰富、生命力更强大的牲畜家禽，进而消灭极端贫困。新技术经常饱受怀疑。但是，如果世界继续像过去几十年一样取得卓越非凡的进步，那么在符合安全与伦理道德指导方针的前提下，鼓励科学家继续利用诸如 CRISPR 等前景光明的工具便至关重要。

其原因简单易懂。加利福尼亚大学伯克利分校的一组生物学家报告称，CRISPR "像吃豆人" [②] 一样，吞噬寨卡病毒、艾滋病病毒及其他致病病菌。

一直以来，比尔及梅琳达·盖茨基金会的战略目标是消灭疟疾与其他蚊媒传染病，而非让单枪匹马、人畜无害、传播微生物的蚊子走

---

① 《外交事务》为美国智库外交关系委员会出版的双月刊。撰稿者多为美国深具影响力的学者和政府决策官员，从中可了解美国外交政策的最新走向。——译者注
② 《吃豆人》是一部经典电子游戏。——译者注

向灭亡。在 3 500 多个蚊种之中，只有几百种蚊子能够携带病毒。转基因蚊子无法为寄生虫提供任何庇护（携带寄生虫是蚊子的遗传性特征），因此这可能会让永无休止的疟疾苦难就此结束。但是，正如杜德娜博士与比尔及梅琳达·盖茨基金会强烈意识到的那样，CRISPR 基因交换技术也具有巨大潜力，能够实施更为黑暗、更为邪恶的基因计划，造成危险后果。CRISPR 研究是一种全球现象。其前景不可限量，实施工具无穷无尽，操作执行方式多种多样，杜德娜或基金会均无法凭借一己之力决定 CRISPR 的发展。

CRISPR 拥有"灭绝驱动"、"灭绝机器"或"灭绝基因"的称号。而以基因杀菌手段消灭蚊子正是 CRISPR 所能达到的效果。20 世纪 60 年代以来，科学界便一直存在这一理论。CRISPR 现在可以将这些原则落实到行动中。公平地说，蚊子改变了我们的基因，使我们产生镰状细胞及其他基因物质保护机制。也许，是时候投桃报李了。专门设计的雄蚊经过基因改造，通过 CRISPR 获得"自私基因"。科研人员将该种蚊子释放至蚊子活动区域，与雌蚊交配，产出死胎、无法生殖或性别均为雄性的后代。经过一代或两代繁殖，蚊子将彻底灭绝。通过这一制胜武器，人类对遭蚊子叮咬的恐惧将烟消云散。我们将唤醒一个勇敢的新世界，一个没有蚊媒传染病的世界。

另一个可以在博物馆灭绝物种区为蚊子建立展览的方法是让它们变得人畜无害。比尔及梅琳达·盖茨基金会对这一战略提供了资金支持。2018 年 10 月，盖茨解释说，通过"基因驱动"技术，"本质上，科学家可以将一个基因植入蚊群，遏制其数量增长或防止其传播疟疾。数十年来，虽然将这一想法进行检测困难重重，但是随着 CRISPR 的应用，研究变得更加简单。就在上个月，一支来自名为瞄准疟疾研究协会的团队宣布，他们已经完成了完全遏制蚊子数量的研究。需要明确的是，该项实验在一系列实验室笼子里进行，每个笼子装有 600 只蚊子。这是一个未来可期的开始"。安东尼·詹姆斯博士是加利福尼亚大学尔湾分校的一名分子遗传学家。他表示："30 年来，我一直对蚊子如痴如醉。"CRISPR 通过消灭蚊子唾液腺中的寄生虫，令许多疟蚊蚊种无法传播疟疾。詹姆斯解释说："我们增加了一组基因，对蚊子做了一个微小的改变，而蚊子以往的其他活动可以照常进行。"它们再也无法为疟原虫提供栖身之所。由于伊蚊传播多种疾病，包括黄热病、寨卡热、西尼罗热、基孔肯雅病、马雅罗病毒病、登革热及其他脑膜炎，解决伊蚊繁育问题难上加难。在谈到伊蚊繁育时，詹姆斯说："你需要设计一个基因片段，使伊蚊绝育。如果成功繁育出一种能抵御寨卡病毒却依然传播登革热及其他疾病的蚊子，那也是徒劳无益的。"我们现在已经处于一个历史阶段。在这一阶段，我们可以像从菜单上点菜、在网飞上选择互动式节目或在亚马逊点击鼠标网购一样，轻轻松松选择消灭一种生物。

我们有正当合理但尚且不为人知的理由相信，我们应该对所许愿望谨小慎微。如果我们彻底根除携带疾病的蚊种，例如疟蚊、伊蚊及库蚊，那么其他蚊种或昆虫是否会占据其生态位置，填补其在动物传染病方面的空缺，继续传播疾病？消灭蚊子（或其他任何相关物种，或重新引入灭绝已久的物种）会对生态平衡与自然母亲的生物平衡产生何种影响？如果我们消灭了一种在全球生态系统中至关重要而我们却一无所知的物种，会出现何种状况？灭蚊行动何时终止？在我们开始提出这些道德上引人担忧、生物学上模棱两可的问题时，没有人能完全知道答案。

遭到彻底消灭的唯一人类疾病是天花。在 20 世纪，就在天花灭绝、尘封于历史之前，天花共导致约 3 亿人死亡。世界卫生组织将该病定为消灭目标。不仅因为其能置人于死地，而且也因为天花无处躲藏。人类是天花的唯一宿主。天花病毒独立存活时间最多仅有数小时。1977 年，索马里报告了这一传奇杀手的最后一例自然病例。长达 3 000 年的天花传播循环永久结束。然而，与此同时，尚未得到确认的艾滋病病毒正缓缓走出非洲，在全球扩散。一个致命疾病由另一个致命疾病替代。对于脊髓灰质炎病毒与其他寄生虫而言，包括丝虫，同样大期将至。但是，诸如埃博拉病毒、寨卡病毒、西尼罗病毒及其他病毒也随后将其替代。比如，自2000年来，最新流行、蚊媒传播的詹姆斯敦峡谷病毒在北美传播，最远已影响至加拿大纽芬兰。该病毒于1961年在科罗拉多州詹姆斯敦被首次发现，是西尼罗病毒的变体，毒性稍弱于西尼罗病毒。

通过利用CRISPR，我们作为一个物种，可以随心所欲地决定让任何一种微生物灭绝。只要能够获取年代久远的DNA，我们就有能力让灭绝物种起死回生。2017年2月，哈佛大学一个科学家团队宣布："两年内，猛犸象将死而复生。"我在同年不是已经观看这场电影了吗？当时，我们将这部科幻影片命名为《侏罗纪公园》。好莱坞颇具戏剧天分，能够充分利用错误的科学奇迹与由人类的狂妄自大导致的技术性计算错误，将其转变为资本。虽然滥用或误用CRISPR技术并不会导致迅猛龙让时代广场或皮卡迪利大街陷入恐慌，也不会出现霸王龙在美国大街或香榭丽舍大道逛商店的情况，但是这种做法的确会造成严重后果。亨利·格里利为法学教授，也是斯坦福大学法律与生物科学中心主管。格里利说："从复活猛犸象到培育不咬人的蚊子，我们可以随心所欲地塑造生物圈。我们对此感觉如何？我们想生活在自然世界，还是迪士尼乐园？"作为一个物种，我们正面临一个前所未有的道德困境，会出现难以预测、计划之外的后果。灾难性变化引发的海啸将影响人类文明的方方面面。科幻小说可能不再是虚构故事，而会变为现实。

热带生态生物学教授、我在科罗拉多州梅萨大学的同事托马斯·瓦拉博士说："该项技术应用简单，成本低廉，使用广泛，研究生也能够使用新的CRISPR应用，在实验室相对轻松地进行实验。CRISPR的应用可能已经开启了潘多拉魔盒。"通过CRISPR，任何微生物的DNA基础材料，包括人类，都可以得到无穷无尽的重新排列。杜德娜扪心自问："基因编辑会带来什么意料之外的后果？"她的回答是："我不知道我们是否对该技术有足够的了解，但是不管我们是否对其有足够的了解，人们都会对该项技术加以利用。你的学生可能正在使用这项技术进行研究，这令人难以置信、毛骨悚然。人们要懂得对此项技术的功能心存感激，这一点非常重要。"该技术的确带来了革命性影响，但是与此同时，也令人恐慌。1945年7月，原子弹试验首次取得成功后，曼哈顿项目负责人J.罗伯特·奥本海默哀叹道："我记得印度教经文《薄伽梵歌》中有一段话。毗湿奴设法让王子相信，王子应该尽职尽责。为了给王子留下深刻印象，毗湿奴变成多臂形态说：'我现在变成了死神，成为世界的毁灭者。'"

虽然此类用于人类的基因操控能够铲除疾病、生物性障碍及任何人类认为"不受欢迎"的特性，但是其也能应用于优生学、研制大规模杀伤性生物武器并达到其他邪恶目的，或铲除"不受欢迎"物种，进而再现1997年电影《千钧一发》的剧情①。2016年2月，美国国家情报总监詹姆斯·克拉珀在其年度报告中警示国会与总统贝拉克·奥巴马，应将CRISPR视为具有可靠性与巨大潜力的大规模杀伤性武器。特拉维夫大学人类分级基因与生物化学教授大卫·格威茨说："正如基因驱动技术可以让蚊子无法传播疟原虫一样，它也可以利用基因驱动技术对蚊子进行设计，使其携带向人类运送的致命细菌毒素。"虽然携带动物传染病的动物，包括蚊子，可以在基因驱动技术的作用下中止传播病原体，但是其也可以在人类控制下成为运送相同疾病的超负荷运转运输系统。虽然我们已经破解了这一技术的秘密，但是对于其潜力，我们只知皮毛。CRISPR的消极面基本上与乌托邦反面相差无几。

2016年，中国进行了首次CRISPR人体试验。2017年年初，美国与英国紧随其后。贝勒医学院遗传学家雨果·贝伦说："利用CRISPR，一切皆有可能。我并不是在痴人说梦。"在CRISPR基因重新编辑的旋涡中，世界各地各个实验室当前正进行的CRISPR基因驱动技术人体

---

① 电影讲述了一个在科技力量胜过一切、基因决定命运的未来世界中的故事。——译者注

试验超过 3 500 项。与其他物种一样，我们是数百万年复杂进化的产物。现在，利用 CRISPR，我们将可以自食其力，解决相关问题。

2018 年 11 月 26 日，在第二届人类基因组编辑国际峰会上，中国基因学家贺建奎向世界宣布，自己在公然无视政府规定与指导方针的情况下，成功通过 CRISPR 技术，对一对双胞胎姐妹的胚胎进行编辑，使其中一位名叫娜娜的婴儿对艾滋病完全免疫，而其孪生姐妹露露仅具有局部免疫力。① 贺建奎的声明引起轩然大波，引发争论与批评，更为重要的是，使人们针对 CRISPR 提出问题，引发国际对话。世界顶级基因学家与生物学家，包括珍妮弗·杜德娜，对这一事件深感震惊，并对这一行为严加斥责，使用了包括"不负责任""如果此事为真，这场实验乃残酷暴行""我们所处理的是关于一个活人的操作指南，此事非同小可""我对此项实验坚决予以谴责"等表达。《自然》杂志刊登了一篇文章。文章称，贺建奎的中国同事幡然醒悟。而在中国，谴责声"尤为尖锐"。

在自己"2018 年年度回顾"或年度"总结"中，比尔·盖茨就贺建奎创造"CRISPR 婴儿"的鲁莽之举进行了评价。比尔·盖茨坚持认为："有人说这位科学家做得太过分了。对此我十分赞同。"然而，在谈到其满怀希望、激励人心的未来愿景时，盖茨补充道："但是，如果该名科学家的做法鼓励了更多人去了解、讨论基因编辑，那么其所做工作则产生了一些积极作用。这可能是最重要但探讨范围不足的公共辩论议题。这是一个巨大的伦理道德问题。基因编辑为治愈疾病带来了一片乐观前景，其中包括我们基金会研究的一些疾病（我们为改变农作物与昆虫的基因提供资助，并不涉及人类）……这些问题尚未引发公众更多的关注，我对此感到意外。如今，人工智能是人们热烈讨论的话题。基因编辑至少应该像人工智能一样，获得同等关注度。"

---

① 后续调查报告称，在这一过程中，"CRISPR 双胞胎"的大脑可能在无意中（也可能是刻意）得到强化。

无论怎样，人们普遍认为，尽管目前受到冷落，但是 CRISPR 将很快占据舞台中央，成为聚光灯追逐的对象。

我可以保证，并成功预测，到本书出版时，基因改造 CRISPR "设计婴儿"将引发一场辩论风暴，掀起国际道德法律自我反省的浪潮。正如哈佛大学遗传学家乔治·丘奇所言，CRISPR "已覆水难收"。许多卷入相关研究与辩论中的人士想要尽可能使其尽快恢复原状。如果贺建奎博士发布的消息为真，其结果得到证实，这扇机会之窗可能已紧紧关闭。

有人认为，我们可以控制这些复杂到难以想象的基因编码与生态系统。这一想法与认为我们可以控制天气的观点如出一辙。的确，我们可以对其产生影响，但是我们只会为当前情况火上浇油。我们没有任何理由相信，我们可以完完全全得到与我们的希望如出一辙的结果，或者制造出在设计上完美无缺的时代产品。只需要一个错误、一次霉运、一个人为疏忽，就会让我们万劫不复，无路可退。近年来，自然灾害、毁灭性龙卷风、海啸、森林火灾、干旱及地震数量急剧增加，这警示我们，人类依然孤立无援，并不像我们自认为的那样智慧超群，无所不能。我们是 800 万至 1 100 万地球物种中的一员。[①] 与达尔文进化设计中为适者生存而不断努力的生物相比，我们别无二致。大自然总是有锦囊妙计，让我们及狂妄自大的智人回归现实。

1859 年，查尔斯·达尔文在其开创性专著《物种起源》中说："自然选择是一股不断准备展开行动的力量。这股力量庞大无比，令人类的努力显得微不足道，如同自然的巧夺天工与人类的艺术创作一样差距巨大。"我认为，如果通过其他方式理解，也可认为 CRISPR 是一种自然选择，但是我不敢肯定达尔文一定会对此表示赞同。正如药物与

---

① 估算数字并不容易且其范围很广。我经常看到的数字为 870 万和 1100 万。我还发现，学术研究机构会引用 20 亿、1 万亿及这两个数字间的任意数值，光昆虫物种的种类就有 4 000 万。与尚待确认的生物体一样，分类法也是尚在进行的一项研究，并得到持续不断的改进。

杀虫剂在我们吸血鬼一般的捕食者面前失去效用一样，通过使用疟疾疫苗与 CRISPR 这些银色子弹，在我们与蚊子永无休止的战争中，决定性大决战仿佛离我们越来越近。

既然我们可以修改蚊子的基因组，那么我们最终就获得了发动反击的机会，但是我们应将历史教训牢记于心，深思熟虑。正如我们在使用滴滴涕时所看到的那样，事情永远不会那么简单。从首次在非洲相遇，到瑞安·克拉克获得镰状细胞，再到美国国家橄榄球联盟超级碗，在我们与蚊子携手进行的疯狂进化之旅中，人类的命运与蚊子的命运紧密相连。我们无法选择自己的冒险旅程。无论如何，我们的命运与彼此相关的历史不可分割，永远交织在一起，与一个挣扎求生的故事密不可分，最终却得到一模一样的结果。如果我们认为，现在我们能够不费吹灰之力就将彼此分开，那我们实在是异想天开。毕竟，最终，我们将依然在地球上共同生活。

结论

我们依然与蚊子处于交战状态。

1909 年，利物浦热带医学院创办人鲁伯特·博伊斯医生一针见血地指出，一个简单的问题将决定人类文明的命运："蚊子还是人类？"这是由我们现代人类与原始祖先提出的最重要的生存问题。实际上，对于早期智人繁衍而言，这一问题举足轻重，因为蚊子促使我们的 DNA 基因序列发生了改变。通过自然选择，人类世代相传的疟疾防御机制逐渐形成，不断发展进化，抵御蚊子的致命叮咬。现在，有了 CRISPR 基因编辑技术，我们志在以牙还牙。

蚊子已统治地球 1.9 亿年之久。在其无可匹敌的恐怖统治的大部分时间里，蚊子从未停止残忍杀戮。这种昆虫虽然身形微小，但顽固不化，以其狂暴怒火、残忍暴行，产生了远超出其重量等级的影响。纵观历史，蚊子将自己的意愿强加于人类之上，决定了历史发展的方向。蚊子是事件的煽动者，是现代全球秩序的塑造者。蚊子吞噬了我们星球的每一个角落，恐龙等许多动物因蚊子而走向灭亡。与此同时，520 亿人因蚊子一命呜呼。

蚊子对古老帝国的兴衰负有责任。蚊子既为独立国家的诞生鼎力相助，也以冷酷无情的方式，让其他国家俯首称臣；曾让其经济陷入瘫痪，甚至使其遭到彻底破坏；曾在最重大、最关键的战役之中悄然潜行，威胁、屠杀其所处时代最强大的作战队伍，比最著名的将军与军事天才还要棋高一着，在其一手掀起的大屠杀中将其中许多人屠戮殆尽。在人类的暴力史上，"疟蚊将军"与"伊蚊将军"都是战争中的强大武器，同时也是令人敬畏的敌人、贪得无厌的盟友。

虽然我们近年来或多或少遏制了其猛烈攻击，但是蚊子继续对全人类施加影响。在温室气体排放的作用下，全球自然气候变暖速度加快，波及整个地球。而蚊子开辟了新战线，进入曾经不受蚊媒传染病困扰的区域，在那里展开行动，扩大战场。蚊子所及范围正持续不断向南北双向扩大。随着曾经未获开发区域温度升高，在海拔更高地区也出现了蚊子的身影。蚊媒传染病对蚊子忠贞不渝，持续稳定进化，努力求生，对流动性不断增强、交往日益密切的人类构成的威胁日益严重。即使面对现代科学与医学，蚊子依然是人类所面临的最危险的动物。

2018 年，虽然蚊子"仅"夺去 83 万人的生命，但是这依然远远超过惨遭我们同胞屠戮人群的数量。近年来，我们久经沙场的抗蚊勇士、科学武器商及医学战争之王通过 CRISPR 基因灭绝驱动技术及疟疾疫苗，为我们的武器库增添新式、精良的大规模杀伤性武器。而由于蚊子使用了诸如寨卡病毒、西尼罗病毒等新型武器，指挥诸如疟疾、登革热等具有历史可靠性、得到改造升级的战士，我们也将我们的这些新式武器部署在最为活跃的战线，应对蚊子与蚊媒传染病日益增强的威胁。在这场与我们最致命捕食者进行的全面战争中，我们唯一的目标就是让蚊子与其疾病无条件投降。为了实现这一目标，唯一的方式是将蚊子与蚊媒传染病彻底消灭。

将敌方 110 万亿只蚊子及其病原体从地球上抹去，定会对人类历史的连续性造成影响，而这段历史正是由蚊子煞费苦心所创的。此外，此举也会产生其他未知的结果。不管怎样，蚊子仍将创造历史，但是在人类的档案中，将留下最后一项与蚊子有关的条目。CRISPR 可能已为蚊子非凡绝伦的故事写下精彩华美的结语。

然而，纵观历史，我们发现，在自然与人类创造的最理想与最险恶的环境中，蚊子都幸存了下来，并以无可匹敌的力度，在历史长河中收割生命。蚊子经受住了导致恐龙灭绝的事件，通过反复进化，挫败了我们为将其消灭所做的一切努力。自人类存在于世以来，蚊子决定了国家命运，左右了重大战争结果，推动设计全球布局，在此过程中让近一半人类灰飞烟灭。然而，与滴滴涕及其他灭蚊工具一样，CRISPR 可能在其不断进化的叮咬面前败下阵来。历史已向我们证明，蚊子是一个顽强不屈的幸存者。到目前为止，不屈不挠的蚊子依然是我们最致命的吸食者。

诚然，对于大部分读者而言，若在情感上通过本书中令人难以置信的数据与死亡人数联想到一张张鲜活的面孔，可能颇具挑战，我对此感同身受，颇能理解。自人类诞生以来，我们已看到，蚊子对全人类造成了严重破坏，在其鲜血浸透的旅程中杀死或玷污了大量人口。在这一史诗般冒险旅程的大部分过程中，我们已回顾了过去，在穿越古老时代的航程中，参观了古代帝国与雄心勃勃国家的著名场地，观看了英雄们进行奋勇拼杀所在的战场，翻阅了特定的页面，重温了精彩绝伦、至关重要的历史故事。然而，蚊子与其疾病依然热情不减，活跃依旧，在我们人类史诗中书写新的篇章。

虽然你们许多人当前所生活的地区未受蚊媒传染病影响，或不适合蚊媒传染病生存，但是如果你已阅读本书，那么当你发现蚊子依然通过其令人恼火的嗡嗡飞行，或令人愤怒却使人无法触及的瘙痒，对数亿人的生活产生影响时，你就不会感到大吃一惊。虽然仅仅是灵光乍现，但是我猜测，如果你在周围打听一下，便会发现，当你问及登革热、疟疾、西尼罗热，或诸如镰状细胞等基因保护携带者等问题时，可能会有一位你颇为熟悉的人给予"是"这一回答，或点头予以回应。

由于我的第二故乡位于科罗拉多州大章克申，坐落于西尼罗巷，因此在我所任教的科罗拉多州梅萨大学，许多同事与学生均感染了西尼罗病毒，其中有一些人因而终身瘫痪及终身残疾。他们在自家后院，在远足与骑行环境中，或在科罗拉多河与甘尼森河漂流或钓鱼时感染病毒。两条河流蜿蜒曲折，流经大章克申中心，该城市也因此成为两条水路的"大连接点"①。我也了解到，一些学生、朋友及熟人在旅行或作为救援人员从事志愿活动时，感染了疟疾与登革热，遭受断骨热折磨。一位同学因前往柬埔寨徒步旅行而感染登革热。他对自己患登革热的感受进行了一番描述，称自己如同在地狱里度过了两周。他说，除了呕吐、致幻的发烧及皮疹，其所经历的剧烈疼痛"如同有人缓缓将指甲嵌入骨头，用钳子慢慢挤压我的关节与肌肉"。我曾与许多士兵与老兵交谈。他们在驻外执行任务，或在非洲作为私人军事承包商（PMC）开展工作期间，感染过疟疾与登革热。我有一位朋友，现在从事私人军事承包相关工作。最近，他因患疟疾而卧床不起，通过电子邮件与我联系。我也认识两名镰状细胞携带者。虽然我已体验过令人活力四射、由甲氟喹营造的千变万化的梦境，但是谢天谢地，我从未感染过我所了解的蚊媒传染病。然而，我的生命的确要拜一只曾在第一次世界大战作战的疟蚊所赐。

1915 年，在我的曾祖父威廉·瓦恩加德 15 岁时，他应征入伍，首次离开了其穷困潦倒的加拿大家乡。1914 年 8 月，第一次世界大战

疟疾的多张脸孔：二等兵／海军威廉·瓦恩加德是第一次世界大战期间感染疟疾的 150 万名士兵中的一员。对于我而言，谢天谢地的是，他并未像其他 9.5 万名士兵一样撒手人寰，而是幸存下来。此处是 16 岁的威廉于 1916 年 8 月离开西部战线加入加拿大海军时所用的一张照片。（瓦恩加德家族）

① 大章克申英文名为 Grand Junction，字面意思有"大连接点"之义。——译者注

爆发，唤醒了他为国王与祖国贡献力量的光荣梦想。在西方战线工业化屠宰场一般的战壕里，这一颇具骑士风范的梦想化为了泡影。1916年3月，威廉于比利时伊普尔附近中枪，同时吸入了毒气。经入院治疗，威廉逐渐康复。随后，因尚未成年，威廉停止服役，返回加拿大。威廉再也没有回到其拥有乡村田园风光、如明信片照片一般风景宜人的家乡。在蒙特利尔上岸后，威廉再次谎报了年龄，立刻加入加拿大海军。

在战争剩余时间里，威廉在一艘于中西非海岸巡逻的扫雷舰上度过了自己的军旅生涯。而这一地点也是蚊媒传染病古老的诞生地。1918年夏，威廉同时感染西班牙流感、伤寒与间日疟。当舰艇医生宣布威廉死亡并准备将其尸体抛入大海时，这名曾经生龙活虎、身高1.78米、体重79千克的青少年已是骨瘦如柴，体重仅为44千克。也许是命运使然，一位船员看见威廉依然眨着眼睛，因此威廉逃脱了被海葬的命运。与我妻子的祖父雷克斯·拉尼军士一样，我的曾祖父威廉也经受住了战时疟疾的折磨，顽强挺了过来。在塞拉利昂首都弗里敦的医务室休息一年后，威廉又于英格兰接受了一年的住院治疗。之后，威廉于1920年回到祖国加拿大。自威廉参军入伍、加入战争以来，已过去6年。在第二次世界大战期间，他再次在加拿大海军服役。在其与世长辞之时，威廉已是87岁高龄。

作为一个孩子，在威廉轻描淡写地讲述包括与疟疾的战斗等战争故事时，我会满怀憧憬地坐在他身旁，静静聆听，不时发出阵阵惊叹。虽然他将疟疾复发看作标准的适应过程，但是他坚持认为，德国威廉皇帝是其患上疟疾的始作俑者，而蚊子与之毫无关系。尽管他与这位德国君主有相同的名字，但是"可恶的比尔皇帝"〔英文中威廉（William）的昵称为比尔（Bill）〕这句话经常从我的曾祖父那里脱口而出。我能够来到世间，还要感谢在1918年夏天里饱受战争蹂躏的那只饥肠辘辘、叮咬威廉的非洲疟蚊。这只传播疟疾的蚊子及其九头病魔海妖迫使威廉遭到遣返、返回加拿大的时间推迟了近两年。在1920年回国的途中，威廉发现一位少女在轮船栏杆边，因晕船而呕吐不止，于是他慢慢接近，用嘲讽的口吻说了几句话，以引起少女的注意。我的曾祖母希尔达告诉我，这位少女抬起头，"对他严加斥责"。这对一直吵吵闹闹的爱人度过了 67 年的幸福婚姻。但是，蚊媒传染病并非过眼云烟，也不是只会让我们的祖先饱受折磨的历史遗迹。时至今日，蚊媒传染病依然活跃于世。

完成这场史诗之旅与狂野之行后，我对蚊子的看法发生了永久性改变。也许你对蚊子的态度也有所变化，有所发展，或以某种方式改变了因本书引言所引发的普普通通、发自内心的愤恨。现在，我对蚊子的评价摇摆不定，在真心实意、深恶痛绝的厌恶与真切的尊重与钦佩之间不断徘徊。也许，二者兼而有之。毕竟，在我们的世界正在进行的战争之中，在我们自然界丛林法则之下，蚊子与我们毫无差别。与我们一样，蚊子仅仅在竭尽全力，努力求生。

致谢

　　完成我的第 4 本书之后，我按照惯例，与我父亲坐在一起，展开头脑风暴，对后续行动提出想法。虽然他是一名急救医生，但是他的确可以成为一名历史学家。在彬彬有礼地打断我并让我放慢速度之后，他只说了一个词："疾病！"在我对这个答案半信半疑之际，父亲同往常一样，帮助我缩小我的主题范围。现在，我渐渐理出了一个更小的计划。通过"疾病"这个简单的线索，本书得以诞生。随后，我便开始坚定不移地追踪我们最致命的捕食者。

　　对于与我一样的历史极客而言，创作本书是一场终极寻宝行动。我无法像一位四处劫掠的西班牙征服者，或尼古拉斯·凯奇一样寻找黄金国或锡沃拉①，或者跋山涉水解开《迷失 Z 城》②的秘密。我也无法像罗伯特·兰登③一样，开启征程，寻找圣杯，追踪圣堂宝藏；也无

---

① 锡沃拉位于墨西哥北部，是传说中的"七座黄金城"所在地。——译者注
② 《迷失 Z 城》为 2017 年上映的一部冒险类电影，讲述了一个在亚马孙丛林冒险的故事。——译者注
③ 罗伯特·兰登为丹·布朗所著小说《达·芬奇密码》主要人物，电影中由汤姆·汉克斯饰演。——译者注

法模仿《夺宝奇兵》中的史诗冒险；或在不到12秒差距[1]的距离里完成多维空间凯赛尔航程[2]。但是，解决这一谜题，也许在我力所能及的范围之内。

我搜遍了书架，拿了一本我在大学课堂上要求我的学生研读的教科书。我的多工具教学组合内容涵盖主题范围较大，包括大量彼此交叉的主题：美国历史、本土研究、比较政治学、石油战争与石油政治，以及各种各样的西方文明。这些书都是大型战役、决定性战争相关的英雄事迹，也涉及包括埃及、希腊、罗马等光辉夺目的古老文明的兴衰历史。这些书均对创世纪、基督教与阿拉伯社会的文化爆炸展开了叙述，对诸如亚历山大大帝、汉尼拔与西庇阿、成吉思汗、乔治·华盛顿、拿破仑、特库赛、尤里西斯·S.格兰特将军、罗伯特·E.李将军等具有巨大影响力的军事领袖及其天赋才能大加赞赏。书中记录了包括哥伦布、科尔特斯、罗利、罗尔夫、我们的好莱坞卡通公主波卡洪塔斯等探险家、海盗及殖民人物走过的道路。所有这些教科书均力图对文明进化予以解释，说明我们的全球秩序是如何确立的。

我们昨天的世界如何改变并塑造了我们的今天这一简单概念让我陷入思考。哪些因素与人物塑造了我们的过去并由此改变了当下与未来？我检查了所有常见对象，包括贸易、政治、宗教、欧洲帝国入侵、奴隶制度及战争。在对我心中名片盒里方方面面及所有任务进行筛查后，我得出了结论，但是依然少了点儿什么。当我合上最后一本书时，我依然找不到答案。但是，此时，"疾病"一词在我的脑海中挥之不去，让我从学术角度对其予以关注。我的好奇心与"疾病"一词驱使我对这一复杂问题进行更为深入的探索。

当然，这不可避免地要涉及14世纪中期臭名昭著的黑死病。该

---

① 秒差距为天文学中的一种长度单位，是测量恒星距离最古老、最标准的方法。——译者注

② 此处引用《星球大战》电影内容。影片中，走私犯韩·苏罗驾驶自己性能强劲的宇宙飞船"千年隼号"完成过该航程。——译者注

病由致命的鼠疫杆菌引发，通过老鼠身上的跳蚤传播，夺去了欧洲50%人口的生命（在全球合计造成2亿人死亡）。我也知道，在后续由1942年哥伦布掀起的欧洲殖民浪潮及随后哥伦布大交换期间全球生态体系转移的过程中，生活在西半球的约1亿原住民中有95%因多种疾病而遭遇灭顶之灾。我对其间在欧洲与美洲殖民地暴发的霍乱与伤寒疫情也有所了解，对1918—1919年西班牙流感的暴发也略知一二。这场疫情导致7 500万至1亿人死亡。世界战争推动了病毒传播，但疫情造成的死亡人数却是世界大战中死亡人数的5倍。这些举世闻名的流行病及其历史影响已不再是重大秘密，但是却依然让我在原地踏步。最终，我在最不可能的地方找到了我的答案。

我喜欢去杂货店购物。我知道这是一种怪癖，但是我觉得这能让我放松身心。有些人会选择冥想或练习瑜伽，而我会去杂货店购物。有一次，在与我父亲就疾病开了玩笑、翻阅所有的书后，我出门购物。我在货架间徘徊，想方设法弄清楚，杂货店为何以此种令人惊讶的方式进行产品分类。我看了标签，对需要在26种不同罐装西红柿、19种不同混合或烘烤咖啡、57种番茄酱、31种所谓美味的狗粮之中做出选择而感到惊异。我推着购物车穿过杂货地球村，无意中看到我们世界上每个人的兜里都装了的产品。我心想，现在的世界的确是一个小地方，而我们人类则鹤立鸡群。将一包大波浪薯片放入购物车之后，我抬头看了看。在我面前，我的答案就藏在眼前。最终，在我的第二故乡科罗拉多州大章克申的喜互惠超市里，我发现我的宝藏就位于一块巨型广告牌上。

我又看了一眼广告。上面写着："深林驱蚊喷雾剂：将携带寨卡病毒、登革病毒或西尼罗病毒的蚊子统统击退。"我摇了摇头，不敢相信之前没能早点将这些点串联在一起，对自己感到十分不满。我下一本书的主题，也就是你当前捧在手上的这本书，现在就此敲定，那就是蚊子。在任何一本学术性教科书中，蚊子卓越超群的历史影响力从未获得认可，其对塑造人类历史产生的无法回避的作用也从未获得承认。最终，我找到了我的黄金岛。我下定决心开创先河。这本书便是我寻宝游戏的高潮。

那场命中注定的杂货店购物（以及我狼吞虎咽吃完了那包大波浪薯片）发生一年后，我与历史学家蒂姆·库克博士在加拿大军事博物馆聊生活近况。我告诉了他我对于本书的想法及我在研究中搜集的大量资料。蒂姆立刻将我介绍给了里克·布罗德海德，也就是我现在的经纪人。蒂姆，感谢你当时立刻打了那通电话。更为重要的是，感谢你多年来对我的支持，与我建立友谊。里克，自踏上这场冒险以来，你便与我一路相伴。你一直以来对我给予全力支持，我十分感谢。我的朋友，你的表现令人难以置信，我对你的所作所为感激不尽。利用科罗拉多州梅萨大学教学与执教冰球队（毕竟我是加拿大人）的空余时间，我最终完成了书稿的编写工作。我将草稿递交至企鹅兰登出版社，提交至编辑约翰·帕斯利、尼古拉斯·加里森及卡西迪·萨克斯处。感谢三位编辑以锐利的目光、持久的耐力对书稿进行耐心细致的修订编辑，并悉心指导。你们的反馈与分析是无价之宝。

我的许多朋友、同事及新结识的朋友一如既往提供了专业意见，与我通力合作并提供诸多协助。我特别感谢我在牛津大学的博士生导师休·斯特罗恩。是他教导我放宽眼界，发现书页上字里行间之外的内容，将历史视为一个生命体，并与之展开互动。能够从您的知识中、在您的指导下受益匪浅，我深感荣幸。我还想感谢布鲁诺与卡蒂·拉马尔、艾伦·安德森博士、霍克-肖迪博士、杰夫·欧博梅尔、蒂姆·凯西博士、道格拉斯·奥罗克博士、贾斯廷·戈洛布博士、苏珊·贝克尔博士、亚当·罗森鲍姆博士及约翰·西巴克博士。亚当和约翰，我十分享受我们就蚊子（原始人还是古人类？）进行的相关对话。约翰，你博学多才，对我关于早期人类进化与迁徙规律的问题进行了细致全面的解答，同时我们就枪炮与玫瑰乐队与悲呼组合乐队多次进行了愉快的交谈。你的解答起到了巨大作用，令我受益良多。我也感谢所有慷慨无私、与我分享某个人与蚊子的故事及蚊子知识的人。我还必须感谢科罗拉多州梅萨大学图书馆工作人员。他们不厌其烦，购买我需要的书目，其中包括许多已经绝版及不知名的书。你们是名副其实的寻宝猎人。我也想感谢科罗拉多州梅萨大学给我提供资金支持，用于购买所需照片。

成千上万人用尽整个学术或医学职业生涯，在广袤的蚊子世界中进行探索。蚊子战士不知疲倦地努力，学者们著书立说，为本书提供了一定基础。对此，我向你们表示由衷感谢。在此，我想要伸手向以下人士表示谢意：J. R. 麦克尼尔、詹姆斯·韦伯、查尔斯·C. 曼恩、兰德尔·M. 帕卡德、马克·哈里森、贾雷德·戴蒙德、彼得·麦坎德利斯、安德鲁·麦基尔韦恩·贝尔、索尼娅·莎·玛格丽特·汉弗莱斯、戴维·R. 佩特里埃罗、弗兰克·斯诺登、艾尔弗雷德·W. 克罗斯比、威廉·H. 麦克尼尔、南希·丽思·斯特潘、凯伦·M. 马斯特森、安德鲁·斯皮尔曼、比尔及梅琳达·盖茨基金会的杰夫·彻塔克，以及比尔与梅琳达·盖茨。

最后，我想感谢我的父母，感谢他们教会我原力运作的方式。你们都是勇士。在此，我也要向亚历山大大帝、艾萨克·牛顿爵士及尤达大师① 表达歉意，在我心目中最伟大的英雄排名中，你们依然名列前茅。我的家人们，我爱你们，我对你们甚是想念，也想念我们位于加拿大湖畔的家。贾克森，我可爱迷人的儿子，虽然你现在太年轻，无法理解我为何不能按时回家，但是相信我，我更愿意与你共度"男子汉时光"。还有谁能挡住你韦恩·格雷茨基式的挥杆射门，接住你马修·斯塔福德式的传球，② 或成为你的亚历山大大帝的大流士三世？

①　尤达大师是《星球大战》中人物，是绝地武士大师中的传奇。尤达身形矮小，但智慧过人，武艺高强，培养了数代绝地武士，最终成为绝地委员会大师。——译者注
②　韦恩·格雷茨基，加拿大职业冰球明星，得到 2 857 分的"伟大冰球手"，全球冰球传奇人物。马修·斯塔福德，美国国家橄榄球联盟底特律雄狮队四分卫。——译者注

我永远爱你，哪怕在遥远的星系^①也不会改变。我的妻子贝基，感谢你在我因工作离家期间、在我在家因写作而仿佛消失的时候镇守堡垒。备受尊敬的哲学家艾克索·罗斯^②给予了"耐心"这一神圣忠告，而你不仅用心倾听，而且将其应用得出神入化。

谢谢大家！

蒂姆

---

① 遥远的星系对应英文为 galaxy far far away，此处影射《星球大战》电影。——译者注

② 艾克索·罗斯是美国枪炮与玫瑰乐队主唱，美国歌手、作曲家、音乐制作人及音乐家。《耐心》是其演唱的一首单曲。——译者注

说明

　　本书在其他大量书目、期刊及涉及各类学术领域的出版物的基础之上创作而成。总体而言，我已在"致谢"中向提供主要支撑性材料的作者们表示了谢意，我在书中使用了许多直接引用，对作者们予以提及，以此凸显其重要作用。考虑到本书的主题及蚊子的影响时而需要通过死亡人数加以衡量的实际情况，因而需要对数据谨慎处理，不可避免地出现估测的数据。这是历史数据分析固有的性质，在此我无法予以回避。书中所用数据均为最新数据或最新估测数据，获得了专家的一致认同，或在合理的数据范围区间内。

　　书中并未逐一提及所有参考书目及被咨询的人士，但是大部分均已在参考文献中列出。许多图书未得到直接使用，仅仅起到触发我思考的作用。以下关于各个章节的说明旨在为充满好奇、寻求更为详细解释的读者提供更多读物。更为重要的是，让读者对为每一章节提供支撑材料的作者予以认可，展现其详尽彻底的研究及精妙绝伦的著作。

第 1 章

　　在以下书目中可以找到蚊子与其他昆虫在威胁、削弱恐龙统治时发挥的作用：George and Roberta Poinar, *What Bugged the Dinosaurs: Insects, Disease and Death in the Cretaceous*。帮助人们了解这一理论

的其他文献还包括：Charles Officer and Jake Page, The *Great Dinosaur Extinction Controversy*；Scott Richard Shaw, *Planet of the Bugs: Evolution and the Rise of Insects*；以及 Robert T. Bakker, *The Dinosaur Heresies: New Theories Unlocking the Mystery of the Dinosaurs and Their Extinction*。许多科学与生物类著作对生命周期与蚊子及其携带疾病的内部运作进行了解释。其中，Andrew Spielman and Michael D'Antonio, *Mosquito: A Natural History of Our Most Persistent and Deadly Foe*，以及 J. D. Gillett, *The Mosquito: Its Life, Activities, and Impact on Human Affairs* 中所提供的解释最具可读性。两本研究透彻、精心设计的书就疟疾、我们人类祖先及智人的共同进化提供了大量信息：James L. A. Webb Jr., *Humanity's Burden: A Global History of Malaria,* 以及 Randall M. Packard, *The Making of a Tropical Disease: A Short History of Malaria*。两位杰出作者也对疟疾的全球传播及影响人类的历史展开了研究，在本书多个章节中均得到引用或参考。我对蚊媒传染病简明扼要的概述是通过阅读多本书、咨询多位人士后的综合性产物。由于书目与被咨询人员过多，在此不予以赘述。在我撰写本书期间，John L. Capinera, *Encyclopedia of Entomology* 提供了巨大帮助，对本书中各个年代的确定提供了指导。卡皮内拉（Capinera）的书为修订版，共4卷，共计4 350页。S. L. Kotar and J. E. Gessler, *Yellow Fever: A Worldwide History*，以及 David K. Patterson, "Yellow Fever Epidemics and Mortality in the United States, 1693—1905" 对黄热病病毒这一致命病毒提供了颇为细致、无与伦比的调查研究。

第2章

除了韦伯与帕卡德的杰出作品，Sonia Shah, *The Fever: How Malaria Has Ruled Humankind for 500 000 Years* 提供了关于疟疾对人类事务影响的细致准确的年表，其中也涉及基因抗性。Sylvie Manguin, *Biodiversity of Malaria in the World* 则提出了更为科学的观点。David Reich, *Who We*

Are and How We Got Here: Ancient DNA and the New Science of the Human Past 以优秀的文笔，简要就主题内容给予了概述。许多其他作品则对人类针对疟疾的遗传能力进行了总结，其中包括：Barry and David Zimmerman, *Killer Germs: Microbes and Diseases That Threaten Humanity*; Ethne Barnes, *Diseases and Human Evolution*; Gary Paul Nabhan, *Why Some Like It Hot: Food, Genes, and Cultural Diversity*; Michael J. Behe, *The Edge of Evolution: The Search for the Limits of Darwinism*; 以及 Jared Diamond, *Guns, Germs and Steel: The Fates of Human Societies*。Antony Wild, *Coffee: A Dark History*; Mark Pendergrast, *Uncommon Grounds: The History of Coffee and How It Transformed Our World*; 以及 Tom Standage, *A History of the World in 6 Glasses* 不仅在本章，也在本书全书中突出强调了咖啡（以及茶叶）与蚊子（以及非洲黑奴与革命）之间的联系。戴蒙德、沙、帕卡德作品中对班图人迁徙及其随后对非洲南部的统治有所提及，韦伯·瑞安·克拉克经历的痛苦得到了媒体的大量关注。许多可获取、已出版的访谈、文章及故事也在该章节中得到利用。

第 3&4 章

两个章节中大部分内容主要基于古代书吏与医师所留内容编写，其中包括希波克拉底、盖伦、柏拉图、修昔底德等的作品。其他关于古希腊与古罗马颇具价值的参考文献包括：J. N. Hays, *The Burdens of Disease: Epidemics and Human Response in Western History*; R. S. Bray, *Armies of Pestilence: The Impact of Disease History*; Hans Zinsser, *Rats, Lice and History*; J. L. Cloudsley-Thompson, *Insects and History*; W. H. S. Jones, *Malaria: A Neglected Factor in the History of Greece and Rome*; Donald J. Hughes, *Environmental Problems of the Greeks and Romans: Ecology in the Ancient Mediterranean*; Eric H. Cline, *1177 B.C.: The Year Civilization Collapesed*; Philip Norrie, *A History of Disease in Ancient Times: More Lethal Than War*; William H. McNeill, *Plagues and*

Peoples; Adrian Goldsworthy, *The Punic Wars and Pax Romana: War, Peace and Conquest in the Roman World*; Brian Campbell and Lawrence A.Tritle, *The Oxford Handbook of Warfare in the Classical World*; Adrienne Mayor, *Greek Fire,Poison Arrows,and Scorpion Bombs:Biological and Chemical Warfare in the Ancient World*; Robert L. O'Connell, *The Ghosts of Cannae: Hannibal and the Darkest Hour of the Roman Republic*; Patrick N. Hunt, *Hannibal*; Serge Lancel, *Hannibal*; Richard A. Gabriel, *Hannibal: The Military Biography of Rome's Greatest Enemy*; 以及 A. D. Cliff and M. R. Smallman-Raynor, *War Epidemics: An Historical Geography of Infectious Diseases in Military Conflict and Civil Srifle, 1850—2000* 和 *Emergence and Re-Emergence of Infectious Diseases: A Geographical Analysis*。扎希·哈瓦斯与许多上述作者创作的作品均对埃及和图坦卡蒙国王的生平与死亡进行了介绍。关于亚历山大大帝因疟疾而扑朔迷离的帝国撤退、亚历山大大帝的生平及亚历山大大帝之死，请参见本书参考文献中列出的诸多文献。纵观历史，罗马周围的蓬蒂内沼泽地一直以来都是区域性疟疾的温床，与其他非洲以外地理区域相比，蓬蒂内沼泽地在塑造早期西方历史方面的影响无出其右。各类与疟疾及罗马相关的一次与二次文献介绍了从罗马帝国至第二次世界大战期间的有关内容。Kyle Harper, *The Fate of Rome: Climate, Disease, and the End of an Empire* 是一块学术瑰宝。上述提到的休斯（Hughes）、布雷（Bray）及琼斯（Jones）的作品同样具有极高学术价值。另有两本具有巨大价值且制作精美的书是 Robert Sallares, *Malaria and Rome: A History of Malaria in Ancient Italy*，以及 Frank M. Snowden, *The Conquest of Malaria: Italy, 1900—1962*。戴维·索伦（David Soren）和珍妮弗·C.休姆（Jennifer C. Hume）的期刊文章也就疟疾对古代世界的统治提供了考古学证据；韦伯与沙的作品也让我们对古代蚊子的点点滴滴有所了解。

第 5 章

Hays, *The Burdens of Disease*；David Clark, *Germs, Genes, and Civilization: How Epidemics Shaped Who We Are Today*；Gary B. Ferngren, *Medicine and Health Care in Early Christianity and Medicine & Religion*；Daniel T. Reef, *Plagues, Priests, and Demons*：*Sacred Narratives and the Rise of Christianity in the Old World and the New*；Kenneth G. Zysk, *Religious Medicine*：*The History and Evolution of Indian Medicine*；Kimberly B. Stratton and Danya S. Kalleres, *Daughters of Hecate: Women and Magic in the Ancient World* 中详细说明了包括地方性疟疾在内的疾病与基督教崛起及传播之间的相互关系。克劳兹利-汤普森、津泽、欧文·W. 谢尔曼及艾尔弗雷德·W. 克罗斯比与帕卡德的作品对中世纪与十字军东征时代的欧洲疟疾蔓延进行了综述。Alfred W. Crosby, *Ecological Imperialism: The Biological Expansion of Europe, 900—1900* 清晰明确地凸显了十字军东征时期蚊媒传染病的作用。我在本书中对其作品内容进行了大量引用，以起到相同效果（本书中唯一被大量引用的文献）。Piers D. Mitchell, *Medicine in the Crusades: Warfare, Wounds and the Medieval Surgeon*；Helen J. Nicholson, editor of *The Chronicle of the Third Crusade: The Itinerarium Pereginorum et Gesta Regis Ricardi*；John D. Hosler, *The Siege of Acre, 1189—1191: Saladin, Richard the Lionheart, and the Battle That Decided the Third Crusade*；Geoffrey Hindley, *The Crusades: Islam and Christianity in the Struggle for World Supremacy*；Thomas F. Madden, *The Concise History of the Crusades*；Jonathan Riley-Smith, The *Crusades: A History* 中的解释为本书提供了支撑，打下了稳固的框架。

第 6 章

Peter Frankopan, *The Silk Roads: A New History of the World*；Frank McLynn, *Genghis Khan: His Conquests, His Empire, His Legacy*；Jack

Weatherford, *Genghis Khan and the Making of the Modern World*；James Chambers, *The Devil's Horsemen: The Mongol Invasion of Europe*；John Keegan, *The Mask of Command: Alexander the Great, Wellington, Ulysses S. Grant, Hitler, and the Nature of Leadership*；Robert B. Marks, *Tigers, Rice, Silk and Silt: Envrionment and Economy in Late Imperial South China*；Jacques Gernet, *Daily Life in China on the Eve of the Mongol Invation*, 1250—1276；Peter Jackson, *The Mongols and the West, 1221—1410*；Carl Fredrik Sverdrup, *The Mongol Conquests: The Military Operations of Genghis Khan and Sübe'etei* 提供了对成吉思汗及蒙古时代的最佳描写。布雷、克罗斯比、卡皮内拉及威廉·H.麦克尼尔的作品也提供了关于蒙古世界的深刻见解。

第 7&8 章

有关哥伦布大交换的文学作品浩如烟海。诸如巴托洛梅·德拉斯·卡萨斯的作品等主要文献（包括引用）得到了充分利用。我在我的上一本书中，对英国、加拿大、澳大利亚、新西兰、美国的相关档案进行了研究，之前用到的 *Indigenous Peoples of the British Dominions and the First World War* 也在这两个章节中得到使用。与这两个章节相关性最强的二次文献有：Alfred W. Crosby, *The Columbian Exchange: Biological and Cultural Consequences of 1492*, 以及*Ecological Imperialism: The Biological Expansion of Europe, 900—1900*；Charles C. Mann, *1493: Uncovering the New World Columbus Created*；William H. McNeill, *Plagues and Peoples*；Mark Harrison, *Disease and the Modern World:1500 to the Present Day*；*Biological Consequences of the European Expansion, 1450—1800,* edited by Kenneth F. Kiple and Stephen V. Beck；Robert S. Desowitz, *Who Gave Pinta to the Santa Maria?: Torrid Diseases in the Temperate World*；Tony Horwitz, A *Voyage Long and Strange*: *On the Trail of Vikings, Conquistadors, Lost Colonists, and Other Adventurers in*

Early America; Noble David Cook, *Born to Die: Disease and New World Conquest, 1492—1650*; Daniel J. Boorstin, *The Discoverers*; Dorothy H. Crawford, *Deadly Companions: How Microbes Shaped Our History*; Jared Diamond, *Guns, Germs, and Steel*（从该书中，我借用了"出乎意料的征服者"一词）；Lawrence H. Keeley, *War Before Civilization: The Myth of the Peaceful Savage*; *Africa's Development in Historical Perspective*, *edited* by Emmanuel Akyeampong, Robert H. Bates, Nathan Nunn, and James A. Robinson; Robert A. McGuire and Philip R. P. Coelho, *Parasites, Pathogens, and Progress: Diseases and Economic Development*; Peter McCandless, *Slavery, Disease, and Suffering in the Southern Lowcountry*; Margaret Humphreys, *Yellow Fever and the South*; 以及 Sheldon Watts, *Epidemics and History: Disease, Power and Imperialism*。若想了解金鸡纳树与奎宁的发现与影响，可参阅：Fiammetta Rocco, *The Miraculous Fever-Tree: Malaria, Medicine and the Cure That Changed the World*; Mark Honigsbaum, *The Fever Trail: In Search of the Cure for Malaria*; Rohan Deb Roy, *Malarial Subjects: Empire, Medicine and Nonhumans in British India, 1820—1909*。关于疟疾与鸦片贸易的内容，请参见 Paul C. Winther, *Anglo-European Science and the Rhetoric of Empire: Malaria, Opium, and British Rule in India, 1756—1895*。

第 9&10 章

两个章节中均参考了相应的一次文献。此类文献及曼恩创作的《1493》提供了大量简洁明了、叙述性强的相关信息。韦伯、帕卡德、基普勒、贝克、斯皮尔曼和佩特里埃罗对疟疾在欧洲的传播进行了概述，同时详细介绍了疟疾传播至美洲并在美洲扩散的相关细节。Virginia DeJohn Anderson, *Creatures of Empire: How Domestic Animals Transformed Early America* 也是内容全面的参考文献。沙、曼恩及 J. R. 麦克尼尔所著的《蚊子帝国：加勒比海生态与战争，1620—1914》

及其他文献概述了苏格兰达连湾计划。三个感染区及美洲梅森-狄克森线的概念源自韦伯、J. R. 麦克尼尔及曼恩的著作，并得到了修改与补充。

第 11 章

本章涉及著作包括：Fred Anderson, *Crucible of War: The Seven Years' War and the Fate of Empire in British North America, 1754—1766*; Alvin Rabushka, *Taxation in Colonial America*; Erica Charters, *Disease, War, and the Imperial State: The Welfare of the British Armed Services during the Seven Years' War*; Robert S. Allen, *His Majesty's Indian Allies: British Indian Policy in the Defence of Canada, 1774—1815*; William M. Fowler, *Empires at War: The Seven Years' War and the Struggle for North America, 1754—1763*; Richard Middleton, *Pontiac's War: Its Causes, Course and Consequences*。David R. Petriello, *Bacteria and Bayonets: The Impact of Disease In American Military History* 对从哥伦布时期到近年美国军事活动时期的书名主题内容进行了追踪，对本书诸多章节颇具参考价值。J. R. 麦克尼尔清楚明了地介绍了蚊子在殖民战争时期发挥的作用，包括法国在库鲁 / 恶魔岛遭遇的大灾难，导致以美国革命为代表的运动在全美全面展开。

第 12&13 章

关于蚊子在决定美国革命（及其他美洲反对殖民统治的起义）的结果中发挥的作用，两个章节参考了两本必不可少、研究内容详尽、非同寻常的出版物，一本是《蚊子帝国》，另一本是《南方低地奴隶、疾病与苦难》。麦坎德利斯（McCandless）发表的一篇期刊文章 "Revoloutionary Fever: Disease and War in the Lower South 1776—1783" 对本书起到了很好的补充完善作用。谢尔曼、曼恩、沙与佩特里埃罗的作品也介绍了蚊子在促进美国确立国家地位中的作用。在 J. R. 麦克尼尔、曼恩、谢尔曼、克里夫及斯莫曼–雷纳、瓦茨的著作中，关于随后蔓延美洲的革命（以及黄热病疫情暴发），包括杜桑·卢维杜尔在海地领导的革命及西蒙·玻利瓦尔在所有西班牙殖民地开展的革命等内容，均得到了详细介绍。Billy G. Smith, *Ship of Death: A Voyage That Changed the Atlantic World*; Jim Murphy, *An American Plague: The True and Terrifying Story of the Yellow Fever Epidemic of 1793*; J. H. Powell, *Bring Out Your Dead: The Great Plague of Yellow Fever in Philadelphia in 1793*；Rebecca Earle, "'A Grave for Europeans'?: Disease, Death, and the Spanish-American Revolutions" 等为两个章节的内容提供了参考。

第 14&15 章

关于 1812 年战争相关内容，请参见 Alan Taylor, *The Civil War of 1812: American Citizens, British Subjects, Irish Rebels, and Indian Allies*; Walter R. Borneman, *1812: The War That Forged a Nation*; Donald R. Hickey, *The War of 1812: A Forgotten Conflict*。J. R. McNeill, Petriello, and Amy S. Greenberg, *A Wicked War: Polk, Clay, Lincoln, and the 1846 U.S. Invasion of Mexico* 突出强调了蚊子在美墨战争及新美国西部扩张中发挥的作用。安德鲁·麦基尔韦恩·贝尔（Andrew McIlwaine Bell）令人眼花缭乱、精彩绝伦的作品《蚊子战士：疟疾、黄热病与美国内战的进程》（*Mosquito Soldiers: Malaria, Yellow Fever, and the Course of the American Civil War*）对冲突期间蚊子、疟疾、奎宁供给及宏观战略之间的相互作用进行了详细而全面的解释。而正是这种相互作用最终为《解放黑人奴隶宣言》及联邦最终胜利奠定了坚实基础。其他颇具价值的美国内战相关文献还包括：Margaret Humphreys, *Marrow of Tragedy: The Health Crisis of the American Civil War and Intensely Human: The Health of the Black Soldier in the American Civil War*; Kathryn Shively Meier, *Nature's Civil War: Common Soldiers and the Environment in 1862 Virginia*; Jim Downs, *Sick from Freedom: African-American Illness and Suffering during the Civil War and Reconstruction*; Mark S. Schantz, *Awaiting the Heavenly Country: The Civil War and America's Culture of Death*; Frank R. Freemon, *Gangrene and Glory: Medical Care During the American Civil War*; Paul E. Steiner, *Disease in the Civil War: Natural Biological Warfare in 1861—1865*; John Keegan, *The American Civil War*。罗恩·切尔诺所著的精彩传记《格兰特》将主题定位于格兰特将军与林肯总统，涉及重大问题、战争目标转移等内容，其中也包括《解放黑人奴隶宣言》。其他提供背景信息的文献还包括曼恩、麦奎尔与科埃略、佩特里埃罗、马克·哈里森、克里夫及斯莫曼-雷纳的相关著作。

第 16 章

内战后重建期间，蚊媒传染病在美国扩散，其中包括 19 世纪 70 年代的黄热病疫情。相关内容在以下作品中均有详细说明：Webb and Packard as well as Molly Caldwell Crosby, *The American Plague: The Untold Story of Yellow Fever, the Epidemic That Shaped Our History*; Jeanette Keith, *Fever Season: The Story of a Terrifying Epidemic and the People Who Saved a City*; Khaled J. Bloom, *The Mississippi Valley's Great Yellow Fever Epidemic of 1878*; Stephen H. Gehlbach, *American Plagues: Lessons from Our Battles with Disease*。曼森、拉维恩、罗斯、格拉西、芬利、里德、戈加斯的发现与灭蚊计划及其他大量参考文献均对本章内容具有重要参考价值。Gordon Harrison, *Mosquitoes, Malaria and Man: A History of the Hostilities Since 1880* 提供了详尽的解释。相关作品还包括：Greer Williams, *The Plague Killers*; James R. Busvine, *Disease Transmission by Insects: Its Discovery and 90 Years of Effort to Prevent It*; Gordon Patterson, *The Mosquito Crusades: A History of the American Anti-Mosquito Movement from the Reed Commission to the First Earth Day*; James E. McWilliams, *American Pests: The Losing War on Insects from Colonial Times to DDT*; 以及Nancy Leys Stepan, *Eradication: Ridding the World of Diseases*

Forever?。除了 J. R. 麦克尼尔、佩特里埃罗、瓦茨、沙、克里夫和斯莫曼-雷纳、罗科及洪尼斯鲍姆的作品，在 Ken de Bevoise, *Agents of Apocalypse: Epidemic Disease in the Colonial Philippines*; Warwick Anderson, *Colonial Pathologies: American Tropical Medicine, Race, and Hygiene in the Philippines*; Joseph Smith, *The Spanish-American War: Conflict in the Caribbean and the Pacific, 1895—1902*; Vincent J. Cirillo, *Bullets and Bacilli: The Spanish-American War and Military Medicine*; Paul S. Sutter, "Nature's Agents or Agents of Empire?: Entomological Workers and Environmental Change during the Construction of the Panama Canal" 中可找到在美西战争与巴拿马运河建设期间，蚊媒传染病在古巴与菲律宾的影响的相关内容。

第 17 章

Karen M. Masterson，*The Malaria Project: The U.S. Government's Secret Mission to Find a Miracle Cure*; Leo B. Slater, *War and Disease: Biomedical Research on Malaria in the Twentieth Century*; Paul F. Russell, *Man's Mastery of Malaria*; Snowden, *The Conquest of Malaria*; Emory C. Cushing, *History of Entomology in World War II*; David Kinkela, *DDT and the American Century: Global Health, Environmental Politics, and the Pesticide That Changed the World*; Mark Harrison, *Medicine and Victory: British Military Medicine in the Second World War* 和 *The Medical War: British Military Medicine in the First World War*; Donald Avery, *Pathogens for War: Biological Weapons, Canadian Life Scientists, and North American Biodefence*; *Terrorism, War, or Disease?: Unraveling the Use of Biological Weapons*, edited by Anne L. Clunan, Peter R. Lavoy, and Susan Martin; Ute Deichmann, *Biologists Under Hitler*; Bernard J. Brabin, "Malaria's Contribution to World War One—the Unexpected Adversary" 等文献涵盖了世界大战相关内容。戈登·哈里森、斯特潘、韦伯、麦克威廉斯、佩

特里埃罗、克里夫和斯莫曼-雷纳也对章节编写提供了帮助。我为创作前一本书《第一次世界石油战争》（*The First World Oil War*）所进行的档案整理及二次研究也在章节编写过程中发挥了作用，提供了第一次世界大战其他小战场蚊媒传染病致死人数等相关信息，其中包括中东、萨洛尼卡、非洲、俄罗斯高加索战争，以及盟军介入苏俄内战期间的相关数据。

第 18&19 章

战后消灭蚊子的工作开展的几十年、滴滴涕的崛起、蕾切尔·卡逊的寂静的春天及现代环保运动，以及近年重新暴发的蚊媒传染病等内容在许多学术领域与大众媒体中得到全方位报道。总体来看，Slater, Masterson, Stepan, McWilliams, Spielman and D'Antonio, Packard, Cliff and Smallman-Raynor, Webb, Patterson, Kinkela, Russell, and Shah, as well as Alex Perry, *Lifeblood: How to Change the World One Dead Mosquito at a Time*; *Saving Lives, Buying Time: Economics of Malaria Drugs in an Age of Resistance*, edited by Kenneth J. Arrow, Claire B. Panosian, and Hellen Gelband; Susan D. Moeller, *Compassion Fatigue: How the Media Sell Disease, Famine, War and Death*; Mark Harrison, *Contagion: How Commerce Has Spread Disease*; 以及世卫组织、美国疾控中心与比尔及梅琳达·盖茨基金会提供的报告与出版物，构成了本章主要内容。关于 1999 年纽约西尼罗热暴发的具体内容，Zimmerman, *Killer Germs*; Shah, *Pandemic: Tracking Contagions, from Cholera to Ebola and Beyond*; Madeline Drexler, *Secret Agents: The Menace of Emerging Infections*；以及美国疾控中心发布的各类报告与媒体报道均提供了相关信息。鉴于近年出现 CRISPR 基因编辑技术，主流媒体、杂志及新闻报刊在就我们当前与蚊子的战争进行的最新分析、对我们为消灭某类蚊子及其疾病的努力进行的相关报道方面发挥了重要作用。杂志《经济学人》《科学》《国家地理》《自然》《探索发现》，以及世卫组织、美国疾控中心、

比尔及梅琳达·盖茨基金会发布的出版物与新闻稿，均提供了重要且最新的信息与简报，对当前疟疾疫苗研究与 CRISPR 不断发展的应用进行了概述。CRISPR 技术创始人珍妮弗·杜德娜（Jennifer Doudna）与塞缪尔·斯特恩伯格（Samuel Sternberg）刚刚出版了一本新书，名为 *A Crack in Creation: The New Power to Control Evolution*。James Kozubek, *Modern Prometheus: Editing the Human Genome with CRISPR-CAS9* 同样于近期出版。由于经 CRISPR 衍生的大量非小说散文文学具有惊天动地、震慑人心的能力，我预计，在不久的将来，此类书将大量在市场中涌现。

参考文献

Aberth, John. *The First Horseman: Disease in History*. New Jersey: Pearson-Prentice Hall, 2006.

———. *Plagues in World History*. New York: Rowman & Littlefield, 2011.

Adelman, Zach N., ed. *Genetic Control of Malaria and Dengue*. New York: Elsevier, 2016.

Adler, Jerry. "A World Without Mosquitoes." *Smithsonian* magazine (June 2016): 36–43, 84.

Akyeampong, Emmanuel, Robert H. Bates, Nathan Nunn, and James A. Robinson, eds. *Africa's Development in Historical Perspective*. Cambridge: Cambridge University Press, 2014.

Allen, Robert S. *His Majesty's Indian Allies: British Indian Policy in the Defence of Canada, 1774–1815*. Toronto: Dundurn, 1992.

Altman, Linda Jacobs. *Plague and Pestilence: A History of Infectious Disease*. Springfield, NJ: Enslow, 1998.

Amalakanti, Sridhar, et al. "Influence of Skin Color in Dengue and Malaria: A Case Control Study." *International Journal of Mosquito Research* 3:4 (2016): 50–52.

Anderson, Fred. *Crucible of War: The Seven Years' War and the Fate of Empire in British North America, 1754–1766*. New York: Alfred A. Knopf, 2000.

Anderson, Virginia DeJohn. *Creatures of Empire: How Domestic Animals Transformed Early America*. Oxford: Oxford University Press, 2004.

Anderson, Warwick. *Colonial Pathologies: American Tropical Medicine, Race, and*

Hygiene in the Philippines. Durham, NC: Duke University Press, 2006.

Applebaum, Anne. *Red Famine: Stalin's War on Ukraine*. New York: Doubleday, 2017.

Arrow, Kenneth J., Claire B. Panosian, and Hellen Gelband, eds. *Saving Lives, Buying Time: Economics of Malaria Drugs in an Age of Resistance*. Washington, DC: National Academies Press, 2004.

Atkinson, John, Elsie Truter, and Etienne Truter. "Alexander's Last Days: Malaria and Mind Games?" *Acta Classica* LII (2009): 23–46.

Avery, Donald. *Pathogens for War: Biological Weapons, Canadian Life Scientists, and North American Biodefence*. Toronto: University of Toronto Press, 2013.

Bakker, Robert T. *The Dinosaur Heresies: New Theories Unlocking the Mystery of the Dinosaurs and Their Extinction*. New York: William Morrow, 1986.

Barnes, Ethne. *Diseases and Human Evolution*. Albuquerque: University of New Mexico Press, 2005.

Behe, Michael J. *The Edge of Evolution: The Search for the Limits of Darwinism*. New York: Free Press, 2007.

Bell, Andrew McIlwaine. *Mosquito Soldiers: Malaria, Yellow Fever, and the Course of the American Civil War*. Baton Rouge: Louisiana State University Press, 2010.

Bill and Melinda Gates Foundation. *Press Releases; Fact Sheets; Grants; Strategic Investments; Reports*. https://www.gatesfoundation.org/.

Bloom, Khaled J. *The Mississippi Valley's Great Yellow Fever Epidemic of 1878*. Baton Rouge: Louisiana State University Press, 1993.

Boorstin, Daniel J. *The Discoverers: A History of Man's Search to Know His World and Himself*. New York: Vintage, 1985.

Borneman, Walter R. *1812: The War That Forged a Nation*. New York: HarperCollins, 2004.

Bose, Partha. *Alexander the Great's Art of Strategy: The Timeless Leadership Lessons of History's Greatest Empire Builder*. New York: Gotham Books, 2003.

Boyd, Mark F., ed. *Malariology: A Comprehensive Survey of All Aspects of This Group of Diseases from a Global Standpoint*. 2 vols. Philadelphia: W. B. Saunders, 1949.

Brabin, Bernard J. "Malaria's Contribution to World War One—the Unexpected

Adversary." *Malaria Journal* 13:1 (2014): 1–22.

Bray, R. S. *Armies of Pestilence: The Impact of Disease on History*. New York: Barnes and Noble, 1996.

Buechner, Howard A. *Dachau: The Hour of the Avenger (An Eyewitness Account)*. Metairie, LA: Thunderbird Press, 1986.

Busvine, James R. *Disease Transmission by Insects: Its Discovery and 90 Years of Effort to Prevent It*. New York: Springer-Verlag, 1993.

———. *Insects, Hygiene and History*. London: Athlone Press, 1976.

Campbell, Brian, and Lawrence A. Tritle, eds. *The Oxford Handbook of Warfare in the Classical World*. Oxford: Oxford University Press, 2013.

Cantor, Norman F. *Alexander the Great: Journey to the End of the Earth*. New York: HarperCollins, 2005.

Capinera, John L., ed. *Encyclopedia of Entomology*. 4 vols. Dordrecht: Springer Netherlands, 2008.

Carrigan, Jo Ann. *The Saffron Scourge: A History of Yellow Fever in Louisiana, 1796–1905*. Lafayette: University of Louisiana Press, 1994.

Carson, Rachel. *Silent Spring*. New York: Mariner Reprint, 2002.

Cartledge, Paul. *Alexander the Great: The Hunt for a New Past*. New York: Overlook Press, 2004.

Cartwright, Frederick F., and Michael Biddis. *Disease and History*. New York: Sutton, 2004.

Centers for Disease Control and Prevention (CDC). *Fact Sheets; Diseases and Conditions; Annual Reports*. https://www.cdc.gov.

Chambers, James. *The Devil's Horsemen: The Mongol Invasion of Europe*. New York: Atheneum, 1979.

Chang, Iris. *The Rape of Nanking: The Forgotten Holocaust of World War II*. New York: Penguin, 1998.

Charters, Erica. *Disease, War, and the Imperial State: The Welfare of the British Armed Services During the Seven Years' War*. Chicago: University of Chicago Press, 2014.

Chernow, Ron. *Grant*. New York: Penguin, 2017.

Churchill, Winston S. *The New World*. Vol. 2 of *A History of the English-Speaking Peoples*. New York: Bantam Reprint, 1978.

Cirillo, Vincent J. *Bullets and Bacilli: The Spanish-American War and Military Medicine*. New Brunswick, NJ: Rutgers University Press, 1999.

Clark, Andrew G., and Philipp W. Messer. "An Evolving Threat: How Gene Flow Sped the Evolution of the Malarial Mosquito." *Science* (January 2015): 27–28, 42–43.

Clark, David P. *Germs, Genes, and Civilization: How Epidemics Shaped Who We Are Today*. Upper Saddle River, NJ: FT Press, 2010.

Cliff, A. D., M. R. Smallman-Raynor, P. Haggett, D. F. Stroup, and S. B. Thacker. *Emergence and Re-Emergence: Infectious Diseases; A Geographical Analysis*. Oxford: Oxford University Press, 2009.

Cline, Eric H. *1177 B.C.: The Year Civilization Collapsed*. Princeton: Princeton University Press, 2014.

Cloudsley-Thompson, J. L. *Insects and History*. New York: St. Martin's Press, 1976.

Clunan, Anne L., Peter R. Lavoy, and Susan B. Martin. *Terrorism, War, or Disease?: Unraveling the Use of Biological Weapons*. Stanford, CA: Stanford University Press, 2008.

Coleman, Terry. *The Nelson Touch: The Life and Legend of Horatio Nelson*. Oxford: Oxford University Press, 2004.

Cook, Noble David. *Born to Die: Disease and New World Conquest, 1492–1650*. Cambridge: Cambridge University Press, 1998.

Crawford, Dorothy H. *Deadly Companions: How Microbes Shaped Our History*. Oxford: Oxford University Press, 2007.

Crook, Paul. *Darwinism, War and History: The Debate over the Biology of War from the "Origin of Species" to the First World War*. Cambridge: Cambridge University Press, 1994.

Crosby, Alfred W. *The Columbian Exchange: Biological and Cultural Consequences of 1492*. New York: Praeger, 2003.

———. *Ecological Imperialism: The Biological Expansion of Europe, 900–1900*. Cambridge: Cambridge University Press, 1986.

Crosby, Molly Caldwell. *The American Plague: The Untold Story of Yellow Fever, the Epidemic That Shaped Our History*. New York: Berkley, 2006.

Cueto, Marcos. *Cold War, Deadly Fevers: Malaria Eradication in Mexico, 1955–1975*. Washington, DC: Woodrow Wilson Center Press, 2007.

Cushing, Emory C. *History of Entomology in World War II*. Washington, DC: Smithsonian Institution, 1957.

Dabashi, Hamid. *Persophilia: Persian Culture on the Global Scene*. Cambridge,

MA: Harvard University Press, 2015.

Delaporte, François. *Chagas Disease: History of a Continent's Scourge*. Translated by Arthur Goldhammer. New York: Fordham University Press, 2012.

Desowitz, Robert S. *The Malaria Capers: More Tales of Parasites and People, Research and Reality*. New York: W. W. Norton, 1991.

———. *Tropical Diseases: From 50,000 BC to 2500 AD*. London: Harper Collins, 1997.

———. *Who Gave Pinta to the Santa Maria?: Torrid Diseases in the Temperate World*. New York: Harcourt Brace, 1997.

De Bevoise, Ken. *Agents of Apocalypse: Epidemic Disease in the Colonial Philippines*. Princeton: Princeton University Press, 1995.

D'Este, Carlo. *Bitter Victory: The Battle for Sicily, 1943*. New York: Harper Perennial, 2008.

Deichmann, Ute. *Biologists Under Hitler*. Translated by Thomas Dunlap. Cambridge, MA: Harvard University Press, 1996.

Diamond, Jared. *Guns, Germs, and Steel: The Fates of Human Societies*. New York: W. W. Norton, 1997.

Dick, Olivia Brathwaite, et al. "The History of Dengue Outbreaks in the Americas." *American Journal of Tropical Medicine and Hygiene* 87:4 (2012): 584–593.

Diniz, Debora. *Zika: From the Brazilian Backlands to Global Threat*. Translated by Diane Grosklaus Whitty. London: Zed Books, 2017.

Doherty, Paul. *The Death of Alexander the Great: What—or Who—Really Killed the Young Conqueror of the Known World?* New York: Carroll & Graf, 2004.

Doudna, Jennifer, and Samuel Sternberg. *A Crack in Creation: The New Power to Control Evolution*. New York: Vintage, 2018.

Downs, Jim. *Sick from Freedom: African-American Illness and Suffering during the Civil War and Reconstruction*. Oxford: Oxford University Press, 2012.

Drexler, Madeline. *Secret Agents: The Menace of Emerging Infections*. New York: Penguin Books, 2003.

Dubois, Laurent, and John D. Garrigus, eds. *Slave Revolution in the Caribbean, 1789–1804: A Brief History with Documents*. 2nd ed. New York: Bedford-St. Martin's, 2017.

Dumett, Raymond E. *Imperialism, Economic Development and Social Change in West Africa*. Durham, NC: Carolina Academic Press, 2013.

Earle, Rebecca. "'A Grave for Europeans'?: Disease, Death, and the Spanish-

American Revolutions." *War in History* 3:4 (1996): 371–383.

Engel, Cindy. *Wild Health: Lessons in Natural Wellness from the Animal Kingdom*. New York: HoughtonMifflin, 2003.

Enserink, Martin, and Leslie Roberts. "Biting Back." *Science* (October 2016): 162–163.

Faerstein, Eduardo, and Warren Winkelstein Jr. "Carlos Juan Finlay: Rejected, Respected, and Right." *Epidemiology* 21:1 (January 2010): 158.

Fenn, Elizabeth A. *Pox Americana: The Great Smallpox Epidemic of 1775–82*. New York: Hill and Wang, 2001.

Ferngren, Gary B. *Medicine and Health Care in Early Christianity*. Baltimore: Johns Hopkins University Press, 2009.

———. *Medicine & Religion: A Historical Introduction*. Baltimore: Johns Hopkins University Press, 2014.

Fowler, William M., Jr. *Empires at War: The Seven Years' War and the Struggle for North America, 1754–1763*. Vancouver: Douglas & McIntyre, 2005.

Frankopan, Peter. *The Silk Roads: A New History of the World*. New York: Vintage, 2017.

Fredericks, Anthony C., and Ana Fernandez-Sesma. "The Burden of Dengue and Chikungunya Worldwide: Implications for the Southern United States and California." *Annals of Global Heath* 80 (2014): 466–475.

Freeman, Philip. *Alexander the Great*. New York: Simon & Schuster Paperbacks, 2011.

Freemon, Frank R. *Gangrene and Glory: Medical Care During the American Civil War*. Chicago: University of Illinois Press, 2001.

Gabriel, Richard A. *Hannibal: The Military Biography of Rome's Greatest Enemy*. Washington, DC: Potomac Books, 2011.

Gachelin, Gabriel, and Annick Opinel. "Malaria Epidemics in Europe After the First World War: The Early Stages of an International Approach to the Control of the Disease." *Historia, Ciencias, Saude-Manguinhos* 18:2 (April—June 2011): 431–469.

Gates, Bill. "Gene Editing for Good: How CRISPR Could Transform Global Development." *Foreign Affairs* 97:3 (May/June 2018): 166–170.

Gehlbach, Stephen H. *American Plagues: Lessons from Our Battles with Disease*. Lanham, MD: Rowman & Littlefield, 2016.

Geissler, Erhard, and Jeanne Guillemin. "German Flooding of the Pontine Marshes in World War II: Biological Warfare or Total War Tactic?" *Politics and Life Sciences* 29:1 (March 2010): 2–23.

Gernet, Jacques. *Daily Life in China on the Eve of the Mongol Invasion, 1250–1276.* Translated by H. M. Wright. Stanford, CA: Stanford University Press, 1962.

Gessner, Ingrid. *Yellow Fever Years: An Epidemiology of Nineteenth-Century American Literature and Culture.* New York: Peter Lang, 2016.

Gillett, J. D. *The Mosquito: Its Life, Activities, and Impact on Human Affairs.* New York: Doubleday, 1971.

Goldsmith, Connie. *Battling Malaria: On the Front Lines Against a Global Killer.* Minneapolis: Twenty-First Century Books, 2011.

Goldsworthy, Adrian. *Pax Romana: War, Peace and Conquest in the Roman World.* New Haven, CT: Yale University Press, 2016.

———. *The Punic Wars.* London: Cassell, 2001.

Gorney, Cynthia. "Science vs. Mosquitoes." *National Geographic* (August 2016): 56–59.

Green, Peter. *Alexander of Macedon, 356–323 B.C.: A Historical Biography.* Berkeley: University of California Press, 1991.

Greenberg, Amy S. *A Wicked War: Polk, Clay, Lincoln, and the 1846 U.S. Invasion of Mexico.* New York: Vintage, 2013.

Grundlingh, Albert. *Fighting Their Own War: South African Blacks and the First World War.* Johannesburg: Ravan Press, 1987.

Hammond, N. G. L. *The Genius of Alexander the Great.* Chapel Hill: University of North Carolina Press, 1997.

Harari, Yuval Noah. *Sapiens: A Brief History of Humankind.* New York: HarperCollins, 2015.

Hardyman, Robyn. *Fighting Malaria.* New York: Gareth Stevens, 2015.

Harper, Kyle. *The Fate of Rome: Climate, Disease, and the End of an Empire.* Princeton: Princeton University Press, 2017.

Harrison, Gordon. *Mosquitoes, Malaria and Man: A History of the Hostilities Since 1880.* New York: E. P. Dutton, 1978.

Harrison, Mark. *Contagion: How Commerce Has Spread Disease.* New Haven, CT: Yale University Press, 2012.

———. *Disease and the Modern World: 1500 to the Present Day.* Cambridge: Polity Press, 2004.

———. *Medicine and Victory: British Military Medicine in the Second World War.*

Oxford: Oxford University Press, 2004.

———. *Medicine in an Age of Commerce and Empire: Britain and Its Tropical Colonies 1660–1830*. Oxford: Oxford University Press, 2010.

———. *The Medical War: British Military Medicine in the First World War*. Oxford: Oxford University Press, 2010.

Hawass, Zahi. *Discovering Tutankhamun: From Howard Carter to DNA*. Cairo: American University in Cairo Press, 2013.

Hawass, Zahi, and Sahar N. Saleem. *Scanning the Pharaohs: CT Imaging of the New Kingdom Royal Mummies*. Cairo: American University in Cairo Press, 2018.

Hawass, Zahi, et al. "Ancestry and Pathology in King Tutankhamun's Family." *Journal of the American Medical Association* 303:7 (2010): 638–647.

Hawkins, Mike. *Social Darwinism in European and American Thought, 1860–1945: Nature as Model and Nature as Threat*. New York: Cambridge University Press, 1997.

Hayes, J. N. *The Burdens of Disease: Epidemics and Human Response in Western History*. New Brunswick, NJ: Rutgers University Press, 1998.

Hickey, Donald R. *The War of 1812: A Forgotten Conflict*. Champaign, IL: University of Illinois Press, 2012.

Hindley, Geoffrey. *The Crusades: Islam and Christianity in the Struggle for World Supremacy*. London: Constable & Robinson, 2003.

Holck, Alan R. "Current Status of the Use of Predators, Pathogens and Parasites for Control of Mosquitoes." *Florida Entomologist* 71:4 (1988): 537–546.

Holt, Frank L. *Into the Land of Bones: Alexander the Great in Afghanistan*. Berkeley: University of California Press, 2012.

Hong, Sok Chul. "Malaria and Economic Productivity: A Longitudinal Analysis of the American Case." *Journal of Economic History* 71:3 (2011): 654–671.

Honigsbaum, Mark. *The Fever Trail: In Search of the Cure for Malaria*. London: Pan MacMillan, 2002.

Horwitz, Tony. *A Voyage Long and Strange: On the Trail of Vikings, Conquistadors, Lost Colonists, and Other Adventurers in Early America*. New York: Picador, 2008.

Hosler, John D. *The Siege of Acre, 1189–1191: Saladin, Richard the Lionheart, and the Battle That Decided the Third Crusade*. New Haven, CT: Yale University Press, 2018.

Hoyos, Dexter. *Hannibal: Rome's Greatest Enemy*. Exeter: Bristol Phoenix Press, 2008.

Hughes, J. Donald. *Environmental Problems of the Greeks and Romans: Ecology in the Ancient Mediterranean*. 2nd ed. Baltimore: Johns Hopkins University Press, 2014.

Hume, Jennifer C. C., Emily J. Lyons, and Karen P. Day. "Malaria in Antiquity: A Genetics Perspective." *World Archaeology* 35:2 (October 2003): 180–192.

Humphreys, Margaret. *Intensely Human: The Health of the Black Soldier in the American Civil War*. Baltimore: Johns Hopkins University Press, 2008.

———. *Malaria: Poverty, Race, and Public Health in the United States*. Baltimore: Johns Hopkins University Press, 2001.

———. *Marrow of Tragedy: The Health Crisis of the American Civil War*. Baltimore: Johns Hopkins University Press, 2013.

———. *Yellow Fever and the South*. New Brunswick, NJ: Rutgers University Press, 1992.

Hunt, Patrick N. *Hannibal*. New York: Simon & Schuster, 2017.

Iowa State University Bioethics Program. "Engineering Extinction: CRISPR, Gene Drives and Genetically-Modified Mosquitoes." *Bioethics in Brief*, September 2016. https://bioethics.las.iastate.edu/2016/09/20/engineering-extinction-crispr-gene-drives-and-genetically-modified-mosquitoes/.

Jackson, Peter. *The Mongols and the West, 1221–1410*. New York: Routledge, 2005.

Jones, Richard. *Mosquito*. London: Reaktion Books, 2012.

Jones, W. H. S. *Malaria: A Neglected Factor in the History of Greece and Rome*. Cambridge: Macmillan & Bowes, 1907.

Jordan, Don, and Michael Walsh. *White Cargo: The Forgotten History of Britain's White Slaves in America*. New York: New York University Press, 2008.

Jukes, Thomas H. "DDT: The Chemical of Social Change." *Toxicology* 2:4 (December 1969): 359–370.

Karlen, Arno. *Man and Microbes: Disease and Plagues in History and Modern Times*. New York: Simon & Schuster, 1996.

Keegan, John. *The American Civil War*. New York: Vintage, 2009.

———. *The Mask of Command: Alexander the Great, Wellington, Ulysses S. Grant, Hitler, and the Nature of Leadership*. New York: Penguin Books, 1988.

Keeley, Lawrence H. *War Before Civilization: The Myth of the Peaceful Savage*. Oxford: Oxford University Press, 1996.

Keith, Jeanette. *Fever Season: The Story of a Terrifying Epidemic and the People Who Saved a City*. New York: Bloomsbury Press, 2012.

"Kill Seven Diseases, Save 1.2m Lives a Year." *Economist*, October 10–16, 2015.

Kinkela, David. *DDT and the American Century: Global Health, Environmental Politics, and the Pesticide That Changed the World*. Chapel Hill: University of North Carolina Press, 2011.

Kiple, Kenneth F., and Stephen V. Beck, eds. *Biological Consequences of the European Expansion, 1450–1800*. Aldershot, UK: Ashgate, 1997.

Kotar, S. L., and J. E. Gessler. *Yellow Fever: A Worldwide History*. Jefferson, NC: Mc-Farland, 2017.

Kozubek, James. *Modern Prometheus: Editing the Human Genome with CRISPR-CAS9*. Cambridge: Cambridge University Press, 2016.

Lancel, Serge. *Hannibal*. Oxford, UK: Blackwell Publishers, 1999.

Larson, Greger, et al. "Current Perspectives and the Future of Domestication Studies." *Proceedings of the National Academy of Sciences of the United States of America* 111:17 (April 2014): 6139–6146.

Ledford, Heidi. "CRISPR, the Disruptor." *Nature* 522 (June 2015): 20–24.

Leone, Bruno. *Disease in History*. San Diego: ReferencePoint Press, 2016.

Levine, Myron M., and Patricia M. Graves, eds. *Battling Malaria: Strengthening the U.S. Military Malaria Vaccine Program*. Washington, DC: National Academies Press, 2006.

Levy, Elinor, and Mark Fischetti. *The New Killer Diseases: How the Alarming Evolution of Germs Threatens Us All*. New York: Crown, 2003.

Litsios, Socrates. *The Tomorrow of Malaria*. Wellington, NZ: Pacific Press, 1996.

Liu, Weimin, et al. "African Origin of the Malaria Parasite *Plasmodium vivax*." *Nature Communications* 5 (2014).

Lockwood, Jeffrey A. *Six-Legged Soldiers: Using Insects as Weapons of War*. Oxford: Oxford University Press, 2010.

Lovett, Richard A. "Did the Rise of Germs Wipe Out the Dinosaurs?" *National Geographic News* (January 2008). https://news.nationalgeographic.com/news/2008/01/080115-dino-diseases.html.

MacAlister, V. A. *The Mosquito War*. New York: Forge, 2001.

Mack, Arien, ed. *In Time of Plague: The History and Social Consequences of Lethal Epidemic Disease*. New York: New York University Press, 1991.

MacNeal, David. *Bugged: The Insects Who Rule the World and the People Obsessed with Them*. New York: St. Martin's Press, 2017.

Macpherson, W. G. *History of the Great War Based on Official Documents: Medical Services*. Diseases of the War, vol. 2. London: HMSO, 1923.

Macpherson, W. G., et al, eds. *The British Official Medical History of the Great War*. 2 vols. London: HMSO, 1922.

Madden, Thomas F. *The Concise History of the Crusades*. Lanham, MD: Rowman & Littlefield, 2013.

Major, Ralph H. *Fatal Partners, War and Disease*. New York: Scholar's Bookshelf, 1941.

Mancall, Peter C., ed. *Envisioning America: English Plans for the Colonization of North America, 1580–1640; A Brief History with Documents*. New York: Bedford-St. Martin's Press, 2017.

Manguin, Sylvie, Pierre Carnevale, and Jean Mouchet. *Biodiversity of Malaria in the World*. London: John Libbey Eurotext, 2008.

Mann, Charles C. *1491: New Revelations of the Americas Before Columbus*. New York: Vintage, 2006.

———. *1493: Uncovering the New World Columbus Created*. New York: Alfred A. Knopf, 2011.

Markel, Howard. *When Germs Travel: Six Major Epidemics That Have Invaded America and the Fears They Unleashed*. New York: Pantheon, 2004.

Marks, Robert B. *Tigers, Rice, Silk, and Silt: Environment and Economy in Late Imperial South China*. Cambridge: Cambridge University Press, 1998.

Martin, Sean. *A Short History of Disease: Plagues, Poxes and Civilisations*. Harpenden, UK: Oldcastle Books, 2015.

Martin, Thomas, and Christopher W. Blackwell. *Alexander the Great: The Story of an Ancient Life*. Cambridge: Cambridge University Press, 2012.

Masterson, Karen M. *The Malaria Project: The U.S. Government's Secret Mission to Find a Miracle Cure*. New York: New American Library, 2014.

Max, D. T. "Beyond Human: How Humans Are Shaping Our Own Evolution." *National Geographic* (April 2017): 40–63.

Mayor, Adrienne. *Greek Fire, Poison Arrows, and Scorpion Bombs: Biological and Chemical Warfare in the Ancient World*. New York: Overlook Duckworth, 2009.

McCandless, Peter. "Revolutionary Fever: Disease and War in the Lower South, 1776–1783." *Transactions of the American Clinical and*

Climatological Association 118 (2007): 225–249.

———. *Slavery, Disease, and Suffering in the Southern Lowcountry*. Cambridge: Cambridge University Press, 2011.

McGuire, Robert A., and Philip R. P. Coelho. *Parasites, Pathogens, and Progress: Diseases and Economic Development*. Cambridge, MA: MIT Press, 2011.

McLynn, Frank. *Genghis Khan: His Conquests, His Empire, His Legacy*. Cambridge, MA: Da Capo Press, 2016.

McNeill, J. R. *Mosquito Empires: Ecology and War in the Greater Caribbean, 1620–1914*. Cambridge: Cambridge University Press, 2010.

McNeill, William H. *Plagues and Peoples*. New York: Anchor, 1998.

McPherson, James M. *Battle Cry of Freedom: The Civil War Era*. Oxford: Oxford University Press, 1988.

McWilliams, James E. *American Pests: The Losing War on Insects from Colonial Times to DDT*. New York: Columbia University Press, 2008.

Meier, Kathryn Shively. *Nature's Civil War: Common Soldiers and the Environment in 1862 Virginia*. Chapel Hill: University of North Carolina Press, 2013.

Meiners, Roger, Pierre Desrochers, and Andrew Morriss, eds. *Silent Spring at 50: The False Crises of Rachel Carson*. Washington, DC: Cato Institute, 2012.

Middleton, Richard. *Pontiac's War: Its Causes, Course and Consequences*. New York: Routledge, 2007.

Mitchell, Piers D. *Medicine in the Crusades: Warfare, Wounds and the Medieval Surgeon*. Cambridge: Cambridge University Press, 2004.

Moberly, F. J. *The Campaign in Mesopotamia, 1914–1918*. Vol. 4. London: HMSO, 1927.

Moeller, Susan D. *Compassion Fatigue: How the Media Sell Disease, Famine, War and Death*. New York: Routledge, 1999.

Monaco, C. S. *The Second Seminole War and the Limits of American Aggression*. Baltimore: Johns Hopkins University Press, 2018.

Murphy, Jim. *An American Plague: The True and Terrifying Story of the Yellow Fever Epidemic of 1793*. New York: Clarion Books, 2003.

Nabhan, Gary Paul. *Why Some Like It Hot: Food, Genes, and Cultural Diversity*. Washington, DC: Island Press, 2004.

Nicholson, Helen J., ed. *The Chronicle of the Third Crusade: The Itinerarium Peregrinorum et Gesta Regis Ricardi*. London: Routledge, 2017.

Nikiforuk, Andrew. *The Fourth Horseman: A Short History of Epidemics, Plagues,*

Famine and Other Scourges. New York: M. Evans, 1993.

Norrie, Philip. *A History of Disease in Ancient Times: More Lethal Than War*. New York: Palgrave Macmillan, 2016.

O' Brien, John Maxwell. *Alexander the Great: The Invisible Enemy; A Biography*. New York: Routledge, 1992.

O' Connell, Robert L. *The Ghosts of Cannae: Hannibal and the Darkest Hour of the Roman Republic*. New York: Random House, 2011.

Officer, Charles, and Jake Page. *The Great Dinosaur Extinction Controversy*. Boston: Addison-Wesley, 1996.

Overy, Richard. *Why the Allies Won*. London: Pimlico, 1996.

Packard, Randall M. *The Making of a Tropical Disease: A Short History of Malaria*. Baltimore: Johns Hopkins University Press, 2007.

———. ' Roll Back Malaria, Roll in Development' ?: Reassessing the Economic Burden of Malaria." *Population and Development Review* 35:1 (2009): 53–87.

Paice, Edward. *Tip and Run: The Untold Tragedy of the Great War in Africa*. London: Weidenfeld & Nicolson, 2007.

Patterson, David K. "Typhus and Its Control in Russia, 1870–1940." *Medical History* 37 (1993): 361–381.

———. "Yellow Fever Epidemics and Mortality in the United States, 1693–1905." *Social Science & Medicine* 34:8 (1992): 855–865.

Patterson, Gordon. *The Mosquito Crusades: A History of the American Anti-Mosquito Movement from the Reed Commission to the First Earth Day*. New Brunswick, NJ: Rutgers University Press, 2009.

Pendergrast, Mark. *Uncommon Grounds: The History of Coffee and How It Transformed Our World*. New York: Basic Books, 1999.

Perry, Alex. *Lifeblood: How to Change the World One Dead Mosquito at a Time*. New York: PublicAffairs, 2011.

Petriello, David R. *Bacteria and Bayonets: The Impact of Disease in American Military History*. Oxford, UK: Casemate, 2016.

Poinar, George, Jr., and Roberta Poinar. *What Bugged the Dinosaurs: Insects, Disease, and Death in the Cretaceous*. Princeton: Princeton University Press, 2008.

Powell, J. H. *Bring Out Your Dead: The Great Plague of Yellow Fever in Philadelphia in 1793*. Philadelphia: University of Pennsylvania Press, 1993.

Quammen, David. *Spillover: Animal Infections and the Next Human Pandemic.*
New York: W. W. Norton, 2012.

Rabushka, Alvin. *Taxation in Colonial America.* Princeton: Princeton University
Press, 2008.

Reff, Daniel T. *Plagues, Priests, and Demons: Sacred Narratives and the Rise
of Christianity in the Old World and the New.* Cambridge: Cambridge
University Press, 2005.

Regalado, Antonio. "The Extinction Invention." *MIT Technology Review*
(April 13, 2016). https://www.technologyreview.com/s/601213/the-
extinction-invention/.

———. "Bill Gates Doubles His Bet on Wiping Out Mosquitoes with Gene
Editing." *MIT Technology Review* (September 6, 2016). https://www.
technologyreview.com/s/602304/bill-gates-doubles-his-bet-on-wiping-out-
mosquitoes-with-gene-editing/.

———. "US Military Wants to Know What Synthetic-Biology Weapons Could
Look Like." *MIT Technology Review* (June 19, 2018). https://www.
technologyreview.com/s/611508/us-military-wants-to-know-what-synthetic-
biology-weapons -could-look-like/.

Reich, David. *Who We Are and How We Got Here: Ancient DNA and the New
Science of the Human Past.* New York: Pantheon, 2018.

Reilly, Benjamin. *Slavery, Agriculture, and Malaria in the Arabian Peninsula.*
Athens: Ohio University Press, 2015.

Riley-Smith, Jonathan. *The Crusades: A History.* London: Bloomsbury Press, 2014.

Roberts, Jonathan. "Korle and the Mosquito: Histories and Memories of the Anti-
Malaria Campaign in Accra, 1942−5." *Journal of African History* 51:3
(2010): 343–365.

Rocco, Fiammetta. *The Miraculous Fever-Tree: Malaria, Medicine and the Cure
That Changed the World.* New York: HarperCollins, 2003.

Rockoff, Hugh. *America's Economic Way of War: War and the US Economy from
the Spanish-American War to the Persian Gulf War.* Cambridge: Cambridge
University Press, 2012.

Rogers, Guy MacLean. *Alexander: The Ambiguity of Greatness.* New York: Random
House, 2005.

Romm, James. *Ghost on the Throne: The Death of Alexander the Great and the
Bloody Fight for His Empire.* New York: Vintage, 2012.

Rosen, Meghan. "With Dinosaurs Out of the Way, Mammals Had a Chance to Thrive." *Science News* 191:2 (2017): 22–33.

Rosenwein, Barbara. *A Short History of the Middle Ages.* Toronto: University of Toronto Press, 2014.

Roy, Rohan Deb. *Malarial Subjects: Empire, Medicine and Nonhumans in British India, 1820–1909.* Cambridge: Cambridge University Press, 2017.

Russell, Paul F. *Man's Mastery of Malaria.* London: Oxford University Press, 1955.

Saey, Tina Hesman. "Gene Drives Unleashed." *Science News* (December 2015): 16–22.

Sallares, Robert. *Malaria and Rome: A History of Malaria in Ancient Italy.* Oxford: Oxford University Press, 2002.

Satho, Tomomitsu, et al. "Coffee and Its Waste Repel Gravid *Aedes albopictus* Females and Inhibit the Development of Their Embryos." *Parasites & Vectors* 8:272 (2015).

Schantz, Mark S. *Awaiting the Heavenly Country: The Civil War and America's Culture of Death.* Ithaca, NY: Cornell University Press, 2008.

Scott, Susan, and Christopher J. Duncan. *Biology of Plagues: Evidence from Historical Populations.* Cambridge: Cambridge University Press, 2001.

Servick, Kelly. "Winged Warriors." *Science* (October 2016): 164–167.

Shah, Sonia. *The Fever: How Malaria Has Ruled Humankind for 500,000 Years.* New York: Farrar, Straus and Giroux, 2010.

———. *Pandemic: Tracking Contagions, from Cholera to Ebola and Beyond.* New York: Farrar, Straus and Giroux, 2016.

Shannon, Timothy, ed. *The Seven Years' War in North America: A Brief History with Documents.* New York: Bedford-St. Martin's Press, 2014.

Shaw, Scott Richard. *Planet of the Bugs: Evolution and the Rise of Insects.* Chicago: University of Chicago Press, 2015.

Sherman, Irwin W. *The Power of Plagues.* Washington, DC: ASM Press, 2006.

———. *Twelve Diseases That Changed Our World.* Washington, DC: ASM Press, 2007.

Shore, Bill. *The Imaginations of Unreasonable Men: Inspiration, Vision, and Purpose in the Quest to End Malaria.* New York: PublicAffairs, 2010.

Singer, Merrill, and G. Derrick Hodge, eds. *The War Machine and Global Health.* New York: AltaMira Press, 2010.

Slater, Leo B. *War and Disease: Biomedical Research on Malaria in the Twentieth*

Century. New Brunswick, NJ: Rutgers University Press, 2014.

Smallman-Raynor, M. R., and A. D. Cliff. *War Epidemics: An Historical Geography of Infectious Diseases in Military Conflict and Civil Strife, 1850–2000.* Oxford: Oxford University Press, 2004.

Smith, Billy G. *Ship of Death: A Voyage That Changed the Atlantic World.* New Haven, CT: Yale University Press, 2013.

Smith, Joseph. *The Spanish-American War: Conflict in the Caribbean and the Pacific, 1895–1902.* New York: Taylor & Francis, 1994.

Snow, Robert W., Punam Amratia, Caroline W. Kabaria, Abdisaian M. Noor, and Kevin Marsh. "The Changing Limits and Incidence of Malaria in Africa: 1939–2009." *Advances in Parasitology* 78 (2012): 169–262.

Snowden, Frank M. *The Conquest of Malaria: Italy, 1900–1962.* New Haven, CT: Yale University Press, 2006.

Soren, David. "Can Archaeologists Excavate Evidence of Malaria?" *World Archaeology* 35:2 (2003): 193–205.

Specter, Michael. "The DNA Revolution: With New Gene-Editing Techniques, We Can Transform Life—But Should We?" *National Geographic* (August 2016): 36–55.

Spencer, Diana. *Roman Landscape: Culture and Identity.* Cambridge: Cambridge University Press, 2010.

Spielman, Andrew, and Michael D'Antonio. *Mosquito: A Natural History of Our Most Persistent and Deadly Foe.* New York: Hyperion, 2001.

Srikanth, B. Akshaya, Nesrin Mohamed Abd alsabor Ali, and S. Chandra Babu. "Chloroquine-Resistance Malaria." *Journal of Advanced Scientific Research* 3:3 (2012): 11–14.

Standage, Tom. *A History of the World in 6 Glasses.* New York: Walker, 2005.

Steiner, Paul E. *Disease in the Civil War: Natural Biological Warfare in 1861–1865.* Springfield, IL: Charles C. Thomas, 1968.

Stepan, Nancy Leys. *Eradication: Ridding the World of Diseases Forever?* Ithaca, NY: Cornell University Press, 2011.

Strachan, Hew. *The First World War in Africa.* Oxford: Oxford University Press, 2004.

Stratton, Kimberly B., and Dayna S. Kalleres, eds. *Daughters of Hecate: Women and Magic in the Ancient World.* Oxford: Oxford University Press, 2014.

Stromberg, Joseph. "Why Do Mosquitoes Bite Some People More Than Others?"

Smithsonian magazine (July 2013). https://www.smithsonianmag. com/science-nature/why-do-mosquitoes-bite-some-people-more-than-others-10255934/.

Sugden, John. *Nelson: A Dream of Glory, 1758–1797.* New York: Henry Holt, 2004.

Sutter, Paul S. "Nature's Agents or Agents of Empire?: Entomological Workers and Environmental Change During the Construction of the Panama Canal." *Isis* 98:4 (2007): 724–754.

Sverdrup, Carl Fredrik. *The Mongol Conquests: The Military Operations of Genghis Khan and Sübe'etei.* Warwick, UK: Helion, 2017.

Tabachnick, Walter J., et al. "Countering a Bioterrorist Introduction of Pathogen-Infected Mosquitoes Through Mosquito Control." *Journal of the American Mosquito Control Association* 27:2 (2011): 165–167.

Taylor, Alan. *The Civil War of 1812: American Citizens, British Subjects, Irish Rebels, and Indian Allies.* New York: Alfred A. Knopf, 2010.

Than, Ker. "King Tut Mysteries Solved: Was Disabled, Malarial, and Inbred." *National Geographic* (February 2010). https://news.nationalgeographic. com/news /2010/02/100217-health-king-tut-bone-malaria-dna-tutankhamun/.

Thurow, Roger, and Scott Kilman. *Enough: Why the World's Poorest Starve in an Age of Plenty.* New York: PublicAffairs, 2009.

Townsend, John. *Pox, Pus & Plague: A History of Disease and Infection.* Chicago: Raintree, 2006.

Tyagi, B. K. *The Invincible Deadly Mosquitoes: India's Health and Economy Enemy #1.* New Delhi: Scientific Publishers India, 2004.

Uekotter, Frank, ed. *Comparing Apples, Oranges, and Cotton: Environmental Histories of Global Plantations.* Frankfurt: Campus Verlag, 2014.

US Army 45th Division. *The Fighting Forty-Fifth: The Combat Report of an Infantry Division.* Edited by Leo V. Bishop, Frank J. Glasgow, and George A. Fisher. Baton Rouge: Army & Navy Publishing Company, 1946.

US Army Infantry Regiment 157th. *History of the 157th Infantry Regiment: 4 June '43 to 8 May '45.* Baton Rouge: Army & Navy Publishing Company, 1946.

Van Creveld, Martin. *The Transformation of War.* New York: Free Press, 1991.

Van den Berg, Henk. "Global Status of DDT and Its Alternatives for Use in Vector Control to Prevent Disease." United Nations Environment Programme: Stockholm Convention on Persistent Organic Pollutants UNEP/POPS/

DDTBP.1/2 (October 2008): 1–31.

Vandervort, Bruce. *Indian Wars of Mexico, Canada, and the United States, 1812–1900*. New York: Routledge, 2006.

Vosoughi, Reza, Andrew Walkty, Michael A. Drebot, and Kamran Kadkhoda. "Jamestown Canyon Virus Meningoencephalitis Mimicking Migraine with Aura in a Resident of Manitoba." *Canadian Medical Association Journal* 190:9 (March 2018): 40–42.

Watson, Ken W. "Malaria: A Rideau Mythconception." *Rideau Reflections* (Winter/Spring 2007): 1–4.

Watts, Sheldon. *Epidemics and History: Disease, Power and Imperialism*. New Haven, CT: Yale University Press, 1997.

Weatherford, Jack. *Genghis Khan and the Making of the Modern World*. New York: Broadway Books, 2005.

Webb, James L. A., Jr. *Humanity's Burden: A Global History of Malaria*. Cambridge: Cambridge University Press, 2009.

Weil, David N. "The Impact of Malaria on African Development over the Longue Durée." In *Africa's Development in Historical Perspective*, edited by Emmanuel Akyeampong, Robert H. Bates, Nathan Nunn, and James Robinson, 89–111. Cambridge: Cambridge University Press, 2014.

Weisz, George. *Chronic Disease in the Twentieth Century: A History*. Baltimore: Johns Hopkins University Press, 2014.

Weiyuan, Cui. "Ancient Chinese Anti-Fever Cure Becomes Panacea for Malaria." *Bulletin of the World Health Organization* 87 (2009): 743–744.

Welsh, Craig. "Why the Arctic's Mosquito Problem Is Getting Bigger, Badder." *National Geographic*, September 15, 2015. https://news.nationalgeographic.com /2015/09/150915-Arctic-mosquito-warming-caribou-Greenland-climate-CO2/.

Wernsdorfer, Walther H., and Ian McGregor, eds. *Malaria: Principles and Practice of Malariology*. London: Churchill Livingstone, 1989.

Wheeler, Charles M. "Control of Typhus in Italy 1943–1944 by Use of DDT." *American Journal of Public Health* 36:2 (February 1946): 119–129.

White, Richard. *The Middle Ground: Indians, Empires, and Republics in the Great Lakes Region, 1650–1815*. Cambridge: Cambridge University Press, 1991.

Whitlock, Flint. *The Rock of Anzio: From Sicily to Dachau; A History of the U.S. 45th Infantry Division*. New York: Perseus, 1998.

Wild, Antony. *Coffee: A Dark History.* New York: W. W. Norton, 2005.

Willey, P., and Douglas D. Scott, eds. *Health of the Seventh Cavalry: A Medical History.* Norman: University of Oklahoma Press, 2015.

Williams, Greer. *The Plague Killers.* New York: Scribner, 1969.

Winegard, Timothy C. *Indigenous Peoples of the British Dominions and the First World War.* Cambridge: Cambridge University Press, 2011.

———. *The First World Oil War.* Toronto: University of Toronto Press, 2016.

Winther, Paul C. *Anglo-European Science and the Rhetoric of Empire: Malaria, Opium, and British Rule in India, 1756–1895.* New York: Lexington Books, 2003.

World Health Organization. *Annual Reports; Data and Fact Sheets; Mosquito Borne Diseases.* http://www.who.int/news-room/fact-sheets.

World Health Organization. *Guidelines for the Treatment of Malaria.* 3rd ed. Rome: WHO, 2015.

Zimmer, Carl. *A Planet of Viruses.* 2nd ed. Chicago: University of Chicago Press, 2015.

Zimmerman, Barry E., and David J. Zimmerman. *Killer Germs: Microbes and Diseases That Threaten Humanity.* New York: McGraw-Hill, 2003.

Zinsser, Hans. *Rats, Lice and History.* New York: Bantam Books, 1967.

Zysk, Kenneth G. *Religious Medicine: The History and Evolution of Indian Medicine.* London: Routledge, 1993.